中国社会科学院

人类学年刊

2018

色音 ■ 主编

中国社会科学出版社

图书在版编目（CIP）数据

中国社会科学院人类学年刊.2018年卷/色音主编.
—北京：中国社会科学出版社，2019.4
ISBN 978-7-5203-1483-1

Ⅰ.①中…　Ⅱ.①色…　Ⅲ.①人类学—丛刊
Ⅳ.①Q98-55

中国版本图书馆 CIP 数据核字（2017）第 280183 号

出 版 人	赵剑英
责任编辑	张　林
特约编辑	宗彦辉
责任校对	冯英爽
责任印制	戴　宽

出　　版	中国社会科学出版社
社　　址	北京鼓楼西大街甲 158 号
邮　　编	100720
网　　址	http://www.csspw.cn
发 行 部	010-84083685
门 市 部	010-84029450
经　　销	新华书店及其他书店

印　　刷	北京明恒达印务有限公司
装　　订	廊坊市广阳区广增装订厂
版　　次	2019 年 4 月第 1 版
印　　次	2019 年 4 月第 1 次印刷

开　　本	710×1000　1/16
印　　张	34.5
插　　页	2
字　　数	428 千字
定　　价	138.00 元

《中国社会科学院人类学年刊》编辑委员会

目　　录

第三部分　国外研究与翻译

第一部分

人类学论坛

妇女亲属关系的"发现"与
妇女亲属关系实践的意义

周　星

　　亲属关系和亲属制度研究在人类学的学术谱系里堪称是一个古典的课题领域，很早便形成了颇为深厚的传统，这是因为多数人类学者均倾向于认为，亲属关系和亲属制度是人类社会原初性的人际关系和组织形态，因而是人类学"描述社会和人类存在的主要习语"①。人类学的中国研究尤其是在对汉人社会之亲属关系和亲属制度的探讨方面，以亲属称谓体系研究和"宗族范式"研究为主，也已经有了很多积累和成就。换言之，想要在汉人社会的亲属关系和亲属制度研究上有所进展或突破，绝非易事。但李霞博士通过她在当代中国华北一个汉人宗族村落社区里扎实可信的田野调查，通过对该村庄里妇女日常生活的参与观察、体验和学术思考，具体地运用"娘家—婆家"这一分析框架，深入地描述了村落社区里妇女跌宕起伏的人生历程，并且"发现"了不同于宗族范式的妇女亲属关系，进而揭示了涉及妇女亲属关系之种种实践行为对于汉人乡村社会的意义。这可以说是对汉人社会之亲属关系和亲属制

---

　　① ［挪威］托马斯·许兰德·埃里克森：《小地方，大论题——社会文化人类学导论》，董薇译，商务印书馆2008年版，第157页。

度研究的真正突破。2010 年，李霞的著作《娘家与婆家——华北农村妇女的生活空间与后台权力》（社会科学文献出版社 2010 年版）得以出版，旋即引起了学术界和读书界的广泛关注和积极评价。本文拟对李霞这一研究成果进行述评，同时也把自己多年来点点滴滴、断断续续的思考予以整理，以作为对相关课题之学术讨论的延续。

亲属关系研究与"宗族范式"

开创人类学亲属关系研究之先河的是美国人类学者摩尔根，他在 1871 年的著作《人类家庭的血亲和姻亲制度》（*Systems of Consanguinity and Affinity of Human Family*）和后来的《古代社会》（1877）中，广泛搜集了当时世界诸多民族的亲属称谓体系的例证，进而把人类亲属制度分类为"描写式亲属制"和"类分式亲属制"。摩尔根的亲属关系研究曾对中国人类学产生过较大的影响，例如，曾有学者据此说，汉人的亲属称谓早在古代就已逐渐从"分类式"发展成为"描述式"[①]。中国人类学者冯汉骥（1899—1977）于 1937 年发表的论文《中国亲属制度》（The Chinese Kinship System）[②]，通过分析亲属制度的表层结构亦即亲属称谓，研究了汉人亲属制度与其婚姻制（外婚制、嫁娶婚）、宗法制的关系。冯汉骥认为，中国文明比较重视人伦，亲属关系及其网络盘根错节，亲属称谓也非常复杂，要认识中国社会及结构，从亲属关系和亲属称谓入手堪称是一条捷径。他指出，汉人社会以"扩大家庭"为组织基础而建构，其亲属关系的网络通常是设定"己身"（ego）为男子，宗

[①] 陈礼颂：《一九四九前潮州宗族村落社区的研究》，上海古籍出版社 1995 年版，第 73 页。

[②] Feng Han‑Yi, "The Chinese Kinship System", *Harvard Journal of Asiatic Studies*, Vol. 2, July, 1937. 中文有徐志诚译本。

亲在观念上比非宗亲（外亲）更为重要，这些特点尤其表现在传统的丧服制度上①。的确，汉人亲属制度对于宗亲（父系）和外亲（母党、妻党）做出了明确而严格的区分，亲属称谓是以宗亲为重，外亲次之，姻亲则更次之。按照人类学者费孝通的说法，亦即形成了所谓的"单系偏重"②。就是说，和宗亲相比较，姻亲的称谓较为简单，姻亲亲属关系也较为单纯；尽管婚后的生活基本上是既有"从夫称谓"，又有"从妻称谓"③，乍一看是对等的，但其实比起妻子到丈夫家应该适应的夫族亲属称谓而言，丈夫需要了解的妻族亲属称谓则较少④。甚至在有些地方，例如山西，从夫称谓被普遍认可，而从妻称谓则不容易被广泛接受⑤。

摩尔根的古典进化论学说后来受到不少人类学者的尖锐批评，但他对亲属称谓体系的分类和对姻亲关系的重视，却影响了很多西方人类学者。像法国人类学者列维－斯特劳斯就特别重视人类婚姻和经由婚姻产生的连带关系，并在乱伦禁忌、婚姻交换的互惠性等方面发表了很多创见。他认为，人类的亲属关系和亲属组织形态有自身的逻辑、结构和持续性，不能简单地将其等同或还原为政治、经济等。尽管列维－斯特劳斯醉心于揭示人类亲属制度的并非血缘论的"基本结构"，但他也曾指出"女人绝不只是（结构）中纯粹的符号，即便是在男人的世界中，她们依然是活生生的人，是能够生产符号的人。在通过婚姻展开的男人

---

①　参见冯汉骥《中国亲属制度指南》，徐志诚译，上海文艺出版社 1989 年版，第 33—34 页。

②　参见费孝通《生育制度》第十三章，天津人民出版社 1981 年版。

③　胡士云：《汉语亲属称谓研究》，商务印书馆 2007 年版，第 28—31 页。

④　中国古籍文献中有关汉人亲属称谓、亲属关系和亲属组织的记载很丰富，如先秦就有类似"五服"的记载；明律所见亲属范畴，主要有本宗和外姻，外姻又可分为外亲和妻亲等。以这些历史文献资料为依据，中国的亲属称谓、亲属关系和亲属制度研究，除了人类学，还另有一个历史学路径，并积累了很多成果。参见刘超班主编《中华亲属辞典》，武汉出版社 1991 年版。

⑤　参见孙玉卿《山西方言亲属称谓研究》，山西人民出版社 2005 年版，第 167 页。

们的对话中，她们并非只是被谈论的存在"，"无论婚前还是婚后，在围绕婚姻的男性二重唱中，她们都试图维系自己的声部"。① 再如，英国人类学者埃德蒙·利奇研究缅甸克钦人（景颇族），发现克钦社会不同世系群之间的关系往往包含等级的意义，亦即在通过联姻发生的连带关系中，嫁女一方和娶妻一方相比常处于有利的社会地位。

和列维－斯特劳斯等人较为重视姻亲关系的研究形成对比的，是英国结构功能主义人类学以血缘继嗣或世代谱系为核心的亲属关系研究，相对而言，后者对中国的影响更大。20 世纪五六十年代，西方人类学的亲属关系和亲属制度研究总体上趋于式微，但一些人类学者却在中国这块田野上有了新"发现"，他们依然是把亲属关系视为研究重点，把亲属关系视为中国社会最重要的组织原则之一。日本人类学者濑川昌久指出，西方人类学对中国的此类古典式兴趣是基于其东方学式的立场或理念，例如，常常是在与其对非洲某些民族之亲属谱系的研究相比较的意义上来理解中国的宗族，甚或有把宗族也纳入从非洲引申出来的"世系群"② 模式的倾向。极端突出地强调中国的父系血缘谱系和家族主义文化，内含视中国文明为具有和西方文明不同的异质性的理念，其背景同时也与西方学术界视亲属关系为更具原初性的古代社会原理之整体性的基本认知有关。至少在二战以前，日本曾有不少研究者模仿西方的"中国观"，把中国社会理解为血缘中心主义，以便在和日本的地缘中

---

① クロード・レヴィ＝ストロース：『親族の基本構造』（福井和美訳），青弓社 2000 年版，第 796 頁。

② "世系群"（lineage）本是英国社会人类学对非洲进行研究时形成的一个学术概念，主要指拥有共同祖先、实行外婚制的单系亲属集团，成员们彼此能明确追溯其单系（父系或母系）系谱。此类亲属集团拥有共同财产及其运营组织，内部还可能因各种情形形成众多分支。在某些特定前提下，"宗族"可被视为"世系群"的一种形态。台湾人类学者王崧兴认为，"宗族"是中国社会的一个"民俗语汇"，将它直接、完全地对应翻译为"世系群"，似有不妥。参见王崧兴《关于人类学语汇的对译问题》，〔日〕末成道男编『中国文化人類学文献解題』，東京大学出版会 1995 年版。

心主义进行比较时凸显中国的后进性和停滞性①。尽管有必要指出，面对如此庞大和复杂的中国社会，过于强调家族血缘和宗族世系的无所不包及其重要性是有问题的，但也应该承认西方人类学，此后又有日本学者和中国本土人类学者的参与，还是使通过揭示宗族等汉人亲属制度的组织原理及其功能而认识中国社会的一个学术传统得以形成，并在其中积累了不少重要的学术成就。

换言之，有关汉人亲属关系和亲属制度的研究，除亲属称谓研究的路径之外，还有另一个"宗族范式"。以英国人类学者莫里斯·弗里德曼为代表，在其影响下，很多学者包括部分中国本土人类学者偏重对中国东南地区（香港、福建、广东、台湾等）具有较大规模的宗族组织及其宗亲关系进行解析，他们重视汉人社会的父系集团或父系继嗣系谱及其作为社会组织的基本机制、功能与结构，关注超越核心家庭层面的各种宗族事务，并试图由此解释中国乡村社区之公共领域甚或乡村政治的许多相关问题②。因此，宗族范式的研究，多少也就具有了一些政治人类学的色彩。弗里德曼一方面沿用了英国社会人类学源自非洲田野的"继嗣理论"，但也曾经受到中国人类学者林耀华等人宗族研究的启示③，他"对中国亲属关系，特别是对宗族和继嗣群体的博学而严谨的分析对有关中国的人类学研究一直具有深刻的影响。正如华琛（James Watson）所指出的，这一学术传统的困难之一是它派生出了一个相当具有误导性的研究取向。尽管弗里德曼本人不能承担这个责任，但是，人

---

① 参见［日］瀬川昌久『中国社会の人類学——親族・家族からの展望』，世界思想社 2004 年版，第 65 頁、第 217—218 頁。

② 参见［日］阮雲星『中国の宗族と政治文化——現代「義序」郷村の政治人類学の考察—』，創文社 2005 年版，第 269—284 頁。

万忠：《村干部为何成了"香饽饽"——来自中部 Y 省 T 市村委会换届选举的调查》，中国县域社会经济网（http://www.xyshjj.cn），2008 年 10 月 27 日。

③ 弗里德曼的《中国东南的宗族组织》一书，对林耀华的有关著述多有引用。参见林耀华《义序的宗族研究 附：拜祖》，生活·读书·新知三联书店 2000 年版。

类学家一直倾向于通过华琛所谓的'宗族范式'看中国。这一范式假设宗族的组织原则就是整个中国社会生活关键的组织原则。它所带来的结果是，人们对其他的组织原则，如姻亲和联盟、阶级、自愿（即非亲缘）社团等，没有给予足够的注意"①。

显然，正如李霞指出的那样，在此种"范式"的研究中，妇女不可能成为主要的关注对象②。由于对以男性为中心的宗族组织的结构、仪式、功能等的研究成为主流，妇女在其中也就只能被认为是处于从属和依附的地位。因为依据宗族这种父系亲属体系的意识形态，妇女基本上处于亲属关系的边缘位置，她们终究是要被同化进来。"宗族范式"的人类学研究，倒也不是完全不了解姻亲关系的重要性，弗里德曼就曾指出，联姻构成了不同宗族群体之间的纽带，姻亲关系可以给宗族组织带来连带性，但除了传宗接代的利益，妇女作为"某种外来的陌生人"也会带来潜在的威胁③。"宗族范式"承认妇女在（夫家）家户和家庭事务层面的地位和重要性，但认为她们在超出家庭的亲属集团，如宗族层面则完全没有正规的角色和地位；同时，姻亲关系和宗族相比，也是暧昧和没有明确规范的。弗里德曼一方面强调当妇女以客人身份访问娘家时，至少理论上需要征得夫家许可，但也承认妇女并未完全被吸纳进丈夫所属的群体，其存在或影响力对父系组织是负面的，和父系亲属体系具有对立的属性；她们保持着自己的姓氏，很多时候在仪式上仍被作为娘家的一部分。和男人不同，她们需要哀悼两边的父母，因此，她们具

---

① 石瑞（Charles Stafford）：《从负面看中国人的婚姻》，高丙中译，马戎、周星主编《二十一世纪：文化自觉与跨文化对话》（一），北京大学出版社 2001 年版，第 473 页。

② 参见李霞《人类学视野中的中国妇女——海外人类学之汉族妇女研究述评》，《国外社会科学》2002 年第 2 期。

③ 参见［英］莫里斯·弗里德曼《中国东南的宗族组织》，刘晓春译，上海人民出版社 2000 年版，第 29 页、第 39 页等。

有双重身份和边缘性①。弗里德曼还曾经认为，汉人社会里妻子及其家族相对于丈夫及其家族而言，往往处于劣势的位置上，他认为母舅表面上看起来较为尊贵的地位，其实和他需要保护的出嫁女子的弱势地位有着一定的关系②。或许这种见解在不同地区的汉人社会里能够有一定的田野依据，但在新近更多的观察和研究中，尤其在那些重视姻亲关系的研究者看来是不大准确的。和人类学的"宗族范式"相同，社会学、历史学和法制史的角度，都容易将妇女视为家庭的附从成员，甚至认为女性在娘家只是暂时被养育，她只有通过出嫁才能够获得正式的社会身份③。

姻亲关系研究的积累与成长

学术界对汉人社会之姻亲关系的研究总体而言不多，但也有一些积累④。较早时有美国人类学者葛伯纳（Bernard Gallin）在台湾做的田野研究，葛伯纳把母方亲属成员和由于婚姻建立的亲戚关系定义为"非（父系亲）族关系"，认为它是超越村落关系的保证和依据，此类亲戚关系虽然没能表现在社会组织的制度层面，但在实际生活中则要远为重要得多，他指出，亲戚关系在劳动交换、金钱互助甚至选举等方面，均

---

① 参见［英］莫里斯·弗里德曼《中国东南的宗族组织》，刘晓春译，上海人民出版社 2000 年版，第 39 页。

② Freedman, Maurice, "Rites and Duties, or Chinese Marriage", In M. Freedman, *The Study of Chinese Society: Essays by Maurice Freedman*, Stanford University Press, 1979. pp. 255 – 272.

③ 参见［日］滋贺秀三《中国家族法原理》，张建国等译，法律出版社 2003 年版，第353 页。

④ 参见刁统菊《亲属制度研究的另一路径——姻亲关系研究述评》，《西北民族研究》2009 年第 2 期。

发挥着重要的作用①，这种重要性到 20 世纪 70 年代以后，甚至更有强化的趋势。葛伯纳注意到亲戚关系的社会经济功能，但他并没有正面探讨嫁女一方和娶妻一方的彼此关系。另一位美国人类学者芮马丁（Emily Martin Ahern）在台北县调查时发现，每当妇女生产、子女的成长仪式以及在婚礼、丧礼等通过仪式的场合，通常都要由嫁女方（Wife – giver）通过馈赠等方式发挥礼仪性的作用，娘家象征性地保留了对已出嫁女儿的一些权力；每当分家析产时，嫁女一方也参与仲裁，并对娶妻一方（Wife – taker）因为分家而形成的新家庭予以支援，亦即负有为新生小家庭提供实际或象征性基础的责任。由于嫁女方提供了可生育后代的妇女给娶妻方，因此，其在各种仪式上的等级地位相对于娶妻方为高（尤其是在妇女的做寿和葬礼上，娘家客人的地位最显尊贵）。通过分析姻亲之间的交往和仪式，作者指出在福建汉人社会里也有类似倾向，亦即嫁女方相对于娶妻方有较高的仪式地位。其所谓嫁女方和娶妻方的关系并不是对等的，前者是指以妻子的父亲为核心、具有一定范围的父系亲属集团，后者基本是指妻子的丈夫及其子女，有时也包含丈夫的父母亲及直系亲属，但却不包括他的任何旁系亲属②。日本人类学者植野弘子曾批评说，芮马丁把舅舅对外甥的单方面馈赠和母舅的仪式性优越地位予以了夸大解释③，并认为这就是联姻家族之间的全部关系，而忽视了它们彼此之间应该是互惠性的关系。

　　20 世纪 80 年代以后，西方、日本和中国本土主要以汉人社会为田野对象的人类学者，陆续发表了一些相对来说是较为认真地探讨姻亲组

---

① Gallin, Bernard, Hsin Hsing, Taiwan：*A Chinese Village in Change.*, Berkeley：University of California Press, 1966, pp. 175 – 181.

② Ahern, Emily. Martin, "Affines and the Rituals of Kinship", in Wolf, A. P（ed.）, *Religion and Rituals in Chinese Society*, California：Stanford University Press, 1974, pp. 279 – 305.

③ 参见［日］植野弘子『台湾漢民族の姻戚』，風響社 2000 年版，第 54 頁。

织和姻亲亲属关系的著述。美国人类学者玛格丽·沃尔夫（Margery Wolf）和加拿大人类学者朱爱岚（Ellen R. Judd）分别在台湾和山东的田野工作，日本人类学者植野弘子、堀江俊一和中生胜美[①]等先后在台湾和山东的调查，海外中国人类学者韩敏[②]、阎云祥[③]、秦兆雄等分别在安徽、黑龙江和湖北的调查，等等，大都注意到在妇女的日常生活实践中姻亲关系的重要性。其中，以玛格丽·沃尔夫、朱爱岚和植野弘子等人的研究较为值得关注。

弗里德曼把妇女的一生描述为脱离娘家集团和进入夫家集团的过程，这基本上是正确的，但正如李霞指出的那样，妇女的目标及其人生的实践历程并不是以父系继嗣意义的家族或家族集团（宗族）为指向，而是以她自己的家庭为指向[④]。较早指出妇女是在父系制度的框架下致力于经营自己小家庭的是美国人类学者玛格丽·沃尔夫，1972 年她在《台湾农村的妇女与家庭》（*Women and the Family in Rural Taiwan*）一书中，根据自己在台湾的田野调查把妇女视为能动的个体来考察，指出妇女在宗族制度之下仍拥有一定的权力和空间，这使得她可以经营自己的婚姻与家庭，使得她可以经由参与村区的"女人社群"，致力于建构自己的社会关系，并逐渐在丈夫的宗族或村社里站稳脚跟。汉人已婚妇女和"她的家庭"，是基于安全感和情感需要而建立的"子宫家庭"（the

---

① ［日］中生勝美：「婚姻連帯と婚姻贈与―漢族の婚姻体系と地域性」，竹村卓二編『漢族と隣接諸族―民族のアイデンティティの諸動態―』，国立民族学博物館研究報告別冊 1991 年版，第 161—197 頁。

② 韩敏通过在安徽省北部农村的调查研究指出，改革开放以来，伴随着宗族的复兴，姻亲关系也变得更加重要了。参阅韩敏《回应革命与改革：皖北李村的社会变迁与延续》，陆益龙、徐新玉译，江苏人民出版社 2007 年版，第 267—269 页。

③ 阎云翔：《礼物的流动——一个中国村庄中的互惠原则与社会网络》，李放春等译，上海人民出版社 2000 年版。

④ 参见李霞《依附者还是建构者？——关于妇女亲属关系的一项民族志研究》，《思想战线》2005 年第 1 期。

uterine family，或译为"女人家庭"）①。所谓"子宫家庭"，是指以已婚妇女自身为核心，以她自己所生子女为成员，以情感为凝聚纽带的核心小家庭，因此，也有人将其理解或翻译为"母亲中心家庭"②。她试图努力地在夫方家族中经营的核心小家庭，主要包括她和她所生产的子女，而不包括丈夫的任何其他亲属。丈夫甚至也有可能不被包括在内，他可能被边缘化，或者成为所谓"子宫家庭"的对立面，或者只是她和丈夫所属之大家族之间关系的纽带。显然，此种"子宫家庭"主要是一种理念而非实体，其在实际生活中基本上没有独立的形式，它更多只是存在于母爱式的情感中，常表现为子女对母亲的情感性忠诚，并一直延续至母亲去世。在女儿出嫁离开之前和儿子娶妻生子及分家之前，子女都是该核心小家庭的成员。这样的核心小家庭与丈夫的家族、宗族既有联系又有距离；正是由于子宫家庭的依次形成，遂导致了家族不断地趋于解体。玛格丽·沃尔夫的贡献在于她揭示了已婚妇女内心对于核心小家庭的认同。加拿大人类学者朱爱岚，则注意到山东省农村已婚女性和其娘家（natal family）之间的强烈纽带③，事实上她提出了一个新的亦即"娘家"的角度，并侧重于从正式制度与具体实践之间的"惯习"层面去进行分析，揭示了妇女和娘家之间关系的特点，指出妇女自身在和娘家的关系中拥有积极的能动性。朱爱岚实际上指出了将娘家包括在内的妇女亲属关系较为注重情感因素，这与父系体制下的夫家亲属关系形成了鲜明的对照。

　　长期在台湾从事田野工作的植野弘子，较早就认识到妇女在保持和

---

①　Wolf，Margery，*Women and the Family in Rural Taiwan*，Stanford：University Press，1972.

②　［加］朱爱岚：《中国北方村落的社会性别与权力》，胡玉坤译，江苏人民出版社2004 年版，第 187—192 页。

③　Judd，Ellen，"Niangjia：Chinese Women and Their Natal Families"，*Asian Studies*，1989，48（3），pp. 525–544.

娘家、婆家两个家族的良好关系方面具有主动性。她批评以往的汉族亲属关系研究甚至包括部分姻亲研究，常具有单向性和男性中心前提，由此描述的汉族社会多少是被扭曲的，存在明显的偏向①。植野深入分析了台湾南部汉人的姻亲关系，特别是娘家（所谓"生家"）与婆家（所谓"婚家"）之间的关系，其中包括女婿和岳父的关系、甥舅关系、"母舅"的作用、伴随着联姻在两个家族之间发生的经常会跨越 2～3 代人的馈赠及各种礼仪性和经济性的互动，以及娘家作为"后头厝"② 的意义等。植野认为，从其他学者在香港和内地的研究成果看，汉人姻亲关系的形态亦即姻亲的重要作用及其优越性的仪式化，很可能是汉人社会的一般情形③。植野后来使用"男家""女家"的称谓指称结婚的男女双方分别出生的家族，但它们实际是婚礼上分别用来指称新郎和新娘双方家族的称谓。她进一步指出，"男家"在婚礼上指新郎一方的家族，亦即新郎父亲的家族，但在获准分家之后，就只是指称新郎的家族；一般儿子媳妇尚未分家或女儿尚未出嫁之前都属于男家；"女家"则是指新娘一方的家族，在举行婚礼时指新娘父亲的家族，但在新娘的所有弟兄分家独立后仍被包括在内，甚至还可能包括其弟兄的儿子（亦即新娘的侄子）在内。此种非对称关系源于汉人社会的男子均分继承制度，在此种制度之下，兄弟们对于已出嫁的姐妹需要承担均等的义务和责任，是她共同的"后头厝"，而这种关系一直要

---

① 参见［日］植野弘子『台湾漢民族の姻戚』，風響社 2000 年版，第 15 页、第 22 页。
② 闽南话的"后头厝"，尤其在台湾南部地区是指妻子出生的娘家，有作为后盾之意。
③ 参见［日］植野弘子「台湾漢人社会における母方親族及び姻戚関係に関する諸問題」，『明治大学大学院紀要』第 20 集，1983 年版，第 127—140 页；「妻の父と母の兄弟—台湾漢人社会における姻戚関係の展開に関する事例分析」，『民族学研究』51 巻 4 号，1987 年版，第 375—409 页；「台湾漢人社会の位牌婚とその変化—父系イデオロギーと姻戚関係のジレンマ」，『民族学研究』52 巻 3 号，1987 年版，第 221—234 页。

持续到她去世时为止。① 汉人社会的这一特点和日本已婚妇女的"实家"（娘家）通常只是指继承了"家元"的长子一家的情形有所不同。植野详细描述了"后头厝"对于出嫁女儿分家前后的各种支持，包括实质性的经济援助和象征性的仪式性馈赠，指出汉人社会的姻亲关系具有仪式性和经济性的功能，与家族形态特别是家族的分裂密切相关。应该说，植野的研究对于历来偏重父系的人类学倾向有较大的矫正。尤其重要的是，植野所定义的"姻戚关系"，是和"（父系）宗亲关系"相对应而又相互渗透的概念。对于男性而言的"姻戚"，是指妻子一方的所有亲属；但对于女性而言，"姻戚"则是指她通过结婚而获得的丈夫一方的亲属。这样，她就彻底地颠覆了传统的以男性为主位的姻亲关系研究，进而试图揭示"姻戚"关系对于男女双方的不同意义②。此外，她依据自己的田野调查指出，已婚男性往往倾向于通过"姻戚"关系而致力于超越家庭、家族层面的社会关系建构，相对而言，女性的活动重心则基本上是被局限于婆家的家族之内③。不过，植野虽然注意到了女性给婆家带去的紧张感和导致其分裂的可能性，却没有注意到她的实践活动的指向乃是致力于在婆家的家族内部建构起自己的核心小家庭，并最终谋求独立。

　　日本学者堀江俊一也是在台湾进行的田野调查，他批评了"宗族范式"对姻亲关系的轻视，并把汉人社会的姻亲关系进一步区分为母亲的娘家（Mother - giver，"母族"）和妻子的娘家（Wife - giver，

---

① 参见［日］植野弘子「台湾漢民族の姻戚関係再考—その偏差と普遍性をめぐって」，末成道男編『中原と周辺—人類学的フィールドワークからの視点—』（*Center and Periphery in China：Views from Anthropology Fieldwork*），東京外国語大学アジア・アフリカ言語文化研究所 1999 年版。

② 参见［日］植野弘子『台湾漢民族の姻戚』，風響社 2000 年版，第 16—18 頁。

③ 同上书，第 336—351 頁。

"妻族"），指出了两者之间其实有很大的区别，应该分别开来予以考察。① 在他看来，仅是 Wife - giver 与 Wife - taker 这一对范畴似乎有所不足，他认为芮马丁和植野的研究由于忽视了 Wife - taker 通常也是一个父系亲属集团，因而出现了相反的过于偏重妻方姻亲关系的问题。对此，堀江列举了台湾客家人的"敬外祖"和对"外家"的馈赠及还礼等事项，试图对上述倾向有所矫正。旅日中国人类学者秦兆雄在研究湖北农村的家族、宗族和婚姻问题时指出，新婚夫妻对对方亲属关系的接纳并不均衡，通常的情形是丈夫一方的亲属关系更多地被新娘所接受，新郎一般只需接受妻子的近亲为"亲戚"即可，亦即女性婚后的"亲戚"关系会有所缩小而集中于娘家及宗族近亲者②。这个见解和上述植野的观察有所不同，看来这一问题也有可能存在一定的地方性差异。

最近，民俗学者刁统菊基于其对华北地区的调查指出，联姻宗族之间的关系具有阶序性，并以"不对称的平衡性"为特点③。在以嫁女为纽带的姻亲关系中，乡民所共享的"亲戚理"（简单归纳即"闺女往娘家多花钱，娘家往闺女那边少花钱"）基本上反映了娘家（给妻家族）在各种生命仪式和馈赠礼俗中确实具有较为优越和尊贵的地位，但由于姻亲关系的特点之一是代际相延的短暂性，所以，它往往难以和父系血缘的宗亲关系相比肩。只是在日常生活层面上，亲戚（主要就是姻亲）往来显得尤其重要，而且是"生得近不如处得近"，从本文作者的立场看，所谓"处"，正是一种人为去努力的亲属关系实践。

　　① 参见［日］堀江俊一「『母の与え手』と『妻の与え手』—台湾漢族の姻族関係に对する一つの視覚—」，『民族学研究』52 卷 3 号，1987 年版，第 109—220 頁。
　　② 参见［日］秦兆雄『中国湖北農村の家族·宗族·婚姻』，風響社 2005 年版，第 161 頁。
　　③ 参见刁统菊《不对称的平衡性：联姻宗族之间的阶序性关系——以华北乡村为例》，《山东社会科学》2010 年第 5 期。

女性视角的导入与妇女亲属关系的"发现"

上述对汉人社会姻亲关系的研究说明，虽然宗族或父系家族的亲属关系及其意识形态在中国有相当的普遍性，但各地均不存在针对姻亲亲属关系予以强力排斥的理念与实践。这里需要指出，除玛格丽·沃尔夫和朱爱岚等少数人之外，无论是对汉人亲属称谓体系的研究，还是对宗族组织作为父系继嗣群体或对其宗亲关系的研究，甚至包括不少姻亲关系研究，大多数研究者所设定的"己身"（ego）均是已婚男性，大都是从"己身"作为男性这一前提出发，关注父系亲属组织和已婚男性的亲属关系。因此，此类研究往往不假思索地认为已婚妇女和她的丈夫属于同一个亲属关系体系，存在某些"男性意识偏见"①。在这些对"亲属制度的研究中，男性视角常常被认为是理所当然的。当然，女性在他们的研究中也有位置，她们有时是妻子、母亲和姐妹，但很少是独立的行动个体"②。显然，妇女亲属关系的存在，妇女独特的亲属关系网络和亲属关系实践，在这类研究中会被屏蔽起来，会被视而不见。加拿大女性人类学者宝森（Laurel Bossen）曾对费孝通等人早年的禄村研究做了追踪和回访性调查，她指出早期研究对于涉及妇女的相关问题，大都语焉不详。她的著作是有关现代中国农村妇女的女性民族志，对当地的妇女生活进行了较全面的描述，其中涉及她们和娘家的关系、妇女人生仪式上的礼物和经济交换及分家的案例等③，但她本人也没有集中

---

① 乐梅：《关于女性人类学》，周星、王铭铭主编《社会文化人类学讲演集》，天津人民出版社 1996 年版，第 464—480 页。

② ［挪威］托马斯·许兰德·埃里克森：《小地方，大论题——社会文化人类学导论》，董薇译，商务印书馆 2008 年版，第 161—162 页。

③ 参见［加］宝森《中国妇女与农村发展——云南禄村六十年的变迁》，胡玉坤译，江苏人民出版社 2005 年版，第 106—108 页、第 268—274 页、第 290—295 页、第 306—308 页等。

探讨妇女的亲属关系问题。

现在，中国人类学者李霞的博士论文借助女性人类学的立场，富有创新性地把女性人类学的性别研究视角，引入汉人社会的亲属关系研究之中，通过颠覆性地把当事人或"己身"（ego）替换为女性，以重新审视汉人社会的亲属关系及亲属制度，并因此获得了全新的发现，亦即以女性为中心的妇女亲属关系的存在以及妇女建构其亲属关系的实践活动在中国乡村社会里具有非常重要的意义。女性人类学不仅把研究对象扩展到女性，还特别关注社会性别是如何通过各种社会及文化的途径，例如，通过亲属制度而被构建的问题。父系亲属制度并不能够涵盖妇女的全部生活，正如古迪（Goody）认为的那样，若从妇女生活的立场看，她们体验的亲属关系并不完全是父系的，而是父系、母系并重并行的，其中就有她们和娘家的关系以及她们从这种关系中获得的支持①。在这里，我们即便承认李霞曾经受到玛格丽·沃尔夫和朱爱岚等人的某些影响，也不妨碍说李霞的研究具有全新的视野和思路，她的发现对于截至目前的汉人社会亲属关系和亲属制度研究具有某种意义的革命性。女性视角的导入，使得她明晰地揭示出在中国汉人社会里，已婚妇女具有不同于其丈夫的家庭观和亲属观，丈夫和妻子的亲属关系并不完全重合，其范围也不相一致。尽管对于丈夫或其家族、宗族而言，他和妻子、子女组成的核心小家庭，有可能在某些时候是其家族、宗族的构成之一或是其世系谱牒的一部分，也可以是在祖先和子孙后代之间形成继嗣连锁（传宗接代）的环节之一；但对已婚妇女而言，她和丈夫一起经营的小家庭却有着非常不同的意义。李霞将其定义为"生活家庭"，视之为已婚妇女生活其中的

---

① Goody, Jack, *The Oriental, the Ancient and the Primitive: Systems of Marriage and the Family in the Pre - industrial Societies of Eurasia*, Cambridge University Press, 1990.

实体，这就比理念型的"子宫家庭"更进了一步，因为"生活家庭"是必须把丈夫也包括进来的。此种以一对夫妻及其子女组成的核心的"生活家庭"，起初是在父系家族内部逐渐孕育，独立于和公婆父母的分家，最终结束于儿子媳妇和自己的分家。虽然此种"生活家庭"较为缺乏制度层面的表象，但在村落社区内里却是明白无误的事实，并为人们所公认。① 透过女性人类学的性别视角，李霞发现的妇女亲属关系，可以用"娘家—婆家"这一对范畴来概括，也就是说，已婚妇女所处在或她所建构的妇女亲属关系，具有娘家、婆家并行并重的特点。李霞在这里所说的"娘家—婆家"，和植野所谓的"男家""女家"不同，而和她提示的日语概念"生家""婚家"近似。男家、女家的称谓似乎具有较为超脱的第三方立场，相比之下，"娘家—婆家"则是以已婚妇女的主位立场为依据的。作为"己身"（ego）的已婚妇女，婚前完全生活在"娘家"的亲属关系（通常，它也是一个父系的亲属体系）之内并享有亲情，以结婚为转机，她又必须逐渐适应另外一个不同的亦即以丈夫为核心的"婆家"的父系亲属关系体系。这样，已婚妇女的妇女亲属关系，就基本上是以"娘家—婆家"为主要框架，左右逢源，趋利避害，从而拓展出使她得以经营自己人生的核心小家庭的空间。以作为妻子和母亲的身份为基础，妇女经营的这种小家庭，固然在某种意义上可以成为宗族或夫家大家族的最小单位，因此，它同时也是父系宗族或大家族、父系继嗣和父系亲属关系得以被"再生产"出来的机制，但至少在妇女看来，它却不是宗族或大家族的简单复制，而是有着不同的意义和属性。这确实是揭示了截至目前几乎一直被忽视的问题。已婚女性究竟是如何在"娘家—婆家"的

① 参见李霞《娘家与婆家——华北农村妇女的生活空间与后台权力》，社会科学文献出版社 2010 年版，第 11 页。

关系中构筑自己的核心家庭，经营自己的亲属网络、社会关系乃至人生意义的？正是李霞的新发现使得所有这些问题均豁然开朗起来，阅读她的著作，油然会有"柳暗花明又一村"的感触。笔者认为，李霞的研究将促使关心汉人社会与文化的人类学者更加关注女性较多发挥影响力甚至决定权的家庭领域，以及妇女亲属关系在实际建构和运行实践中所形成的很多独具特点的策略。

众所周知，在汉语的民间称谓里，有比较系统的所谓"夫系亲属称谓"和"妻系亲属称谓"①，它们反映了夫妇双方原则上均需要分别对对方亲属关系予以基本接纳，但诚如很多学者指出的那样，在汉人社会的男娶女嫁、婚后从夫居的婚姻制度和父系继嗣的宗族制度下，此种相互的接纳并不对等，而是在乡俗惯例和父系制度的安排下，妇女在整个社会的亲属称谓体系和亲属制度中确实具有从属性的身份地位。但是，根据李霞发现的"娘家—婆家"这一妇女亲属关系的基本框架，却使我们有理由相信妇女并非无所作为，她们在日常生活实践中建构出了妇女自身更加容易理解和更加惬意的妇女亲属关系。中国各地均有不少对娘家和婆家的方言称谓，诸如西南官话里的"娘屋人"（成都）、"娘屋头"（成都）、"娘屋里"（武汉），福建方言里的"娘老厝"（福建光泽）、"后头厝"（台湾南部），河南方言里的"婆子家"等，如果说这些都是作为"地方性知识"的民俗语汇，那么，李霞所提示的"娘家—婆家"这一组可以超越地域性的范畴，经过学术研究的"再发现"和再定义，就应该能够和"人情""关系""面子""阴阳""生熟"等范畴一样，直接成为理解汉人社会所不可或缺的学术用语。在实际的田野中得以发现和检验的"娘家—婆家"这一组范畴，即便是在颇为详

---

① 王定翔：《民间称谓》，海燕出版社1997年版，第152—154页、第168—172页。

尽的亲属辞典里也未必收入①，这多少说明了以往的知识汇总工作中存在的问题，也反衬出这一组在几乎所有的中国妇女看来均是理所当然和心领神会的范畴，确乎就是李霞的学术发现。对于作为"己身"（ego）的中国妇女而言，"娘家—婆家"就是她们最普遍、最根本、最具有概括性和丰富内涵的妇女亲属称谓的基本范畴，长期以来学术界对它熟视无睹的局面，只是在女性视角的导入之后才被突破，这确乎非常发人深思。

分家的奥秘：妇女建构亲属关系的实践

亲属制度旨在为人们的亲属关系及其交往行为确定一个基本框架，因此，和社会性别一样，亲属制度也是社会文化建构的产物。处于各种亲属关系之中的人们具体的生活实践，便是建构亲属制度的基本动力。李霞在山东这个乡村社区的田野调查与研究，除了通过引入性别视角而发现了"娘家—婆家"这一妇女亲属关系的非制度性框架之外，她还进一步通过引进"实践"的视角，而对妇女的亲属关系建构活动做出了彻底的说明。正如费孝通和雷蒙德·弗思曾经批评过的那样②，亲属制度研究除了存在过于关注历史和法律层面的偏向之外，还经常有过于重视由文字表述之亲属称谓的倾向，但实际上无论把复杂的亲属称谓表格整理得多么详细，也都未必能够很好地说明人们在其日常生活中实际使用的亲属称谓。换言之，亲属制度终归是要落实在人们现实的日常生

---

① 刘超班主编《中华亲属辞典》（武汉出版社 1991 年版）虽收录有"本家"（13 页）、"婆子家"（144 页）、"儿女亲家"（46 页）等若干含义近似的词条，却没有"婆家—娘家"相对应而成为一组的称谓。几乎所有汉语称谓词典都没有将其对置或并举，这意味着"娘家—婆家"这一对范畴的确就是李霞从民众日常生活中的"民俗用语"里"发现"的。

② 参见 Firth Raymond《中国农村社会团结性的研究：一个方法论的建议》，费孝通译，《社会学界》第 10 卷，燕京大学 1938 年版，第 249—257 页。

活里所实际使用亲属称谓的实践。

　　早期以"文化"为研究对象的人类学和以"民俗"（生活文化）为对象的民俗学，经常会忽视个人在文化或社群团体的生活中也是具有能动性的，人们并不总是被单方面地"文化化"或只是遵从民俗、传统惯例或刚性的制度而生活着。人类学有关汉人亲属制度的研究也曾有过此种倾向，常把妇女视为父系亲属制度下被动的从属者或依附者。自20世纪七八十年代以来，人类学发生了转向，亦即文化体系或社会结构中的个人作为实践者与行为者的重要性逐渐引起关注。法国社会学者皮埃尔·布迪厄集中探讨了实践与惯习之间的关系，针对结构主义人类学过于强调规则和结构而多少忽视了人的主观能动性的倾向提出了实践理论，为人类学开辟了新的发展空间与方向①。他曾批评地指出，人类学者很容易将人们说出来的行为"规则"（例如，所谓"正式的亲属制度"）与创造亲属关系的"实践"（所谓"实践中的亲属制度"）相互混淆。"正式的亲属制度"往往是一些公开且较为抽象的陈述，而"实践的亲属制度"则是实践——某一个体或群体所运用的策略和资源——中的亲属关系②。从"实践"的观点看，亲属关系是人们的创造物，人们运用它来做一些事和达到一定的目的。李霞借用了布迪厄提出的"实践的亲属关系"这一概念③，她也是从"实践"的视角出发，将乡村社区的已婚妇女视为是其日常生活中具有能动性的实践者与行为者，视她们为实践着的个人，从而把以往很容易被理解为铁板一块的父系亲属制度，重新解释为其中实际是持续不断发生各种各样的实践，包括妇女的

---

　　① 参见［美］杰里·D. 穆尔《人类学家的文化见解》，欧阳敏等译，商务印书馆2009年版，第342—359页。

　　② Bourdieu, Pierre, *Outline of a Theory of Practice*, Richard Nice, trans. Cambridge, U. K.：Cambridge University Press，1977，p.35.

　　③ 参见李霞《娘家与婆家——华北农村妇女的生活空间与后台权力》，社会科学文献出版社2010年版，第15—16页。

亲属关系实践。她在山东农村发现，在日常生活层面，在核心家庭或家户领域里的亲属关系实践，实际上是以女性为主体、以女性为核心，每时每刻都在进行着的。此种实践的妇女亲属关系的目标，基本上是以分家和经营核心小家庭为指向，逐渐地使之脱离以公婆权威为代表的大家族。因此，她们自然就会出现刻意地（往往也是一时性地）抵制、躲避、淡化婆家的亦即大家族的亲属关系，诸如尽力促使丈夫和"近门子"疏远，同时对娘家和"街坊"关系则积极地予以利用和强化等行为。笔者认为，李霞的研究很好地说明了文化体系与个人、社会结构与不断从事实践活动的当事人之间的复杂关系，在她的描述中，亲属关系和亲属制度不是一个既定、僵硬不变和自古而然的传统，而是由当事人在其中时常创新、反复进行着解构与建构之类实践活动的体系。已婚妇女旨在经营核心小家庭的亲属关系实践自然会采取的"策略"，正是借助娘家的"外势"，在"娘家—婆家"之间游刃有余。正如布迪厄揭示的那样，此类"策略"在日常生活中其实是有从长计议、深思熟虑的背景，甚至也可被理解为一套自觉组合的生活方式。①

　　作为生活者的实践行为，媳妇进入丈夫的家族，尤其在尚未成功地实现分家之前，她将面临诸如婆媳关系、妯娌关系、姑嫂关系等复杂且常常可能是潜在对立的亲属关系环境，在其中她学习适应的实践行为，通常会得到周围的鼓励，就像婆婆和媳妇的关系相处若比较和睦，就会得到家族乃至社区的称赞。② 如果媳妇不能适应婆家生活，婆婆的善意就显得非常重要，假如媳妇对在婆家的生活表现出拒斥态度，就会和婆婆的权力或影响力发生冲突。但在媳妇适应了角色之后，她对小家庭利

---

① 参见罗红光《皮埃尔·布迪厄（Perre Bourdieu）》，黄平、罗红光、许宝强编《当代西方社会学·人类学新词典》，吉林人民出版社 2003 年版。

② 参见费孝通《江村经济——中国农民的生活》，商务印书馆 2001 年版，第 58 页。

益的执着和经营就会逐渐引起夫家一系列矛盾，包括兄弟间或婆媳间，甚至会被视为促成婆家家族分裂的因素。正如弗里德曼也曾观察到的，"由于她试图捍卫丈夫及其儿子的利益，她可能经常承受某种罪责"①。妇女的亲属关系实践之更为进取的方向，通常是极力把丈夫卷入和娘家的密切互动之中；或处心积虑地谋求分家，把丈夫和他的其他"近门子"② 亲属切割开来，或自行和"街坊"交往以搭建和维护自己的社交环境等，所有这一切实践活动都有一个基本指向，那就是试图在丈夫家族或宗族内逐渐建构起以自己为核心的独立小家庭。这样的实践活动构成了乡村已婚妇女的人生目标，并且她们也总是能够通过对"分家"的追求而得以实现这个目标。

经由分家程序产生的核心小家庭的大量存在，是中国乡村社区普遍性的基本社会事实。很多研究和资料均可证明，在中国各地的乡村社会，几世同堂的传统大家族通常只是在特定的经济和意识形态力量支撑下才会出现的特别现象，而小农的核心家庭往往可能多达六成甚至更多。分家是父系宗族组织内在矛盾及其裂变的基本机制，分家必然导致许多重要的社会后果，包括无数小农核心家庭的诞生、诸子均分的财产继承制度以及资本主义生产方式的难产等。历史学和人类学很早就关注到汉人社会的分家现象，台湾人类学者王崧兴和大陆人类学者麻国庆对分家问题的研究令人印象深刻，前者依据台湾的资料认为，分家其实还会有分炊、分居、分财、分牌位等不同阶段③；后者则通过在华北的调

---

① ［英］莫里斯·弗里德曼：《中国东南的宗族组织》，刘晓春译，上海人民出版社2000年版，第171页。

② "近门子"，在李霞描述的社区里，是指父系制度下"五服"之内的旁系亲属。在其他一些地方，丈夫的"兄弟伙"，大体就相当于此处的"近门子"。

③ 参见王崧兴《论汉人社会的家户与家族》，《中央研究院民族学研究所集刊》(59)，1986年版，第123—129页。王崧兴：《汉人的"家"观念与群体》，中山大学人类学系编《人类学论文选集》，中山大学出版社1986年版，第293—303页。

查，揭示了分家其实是"有分，又有合"，小家庭在独立之后，就会重新调整和家族母体或其他各兄弟家的关系①。虽然有人类学者曾经指出，外来媳妇对宗族或家族而言，多少是具有潜在破坏力的，但很少有人把分家看作嫁来的妇女们建构其自身亲属关系之实践活动的首要目标。李霞的研究揭示了已婚妇女是如何在男性中心的父系亲属体系内，以建构自己的核心小家庭为奋斗目标而实践性地发展出自己的亲属关系空间的。可以说已婚女性在夫家奋斗的一个最初也是最终的目标就是分家。她们借助娘家的支持，精心经营和丈夫的感情以建立"统一战线"，时不时和婆婆、小姑或妯娌们发生一些不大会失控的冲突，当"闹分家"成为必要时，不惜以"长住娘家"为撒手锏。长住娘家对婆家和丈夫均构成压力，以便她逐渐地接近提出"分家"的意愿，或促使丈夫或公婆提出。在很多场景下，新婚不久的媳妇开始频繁地回娘家，或延长在娘家的滞留时段，可以被理解为是一种要求分家的姿态或是促成分家而实施压力的途径②。即便分家的动议由公婆提出，也不妨碍媳妇才是最努力的推手和最大的受益人，因为"媳妇在自己的家中或觉得更舒服得多"③。分家的动力机制主要来自媳妇的利益诉求。那种把婆媳矛盾或妯娌冲突视为兄弟之间冲突的"媒介"④，认为男人间的冲突才更具实质性的意见，似乎低估了妇女通过冲突达致分家的主观能动性。中国各地的"分家"如此严格地以"诸子均分"或绝对对等为原则，基本上可被理解为妯娌们（及兄弟们）彼此互不相让的结果，此种原则

① 参见麻国庆《分家：分中有继也有合——中国分家制度研究》，《中国社会科学》1999 年第 1 期。麻国庆：《华北村落的家与社会》，马戎、周星主编《田野工作与文化自觉（下）》，群言出版社 1998 年版，第 933—983 页。

② 参见［加］朱爱岚《中国北方村落的社会性别与权力》，胡玉坤译，江苏人民出版社 2004 年版，第 148 页。

③ 同上书，第 140 页。

④ 陈礼颂：《一九四九前潮州宗族村落社区的研究》，上海古籍出版社 1995 年版，第 54 页。

甚至延伸到对父母的赡养义务，这也正是中国各地以"轮流管饭"、"轮住"或"轮伙头"的方式赡养老人，并经常使年迈的父母陷入尴尬甚或困境的根源。至少在北方很多地方的农村，所谓宗族对"外来"已婚妇女建构的小家庭并不具有多大的约束力。如同王崧兴教授介绍的由娘家负责为因分家而产生的新的核心小家庭提供炉灶炊具的台湾案例，在北方则有类似的"填仓"之俗，娘家一般也都不大掩饰对女儿"闹"分家的或明或暗的支持。

分家的目标在多数情形下都不难获得成功，它是新的核心小家庭诞生的真正开始。虽然分家有可能带来一些后遗症，但也会随着时间逐渐痊愈。分家的成功并不意味着媳妇可以完全脱离丈夫家族的亲属关系，而是说她为自己建构了一个从容的空间，从而可以在其生活实践中对丈夫家族的亲属关系根据各种具体场景予以筛选、取舍、妥协和利用。所谓以自我为中心，左右逢源，两边都认，这才在现实生活里最具实惠。[1]如此这般，她才可以在那个看起来颇为严厉的父系亲属制度的框架内，利用各种关系资源和策略，建构起自己个人的妇女亲属关系。对于丈夫而言，分家之后固然可拥有独立的小家庭，但并不能完全脱离宗族和对超越核心小家庭层面之家族的责任和连带关系（例如，宗族、家族的共同祭祀和赡养父母等）；对于妻子而言，分家使她"自己的家"从"老婆婆的家"独立出来，她可以更加方便地通过走亲戚、年节互访、大事互助及经济协作等方式，借助娘家支持来提高和巩固其在小家庭内的主导地位。[2] 她的家庭成为她安身立命之所，也成为她和宗族、家族继续

---

[1] 参见蒋斌《亲属与社会组织》，周星、王铭铭主编《社会文化人类学讲演集》，天津人民出版社1997年版，第356—368页。

[2] 闽西武平县北部客家村落有一种"做分开"的习俗：为祝贺出嫁女的"分家"成功，娘家所有"亲房"都要派一位女性参加的仪式，分别带来的礼物多为粮食和日常用品，但又有诸多象征寓意，以祝福小家庭以后的顺利。参见刘大可《田野中的地域社会与文化》，民族出版社2007年版，第205页。

对峙并进一步拓展生活空间的依托。对于新生的小家庭而言，因妻子而产生的"亲戚"是最重要的人际关系，它既是一种社会资源，又是一种安全装置。[①]妻子的妇女亲属实践的重要内容就是动员所有的关系资源，尤其是来自"娘家"的支援等经营其"家庭经济"[②]，而涉及家庭经济的经营，通常要求夫妻双方的意见基本一致。

汉人式家庭内部矛盾的根由：家庭观和亲属观

有必要指出，已婚妇女的亲属关系实践基本上是个人层面的努力，她借助娘家的力量，把丈夫发展为同盟，在"娘家—婆家"的关系框架下建构起令自己惬意和舒展的妇女亲属关系，主要得靠她个人的奋斗。这之所以可能，部分地归因于中国乡土社会的人际关系包括亲属关系，从一开始就因人而异。费孝通曾经强调过以个人为核心的"差序格局"式的人际关系，其中包括亲属关系。[③]林耀华也曾经指出，对不同的个人包括男女之亲属关系的差异，可以用从个人生活史的方法去揭示。[④]对作为"己身"（ego）的已婚男子而言，他处在父系亲属关系网络的中心，其亲属关系的亲疏远近和重要程度是以个人为中心向外逐步递减，亲属之间往往没有界限明确的边际。[⑤]但对作为"己身"（ego）的已婚女子而言，她处在"娘家"和"婆家"之间，自己居于一个核心小

[①] 参见秦兆雄『中国湖北農村の家族・宗族・婚姻』，風響社 2005 年版，第 162 页。

[②] 关于"家庭经济"，可参阅［德］罗梅君（Mechthild Leutner）《十九世纪末以及今日中国乡村的婚姻与家庭经济》，张国刚主编《家庭史研究的新视野》，生活・读书・新知三联书店 2004 年版，第 347—373 页。

[③] 参见费孝通《乡土中国》，生活・读书・新知三联书店 1985 年版，第 21—28 页。

[④] 参见林耀华《从人类学的观点考察中国宗族乡村》，《社会学界》第 9 卷，燕京大学 1936 年版，第 125—140 页。

[⑤] 参见颜学诚《长江三角洲农村父系亲属关系中的"差序格局"——以 20 世纪初的水头村为例》，庄英章主编《华南农村社会文化研究论文集》，"中央"研究院民族学研究所 1998 年版，第 89—108 页。

家庭的中心。事实上，她给丈夫所属的家族组织带来了一种"离心力"①。

　　台湾人类学者颜学诚根据他的研究经验指出，差序格局式的父系亲属关系反映在乡村里的亲属分类范畴，往往有"自家屋里的（同一屋檐下的经济体）"、"自家人（系谱上能够说得清楚的）"和"自族人（彼此不清楚谱系关系，但知道是同一祖先）"等。这些范畴并不构成永久性的法人团体，在日常生活中，上述范畴对每个人而言都不尽相同，这多少取决于个人的谱系知识。因此，某人认定的自家人，到了孙子辈便可能"他人化"。丈夫从家族、宗族角度理解的自家人，妻子若是从家庭角度看就成了外人。已婚妇女也一样，她的亲属关系固然会部分地有认同丈夫亲属关系的内容，但更有她个人化的亲属关系范围。玛格丽·沃尔夫甚至指出，在父系意义上的"家庭"绵延不断，可以是宗族延续的一个环节，但对于妇女来说，"家庭"只是她个人的，具有暂时性，它会随着子女结婚、出嫁、分家以及她自己的死亡而归于消灭。②秦兆雄也注意到不同的个人对于家族和亲属制度的态度和认知往往有很大的不同，这大多反映在日常生活及婚葬礼仪的互助上，几乎每个人感受和认知的亲疏远近都不相同。③ 的确，若是重视亲属关系和亲属制度中的个人，就不难发现人并不是完全地被那个体系所束缚，也并非惯例、传统或制度设计的消极接受者，而是积极地去试图影响变化的实践者。强调妇女个体的能动性，就不难发现妇女在其生活实践里绝非是像过去很多研究所描述的那样完全处于被动或只是具有依附性的角色。

　　李霞通过对山东村落社区里妇女亲属关系实践的细腻描述，说明妇

---

　　① 刁统菊：《离心力：姻亲关系之于家族组织的一种影响》，《民俗研究》2007 年第 2 期。

　　② Wolf, Margery, *Women and the Family in Rural Taiwan*, Stanford：University Press, 1972.

　　③ 参见秦兆雄「個人の視点からみた漢人親族関係」，韩敏编『革命の実践と表象—現代中国への人類学的アプローチ—』，風響社 2009 年版，第 313—342 頁。

女具有和男性包括他们的丈夫及其他男性亲属不尽相同的"家庭观"和"亲属观"。① 即便在分家的目标得以实现，由夫妻及子女构成的核心小家庭得以成立的情形下，丈夫和妻子各自对亲属关系、对"家"人的理解仍不能完全重合②。那个以男性为中心的亲属体系并不能够完全为丈夫和妻子所共享，即便在形式（礼制和仪式）上有此可能，但在彼此的厚薄、亲疏、远近和用情的深浅等方面却往往会有几乎是无限多的差别。丈夫和妻子理解的"家"或在情感上觉得"亲"的家人的范围，始终不大能够完全重合，于是，往往就会出现"同床异梦"的情形。丈夫往往把自己的父母、兄弟姐妹和妻子、孩子视为家人；妻子则把孩子、丈夫和娘家父母（往往也会扩及娘家的兄弟姐妹）视为家人，这里主要就是情感的因素，其中也包括妻子可能秉持的"子宫家庭"理念的影响。对妻子来说，只有丈夫的兄弟姐妹是"近门子"，而丈夫理解的"近门子"有可能更宽泛一些，甚至还会扩及"五服"。对丈夫来说，兄弟之间需要合作、和睦；而在妻子看来，这些"近门子"大都处于潜在的竞争关系。虽然在名分上，"近门子"比娘家亲戚重要，但在实践和情感的层面，娘家亲戚却往往比"近门子"更为实际、实惠和亲近得多。

在李霞研究的这个同姓宗族（大家族）的村落社区，人们把亲属关系明确地区分为"家族"（五服之内）和"亲戚"（主要通过联姻而确立）。家族彼此间总会有一些超越各家户的较为正式的仪式（诸如拜年磕头、婚丧礼仪的互助等），亲戚则主要靠"走动"来维系和强化。在日常生活的实践中，"走亲戚"非常重要，其重要性绝不亚于社区和

---

① 参见李霞《依附者还是建构者？——关于妇女亲属关系的一项民族志研究》，《思想战线》2005 年第 1 期。

② 参见冯霞《母亲健在"家里的遗产"只能分一半》，《法制晚报》2006 年 12 月 18 日。

家族的那些仪式。家族仪式和颇有一些儒教意味的社区规范，主要涉及辈分（孝敬）、继嗣、家族的亲疏远近（五服和差序格局），此外，还有社会性别等；而日常生活的实际运行、"过日子"却更多的是走亲戚和"为"亲戚；所谓"走"和"为"都是非常具体的实践①。或许对于丈夫而言，家族或社区的仪式及规范是家族重于亲戚，但对媳妇的实际生活而言则未必如此。媳妇根据需求建构出自身的关系网络，也因此而另有一套远近亲疏的亲属关系序列。父系亲属制度的结构依然有效，已婚妇女的角色也要求她得有一定的回应，但她个人的生活实践所指向的"妇女亲属关系"其实更具现实的重要性。她积极实践的结果可能导致产生一种比起父系偏重来要稍微对等一些的亲属关系结构。就此而言，她们不是依附者，而是建构者②，她们的此类实践，某种程度上甚至可能导致夫族亲属称谓的某些变迁③。

在妇女的亲属关系实践中，最醒目也是最寻常的活动就是走亲戚，和娘家密切互动。这些互动既有为各种民俗惯例所规范的仪式往来和馈赠行为，例如，"回门""回娘家"和四时八节的往来、走动；也有在市场经济条件下基于功利目的而重视亲属关系网络的资源配置和重组的情形，中国人类学者张继焦注意到很多小家庭倾向于走母系或"女系"路线，即姻亲互助模式的案例显得较为突出，可学术界对此类现象的关注却太少④。另有社会学者在河北省满城县黄龙寺村的口述史调查，说

---

① 在当地方言中，此"为"具有"做"或经营人际关系的意思，参阅张百庆《"为人"和"懂事"——从社区研究看中国法治之"本土资源"》，博士学位论文，北京大学，2002年。

② 参见李霞《依附者还是建构者？——关于妇女亲属关系的一项民族志研究》，《思想战线》2005年第1期。

③ 参见黄涛《夫族亲属称谓的变迁与当代北方农村媳妇权威的崛起》，《中国民俗学年刊（2000—2001年合刊）》，学苑出版社2002年版，第25—45页。

④ 参见张继焦《市场化过程中家庭和亲缘网络的资源配置功能——以海南琼海市汉族的家庭商业为例》，中国民族学会第六届学术讨论会论文，云南西双版纳，1997年11月。

明妇女日常生活里的借贷、看孩子、干活等，往往都是靠"娘家人"帮忙①。当然，也有出嫁女子及其丈夫对娘家包括娘家的宗族复兴事业予以赞助的情形②。总之，正如朱爱岚采访的一位妇女说的那样：一切以现实情况而定③，妇女的亲属关系实践极具变通性、实用性与合理性。对于娘家来说，"闺女才是亲戚"，这意味着女子出嫁也为娘家带来了姻亲关系④，对此，仅从"宗族范式"出发是很难理解的。

从李霞提供的案例来看，乡村社区里已婚妇女的生活实践还有另一重要层面，亦即着意在丈夫的"近门子"之外发展具有女性个人之人际关系的"街坊"，建构村落社区里以女性自我为中心的相邻地缘关系，从而有效地抵消或疏离丈夫家族的亲属关系，包括来自"近门子"的压力，或与之保持适当的距离，或使之相对化。拥有独立的核心小家庭的已婚妇女积极参与街坊的社交和社区内各种"为往"活动，有助于她在日常生活里构成尽量少依赖婆婆或近门子的日常互助群体；扩展其在社区的社交圈子，甚至还可使她和其他媳妇们一起主导社区日常生活的舆论，以便和婆婆们的口碑舆论形成对冲。值得一提的是，由于乡俗称谓的关系，彼此关系密切的街坊在某种程度上，可被视为一种"准亲属关系"或拟制亲属关系。

已婚妇女积极地营建自身的亲属关系和她在生活中的社交实践，并不意味着她要绝对地排斥丈夫家族和近门子的关系，相反，她通常是会理性地将其也能纳入经过自己选择的亲属关系之内的。妇女的亲属关系

---

① 参见杜芳琴主编《贫困与社会性别：妇女发展与赋权》，河南人民出版社 2002 年版，第 27、479 页。

② 参见［日］濑川昌久『中国社会の人类学—親族・家族からの展望』，世界思想社 2004 年版，第 184、208 页。

③ Judd, Ellen, "Niangjia: Chinese Women and Their Natal Families", *Asian Studies*, 1989, 48（3）: pp. 525–544.

④ 参见刁统菊《娘家人还是婆家人：嫁女归属问题的民俗学研究》，电子稿，2010 年 10 月。

实践基本上是以个人为中心，主要在家庭生活层面和以家户为单位展开的，这和丈夫的亲属关系实践既有家族层面，也有大家族或宗族层面的情形有所不同。家庭层面的亲属关系实践有娘家重于婆家的倾向，但由于每个媳妇均出身于不同的村落或宗族，因此，她们之间并不存在针对宗族的对抗性联盟。事实上也有一些研究发现，妇女也有可能积极参与宗族层面的活动。除了闹分家、走亲戚、串街坊这些典型的妇女亲属实践之外，日常生活中很多其他行为也都有类似的意义。正如石瑞（Charles Stafford）指出的那样，"在任何充分的意义上，中国的亲属关系从来不是简单地由出生和继嗣所赋予的"，妇女们处于再生产夫权和父系亲属关系的体系之内，却通过对所谓"养育圈"的日常性经营而发挥着至关重要的作用，亦即妇女们也参与了父系亲属关系的生产和再生产。[1]

家庭、礼制与情感的历史

汉人的亲属关系实际上还有很多更复杂的情形，例如，以称谓而言，既有所谓的"当面称"，像已婚妇女当面称公公、婆婆为"爸爸""娘"，也有所谓"背后称"，背后称谓公婆时往往就不那么尊重；既有所谓的"从夫称"，又有所谓的"从儿称"。历史上曾有媳妇以"姑舅"称谓公婆的时代，这常被认为是古代交表婚的反映，在一定意义上，也是媳妇从娘家带过来的"从己称"[2]，这里很显然，已婚妇女要加入丈

---

① 参见石瑞（Charles Stafford）《从负面看中国人的婚姻》，高丙中译，马戎、周星主编《二十一世纪：文化自觉与跨文化对话（一）》，北京大学出版社 2001 年版，第 475—476 页。

② 黄涛：《夫族亲属称谓的变迁与当代北方农村媳妇权威的崛起》，《中国民俗学年刊（2000—2001 年合刊）》，学苑出版社 2002 年版，第 25—45 页。

夫的亲属关系体系，基本上是要把"从己称"改变为"从夫称"。据说大概是在隋唐时期就已经出现了"公婆"的称谓，也有人认为"公婆"的称谓有可能是来自"从儿称"。

中国古代历史文献对宗法制度的记录很多，有关妇女与公婆之间关系的规范自古至今一直非常丰富，但有关妇女和娘家的关系则言之甚少。先秦文献《礼记·内则》："妇事姑舅，如事父母。"郑玄云："事父母姑舅之法。"东汉班昭著《女诫》，要求女子要"曲从"公婆，"和叔妹"，也就是要处理好与婆家的各种关系。基于儒家伦理和父系宗法礼制所内含的"孝道"逻辑，要求媳妇对待公婆要像对待自己娘家的亲生父母一样，这一条后来构成了有关"妇德""女箴"之类传统的重要内容，例如，唐代出现的《女孝经》，要求"女子之事舅姑也，敬与父同，爱与母同"。唐代宋若莘撰《女论语》里，将"事父母""事姑舅""事夫"三者并列；此后，明《内训》、清《内则衍义》等，均延续此"三事"以之作为妇女的行为准则。大约成书于清代，由陆圻所著的《新妇谱》，更是在"三事"之外，还要求照顾到"夫家亲戚"，处理好"妯娌姑嫂"的关系等。①

但无论父系宗法制度如何强化妇女对于公婆及夫家、婆家的义务，自古至今它也都无法彻底割断妇女和娘家的关系。周秦时代多有妇女"归宁"及"归宁父母"之类的记载；到魏晋南北朝时期，出嫁女子和"本家"即娘家的关系，形成了庆会归宁、归宁省亲、娘家探望出嫁女子等多种形式②。大约在唐代时，曾经有过较为普遍的"依养外亲"家庭，亦即孤儿、寡妇由外家（舅氏）抚养或寄居外亲的情形，研究者认

---

① 参见李振林、马凯主编《中国古代女子全书 女儿规》，甘肃文化出版社 2003 年版。

② 参见王仁磊《魏晋南北朝时期出嫁女与本家关系初探》，《云南社会科学》2010 年第 2 期。

为，当时曾有过传统礼制与人情恩义的妥协，传统礼制是严格区分内外、防止外亲之渐的，故在丧服制度上有所区别，但唐朝时对此有所矫正，对外亲服制有所变通，从而使外亲和母族在社会关系中具有较为重要的地位①。在隋唐时代，妇女的实际生活也并不完全如儒家礼制或宗法制所规范的那样，而是在出嫁之后仍与"本家"保持着密切的关系，不仅可以长期归宁、夫亡归宗，本家也拥有对出嫁女子予以保护甚或干涉其在夫家生活的权限②。

娘家关注出嫁女儿的命运和幸福，这在中国是一个非常古老的传统，《仪礼·丧服》云："妇人虽在外，必有归宗，曰小宗，故服期也。""归宗者，父虽卒，宗其为父后持重者，不自绝于其族类也。"这些都说明出嫁的女儿和娘家宗族间的关系并不会因出嫁而消失，其实这也为妇女预设了归宗的可能性。唐朝人甚至也有和今天中国人颇为近似的感受："大凡人情，于外族则深，于宗藩则薄。"③ 根据陈弱水教授的研究，唐代时，妇女与本家（娘家）的关系密切，互动形式主要有归宁省亲、日常接触、照料娘家、夫随妻居、长居本家（娘家）、夫亡归宗或死后归葬本家（娘家）坟茔④等。本家（娘家）对已经出嫁的女儿依然拥有某些权利，甚至可以干涉其婚姻，逼其离婚。

到宋元时期，妇女在夫家已是处于大家族的伦理秩序之下，故必须恪守妇德，然后才能熬成主母，如若婆媳不和，媳妇就要受罚。媳妇为翁姑服"义服"，为三年，女婿却只需为岳父母"缌麻三月"，两者明显有很大的不平衡，绝非对称。此种以重宗亲、轻外亲为特点的服丧制

---

① 参见李润强《唐代依养外亲家庭形态考察》，张国刚主编《家庭史研究的新视野》，生活·读书·新知三联书店2004年版，第71—102页。

② 参见陈弱水《唐代的妇女文化和家庭生活》，允晨文化实业股份公司2007年版。

③ 《旧唐书·忠义传下·李憕传附景让传》。

④ 参见陈弱水《试探唐代妇女与本家关系》，台湾"中研院"《历史语言研究所集刊》第68本（一），1996年版，第238—241页。

度一直延续至今，成为中国宗法制度的核心内容之一①。丈夫对于妻子的家族或宗亲只需维持远亲的姿态即可，但妻子与夫族的关系则应密切且处于卑下②。古代曾用"归"字形容嫁到夫家，这意味着娘家只是女子临时的居所，她最终的归宿应该是在夫家。这多少也意味着妇女身份归属的矛盾和模糊性，甚至在她出嫁之前就已经存在了。因此，已婚妇女应该"内夫家，外父母家"。但有宋一代，又有"父女天合，夫妻人合"的说法，妇女与娘家的关系被认为很重要，也较为宽松，来往的形式也主要有归宁省亲、依存外家、守寡归宗、久居母家等③，和唐朝一脉相承。中国历史上的王朝不少都曾因"外戚"干政备受困扰，也因此极力强化宗法礼制，即便是强悍、成功如武则天，最后也还是要还政于李姓宗室。

综上所述，当今中国广大妇女涉及"婆家"和"娘家"的困扰和体验，其实在历史上就有，此种感受实际是有颇为深远的历史传承。妇女因为结婚形成生活空间的转移，这始终是她们一个需要面对的问题④。对此，除上述历史文献可以为证外，还可以从礼制与情感的关系这一角度去推察。以父权为中心、以男系血缘为继嗣原则、以夫方居住为基本特征的婚嫁制度，恰与构成古代王朝政治体制之根基的宗法制度互为表里，几千年来此种宗法制度的基本走向是不断被强化，甚至发展出对妇女的制度性管束。生活于此种宗法礼制之中的已婚妇女，自古至今其实一直是依赖或仰仗着与娘家的血缘纽带和情感连带，从而在"婆家—娘家"的夹缝或往来之间顽强地拓展着生活的空间。在某种意义

---

① 参见陶毅、明欣《中国婚姻家庭制度史》附二"妻为夫族服图"、附七"妻亲服图"等，东方出版社1994年版，第349、353页。

② 参见游惠远《宋元之际妇女地位的变迁》，台湾新文丰出版公司2003年版，第149—151页。

③ 同上书，第156—165页。

④ "童养媳"的情形，可视为例外。

上，她们抵抗宗法礼制的武器之一，便是借重和娘家的情感，尽量持久地维系和娘家的关系，并以为后盾；而宗法礼制再严格，也多少需要对妇女和娘家的情感这一基本人性有所顾忌。这样，已婚妇女也就有了在夫家礼制体系和娘家情感连带之间得以回旋的余地，亦即妇女亲属关系在日常生活里也就有了实践的可能性。

乡村妇女的人生"移情"

以往的亲属关系和亲属制度研究较多专注于制度层面，而不大关注情感的层面。实际上，很多学术著述均有轻视人类情感的倾向，往往倾向于把当事人描述为一切行为都是基于理性的"经济人"或"法人"。朱爱岚曾着重对已婚妇女与其娘家关系进行研究，从而指出以妇女为中心的亲属关系不同于父系亲属制度的特点之一，就在于"情感"因素。① 李霞的村落妇女民族志研究也非常重视情感这一要素，对基于情感甚至以情感为指向的妇女亲属关系实践——包括她们对"生活家庭"的追求和对娘家的眷恋及依赖——的描述，极大地丰富和深化了我们对中国妇女生活状态的理解。如果李霞描述的闺女出嫁前在娘家无忧无虑、备受亲情宠爱的人生经历状态具有一定的普遍性，也就不难理解女子出嫁后对娘家的怀念以及在外打拼的"都市农家女"们的乡愁感受。②

李霞的论著详细记录了乡村妇女跌宕起伏的人生历程，从时间角度考察了妇女亲属关系的感情层面。嫁娶婚和从夫居使汉人社会的妇女们一般都需以结婚为契机而经历生活空间、身体、劳动乃至集团归属的转

① Judd, Ellen, "Niangjia: Chinese Women and Their Natal Families", *Asian Studies*, 1989, 48 (3): pp. 525 – 544.

② 参见［澳］杰华 (Tamara Jacka)《都市里的农家女——性别、流动与社会变迁》，吴小英译，江苏人民出版社 2006 年版，第 128—129 页、第 161 页。

移。已婚妇女经营小家庭和建构个人亲属关系的实践活动，往往伴随着
女性人生历程的不同阶段而会不断有所调整，通常她们会尽力维系、追
求、依赖和发展、巩固自己经营的个人亲属关系网络，尤其重视和娘家
之间的情感。作为每个人成长的初级生活群体，情感无疑是家庭和妇女
亲属关系中最重要的因素，妇女往往也是家庭及亲属情感主要的维系
者。但妇女的人生及情感归宿，通常都难以回避地存在一个由亲近"娘
家"逐渐转向认同"本宗"（婆家）的"移情"过程。首先是以情感为
纽带，着力于在夫家所处的宗法礼制体系内建构自我中心的"生活家
庭"，然后伴随着子女的出生，通过"从儿称"而嵌入夫家亲属体系，
进而在宗社村邻之间均获得稳固的身份；特别是当她自身因为儿子结婚
成为"婆婆"或因为闺女出嫁而成为女儿牵挂的"娘家妈"之时，进
一步伴随着孙子辈出生而在夫家亲属关系体系内获得"母权"及"祖
母权"的时候，她也就从被"娘家"提供保护、在夫家或"婆家"的
"媳妇"转变为"婆婆"，从而真正地把夫家当作自己的家。

　　在媳妇主导下实现分家，亦即"生活家庭"脱离公婆主持的家族
而独立的初期，在经营小家庭的过程中，娘家亲戚是最重要和天然的关
系资源与情感依托；而"子为母之党"，妇女常携孩子回娘家（对孩子
而言，是外家），并在相当程度上能够影响子女的情感取向，但伴随着
子女的成长，他们自然会有情感的"转向"，逐渐会对"本宗"和"外
家"有新的认知和认同，作为母亲对子女的此类本宗情感，终归是必须
予以承认和妥协的。妇女这个"移情"的人生历程漫长而又艰难，故民
间素有"媳妇熬成婆婆"一说。终其一生，妇女大都会保持有关娘家的
情感记忆，但娘家并不能永远成为其情感寄托，她必须全力以赴地致力
于小家庭的经营，回娘家的次数也会逐渐减少。促使她逐渐淡化对"娘
家"的情感和归属感，以及缓慢地"移情"婆家或夫家的因素，还有

来自娘家也必然会发生的各种变化，诸如娘家父母的过世、娘家兄弟的结婚和分家、娘家兄弟媳妇的"他人化"态度等。妇女一生经历的包括"移情"过程在内的情感体验并不是人类不可描述、不可理喻的领域，相反，它也是经由地域及宗社文化所规范的情感"语法"或社会关系体系的一部分。

伴随着小家庭的成功，伴随着子女的出生和成长，已婚妇女会逐渐适应丈夫家族的人际关系环境，并逐渐在婆家的父系亲属关系格局中获得确定和有尊严的位置，同时，她当然也需要兼顾丈夫的感受、子女在丈夫家族中的地位和权益等很多因素，因此，和丈夫家族包括公婆、近门子的关系等，亦会逐渐回归"正常"（相对于闹分家时的破裂状态而言）。进一步伴随着女儿出嫁或儿子娶妻，甚至她自己也要面临媳妇的"闹别扭"和分家独立，已婚妇女自身的身份、认同和情感归属，因此会逐渐而明确地发生转变。她成为"婆婆""娘家妈""岳母"，甚至"祖母""奶奶""外婆"。儿子的分家将导致由她亲自建立的"子宫家庭"解体，最终她将失去儿子而只剩下丈夫，如果他还健在。她会逐渐地学习如何与媳妇相处，现时代已经不容她摆出好不容易苦熬成婆婆所获得的权威，相反，她需要对儿子和媳妇的小家庭也投入一定的情感，诸如帮助带孩子，在他们外出打工时照顾门户等。她应该注意在几个儿媳妇之间一碗水端平；她对出嫁女儿的牵挂和支援，有时也需要和对儿媳妇"好"的程度有所平衡。到晚年，和男性能够较多获得丈夫家族兄弟或侄儿等近门子亲属的照顾形成对照的是，老年妇女更多地依赖家庭内的直系亲属，这种状况实际上分别是与其家庭观、亲属观的差异相呼应的。如果和儿子、媳妇之间产生养老纠纷，她或多或少可以得到娘家兄弟（儿子的舅舅）的声援及出嫁女儿的安慰。女儿对娘家父母的照顾，往往是无条件和基于情感的。尤其是寡居的母亲，住到出嫁的女儿家养老的情形并不鲜见。如果说妇女基于孝道或父系礼制为公婆"哭丧"时常被人们视为"虚情假意"，那么，她们对娘家父母的"哭丧"通常却没人怀疑。作为媳妇的"假意"和作为女儿的"真情"，往往是一身兼顾。当然，即便是在妇女人生的"移情"过程得以顺利完成之后，她依然会长期保留有关"娘家—婆家"的生活记忆①。

尽管依旧时"三从四德"的规范，说妇女在家"从父"、出嫁"从夫"、夫亡"从子"，并由此解释当下中国乡村妇女的人生意义和日常生活理据，未免看轻了妇女的主观能动性及其创造自己人生价值之亲属关系实践的重要性，但说她们对婆家所属宗社或家族的"历史感"和"当地感"的渐次确立，却也是符合"移情"过程之最终归宿的②。终究她是要作为丈夫所属的宗族或大家族的祖母，成为子孙后代的祖先，并在丈夫的宗族祠堂里被祭祀。但乡村妇女也有她并不完全等同于丈夫的理想人生，根据刘大可在闽西武平县北部客家村落的田野研究，客家妇女的理想人生是"做子婆太"③。"婆太"一般是对儿孙绕膝、子孙满堂之长寿老年妇女的尊称，而"做子婆太"则还包含了道德价值的寓意，亦即她具有孝事翁姑、和睦妯娌、克勤克俭、相夫教子、母仪乡里的美德。回娘家的女儿行将返回夫家时，妈妈的祝福和叮嘱，经常是提醒女儿"气性要好，做子婆太的"。

最后值得一提的是，包括李霞在内，大多数研究者都会很自然地把女性的终老视为一个终点，这对于女性个人的人生而言是如此，但对于

---

① 有关妇女生活及情感史的口述记录，最经常的内容多是对娘家的眷恋（集中反映为哭嫁、回门、长住娘家、不落夫家、自梳女之类的习俗）、丈夫的家庭暴力、婆家的规矩、"堂前气"（来自公婆的刁难）和"床前气"（来自丈夫）等。参阅李小江主编《让女人自己说话　文化寻踪》，生活·读书·新知三联书店 2003 年版，第 43—46 页、第 69—75 页、第 168—169 页、第 303—315 页、第 338—348 页、第 364 页、第 371 页、第 410 页等。

② 参见杨华《妇女何以在村落里安身立命？——农民"历史感"和"当地感"的视角》，黄宗智主编《中国乡村研究》（第八辑），福建教育出版社 2010 年版。

③ 刘大可：《田野中的地域社会与文化》，民族出版社 2007 年版，第 92—96 页。

因为她的出嫁而建立的姻亲关系，却不会马上消失。她的兄弟（母舅）对她的子女依然具有仪式甚或实质性的权威。刁统菊指出，出嫁女子终老之后，因她而发生的两个家族之间的关系并不会马上消亡或中断，而是可以延续两三代人之久。[①]

回娘家和女儿节：永远的牵挂

已婚妇女和娘家之间的情感纽带，不仅表现为出嫁女子对娘家的眷顾，更有娘家对出嫁女子的牵挂。中国各地民俗里有很多涉及已出嫁女儿"回娘家"的乡土传统，诸如在婚礼过后的"回门""住对月""返厝"[②]，大年初二的回娘家拜年，每逢年节岁时定期、不定期地接出嫁女儿回娘家的习俗等，甚至福建省惠安一带的"长住娘家"[③] 风俗等，在某种程度上均可如是理解。刚出嫁的女子，甚至对丈夫也不大熟悉（旧时，常有婚礼当天新娘才能看到新郎长相的情形），举目无亲，在情感上留恋娘家最自然不过，而娘家对此也会有多种担忧和关照。为此，中国各地民俗普遍地均有此类顾及出嫁女性情感的设计。女子出嫁前在娘家生活培养的感情，自然会延续到婚后很多年。由于不能马上适应婆家生活，往往也就需要时不时地回娘家休养。因此，媳妇在尚未实现分家之前，多会频繁地在婆家和娘家之间来回走动，甚至在某种程度上形成双栖轮住的生活方式。在中国很多地方的汉人社会，不同程度地存在

---

① 参见刁统菊《娘家人还是婆家人：嫁女归属问题的民俗学研究》，电子稿，2010 年 10 月。

② 旧时潮州农村有"返厝"之俗："头返厝"系嫁后 12 天时回娘家，但这天不能居留，必须当天返回；但"二返厝"，系另行择吉日回娘家，可多住一段日子。参见陈礼颂《一九四九前潮州宗族村落社区的研究》，上海古籍出版社 1995 年版，第 94—95 页。

③ 关于"长住娘家"习俗，旧有的解释一说是从母系到父权过渡阶段的文化"遗留"，但它或许只是一种"推迟转移的婚姻制度"。

女儿婚后仍长短不定地滞留娘家的风俗，为此，北方一些地方民俗才有诸如不得在娘家过年（春节）、过元宵节之类的禁忌，它们表现为各种俗话或谚语，诸如"吃了腊八饭，媳妇把家还"，"见了娘家灯，一辈子穷坑"便是。

老北京旧时的农历"二月二"，民间各种民俗活动中，有一项是接出嫁的"姑奶奶"回娘家，民谣云："二月二，接宝贝儿；接不来，掉眼泪儿。"说的就是娘家亲人对出嫁女子的牵挂。老北京礼数多，正月里姑奶奶不能住在娘家，特别是新婚媳妇要在初二回娘家拜年后马上再回到婆家，可到了"二月二"，就一定要回娘家，一住十天半月。在娘家，姑奶奶什么也不用做，无非就是串门子、聊天、吃喝，享受娘家亲情的滋润。可知与在礼制及仪式等层面多少被婆家有所束缚形成对照的是，乡间民俗却同时安排了让已婚妇女回娘家的各种惯例，从而使出嫁女子的情感得以舒展，帮助她们平衡或舒缓来自婆家或父系亲属礼制的压抑。显然，对于妇女而言，亲属关系中有关婆家方面的主要是礼仪性的，这就像婚礼过后"认大小"的仪式细节所表明的那样，但其于娘家则主要是情感性的。在婆家生活的已婚妇女，却对娘家有相当的心理依赖，这其中既有理性地视娘家为后盾、资源的一面，同时也是基于天然人伦的情感依托。

在中国传统的岁时节庆体系里，原本并没有明确、固定而又统一的妇女节或"女儿节"，然而，各地乡土社会实际上又常有把其他节日予以改造或在某种程度上从中引申、延展出类似"女儿节"之意味的各种情形。除前述的"二月二，接宝贝儿"，各地还有一些传统节庆尤其和妇女密切相关，如农历五月的端午节和九月重阳节等。五月初五端午节，在明清时的北京又称作"女儿节。"明沈榜《宛署杂记》卷十七："宛俗自五月初一至初五日，饰小闺女，尽态极妍。出嫁女亦各归宁，因呼为女儿节。"嘉靖河北《隆庆志》："已嫁之女召还过节，未嫁之女夫家馈以彩币等物。"正德陕西《朝邑县志》："五月五日、六月六日、七月七日、九月九日，迎女之已嫁者。"历史学者常建华据此认为，端午只是一系列特殊日子中出嫁女归宁的第一个节日。① 清朝时北京人也在端午节打扮小姑娘，已嫁之女也于此日回娘家归宁，因此，"女儿节"的称谓也就沿袭下来。康熙年间的《大兴县志》记载说：是日，少女须佩灵符，簪榴花，已嫁之女亦各归宁，故又称"女儿节"。至于九九重阳，据明刘侗、于奕正《帝京景物略》记载：明代时，北京在重阳这天，父母必迎已出嫁女儿归宁食花糕，亦曰"女儿节"。"或不得迎，母则诟，女则怨诧，小妹则泣，望其姊姨"②，可见其风之盛。实际上，逢年过节回娘家或接出嫁女儿归宁的风俗，并不局限于以上几个"女儿节"，这几乎在任何节日都有可能，诸如春节大年初二，携丈夫、孩子给娘家父母拜年；清明节，女儿给娘家祖先送纸祭祖；中秋节，女儿给娘家送月饼；等等。乡土社会的走亲戚和礼物馈赠活动，绝大部分发生在"儿女亲家"之间，所有这些馈赠和相互走动，均深刻体现了娘家和出嫁女儿之间的互相牵挂与惦念。正是为了使"儿女亲家"之间的此类互动得以持久存续，中国各地农村的"通婚圈"基本上是以当天可以往返的距离为半径的（旧时在妇女缠足的状况下，其范围会更加限

---

①　参见常建华《明代端午考》，李松、张士闪主编《节日研究》第一辑，山东大学出版社 2010 年版。

②　重阳节之所以又叫"女儿节"，大概因为它曾是古代妇女的一个休息日。干宝《搜神记》里有一故事：淮南全椒县有一位丁氏女，嫁给大户谢家，受到婆婆虐待。她被迫干重活儿，不能如期完成就遭毒打。丁氏不堪，于重阳节这天悬梁自尽。死后冤魂不散，依附巫祝说，为人媳妇者常年劳累，九月重阳之日，就请婆家不要再让她们操劳了。故江南许多地方每逢重阳节，就要让妇女休息。后每逢这天，娘家父母要把已出嫁女儿接回娘家吃糕。

定），这是乡土地域社会的基础之一①。加拿大人类学者宝森在云南禄村的研究，再次证明了农村的婚姻距离和亲属呵护及社会支持之间的关系②，在当代禄村，若妇女距离娘家 20 千米以上，就算是"远途外婚"了，而这类远途外婚的比例还不到 1/10。在很多中国人的传统观念里，女子远嫁在某种程度上就是不幸，因为她从此将很难得到娘家的呵护，不在娘家视线之内的婆家生活则是非常令人不安的。在关中农村，为帮助出嫁女儿度过在夫家尚不适应的时段，民间有"熬娘家"和"追节"之俗，前者是在新婚不久，要由娘家"叫"和"送"，即接女儿回娘家小住，一般夫家不加干涉；后者则是指逢年过节，娘家要向出嫁女儿送去各种食物和礼物，以示关怀。③

娘家对出嫁女儿的牵挂和过于担忧，甚至有可能使"儿女亲家"的关系从一开始就有些不大平衡。据李景汉调查，在民国时期的北京郊区一带，女儿的婆家被称为"仰头亲家""上门客""硬门客"，而女儿的娘家则被称为"低头亲家""下门客""弱门客""软门客"，这一类民俗语汇表现的内涵令人深思。儿女亲家的往来大半以妇女为主，彼此较为"客气"。为了顾全女儿的幸福，嫁女的一方拜访亲家时，常会意识到"自家的牛是拴在人家的橛子上"或"刀把儿攥在人家的手里"，必须非常郑重、小心翼翼。这种状况据说直到中华人民共和国成立后实

---

① 有学者据明代徽州休宁县的黄册户籍登记资料指出，"娶入女性的出生地"以本都或临都为主。人类学研究也表明，如果是远方婚的话，会将女性和她们出生的亲族分开，导致女性地位下降。参见周绍泉、落合惠美子、侯杨方《明代黄册底籍中的人口与家庭——以万历徽州黄册底籍为中心》，张国刚主编《家庭史研究的新视野》，生活·读书·新知三联书店 2004 年版，第 218—261 页。关于"通婚圈"之构成地域社会的基础之一，参阅周星《文化遗产与地域社会》，《河南社会科学》2011 年第 2 期。

② ［加］宝森：《中国妇女与农村发展——云南禄村六十年的变迁》，胡玉坤译，江苏人民出版社 2005 年版，第 236—237 页。

③ 参见赵宇共《关中农村婚俗中的母系情结》，《浙江学刊》1999 年第 4 期。

施了新《婚姻法》之后才有所改变，逐渐形成了比较对等的关系。① 不过，也有不少研究者报告说，娘家和婆家之间各种仪式性的馈赠与互动行为，常有可能促成娘家相对于婆家而具有某种仪式性或象征性的优越地位。不言而喻，娘家和婆家有时候也会陷入紧张的关系状态，尤其是当媳妇在婆家闹分家或闹离婚时，她通常总会得到娘家无条件的支持与呵护。妻子若想对丈夫或婆家表达不满或施加压力时，最常使用的"撒手铜"可能就是在娘家滞留不归。甚至各地还有不少娘家可以对婆家实施问责与报复的民俗安排，特别是当女儿在婆家受到虐待、人身伤害或出现自杀之类的情形时，娘家就有可能倾族出动，兴师问罪。来自娘家的呵护、关注和压力，堪称是对出嫁女儿的一种有效和有力的保障。

已婚妇女的亲属关系实践，并不单纯地只是基于理性的判断或功利性的利害而展开，它同时也是基于情感的颇为自然的需求。对此，应该持有兼顾均衡的理解才对。例如，如果条件允许，娘家会尽可能多地让女儿的嫁妆超过男方的聘礼，并由此体现对女儿的珍爱，同时，这也算是对她在婆家获得较好的家庭地位或对其未来"生活家庭"的一种投资。除了对娘家的感情之外，媳妇经营自己的小家其实也有情感的因素。对她而言，情感上感觉亲近的除了娘家，就是小家庭里的子女和丈夫，后者一般是在实现"分家"之后才能有真实的感觉。妇女人生中很有可能遭遇到的婆媳矛盾②及相关的姑嫂之争、妯娌关系等，除了与家庭内部的权力（关于亲戚往来、家内琐事、日常开支、子女教育等）争夺有关之外，还大都与情感有关。费孝通曾经指出，夫妻关系是父母与

---

① 参见李景汉《北京郊区乡村家庭生活调查札记》，生活·读书·新知三联书店 1981 年版，第 49—51 页。
② 参见孙磊《为了争厨房争饭桌争电视争浴室，这对婆媳关系紧张，上了法院，都说清官难断家务事，昨天法官好头疼》，杭州网 2008 年 1 月 11 日。

儿女关系中的干扰因素①，这确实经常表现为媳妇和婆婆之间互相竞争她们对丈夫、儿子的情感影响力。由于儿子处于左右为难的境地，他不大容易那么快就"娶了媳妇忘了娘"，因此，中国家庭里的婆媳矛盾也就分外复杂②，有时，甚至会危及夫妻关系本身。

余 论

李霞的专著《娘家与婆家》突出地强调了女性的视角、实践的观点和情感的线索，由此对人们习以为常的民众社会生活的某些重大和基本的事实，亦即妇女亲属关系的存在及其实践的意义有了全新的认知与发现。由于是基于翔实的田野资料完成的研究，因此，在我们将其成果与其他田野工作者的民族志报告予以对照，将其置于人类学中国研究的学术谱系中予以检讨时，自然也就更加明晰了其结论多么具有解释力和说服力。"娘家"与"婆家"这一组民俗概念③，在乡土地域社会里很有涵盖力，其中有非常丰富的妇女亲属关系实践的内涵。归根到底，它不能简单地被归结为嫁女的一方（Wife - givers）和娶妻的一方（Wife - takers）④，严格来讲，它应该是在新娘—媳妇作为当事人成为"己身"（ego）之后才得以成立的一对范畴。中国南北各地用来表示这一对范畴的方言性称谓很多，以"娘家—婆家"较具有典型性、代表性和涵盖性。长期以来，人类学对中国社会结构之姻亲方面的亲属关系较为忽视，学者们讨论汉人亲属关系的分类范畴时

① 参见费孝通《江村经济——中国农民的生活》，商务印书馆 2001 年版，第 44 页。
② 参见郑全红《中国家庭史 民国时期》，广东人民出版社 2007 年版，第 189—192 页。
③ 参见周虹《满族姑奶奶与娘家》，《民俗学刊》第八辑，澳门出版社 2005 年版。
④ 参见萧红燕『中国四川農村の家族と婚姻—長江上流域の文化人類学的研究』，慶友社 2000 年版，第 355—356 頁。

虽承认姻亲和母方亲属关系的存在，但在确认相关的基本用语及定义时，往往不能给出具体涉及妻方或母方亲属关系的民俗概念①，更不用说将它们升格为学术用语了。就此而论，李霞对"娘家—婆家"的研究，或者说她通过运用"娘家—婆家"这一分析框架对妇女亲属关系及其实践活动之意义的发现，确实堪称是很大的贡献②。李霞成功地揭示了汉人社会生活里最具常识性的一部分结构与事实，由此还可解释很多相关的社会文化事象，例如，为什么在中国各地的民俗语汇中往往会有大量的强调母方亲属（或外家）之重要性的熟语、谣谚，为何在中国各类民间口承文学中，会普遍出现婆媳矛盾、姑嫂矛盾、分家纠纷之类的题材等。

当代中国社会与文化的几乎所有方面都正在发生着巨变，家庭、宗族、亲属关系以及人们的亲属观，也无一例外地均处于持续的变迁当中。20 世纪 50 年代之前，中国不少地方的父系宗族社会（例如，在韩敏研究过的皖北李村）都曾经对媳妇回娘家有较多限制，需要向婆婆请假，看婆婆的脸色，才能够回娘家看望父母，但在革命之后，尤其在 20 世纪 80 年代改革开放以后，妻子回娘家已经变得颇为自由。③ 20 世纪 50 年代，在中国的一些农村，曾经有过揭露公婆虐待儿媳妇的运动，为的是推动妇女的解放，但谁也没有料到 80 年代却又有了对媳妇不孝敬公婆的集中报道④，所有这些均说明中国乡村社会里婆媳关系的紧张

① Ebrey, Patricia Buckley and Watson, James L. "Introduction", In Ebrey, Patricia Buckley and Watson, James L. eds, *Kinship Organization in Late Imperial China, 1000—1940*, University of California Press, 1986. ［日］瀬川昌久、西澤治彦編／訳:『中国文化人類学リーディングス』，風響社 2006 年版，第 168—169 頁。

② 参见周星《娘家与婆家——华北农村妇女的生活空间与后台权力·序》，社会科学文献出版社 2010 年版。

③ 参见韩敏《回应革命与改革皖北李村的社会变迁与延续》，陆益龙、徐新玉译，江苏人民出版社 2007 年版，第 69—72 页、第 185—188 页。

④ 参见［美］艾米莉·韩尼格、盖尔·贺肖《美国女学者眼里的中国女性》，陈山等译，陕西人民出版社 1999 年版，第 137—140 页。

状态，直到不久前仍是一种常态，而"娘家与婆家"的机制则始终是健在的。近数十年来中国大陆的都市化进程，使得越来越多的人脱离了地域社会或乡土社区，人们选择配偶的范围不断地扩大；城市里的新婚夫妻更多地选择另居、别居，而不是传统的从夫居方式，这极大缓解了发生婆媳矛盾的可能性，并使"分家"从一开始就来得非常自然，所谓"生活家庭"的建立也更加容易和理所当然，从而更加促进了全社会的"核心家庭化"趋势。特别是延续了30 多年的独生子女政策，导致在城市出现了大面积的独生子女家庭①，这甚至使男系中心的娶嫁婚形态多少发生了一些变化，妻子感受到来自婆家的压力小了很多。伴随着独生子女家庭的普及等人口学数据的变化，女儿及母系亲属的重要性比以前更加重要，较之以往偏重父系的中国社会也朝向较为平等的"双系"（父系和母系之间平等）社会发展。② 实际上，阎云祥在他的东北田野里也观察到了类似的情形，亦即女儿越来越多地介入娘家事务，包括对娘家父母的赡养，他解释说这与族权、夫权持续地被削弱的趋势有关③。另有研究表明，计划生育政策也是促使出嫁女子和娘家之间关系纽带进一步增强的因素。④ 尽管如此，婆媳关系即便是在城市里，也依然是妻子不能忽视的问题；城市里的独生子女夫妻，之所以年复一年地会有在婆家还是娘家过年、吃团圆饭的困扰⑤，说明"娘家—婆

---

① 参见林光江《国家·独生子女·儿童观——对北京市儿童生活的调查研究》，新华出版社 2009 年版，第 9—11 页。

② 参见周云《人口数量的变动与家族亲属关系》，马戎、周星主编《田野工作与文化自觉（下）》，群言出版社 1998 年版，第 1053—1063 页。

③ 阎云祥：《私人生活的变革：一个中国村庄里的爱情、家庭与亲密关系》，龚小夏译，上海书店出版社 2009 年版，第 199—201 页。

④ 张卫国：《"嫁出去的女儿泼出去的水"？——改革开放后中国北方农村已婚妇女与娘家日益密切的关系》，黄宗智主编《中国乡村研究》（第七辑），福建教育出版社 2010 年版。

⑤ 周文、王堃：《沙湾县 80 后小夫妻为过年回谁家闹进派出所》，亚心网（http://www.iyaxin.com）2011 年 1 月 31 日。

家"的亲属关系逻辑依然在发挥着作用①。

在广大的农村，基于自由恋爱的婚姻不断增加，这促使妇女和娘家的关系更加堂堂正正，也更加容易得到丈夫的理解和支持，尽管如此，结婚依然意味着她必须加入丈夫的亲属及社会关系网络之内。但如果丈夫在外打工，媳妇就可能更加长期地住在娘家；而女子打工出外，也更容易将留守的子女委托给娘家来照看。人口流动导致内地贫困地区的女子以"外来媳妇"的方式远嫁东南沿海各地，却因难以获得娘家的关照而甚感困扰②；与此类似的情形还有"大陆媳妇"在台湾的境遇③及涉及国际婚姻的很多案例。由此可知，"娘家—婆家"的机制和基本生活图式是多么重要和有价值。社会变动也会导致传统和新规则之间的冲突，传统上出嫁女是"泼出门的水"，不再具有在娘家所属社区的成员资格④，但当市场经济原理下的物权、财产权、继承权、亲权等概念介入的话，情形就要复杂得多。在人类学者华琛数十年追踪研究的香港文氏宗族里，近年也出现了女儿要求平分娘家父母的土地和财产，甚至还出现了要求继承更上几辈父系祖先的地产

① 李君霞：《女子要求丈夫回娘家过年，在公证处公证被拒绝》，亚心网（http://www.iyaxin.com）2009年4月17日。

② 参见韩敏《回应革命与改革：皖北李村的社会变迁与延续》，陆益龙、徐新玉译，江苏人民出版社2007年版，第198—201页、第185—188页。

③ 参见刘珠利《妇女主义理论的观点对大陆及外籍配偶现况之启示》，（台湾）《社区发展季刊》2004年第105期，第44—55页。

④ 从法律上说，农村妇女"对于土地和其他财产享有与男性平等的权利，出嫁在外的女性有权保留她们使用土地以及分享集体财产的权利，直到她们在外嫁的村庄、丈夫的居住地分配了户口和土地使用权。但是通常一个妇女嫁到另一个村庄之后，都没有分配到新的土地使用权，如果她嫁给了一个城市户口的人，常常自己并不能获得城市户口"。参阅[澳]杰华（Tamara Jacka）：《都市里的农家女——性别、流动与社会变迁》，吴小英译，江苏人民出版社2006年版，第96页。在广东省南海大沥镇颜峰村丹邱经济社，对镇政府有关落实社内外嫁女合法分红权益的要求，村干部和村民持反对意见，认为"不应给外嫁女分红"，"外嫁女是泼出去的水"。但在其他地方，却也有相反的情形，即社区居民宁愿对出嫁女的权利予以保留的案例。参阅孙建驹、蔡剑《粤一村长不给外嫁女分红被拘，村民一度集结声援》，中国新闻网2000年7月3日。

份额的情形，自然，这也引起了家庭和宗族内部持续的人际关系紧
张①。宗族之伴随着时代变迁的命运以及出嫁女和她们娘家之间的关
系，今后还将有哪些变化和可能性，确实是值得我们持续观察的学术
课题。

---

① 参见华琛《假想亲属、实有地产与移民形态》，秦兆雄译，《中国研究》2009 年春
季卷第 9 期。

关于人类学民族学创新的几点思考*

陈英初

第十一届全国人大第四次会议批准的《中华人民共和国国民经济和社会发展第十二个五年规划纲要》提出，要"大力推进哲学社会科学创新体系建设，实施哲学社会科学创新工程，繁荣发展哲学社会科学"，这是国家经济和社会发展五年规划第一次提出哲学社会科学领域的学术创新问题，充分反映了党和国家对哲学社会科学事业的高度重视，显示了社会科学在未来我国经济社会发展的作用将变得更加重要。2011 年是实施"十二五"规划的开局之年，国家力促哲学社会科学繁荣发展的契机，同样给我国人类学民族学的快速发展带来了新的机遇，整个学术发展空间将大大增加。本次会议以"人类学民族学理论创新与学科建设"命名，无疑对我国人类学民族学创新工程的启动和实施具有重要影响和积极意义，它将进一步坚定我们的学术信心和学术操守，使我们不断地进行创造性研究，推出优秀的学术成果。

我国人类学民族学创新的主要内容之一是探寻人类学民族学理论研

---

* 本文主要内容曾在 2011 年 11 月由中国社会科学院民族学与人类学研究所主办、社会文化人类学研究室承办的《人类学民族学理论创新与学科建设》学术研讨会上宣读过。嗣后，笔者做了修改和补充。

究本身的内在价值。所谓理论研究的内在价值就是对人类学民族学理论价值的珍视和提升，其主要内容应该包括：学科基本理论的发掘与定位；学科某些理论的研究与评价；学科应用技术理论及今后发展方向的推介等。在这里，笔者只想从人类学民族学理论创新的思想基础、人类学民族学分支学科的理论创新、人类学民族学研究数字化问题等三个方面，浮浅地谈谈。

一　人类学民族学理论创新的思想基础

笔者首先需要说明，人类学民族学的"思想基础"至少涵盖两个层面，一是政治思想基础，二是学术思想基础，分别浅论如下。

（一）人类学民族学的政治思想基础

可能有论者提出，"政治思想基础"不属于学术范畴。可在笔者看来，从一定意义上讲，至少在某些问题上学术与政治不能截然分开，特别是在当前社会主义条件下，学术仍然存有政治原则。因此，"政治思想基础"的政治属性是必然的。但是，除了政治属性外，"政治思想基础"也存有学术属性。其理由是："学术"是指学说和方法，在现代意义上，它一般是指人文社会科学和自然科学领域中的科学学说、方法和方法论。在这样的语境中，政治如果从学术理论上探讨，是一个主观与客观的概念。政治，客观上是政府、政党、社会团体和个人在内以及国际关系方面的活动；主观上政治是思想的产物，其中所包含的思想性元素存有学术探讨的必要。那么，"政治思想基础"自然派生于政治，其研究主旨应该是以对政治的研究为发端，而政治研究则接受学术属性的认同。因此，"政治思想基础"既有政治属性，又有学术属性。

笔者以为，在我国当前的时空条件下，特别是在哲学社会科学领域，无论什么样的创新，必须建立在马克思主义理论基础上，坚持党对哲学社会科学的领导，用马克思主义的基本理论和党的各项方针、政策来指导我们研究工作中的立场、观点和方法，才能保证正确的政治方向和学术导向，这是创新的前提和条件，也是中国人类学民族学创新的政治思想基础。离开马克思主义基本理论和党的领导来谈我国人类学民族学理论创新，就会偏离马克思主义的科学发展观。现实中，个别观点对我国社会科学坚持马克思主义的研究方向持否定态度，这种观点显然脱离了中国国情。应该看到，在中国搞学术研究的内在价值，并不与坚持、重释马克思主义相抵触。这是因为，思想是学术的基础和灵魂，学术脱离了思想则没有意义。学术理论或学术理论体系是根据思想体系构建起来的，一个思想体系可以构建起多个学术理论或理论体系。

应该承认，马克思主义在当今社会氛围中依然占据着世界思想舞台的制高点，它是一种超越时代和跨越国界的学说，它的研究进路，是时代对学术研究提出的重大问题，它的理论体系符合中国社会发展实践需要，它的全球性传播与接受更是近年来国内外学界关注的一个热门课题，并持续到了今天的"后马"时代（代表人：福柯、德里达、鲍德里亚、齐泽克等）。国外学界以马克思主义结合本国具体情况派生出的越南化马克思主义、古巴化马克思主义、西方马克思主义……都是在保留了马克思主义思想体系基本原理的条件下做的民族化变通。国内哲学社会科学界也正在把推进马克思主义中国化、时代化和大众化作为重要己任。应该说，马克思主义以自身所具有的理论特质和实践旨趣影响着我们所处的社会和时代。马克思主义基本原理的坚守与科学理解是马克思主义中国化的基础。马克思主义中国化的研究主要是围绕马克思主义理论与中国具体实践之间的关系展开，在马克思主义理论与中国实践互动的过程中，将中国社会的政治、经济、文化特征与民族性、时代性融入马克思主义学说中，形成了社会主义核心价值体系①，它是在中国特色社会主义实践基础上，文化价值自我继承、开放吸收和创新超越的产物，我们必须把这一时代背景纳入学术理论研究之中，在马克思主义思想价值和专业学科学术理论双重维度研究中自觉践行，以确立中国人自己的理论框架和研究范式。特别是在当前，我国正处于改革发展的关键时期，经济转轨、社会转型等深层次的社会变革使社会思想意识更加多样化，社会政治、经济、文化生活中的难点、热点问题不断出现，迫切需要马克思主义中国化、时代化和大众化的宣传和普及，需要我们根据中国的国情特点坚持马克思主义，用马克思主义的立场、观点、方法探索和引领多样化社会思潮，分析和解决中国的现实所面临的诸多问题，是非常有效的途径和办法。因此，用马克思主义中国化的最新研究成果提升学术水平，是中国学界，特别是我们人类学民族学界，确立由马克思主义民族观来指导我们的学术研究，具有深刻的启发和重要的意义。因为，真正领会马克思主义民族观，是确立具有中国特色的理论与实践的研究模式和研究成果的唯一正确方法。

　　用马克思主义理论关照现实，坚持人民至上、服务于党和国家工作，是对以马克思主义为指导的社会科学工作者的基本要求和共同追求。在坚持马克思主义指导地位，不搞指导思想多元化问题上，社科院领导也曾强调："我们提倡解放思想，但不能丢掉社会主义意识形态；我们尊重差异、包容多样，但这种尊重和包容的内涵和外延不是没有边际。"② 但是，我们也应该承认，过分强调意识形态的指导性，在一定程度上会阻碍各种富有特色的理论个性的产生，使得一些富有独特个性

———————————

　　① 马克思主义指导思想、中国特色社会主义共同理想、以爱国主义为核心的民族精神和以改革创新为核心的时代精神、社会主义荣辱观等是社会主义核心价值体系的基本内容。

　　② 刘国光：《巩固和发展马克思主义理论思想阵地——读陈奎元同志 3 月 16 日〈讲话〉随感》，《中国社会科学报》2011 年第 193 期。

色彩的研究难以形成或难以产生重大影响。在以往工作实践中，笔者体会到，党的民族政策是马克思主义民族观中国化的一个重要组成部分，它的核心内容就是民族团结、民族平等和民族区域自治制度。我们的学科理论创新自然也不能离开这个纲。因此，我们应该在坚持以马克思主义为指导，在以马克思主义作为人类学民族学理论创新的政治思想基础这一原则问题上达成共识。只有这样，才能够更好地推进以学科理论创新、学科研究方法和手段创新等为主要内容的人类学民族学学科体系创新，才能找到新的学术理论研究基点和归宿。

（二）人类学民族学的学术思想基础

笔者以为，所谓"学术思想基础"是学术的核心组成部分，是指一门或者是全部有系统的、较专门的学问中客观存在的反映思想内容为世界观和物质生活条件在经过人们思维活动后而产生的结果，它源于人们日常生活中的想法或念头，但同它们又有本质区别，它注重学术观点的理论化及其嬗变。人类学民族学的学术思想基础也即如此。较具体地说，就是人类学民族学的学术与思想的关系问题。学术是在不同的研究领域中普遍的认知，思想则是不受学术专门领域制约的学理性认识。学术如果没有思想性就会游谈无根。这就启示我们，一个学者要想写出真正有价值的著作，应该在他所涉猎的学术领域中拥有明确的、独立的思想观点。如果没有原创性的思想观念作为引导，学术研究就会失去严肃，变为一些琐碎的"流水账"。因此，学术上要获得预想的成功，学者们必须要借助于自己深厚的"思想"功底，真正在观念上突破以往学术写作的基本框架和套路，创新学术思想。还应该承认，人类学民族学的学术思想具有很强的时空性（时，即时间；空，即状态）。例如，19 世纪六七十年代，人类学在欧美各国确立了独立学科地位，被定位为对"原始社会或文化"或"异文化"的研究。随着时空的演进，其学术思想的内容也有了新的变化，尔后的人类学研究被定义为对人类整体多样性研究，这一过程中，旧的学术思想作为历史遗存，其积极因素是学术进一步得到发展。我国人类学民族学研究领域也从 20 世纪二三十年代开始的乡村扩展到现代都市。当代人类学民族学的学术思想必须先行地、自觉地呈现出研究者的当代意识状态。也就是说，当代人对生活的任何认识、阐释都是以当代生活世界所感兴趣或与当代世界休戚相关的问题为出发点。例如，我国生态系统的人类学民族学研究、民族地区城镇化研究等，都是围绕着生态、城镇化的学术思想而展开的。

笔者认为，要重视"人类学民族学思想基础"这一命题，它所涵盖的"政治思想基础"与"学术思想基础"是两个问题的一个统一体，它们趋于理论化并互为存在、互相作用、互不分离。也就是说，任何轻视政治思想，注重学术思想，或是重描政治思想而淡化学术思想的中国人类学民族学研究都是没有前途的，它们的繁荣与共生构成了中国人类学民族学理论创新的思想基础。要深入研究这一问题，就需要从文化自觉的角度不断地提升包括智慧能力和实践能力在内的人的发展潜能。

二　人类学民族学分支学科的理论创新

毋庸置疑，理论是学术思想的最高形式，源于对实践的回应，是对实践进行概括与塑造而形成的深度思维的结论。理论创新是科学发展的本质特征，当然也是人类学民族学发展的本质特征，而实践是人类学民族学理论创新的起点，人类学民族学任何一种理论都是从实践中升华而来的。人类学民族学理论是指那些旨在解决具体问题的一些经验性理论。通常情况下，这些理论都有一定的因果性解释。笔者认为，多数情况下，人类学民族学理论寻求的是对多个事实的解释，而不是解释某个单一事件或事实，更多的是实现一种概念上的分类或对经验的一个说明。

人类学民族学作为研究人类社会的一门综合性学科，与社会科学中许多学科都有着极其密切的联系，它本质上的"跨学科性"，当然不可避免地分化出一些有着较独立研究领域并且有着共同题材的分支学科，这是科学发展积累到一定阶段后认识论的必然。人类学民族学分支学科及其理论创新，作为学科构建系统中重要的组成部分，是自我探索和认识的必然方式，应该从现存的理论和今后各分支学科的发展趋势上去考虑。

一般认为，人类学民族学理论体系框架中包括基础理论和一般理论两个方面。

基础理论涉及人类学民族学定义；人类学民族学研究对象、范围和方法的理论；其他相邻学科，如历史学、语言学、考古学与人类学民族学关系的理论；人类学民族学的其他分支学科，如历史民族学、考古民族学、经济民族学、社会民族学、政治民族学、语言民族学、地理民族学等学科的理论构建及其同人类学民族学主体学科关系的理论。另外，还有人类学民族学学科体系建设等其他基础理论。

一般理论涉及民族的起源、形成和发展的理论，社会形态理论，社会制度和家庭婚姻的理论以及民族物质文化和精神文化的形成、发展、变化的理论和观点等。[1]

当然，也有学者认为，人类学民族学理论分三类：一是宏观理论，如人类学中的进化理论、传播理论、功能理论、结构理论等；二是中观理论，如人类学中的婚姻家庭理论、亲属制度理论、国家形成理论等；

---

[1]　参见陈英初《关于中国民族学学科建设的几点看法》，《贵州民族研究》1998 年第 4 期，第 1 页。

三是微观理论，认为一个归纳经验现象，两个变量之间关系的命题就是一个微观理论。①

以上这些理论归纳起来，有些是属于哲学、社会科学范畴的，少数则属于自然科学。它们有各自不同的特点和自身的发展规律，或是处于两个学科的交汇地带；或是相关学科外延部分的交叉、渗透或融合，构建起一个学术共同体，一直支撑着以下几个方面的重点研究：对社会制度的研究，对社会组织和政治制度的研究，对宗教信仰的研究，对社会文化的研究，对原始社会史的研究，对种族的研究，对民族分布的研究，对民族迁徙、相互同化、相互融合的研究，等等。

近些年来，由于人类学民族学基础理论的支持，其研究方向逐渐转向新时期的社会热点问题，诸如新时期民族理论与民族政策研究、民族地区儿童与青少年教育研究、农民工城市化和市民化问题研究与城市化进程中少数民族流动人口研究、民族地区生态与环境研究、民族地区非物质文化遗产保护与开发问题研究、边疆地区民族研究、少数民族权益研究、少数民族女性研究与性别文化研究、少数民族社会保障问题研究、民族地区戒烟和艾滋病防治研究、民族地区突发性事件应对机制及重大灾害后重建研究、周边国家民族问题及国外民族志等方向发展。对于上述研究，我们不应该把它仅仅看作传统研究的惯性延伸，而应该看作一些学者在不脱离人类学民族学的主要旨趣——描述文化现象和理论诠释的同时，致力于推动人类学民族学的专业知识应用于社会重大现实问题的解决。这当中触及一些分支学科的文理交融，是加强各学科对同一问题的不同思考和解决方法，改变学科分割状况，鼓励以问题为中心打破学科壁垒和解决跨学科问题的最佳路径。特别是当前，随着我国社

① 参见何星亮《关于中国人类学民族学学术创新的若干问题》，《思想战线》2012 年第 4 期，第 1 页。

会转型的深入发展，社会变迁的阶段性结果主要体现在当今社会的经济结构、文化形态、价值观念等各个领域均发生了深刻的变化。因此，哲学社会科学在引领社会变革及推动自身理论创新的要求上亦显得更加突出，尤其是跨学科互用互证地融合创新已成为促进我国人类学民族学学科发展的新路径。

受费孝通文化自觉观点启发，近年来社会学界有学者认为，文化自觉就是要思考中国式的理性，明确提出了"理论自觉"的概念和命题。笔者认为，应该充分利用中国当前社会变迁的巨大舞台和现实性宝贵实践资源，提升学界理论地位和理论内涵，形成中国理论学派；要有清醒的理论自觉、理论自信和理论问题意识。这些对于进一步加强人类学民族学学科基础理论研究，制定统一的学科规范和标准，促进学科认同及完善学科体系具有重要借鉴意义。

面对本学科及相邻、相近、相关分支学科的大量新旧内容，需要我们不断地去认识、掌握、提炼和创新概念、命题和理论，形成自己的学术话语体系。有学者指出，人类学民族学学术创新包括理论创新、方法创新、观点创新。理论创新是构建前人没有提出过的新理论或是修正前人的理论。笔者认同这种提法。笔者以为，理论的形成与学术的发展呈反哺作用，两者的完善与发展是相辅相成的。理论的产生要做到逻辑上的自洽，尽量减少内在的矛盾，并能够提供新的解释力。而目前的人类学民族学一般理论和基础理论都显得跟不上时代发展的要求，这表现在有些基础理论阙如；有些理论研究与应用研究分割运行；有些理论自我封闭循环，套路简单。这些都在很大程度上影响着人类学民族学推进自主理论创新，妨碍学科理论水平及学术实践的可持续发展，举以下三个例子为证。

例证1：在人类学民族学哲学缺失讨论这一问题前我们必须承认，

最能显示一定知识体系自我反思、突破及更新功能的应该是哲学。哲学要在学术理论上实现创新是很不容易的，必须要在传承前人思想成果的基础上来探讨哲学学术理论上的创新。

就哲学的本质而言，是关于世界观、价值观、方法论的学说，是在各门科学知识基础上形成的。角度不同的哲学研究面临的问题域是相同的，只是观察问题的视野和解决问题的方法有所不同。因此，我们有必要简单地回顾一下形形色色的哲学定义，大致归纳为以下几种：爱智义、逻辑义、世界观义……爱智义在古希腊意味着"爱智的学问"，是指通过对某些具体问题的"追思"，以获得智慧；逻辑义是狭义的哲学概念，在古希腊亦称"逻各斯"；世界观义则是 19 世纪通行的"哲学就是世界观"的说法，这种说法在今天依然根深蒂固。哲学与世界观看起来有差别，但关系密切，必定回避不了"哲学是世界观的学问这一命题"。随着时代的演进，当今"哲学"涵盖十分宽泛，大致可分为中国哲学、西方哲学和马克思主义哲学等，其功能也有所不同。中国哲学直觉体悟，注重道德感情和对人生观及宇宙观的感悟与塑造，表现出整体性、关联性的思维方式，突出了哲学作为一种生活方式的原始意蕴；西方哲学体现外在真实规则和理性态度，关注思辨精神，主流上坚持逻辑分析传统，处理问题时，大量运用概念或范畴进行演绎论证或推理，现代西方哲学则有科学主义和人本主义两大思潮；马克思主义哲学就其归属和引领指向而言，与现代哲学的发展走向具有高度契合性，它注重对世界的认识和改造，其基本形态是辩证唯物主义和历史唯物主义，对时代精神的阐释建立在对客观世界和历史规律的科学认识之上，是从现实生活层面的实践意义上来规导和改变世界的学说。目前而言，中国哲学与西方哲学、西方哲学与马克思主义哲学对话成果颇多。我们应该萃取精华，用自己的眼光看待西方哲学，用当代的眼光看待中国传统哲学，用发展的眼光看待马克思主义哲学。

总体上说，哲学作为科学范式的基础，确证和诠释人的理念，是人类自我意识的宏观大理论；是人文精神最本质的表征；是以知性方式（演绎推理）追求理性的自我完备，其特有的存在方式及其对"事情"判定方式的独到之处，体现了人类思维的超越性追求，根植于人的反思、批判与超越本性。从这种意义上讲，哲学无处不在、无时不有，它既是人类精神世界思想不断发展的精华，也是一个民族理论思维的基本内核，它的秉性之一就是对时代主题给予关注，以便在理论与实践的思辨性竞合中修炼、提升合理的判断。

英国哲学家伯特兰·罗素（Bertrand Russell）说："要了解一个时代或一个民族，我们必须了解它的哲学。"哲学作为时代精神的精华，强调的是哲学与时代的关系，贡献的是与时代精神偕行的理论能力及批判能力，对社会具有精神引领和提升功能。20世纪初，许多伟大的物理学家都领悟到了哲学之于科学的重要意义，特别是阿尔伯特·爱因斯坦（Albert Einstein）等科学家们在量子力学创立过程中对其原理和方法论方面所涉及的"物理实在""自然的因果性""空间和时间"以及对于观察与理论之间关系的理解等问题的争论，也已经不单纯是从物理学的角度，而更像是一场哲学层面上的争论。科学巨匠们如此这般地不坚守在自然科学领域，而执意将物理学研究延伸至哲学领域，恰恰说明是其研究的内在需要。自然科学领域况且如此，世界观和方法论上，我们社会科学更离不开哲学。特别是当前，我们必须要把自己所处的时代问题提升为哲学问题，而坚持马克思主义哲学是时代和国情的要求，它已成为解决时代问题的思想先导。应该看到，当下学界对马克思哲学的研究也处于活跃时期，尤其是马克思经济哲学思想资源的挖掘及其当代意义的阐释相当热门。有学者总结：当代中国马克思主义哲学研究大体上划分为 20 世纪 80 年代以前的"教科书哲学"，20 世纪 80 年代的"教科书改革的哲学"以及 20 世纪 90 年代以来的"后教科书哲学"三个基本阶段。分别以物质—规律、实践—选择、哲学—对话为实质内容构成的三种研究范式，构建了具有中国特色的马克思主义哲学。必须承认，当前的社会经济转型和文化思潮变迁给马克思主义哲学提出了许多新的挑战。例如，现在有的学者认为，马克思主义哲学对我国经济建设实践中的指导作用有所迷失，导致透支自然、透支群众、透支精神的"三个透支"。笔者认为，不无道理。但是，我们也应该看到，面对挑战的同时也为其发展、创新提供了很好的契机。

对于人类学民族学而言，笔者以为，哲学是魂，人类学民族学是根，没有哲学思想内涵的中国人类学民族学是不存在的。我们要重视人类学民族学学术体系中哲学思想的挖掘和对学术研究的启示，应该看到，丰富的马克思主义哲学思想散见于我国人类学民族学学术体系中，其思想资源主要是通过对社会生活各种现象的观察与研究，去发现社会生活的本质及其发展规律，为研究社会发展提供重要的方法论。今天，站在新的历史阶段和新的历史起点上，我们结合人类学民族学现实问题的研究重新温习马克思社会发展理论，自然会有新的视角和关注点。马克思有关社会发展的一些基本立场、观点尤为值得我们注意和把握。例如，在社会发展价值目标问题上，马克思对社会发展的研究聚焦于对人的现实生活及其发展上，这也正是今天我们人类学民族学研究社会发展现实问题的核心理念之一。因此，人类学民族学与马克思主义哲学对话问题非常重要。因为，与传统马克思主义哲学解释人类社会纷繁事项的方式相比，人类学民族学的一些理论、概念、问题等一般具有直接的现实性，而马克思主义哲学则具有基本的概括性，是对多门学科的再抽象。可以说，人类学民族学与马克思主义哲学对话是现实与思想的对话，有着很大的研究空间。如果能够运用马克思主义哲学的基本理论来推导、验证人类学民族学理论，使其哲学化，不仅能够使人类学民族学整体特质随之丰盈、升华，还能扩大马克思主义哲学的理论研究视野，为理解马克思主义哲学的性质提供一种启发，同时也能够以此作为一个切入点，一方面反思人类学民族学理论发展的困境，另一方面也可以为超越困境提供思想储备，以便更好地拓展人类学民族学理论与实践的深度和广度，使其发展成为人类学民族学的一门分支学科——人类学民族学哲学。由此而论，在马克思主义哲学体系中，如果能够努力创造出具有中国特色的人类学民族学哲学学派，使其在人类学民族学学术体系中占据重要的一席之地，用人类学民族学哲学思想构筑人类学民族学的学术思想基础，并由此构建起人类学民族学哲学的理论原点①和研究的逻辑起点②的学术平台，并作为一种马克思主义哲学的理解范式，不仅能够凸显马克思主义有关民族理论的实践品格和现实维度，对于人类学民族学今后可持续发展也具有重要意义。因为，当代人类学民族学的发展具有学科交叉特色，其中必定存有深层次的因素，需要哲学思想的直接介入，以哲学的方式求解。从认识论层面，人类学民族学注重实践，往往以问题为先导而缺乏抽象的说明作为其研究的核心或主题；从方法论层面，人类学民族学追求实证、量化标准而遑论自身的理论问题，缺乏新的方法、假说的提出和运用。人类学民族学哲学如果能够从上述两个层面上作为一种理论和实践的哲学资源，发挥其"双向挑战效应"，对

---

① 笔者以为，人类学民族学哲学的理论原点，即马克思主义哲学与人类学民族学两个坐标系统之坐标轴的交点，由此构成两者间内在的逻辑联系。在厘清理论原点的前提下，我们才能进一步探讨诸如马克思主义哲学与人类学民族学的关系、田野调查理论等一些学理问题。或许，什么是人类学民族学哲学的理论原点会见仁见智，但笔者认定，构建起人类学民族学与马克思主义哲学两者契合的理论原点，人类学民族学哲学才能真正融化出新的理论。

② 关于人类学民族学哲学研究的逻辑起点的探讨，笔者以为，应从揭示马克思主义哲学与人类学民族学双向契合的源头入手，找出两者互动的本源，揭示其中内在联系。

人类学民族学在概念、意识、规律以及与其他学科的同一性等问题的反思意识和批判作用，其原则上所要求的是持续地置理论于鲜活的实践之中，并随着实践的深入而不断地吸收新的经验材料，以便更新理论，而不是简单地看成是纯粹理论概念演绎，不失为人类学民族学理论和操作层面上的科学化提供了重要途径。这既存在构建一个新理论体系的学术需要，也存在解决工作中碰到问题的实际需要。换言之，人类学民族学哲学兼具实践价值和评判功能，其主要特征应该是：通过一些具有世界观和方法论意义上问题的研究，致力于发现规律性的认识；提供对人类学民族学理论和实践进行哲学反思的平台，探讨人类学民族学哲学的主要功能；以期对人类学民族学的逻辑、方法、模式的探讨，构建一种实践理论的可能与边界；增加人类学民族学社会实践的理性重建，展示人类学民族学哲学的基本旨趣；坚持对人类学民族学的实践、经验、理论、假设等给出评价，并为这些问题提供合理的解释和说明。只有这些哲理性的思考达到系统化及一定高度和深度的时候，才真正具备了人类学民族学哲学的特征，才能够整体提升我们的学术境界，深入探讨人类学民族学的发展规律与趋势，了解人类学民族学基本理论的形成与演变，尽快厘清人类学民族学的概念界定[①]，不断追问人类学民族学的时代背景和哲学背景。这对于推动哲学与人类学民族学的因果关系问题的

---

① 在国际学术界，学科名称和学科归属最为混乱的可能要算是人类学与民族学了。我国的情况也可谓兄弟阋于墙。国际上，人类学、民族学和社会学平行并列。我国有关部门在学科分类上把民族学和社会学划为一级学科，人类学则是社会学属下的二级学科。民族学与人类学两个学科都研究民族，不同国家使用名称不同，如美国称人类学，苏联则称民族学。虽然民族学、人类学在研究民族方面一致，但人类学还从生物学角度研究人类的起源和进化，分为生物人类学和社会人类学，而社会人类学与民族学研究内容相同。有学者认为，当代中国民族学与人类学或称人类学民族学，存有研究内容过于宽泛、学科界限模糊、学科名称纠葛、学科地位不清等问题，很有可能丧失自己的特点，导致学科成长空间受阻，沦为其他学科诠释工具。因此，这就更需要我们从人类学民族学哲学角度廓清，以期制定一些超越具体内容的公共标准（尽管公共标准要比自然科学复杂），以弱化或消除分歧。

思考以及保持传统人类学民族学的思维风格都具有积极意义，它既能使得我们研究中思维线索清晰，也能清除我们实践中的主观性和随意性，同时还能在人类学民族学调查与研究中转换视角，不断地完善马克思主义哲学体系的研究范式，使其成为一个新的学术增长点。在这一点上，笔者曾在《民族学通讯》第122期上，就民族学哲学的研究对象、目的和方法等做过提纲式的刍议。① 当然，现在看来，只是浅尝辄止。对于它的深入研究，学界现在仍然处于一种失语状态，缺乏应用性的解释维度，没有建构起知识论意义上的人类学民族学哲学理论氛围。对于它的理论的进一步深入发掘和厘清，比如，人类学民族学在马克思主义哲学中的学科地位及其理论体系的构建问题；人类学民族学的哲学理论指向特征及理论体系为导向的研究体系的凝练问题；哲学问题意识的统一性与人类学民族学叙解方式的哲学追求统一性的关系问题；哲学意义上的人类学民族学应用研究的基本共识与传统哲学的辩证关系问题；从总体上把握人类学民族学的历史与逻辑问题以及它在全球化背景下，对我国现实社会的政治、经济、文化的导向、冲突、转型问题的观照等深层次的研究，还有待同好。

例证2："田野调查"研究范式老化。"田野调查"是人类学民族学理论产生的基石，人类学民族学的理论也应该在田野调查中得到提升和总结。因此，田野工作方法至今都被看作人类学民族学工作者的看家本领，它早已成为人类学民族学学科认同的标志。

真正有意义的"问题"来自社会矛盾。作为一名人类学民族学工作者，要注意"问题意识"，面对的问题是现实的，回答问题的方式是理论的，这就要求我们尽量长期在一个地方进行实地调查，尽量融入当地社会，与不同阶层、地位、性别、年龄、职业、宗教信仰、文化程度

---

① 中国民族学学会编：《民族学通讯》第122期，第2页。

的人群做零距离接触，对所关注的事项进行深入细致的观察与思考，以便详细了解一个地方或一个社会群体的生存状态，以"非我"来论述"我"①，在田野中发现真正的学术问题，这是人类学民族学优势所在。但是，我们不愿意看到的是，我们虽然没有脱离田野，可我们的田野实践仍然存有某些不足，并没有真正实现由民族调查向人类学民族学调查的转变。尽管当今的"田野调查"成果卷帙浩繁，但从中我们不难发现，有些还在沿用当年一度被推崇为学科典范的、民族志式的那种对特定民族做叙事式描述的研究模式，它所呈现的主要是纯粹的"客观"描述，侧重于对社会结构和功能的分类、组合。少数研究成果甚至还在"炒"《五种丛书》的研究体例，在先前老课题的模式上兜圈子，有意无意地让人看出一种抄袭的游丝，这种没有创新的陈陈相因，对学科的发展没有多大补益。还应该指出的是，有些田野的研究时段基本上属于民族历史学研究的问题——"民族的过去"，只注重事件发生的时间序列，强调事件的历史地位和作用，过多地采用文献和历史考证方法研究问题，引用现实田野素材非常有限，也并非是强调历史事件的空间性与现场感的历史人类学。而当代人类学民族学的田野调查，在收集文献资料时，更像是在收集"口头文献"，除了非常注重尝试对现实现象进行的客观性说明外，还非常注重文化的"深描"及意义的阐释，期待自己的"解释"有朝一日被普遍接受。因此，总是对现实变化中的人与事怀有浓厚兴趣，常关心的问题是我们如何突破自身的研究手段，来认识当今社会的文化及其变迁。例如，20 世纪 50 年代之前，人类学民族学家只关注有边界的人类群体及其文化系统，"民族"是其最主要的研究单位。而 20 世纪 90 年代以后，我国逐渐处于由农业社会向工业社会的转型过程中，社会的变迁使社会群体和社会流动增多、增强，现代化元素

---

① 参见王铭铭《非我与我》，福建教育出版社 2000 年版。

涌入我国乡村社会，对民族地区的乡村社会变化也产生了重要影响。由于市场因素的渗入，农民们挣脱了土地的束缚，人与人之间的关联模式及农民的价值观念迥异于过去。更深入地说，农村问题已是中国社会转型中最大的焦点之一，现今农村问题的落脚点并不是生存问题，而是发展和消亡问题。根据最新的统计资料显示，我国农村的自然村 10 年间由 360 万个锐减至 270 万个，这意味着每天有 80～100 个村庄消失。从农村城镇化发展速度上看，多数农民"田夫野老"式的生活方式将从"田园时代"进入"都市时代"。到 2030 年，我国城镇化率可能会达到 70%。① 那时的"田野"，或被称作"身边的田野"（多在城镇中做调查），而现在的"田野"，或被称作"远方的田野"。诸如"城市化进程中失地农民生存研究""村庄历史终结与中国文化寄存"等课题或许是人类学民族学田野调查的重中之重。因此，现在去某些村庄搞田野，我们似乎已感觉到"抢救性调查"的氛围，对其现在尚存的村庄组织、留守者、农民工、社会冲突等各种题材，需要我们做一个很好的记录，并应该在今后农村城镇化的发展走向问题上做深度挖掘和分析。为此，人类学民族学要增强学术自觉，研究重点应该放在我国城市化建设进程中的存在本质、发展规律、表现特征等问题上。

随着时代的发展，人类学民族学出现了质疑田野工作中的时态性、客观性与科学性的声音。应该承认，人类学民族学研究成果的质量考量，除了同田野工作时间的长与短、调查地点的生与熟、观察事物的粗与细，以及撰写者对问题的认识水平和把握能力等有密切关系以外，方法论上也存有重要因素。可以认为，一个研究范式跟不上时代要求的"田野调查"，其研究成果的偏颇在所难免。应该看到，人类学民族学研

---

① 参见李培林《城市化与我国新成长阶段——我国城市化发展战略研究报告》，中国社会科学院社会政法学部创新工程研究报告第 1 期，第 14 页。

究在不同的社会群体中或不同的社会文化情境里展开的田野工作，可以运用更加开放且多元的范式。简言之，"当前的人类学民族学的研究方法除了一般方法外，还包括建立范式"①。所谓"范式"，本质上讲是包括理论体系和方法体系的研究模型，它是研究问题、观察问题、解决问题时所使用的一套相对固定的分析框架，由美国哲学家托马斯·库恩（Thomas Kuhn）于 1962 年在其《科学革命的结构》一书中提出的概念，它已成为近几十年来自然科学和社会科学的重要概念。"范式"在库恩那里，是一个内容丰富包括了在一个相对稳定的时期科学工作者所共同信奉和共同遵守并奉为圭臬的重要科学原理和科学方法。然而，我们还知道以艾萨克·牛顿（Isacc Newton）物理学为代表的近代自然科学诞生的一次革命，即从亚里士多德（Aristotle）的科学范式转变到伽利略（Galileo）—牛顿范式的结果。同样，在社会科学界，人类学民族学田野调查的研究范式也不是一成不变的学术规范和理解范式，它的研究范式应当随着某些问题的探讨而不断变换模式。因为，田野调查期间往往是我们思考问题最多、才思最敏捷的时刻，对同一问题研究的视角不但能够不断变换，对不同的相关问题亦能够连续探讨。随着时间的推移和调查中的知识积累和思想沉淀，我们就会发现，当一种研究范式持续到一定阶段已经欠缺完善，必须探讨、表征新的研究范式，这不仅影响到田野调查的研究范式，也影响到田野调查新的理论范式的产生。由此而论，要想摆脱前人窠臼，更新人类学民族学田野调查的理论范式，首先应该在人类学民族学田野调查的研究范式上不囿于以前的框架，消除前人构筑起来的畛域，在不断地借鉴和融合现代理念及其他成分的基础上，尽量用新的研究视角思考问题，来实现自身伦理的提升与优化。因

---

① 何星亮：《关于中国人类学民族学学术创新的若干问题》，《思想战线》2012 年第 4 期，第 2 页。

此，在研究范式上，实证社会科学研究范式作为一种应用对策研究的主要方法，为其提供了更大的研究空间。实证研究产生于弗朗西斯·培根（Francis Bacon）的经验哲学和如前所述的伽利略—牛顿的自然科学研究，它主张从经验入手，采用程序化、操作化和定量分析的手段，使社会现象的研究达到精细化和准确化，其根本方法是从大量经验事实中通过科学归纳，总结出具有普遍性意义的规律或结论，再通过科学的逻辑演绎方法推导出某些规律或结论，并将其放回到现实中进行检验的方法论思想。对于人类学民族学的实证研究而言，除了通过深入参与观察特定人群（俗称"蹲点"）来获得对客观事物认识的实证性研究外，还应该尽量掌握多种不同的研究方法。例如，当代社会科学研究的后实证范式中，研究方法多以量化分析为主，其理论依据为自然科学方法论。因此，人类学民族学应该更多地使用"定量方法"，即在以往文字叙述的基础上，进一步重视定量数据的收集（如人口普查、问卷式调查、成绩测试），采用移动、多点、多元的田野调查方法来横向比较社会人群中的差异性，也可以采用广泛用于社会科学中的"多方验证法"，尽情地表达人文思考（如参与观察、焦点小组访谈等，即用几个不同方法得出的结果来验证研究结果的可靠性），还可以运用比较研究方法（社会文化人类学在本质上就是以比较研究原则，将新遇见的现象与旧有知识进行比较），典型的是采用最大相似性设计（Most Similar Systems Design）和最大差异性设计（Most Different Systems Design）来寻找事件或案例中的因果性。如果条件允许，还可采用高科技方法（如地理信息系统 Geographic Information System，简称 GIS）作为获取、存储、分析和管理数据的重要工具。另外，人类学民族学田野调查的研究范式不能脱离"左邻右舍"的学术群体，可以尽量参考其他学科的一些先进的研究方法，这对于形成规范的田野工作标准和程序，改进我们的研究范式，寻求更为宽广的田野理论的解释途径大有益处。例如，近年来，社会学界开始高度重视大型连续性的社会调查，并把它看作占据学术研究制高点的一项基础性工作。当然，与一般性调查不同，大型连续性学术调查要有固定的规划设计团队、稳定的执行网络和一套质量保障规程。再如，近年来文理学科的融合趋势，使得通过实验室研究人文社会科学的条件日渐成熟。建立实验室被认为是最能够接近自然科学，能够对某些人文社会科学起显著推动作用的手段之一。众所周知，在语言学领域，实验室早已成其为重要的研究手段和平台，产生了一些颇受关注的前沿学科和优秀的科研成果。笔者认为，人类学民族学领域也亟须通过计算机技术及相应的仪器、设备的开发与应用来支撑研究工作。大家都知道，人类学民族学的分支学科——体质人类学，在我国一直未形成规模，其主要原因恐怕同实验室的建立或完善有关系。因此，人类学民族学实验室的设置不可或缺，应该成为学科建设的重要内容。通过实验室的各种设备，可获取各种相应数据，生产出具有较高水平的研究成果，诸如匈奴、东胡、鲜卑、契丹等边疆地区古代民族的人种问题、中华民族多族一体的人群构成问题以及现实社会普遍关注的问题，提供一些科学支撑和独到的见解。以上这些，都非常值得我们借鉴。总之，我们田野调查的路径，无论是形式还是内容，应该不断地向综合化、多样化方向发展，以强化其在研究中的作用和目的。

例证 3：生态人类学研究重心还需强化。有学者指出，当代社会至少有两大危机导致整个世界处于动荡之中，一个是金融危机，又称作生活危机，主要由超前消费引起；另一个是生态危机，主要由生产造成，是人类打着谋求发展的旗号，或是盲目追求以自我需要为中心的"科技进步"而对自然资源进行破坏式的利用，导致资源枯竭和环境污染的严重后果。美国环境史学家唐纳德·沃斯特（Donald Worster）曾表示，生态危机的根本原因与人类的文化系统有关，人类要度过危机，必须扭转错误的生态价值观。

单从生态来说，当人们享受着科学技术发展带来的巨大福祉时，衍生的生态破坏问题以及潜在的生态危机也正在逼近。众所周知，目前的生态恶化是人类共同面临的重大问题。因此，生态文明建设在当前经济社会发展过程中具有重要地位，它不仅有利于解决人与自然的矛盾，也是对未来发展的一种负责的态度，我们应该把生态文明看作人类历史上有意识进行的一种文明更替。忽视生态文明所带来的社会变化，将大大模糊人们对社会的认识，容易导致很多方面的治理失误。

大家都知道，"生态"一词最早用于人们对生物学领域的研究。早在 50 多年前，西方国家就提出了生态德育，如今业已步入规范化和系统化阶段。学界关于生态的探讨，在哲学、史学、法学等领域也从未停息。"生态学"一词源于希腊文，由"oikos"和"logos"两个词根组成。20 世纪七八十年代，生态学作为生物科学领域中的一门子科学取得了快速发展。生态学研究的对象是生物个体、生态系统、生物种群等有机体与环境之间相互作用的规律，其分析原理和研究方法早已被各门科学采纳和推广，有些已成为某些学科发展的新路径。在生态学方法的普遍推动下，一些新兴学科，如生态经济学、生态心理学、认知生态学、历史生态学、生态人类学等亦应运而生，有的渐趋成熟。特别是近年来，随着我国经济、社会的快速发展，资源与生态环境研究也成为我国经济建设中一项有价值的基本诉求，自然也更成为国内学界关注的一个热点。比如，已为人们所熟知的我国生态经济学，始于 20 世纪 80 年代，经过生态经济学理论工作者 30 多年的共同努力，取得了迅速发展。目前学界对"生态经济"的内涵存有 3 种不同认识：（1）它是一种生态型经济类型，其特征是既考虑经济发展，又考虑生态安全，对应于过去只顾发展经济而不顾破坏生态环境的经济类型。（2）它是一种"生态与经济协调"的指导思想。（3）它是由生态学和经济学交叉结合形成的新兴边缘学科。① 从中我们不难看出，生态经济学这些理论是为"生态与经济协调"这一生态经济学核心理论的建立和"生态型经济"的实现提供理论基础和具体实践的一种居于领先地位的理论和理论体系。目前而言，生态时代的主题是实现生态与经济协调，解决工业时代遗留的生态与经济的矛盾。人们从实践中已经看到，生态环境破坏制约经济社会不能继续可持续发展的现实。因此，生态与经济协调的指导思想已经被各级领导普遍接受，正在我国经济社会可持续发展中发挥着重要的指导作用。还值得一提的是，20 世纪 90 年代之后，一些关注生态政治和生态社会主义运动的学者将生态学与马克思主义相结合，开始认真发掘其中所蕴含的生态思想。自此，较为活跃的生态学马克思主义研究异军突起。经典马克思主义对资本主义批判的基础是剩余价值和阶级斗争理论，其批判的焦点是经济剥削和社会压迫，随着生态危机的出现，资本主义批判出现了新的视角。生态学马克思主义者探讨生态问题时，有别于西方生态中心论和人类中心论的生态文明理论，强调以历史唯物主义作为理论工具来解决当代生态危机，比西方其他绿色思潮具有更大的优势，其理论侧重点不仅仅停留在人与自然辩证关系层面，而是注重将人与自然的关系问题提升至人与人的关系层面，提升至社会制度的层面上来研究分析。② 他们明确宣称自己的生态学是"反对资本主义的生态学"，指出资本主义制度和生产方式是当代生态危机产生的根源，只有诉诸社会主义，才能从根本

---

① 参见王松霈《生态经济学为可持续发展提供理论基础》，《中国社会科学报》2010 年 8 月 17 日。

② 参见陈学明《"生态马克思主义"对于我们建设生态文明的启示》，《复旦学报》2008 年第 4 期。

上解决生态问题。然而，由于生态学马克思主义者是站在小资产阶级立场上，这就决定了他们分析和批判资本主义社会生态问题的所有努力是很有限的。① 尽管如此，生态学马克思主义的理论探讨还是对我们进一步拓展和深化马克思现代性理论和推进当前的马克思主义生态学研究，突破生态文明理论研究的西方话语权和西方中心论具有重要的理论价值和现实启迪作用。

从上面的例证中我们不难看到，生态经济学和生态学马克思主义研究都有各自的研究重心和较为完善的理论框架，并且在研究实践过程中不断地进行理论对话。相比起来，虽然源于西方并已拥有 150 多年历史的人类学于 20 世纪初就已经开始了对社会关系与生态环境之间相互作用的研究，并于 20 世纪 60 年代发展成为文化人类学的一门分支学科——生态人类学（Ecological Anthropology），可现有的理论研究还存在短板，除了引用目前比较主流的基本理论"二元制衡论"认为：从终极意义上讲，人类社会的存在所导致的生态问题，都是地球生命体系与人类社会两大体系并存、互动、延续、派生的结果。提出，要想正确诠释生态危机的成因，找到缓解生态危机的最佳对策，从根本上解决人类社会所面临的生态问题，必须得将制衡理论与别的一些理论结合起来并不断充实、完善制衡理论体系。除此之外，余下的有关理论则显得内容庞杂，或是明显缺乏主导性，或是基本理论存在偏颇。就好比盛行于 20 世纪 50 年代的由美国学者 J. H. 斯图尔德借用生态学的研究视角及方法提出的"文化生态学"（Culture Ecology），只关注人类社会或某个族群对其生存环境的适应问题，从人、自然、社会、文化的交互作用中研究文化产生、发展的规律，继而形成了文化决定环境的观点。但是现在已经没有多少学者真正赞同文化生态学的主张，转而采纳了文化和环境可

---

① 参见苏庆华《生态文明与社会主义》，《思想战线》2012 年第 1 期，第 146 页。

以互动的主张（即环境、技术以及人类行为等因素的系统互动关系）。因为，斯图尔德的文化生态学研究仅限定在"平等主义"社会里，其理论和方法论只能解释静止事物，而无法解释动态问题，还存有明显的缺陷就是缺乏对历史层面的关注。

有学者认为，目前人类学民族学研究可以分为两大块，一块是文化，另一块是生态；或者分为三大块，一块是思想观念，一块是社会结构，再一块就是生态环境。可见，生态研究在人类学民族学研究中所处的地位。对于这样一门人文学科，厘清其学理，关系到学科的基本定位和未来发展走向。而目前我国生态人类学需要认识和解决的问题是：能否凸显学科自身的优势，在学科本位意识与学科融合趋势的张力中，深入人类学与生态学交汇地带，在学理上构建起新的理论框架，真正认识到，生态观念源于神话传说、宗教信仰、禁忌习俗、乡规民约、习惯法、生产方式等文化形态；认识到，生态人类学是研究生态文明及生态文化发展和生存规律的学科。对于这个问题，笔者有以下两点愚见：

其一，就"生态文明"而言，对其重视并展开研究，标志着生态人类学在研究人与自然关系上的彻悟。相对于工业文明时期无视人对自然的依赖性的那种不可持续的文明类型，生态文明已被学界认为是一种新的社会文明形态，并通过观念、制度、文化、社会生产及社会生活等各个层面综合地反映出来。尊重自然、顺应自然、保护自然是生态文明建设的核心理念，生态文明就是以寻求人类与自然之间长期稳定的和谐关系为目标。确切地说，生态文明的制度建设必须以生态学原理为指导原则，要有世界观、人生观、科学观、价值观等观念的改变，而生态价值观，在生态文明建设中则占有举足轻重的作用。"如何解决当代生态危机和建设生态文明，关键在于实现人类生态价值观的变革……对这个问题的看法关涉到如何看待生态文明的本质。"① 单从生态价值观来说，西方生态中心论（将近代人类中心主义价值观视为生态危机的根源）和人类中心论（认为只要用"人的理性需求"代替"人的感性需求"来建构一种现代人类中心主义价值观，就可以避免生态问题的产生）的生态文明理论虽然存有对立或差别，但它们都把生态价值观的变革和重建看作建设生态文明的关键。而对上述问题的回答恰恰也是我国生态人类学研究的问题。笔者以为，我国生态人类学要超越人与自然关系的对立，确立整体主义生态价值观。这就要求我们用生态有机整体意识的思维方式来指导研究，启发人们以生态整体利益自觉主动地限制超越生态系统承载能力的物质欲求，在探寻人类充分享有开发利用自然资源的权利的同时，也要提出保障自然资源合理开发的建议或意见，努力把保护生态系统的完整、稳定、平衡和持续存在的观念变成人们的价值追求。为此，其研究重点或理论侧重点应该放在生态价值观视域下人类生产、生活过程中的"文化"现象和由此而产生的后果等问题上。应该承认，生态文明与生态文化理论内在相通，生态人类学核心理论应该是生态文明中生态文化的发生和发展。生态文明意味着经济增长和生态改善并重，当然是一个多学科共同研究的课题。但对于生态人类学而言，生态文明中自然及其价值被充分肯定，人的地位发生了变化，不再是世界的中心，而成为自然系统中的成员，人的利益亦不再是评价事物价值的唯一尺度，人的利益和自然系统的利益都得到充分的考虑。那么，生态文明从人的文化历程上考察，是人类获利于自然和还利于自然过程中的文化表白，这种文化介入是自觉或不自觉进行的。生态人类学研究在审视客观世界的同时，自觉探究生态文明现象，使其促进更新生态文化，达

---

① 王雨辰：《生态学马克思主义对生态文明的三点启示》，《中国社会科学报》2011年8月30日。

到人与自然始终保持和谐统一。例如，发展生态农业应该是目前我国生态文明建设中的重点。生态农业中的"文化因素"应该是我们学术上所关心的内容，从这方面展开研究，既可以少有疑义地证明我国生态人类学学科自身存在的合法性，又可以以此为基础，加深对生态人类学基本概念的理解和基本理论的挖掘，不断梳理和拓展我们的研究空间，使生态学和人类学的两种研究视角有机地结合起来。

其二，从"生态文化"角度讲，文化生态学作为人类学生态研究的发端，同时也就有了人类生态学研究的意义。"从文化生态学到生态人类学，标志着人类学的生态研究，从人类主位到人类与自然互为主位的变化……在文化生态学时期，人与环境的互动以及人类与自然的互动，是以人类文化为主位的互动。到了生态人类学时期，这种互动就成了双方互据主位、互为主体、互为主导、互为宗旨的一种平衡的共生。"①笔者以为，无论哪个时期，文化本是人类与非人动物之自然生存状态的超越，而人与自然则具有"社会的人"和"自然的社会"双重属性。作为"社会的人"，不论怎样，文化因素始终决定其在生存中的主导作用。作为"自然的社会"（可以理解为"人化自然"②），亦离不开社会文化的渲染。也就是说，无论是人类保护自然、利用自然，还是破坏自然，自然界一经人类参与立刻就被打上"文化"的烙印，这是一个不争的事实。自然界中，人的存在是社会发展各种条件所依托的根本，由此所产生的各种文化是人与自然界发生效应的各种行为。中国传统文化中蕴含诸多人与自然和谐相处的生态理念和行为规范，可谓汗牛充栋，我

---

①　袁鼎生：《美生人类学的生成》，《广西民族大学学报》2012 年第 4 期，第 31 页。

②　目前学界对自然的概念包括两部分内容：一是"自在自然"，它既包括人类史前的自然，也包括存在于人类认识或实践之外的自然。二是"人化自然"，是指与人类的认识或实践活动相关联的自然，也就是作为人类认识和实践对象的自然。在人化自然当中，人类为主体，自然为客体。

们应该不断加强这方面的伦理研究。"文化"从另一个角度讲，是一种传统的存在，是知识、认识引发人类行为的含金量，梳理文化的形态与演变，激活其中具有恒久意义的思想与价值追求，能够彰显人类社会的进步历程。有学者指出，文化是由价值观、态度、信仰、取向以及一些普遍存在于社会中的潜在因素等为界定。文化形成的核心应该是价值观，价值观的形成与固化对人类的行为具有引领作用，人类生活中面对自然的一举一动都应该被看作文化与价值观的传承并形成自我适应的一种机制。例如，举世闻名的广西龙胜各族自治县境内的龙脊梯田（景区面积约 66 平方千米），上溯元代，下迄清朝，是当地民族生存意愿和共同文化心理的一个集中表现，堪称稻作文化的典范。谁都知道，它并非是原生态自然景观，而是人化生态悉心再造的杰作。龙脊梯田除了核心内涵是以水稻种植为手段，提供人们粮食为目的价值之外，所折射的人类在经年累月劳作过程中不断积淀形成的与自然协同进化的文化形态，就不是每个人都知道的了。而生态人类学工作者也正是基于土地、稻种及人的劳动这三个基本要素，去找寻生态文化现象的发生、发展或消亡。对此，我们不想追随斯图尔德文化生态学"文化决定环境"观点的骥尾，只想从生态人类学角度认证：人与人类涉足下的自然界仍然是一种非平衡的共生，即使存在平衡共生，对于宇宙运行而言，也是暂时的平衡，它的被打破，有时作用于带有人类文化色彩的行为；有时作用于大自然对生态本源的影响（面对强大的、非人为的自然生态本源的破坏，大多数情况下人类不能够阻止和引导，只能望而兴叹）。由此证明，"人类带有文化色彩的行为"不仅是文化人类学研究的命题，也是生态人类学研究的重心之一。因为，"人类今天所面临的全球性生态危机，起因不在生态系统自身，而在于我们的文化系统。全球气候变暖、生态环境破坏的深层次原因在于建立在现代性基础上的人的'无限性'和

'绝对理性'支配下的社会发展方式和发展理念"①。我们要从生态的角度研究"人类带有文化色彩的行为"，重点审视其在人类生态危机中深层次的文化因素，深挖其研究视角中"与人有关"的现象。只有找出生态系统中人与自然耦合运行的文化特点，才能把握两者间所蕴含的相对共同点，真正克服人与自然的矛盾，而不能总停留在"互动"研究的状态。

应该看到，当今世界正处在人类从亘古文明一路走来而面临转变的关节点上。工业文明时代人类社会所经历的几次技术革命和产业革命，极大地推动了社会生产力，同时也对人类赖以生存的自然环境造成了极大的破坏。因此，我们必须开启生态文明的新时代，重新认识人类与自然的关系。目前，我国现代化进程中所带来的负面效应正逐渐显现。从空间上看，地方自然生态的本质特征不可能无限度跨越地域而生存。资料表明，我国一些少数民族聚居地区环境治理和生态保护指数基本上都处于落后排名，这突出地反映了民族地区生态环境的脆弱性。资源问题和环境问题已经成为制约民族地区经济发展的瓶颈，生态问题的激化促使人们将更多的目光投向如何提高生态知识来更好地服务于发展。因此，从生态人类学学术层面进行文化干预，是对人类与自然协同演进关系进行系统理性思考。以文化制衡、强调文化归属，来实现文化与生态耦合运行应该是探索民族地区土地资源与生态环境保护的辩证关系、研究我国民族地区资源和生态存在的意义及其运行规律较为有效的手段。只有这样，才能致力于把人类学民族学专业知识应用于社会发展和解决实际问题中去，才能认清民族地区生态系统多样性的特点，寻找出真正困扰民族地区发展的有价值的问题，发展以新能源技术、生物技术、信

---

① 薛勇民、王继创：《低碳发展蕴含生态价值取向》，《中国社会科学报》2011 年 10 月 11 日。

息技术和环保技术等为代表的新的生产力，实现民族地区以产业结构调整、增长方式转变和消费模式变更为主要内容的生产关系升级换代，以便人们付诸谨慎的行为，更加合理地发展低碳经济，保持生态平衡，促进民族地区的可持续发展变化模式，实现民族地区环境保护和经济发展的良性循环，最终建立起人与自然和谐共生的绿色价值观和生存环境。

学术观点的价值在于启发性。以上所述，充分地证明了人类学民族学一些基础理论研究，特别是一些分支学科的基础理论研究，明显跟不上当下社会转型中所面临的理论需求和指导，已经成为学科发展的桎梏。古人论学、治学强调一个"积"字，荀子《劝学》中曰："不积跬步，无以至千里；不积小流，无以成江海。"因此，跟上时代步伐、积少成多，是人类学民族学基础理论研究的治学前提和关键。

如果说经济发展更多地依赖于科技进步，那么，社会管理和社会和谐则要借助于社会科学的研究成果。众所周知，社会科学是一门认识和解决社会矛盾的学科，人类学民族学则是其中一个内涵深邃、外延广泛的分支。能否正确揭示并论证矛盾，为发现和解决矛盾提供理论指导，是衡量人类学民族学研究水平和成果质量的标准，也是人类学民族学发展的方向。因此，其学科定位是一个依赖于不断自我反思、自我更新的过程，这就需要我们对人类学民族学的学科建设及其分支学科的发展关系有一个清醒而充分的认识，要真正认识到，当今的人类学民族学并非价值无涉，它不仅是以文化、社会的结构性与相对性来合理化人类社会的现实，在差异性社会的价值多元对话中不断地增进共识，更要从认识水平和技术手段上证明造成社会现实与变迁过程中发生的微观情境，并借此对现实有所反思。因此，人类学民族学的理论创新，必须将科学性与价值性结合起来，应当同其各个分支学科的理论协同创新紧密结合，不断注重理论研究与现实研究的融合，以现实问题作为理论研究的导向，从问题入手加强理论研究，以理论的发掘和积累引导研究方向，并逐渐向对人类学民族学的学术实践有帮助作用的方向转化，这样才能不断地扩大我们的学科研究视野，从而增强人类学民族学的社会价值取向，将人类学民族学学术知识有效地传播于社会，直接参与社会管理和社会和谐工作，使人类学民族学研究成果在我们的社会生活中具有直接意义，能够接受生活的拷问。

当然，理论创新也有个继承与发展的问题。《论语》"温故而知新"，早已揭示了继承与创新的辩证关系。中国民族学及人类学研究自20 世纪三四十年代异军突起，到今天甚至存有泛人类学民族学化的趋势，这里我们姑且不论它的性质，但可以肯定，这中间经历了不断的发展并存有创新元素。因此，今天的人类学民族学及其分支学科的理论创新必定是在以往创新的基础上进行的。如果为了今天，全面否定昨天，是极不可取的。应该看到，学术创新是最好的学术继承，人类学民族学理论创新要采取反思既往而不断发展的方式，要注意保留其以前的重要研究成果并不断地吸纳符合时代特征要求和学科具体实际的新的实践经验、新的思想所产生的研究成果，它既包括对传统理论的精选提炼，也包括对新产生理论的开拓使用，其目的是更多地掌握客观规律，拓展人类学民族学基础理论发展的空间，更在于为深化我国人类学民族学研究，推进哲学社会科学不同学科之间的对话、互动、创新提供一个态度。

应该承认，现存的人类学民族学多数理论是经得起实践检验的，它们具有浓厚的中国情愫，是我们学术共同体的基石，我们必须坚持。我们也应该承认，人类学自创立之初就涉及对农业事物的研究，即从研究非西方的土著社会、部落社会及乡民社会开始。然而，西方人类学自传入中国那天起，就开始了与中国的结合，在不断的"本土化"过程中，不仅研究内容是本土的，研究方法、观念与理论上也逐渐表现出本国文化的特征。现在的中国人类学民族学已经进入一个"具有自己的世界性影响的本土学派"① 的新时期，其主要原因是，由于社会的发展，人们的思维方式和生活方式发生了变化，民族分布的格局、各民族间的流动、交融趋势已经形成，这就要求我们不断更新研究内容，在尊重不同文化、不同经济权益的基础上更加关注各民族的发展，这同时也就给了亟待创立的中国人类学民族学学派创造了条件。笔者认为，社会科学具有"民族性"，我国人类学民族学的民族性应该是中华民族的主体性和我国国情的统一。我们只有明确坚持民族性，才能解决面临的社会矛盾，形成自己的学说体系。但是也不可否认，国外人类学民族学发轫于"异文化"的研究，就是在今天的学术环境里，尽管我国人类学民族学发展已有相对较长的历史，而且与国际学术界的对话早已取得了"话语权"，但随着资本的全球化扩张，经济全球化已是一个基本现实，反映到学界，西方的话语体系、学术规范和评价机制也占有强势地位，这就使得国内有些学者产生了对西方理论的依赖，存有"超越本土中心"去"复归人类学整体世界观"的倾向，经常是"进得去，出不来"，导致只是从西方的理论中搬出"问题"来研究，而不去探索自己的理论。笔者以为，如果说欧美人类学以探索异文化为己任，那么，亚洲人类学还是应以研究本土文化为特色。今天的经济全球化不等于西方文化全球化，如果欧洲人把自己的文化强加到亚洲民族头上，显得过于牵强。同理，在理论创新中，单一的学术引进模式或是只强调人类学民族学的世界性，把近现代西方人类学民族学的学术成果认为是世界性的成果的观

---

① 杨圣敏：《中国高校哲学社会科学发展报告（1978—2008）·民族学卷》，广西师范大学出版社 2008 年版，第 41 页。

点没有前途。因为，如果我们毫无批判地依傍于西方一些的不正确的学术思潮，一味为他们的一些理论"填空格""做脚注"，将会影响中国人类学民族学理论创新的健康发展。毕竟，"每个国家国情不同，研究的对象和内容也就不可能完全相同"，"在西方是'学术前沿'，但在中国不一定是'前沿'"。[①] 应该认识到，尽管人类学民族学已全球视野化，但现存的西方概念和理论是西方学界用西方的科学方法观察西方社会现象的产物，不是中国实践与经验的研究意识，用它的逻辑一致性来解释中国社会现象时，这种逻辑一致性就有可能出现偏差。因此，我们并不需要汲汲追求，面对与西方各种学术思潮的思想交锋，我们应该兼收并蓄，在尽量掌握西方的学术研究状况的基础上，既要保持能够有与西方沟通或契合的概念和理论，做到研究方法尽量符合国际规范，使其可以在世界范围内进行交流和传播，又要在理论与实践的梳理中摒弃一些西方的概念和理论，坚定地树立起学术自信，尽量坚持以我们自己的理论概念与理论模式为本位，以中国的实践与经验为主体，来观察和研究中国的问题，将本土化理论成果整合、推介并融入国际学术界，从而进一步启发国际学术界对中国现象的深入认识和理解。

另外，笔者认为，在理论创新过程中要继续多角度地深入开展人类学民族学的学术研究。在学术研究和学科发展的相互关系中，学术是第一位的，学术发展规律决定学科发展规律。例如，现在人类学民族学研究趋势之一是跨境全球化社会文化研究，这就要求我们在边境地区做调查时，除了考虑境内民族的生活状况，还要考虑境外民族的生活状况。因为，现在边境地区居民过境往来非常频繁，彼此之间相互影响，已经产生了千丝万缕的联系。因此，必须不断地繁荣人类学

---

① 何星亮：《关于中国人类学民族学学术创新的若干问题》，《思想战线》2012 年第 4 期，第 6 页。

民族学的学术研究，尽量占有实践资源和创新机会，拿出"研究真问题和真研究问题"的态度来对待我们的学术研究。只有这样，才能从根本上推动符合时代发展需要的学科理论研究的发展与创新，彰显人类学民族学的实践价值和理论价值，创作和出版更多无愧于历史和时代的学术著作。

三　创新过程中人类学民族学研究数字化问题

当今知识生产的方式完全颠覆了从前的模式，我们所处的时代被称为"大数据"时代，由于它的到来，人类社会方方面面的活动从来没有像现在这样被充分地数字化和网络化。在社会科学层面，它为我们全面、完整地保存、再现传统文化和积极开拓新的研究领域提供了极大的方便，人类学民族学也应该积极主动地"拥抱"数字化浪潮，充分利用数字手段提高研究效率，让研究成果的价值得到最大的体现。理论上说，数字化就是将复杂多变的信息转变成为可以度量的数字、数据，并以此为基础建立适当的数字化模型，把它们转变为一系列二进制代码，引入计算机内部进行统一处理。

在社会科学领域或者说人文科学领域，国外学者提出的"数字人文科学"（Digital Humanities）和"数字人文学者"（Digital Humanist）的概念，主要是指用电子技术创建电子文本，并结合人文研究的方法论来处理和分析传统人文科学的研究资料，从而建立起人与电子技术相结合的学术平台。前几年，美国学者戴维·莱兹（David Laze）等又提出了"计算社会科学"（Computational Social Science）的概念，其研究主线有三条：一是研究人；二是研究信息；三是研究人和信息的属性。它为社会科学提供了一条革命性的计算之路。

对于人类学民族学学科而言，人类学民族学数字化，或称数字人类学民族学，是指数字媒介技术运用于人类学民族学的学术实践，在下意识中把我们的学术思维或学术活动与计算机的表达与执行联系起来，即运用网络、计算机软件、数据库等数字化手段进行学科内容的研究和管理。因此，人类学民族学数字化是一个充满潜力的研究领域，也是人类学民族学面向未来深入发展的必由之路，而目前的状况已经直接影响到学科今后的生存与发展，其数字化的运用功能应该受到人类学民族学研究工作者的重视。笔者以为，以应用为特征的人类学民族学数字化，应该有以下三个层面。

（一）人类学民族学研究网络化

我国自 1994 年接入国际互联网以来，其平台经历了从单一传播向充分互动的转变，由于信息支配性的功能与过程日益同网络联系起来，目前已经形成为一个基于网络开放合作、持续发展的新局面。正是网络空间的建立，使人们的一切活动都可以用数据形式存储在世界的任何地方，有人戏言：网络社会构建了新的"社会形态"。网络与学术的结合，使学术团体和学者们被放在网络的"放大镜"和"显微镜"下。网络对于学术的介入，涉及网页归档、文本情感分析、数字民族志、电子邮件采访等研究方法的产生。网络语境下，使得文献资料更加容易得到，为学术研究提供了广阔空间。网络上学术博客、学术论文使人们与研究者的距离不断缩小。学术研究已经从过去传统意义上的研究方法延伸到谷歌、亚马逊等各种社交网络上，加速造就了学术生产，自然也为人类学民族学研究材料的收集和积累提供了更多的空间。网络信息已成为科研工作中至关重要的载体，它能够及时地帮助我们获取和交流，准确地掌握本学科的最新研究动态，保持一流的科研水平；能够通过媒介不断打造知识和学术传播的新形式，将人类学民族学研究引向深入。但是我们也应该看到，在运用网络研究过程中还存有一些问题。例如，在网管不正规的情况下，大量信息进入网络公共空间，致使学术生产的浮躁之风随之凸显，人们可以毫不费力地信手拈来网络信息，随意拼凑、叠加自己需要的材料，形成"成果"。这在一定程度上滋生了治学的懒惰与懈怠，使得网上学术信息的可靠性与准确性难以保证，为学术造假提供了土壤，难怪有学者呼吁构建"网络学术生态"。虽然如此，在客观审视传统学术研究基础之后，我们并不能借此否定网络学术发展带来的进步，而是恰恰要在网络语境下，充分地利用网络技术，提高人类学民族学网络学术资源的数量和质量，将人类学民族学研究引向深入。

（二）人类学民族学研究过程数字化

计算机软硬件的不断开发也为人类学民族学研究人员的研究过程提供了方便的数字化服务，特别是文本软件的运用，已经基本代替了手写著述的时代。但是，我们也应该看到，现在大多数科研人员在田野调查或著书立说中，只会使用一些简单的文本软件，对于复杂一点的软件的运用，则显得力不从心。因此，突破计算机操作层面上的壁垒，探索人—机结合的文字及图像数字化的收集、整理、筛选、对比的技术操作也是重要问题。随着学科的发展和研究面的不断扩大，我们就会发现，科研工作中需要依靠大量的图像和实物参证，这些"形象材料"是我们研究对象的政治制度、文化礼仪、社会风俗、宗教信仰、民族习惯等多方面社会内涵的综合反映，它们是人类学民族学学术研究构成的要件。我们应该跟上时代的步伐，尽快掌握各种新软件的使用水平，以加强驾驭"形象材料"的能力。除此之外，我们或应该注意培养一些既懂得人类学民族学专业，又懂得软件使用甚至软件开发的专门人才。例如，可以利用数字技术把相片中的缺陷或缺损进行修理、修复，甚至再造；利用数字化运算工具帮助研究人员分析庞大的研究数据；对于田野调查中的生产资料、生活用品，运用软件获取三维数据、建立三维模型，再投射到二维图像空间中，最后根据图像画出各个部位都非常准确的几何线图。这些都对我们研究的科学性大有好处。

（三）人类学民族学数据库

数据库（Database）是按照数据结构来组织、存储和管理数据的仓库，产生于 50 多年前。数据库技术的诞生和发展不仅带来了计算机信息管理的巨大革命，也给社会科学发展注入了新的活力。20 世纪 90 年代以后，数据管理逐渐转变成能够满足多种用户需要的多种管理方式和类型的数据库。

当今信息化时代，数据库的建立，能够最大限度地推动和促进学科的发展，拥有一个运行于互联网上的人类学民族学数据库，是一项众多科研人员多年盼望的事业。人类学民族学数据库，是人类学民族学研究的重要载体，是研究工作者进行学术研究的平台和进行学术交流的工具，我们要提高对建立人类学民族学数据库重要性的认识，把它作为学科创新的一个奋斗目标。真正认识到，人类学民族学数据库的建立，能够满足研究人员以下需求：（1）以一键式搜索方式简化对人类学民族学研究文献、资料的检索；（2）快捷地查找世界范围内本学科最新文献和最新数据；（3）及时跟踪国内外同行的最新研究动态和学术观点；（4）通过数据库的编辑和管理，规范本学科的调查内容和研究方法。因此，建立什么样的数据库最科学、最有前景是问题的关键所在，必须有与之相适应的理念和方式。不了解、不熟悉专业数据库所特有的学术氛围，就无法提供受用户欢迎的数据产品。笔者以为，数据的采集、加工、利用与共享能够带来了研究领域、研究方法乃至研究范式的创新。因此，人类学民族学数据库中至少应该涵盖如下内容：（1）国内外学术研究机构数据；（2）学科基本理论数据；（3）学科发展历史数据；（4）学科研究范围数据；（5）学科研究地理区域数据；（6）相关分支学科和交叉学科情况数据；（7）学科研究人员基本情况数据；（8）学科研究手段和研究方法数据；（9）学科相关研究文献和资料数据；（10）学科传统性研究数据；（11）学科现实性课题研究数据；（12）学术成果数据；（13）学术会议和学术交流数据；（14）学科前任学者与后继人才数据；（15）学科人才培养数据；（16）国内外人类学民族学相互研究状况和成果数据；（17）国内外人类学民族学最新研究动态或热点数据；（18）人类学民族学多媒体数据及数字博物馆等内容。当然，人类学民族学研究数据库的数据模式界定远不止这些，最终应该把数据库的建设置入整个人类学民族学学科体系中去考虑。

另外，要想使人类学民族学数据库具有长期的影响力和竞争力，至少要做到以下几个方面：一是加快数据库建设力度。据笔者所知，目前学科内部根本没有专门人才从事这方面的工作，只是有的网站做一点类似工作。因此，我们应该抓紧设置这方面的专门人才，专职从事人类学民族学数据库的数据收集、集成、加工和维护工作。根据目前的实际情况，可对现有的散落在各研究机构中的大量丰富的、具有重要意义的研究资料建立数字化档案并可建设一些小规模的数据库，待取得经验后再逐步推广。二是加强管理，提高质量。在各种文献、资料、数据、信息、图像、音频视频数据等整合上，可借鉴其他行业数据库的成功经验，争取建立一个统一的分类标准，形成体系和规模，并以科学管理提高质量，扩大影响，把数据库真正做成"名优"品牌。并在此基础上加强数字化成果的知识产权的保护与研究。三是抓紧人才培养。目前，掌握数字化技术的人才往往只具备很强的 IT 技术，但缺乏足够的人类学民族学专业知识的训练。应该在国内人类学民族学专业教学中开设数字化人类学民族学课程，重点培养一批既懂得人类学民族学专业知识，又懂得其数字化应用和开发的专门人才，使之后继有人。四是提供经费支持。对于有条件的研究机构，可投入一定的资金，采取边建数据库，边运转的运作方式，还可以联系海外有关机构，争取它们的经济资助。五是加强国际合作。由于目前建立学科数据缺乏经验，我们可以就数据库的模式、技术标准、利益均衡、版权、评价体系等问题，同发达国家相关学科开展合作，以提高数据库的建设水平。

综上所述，笔者仅从技术层面上讨论了人类学民族学学术研究网络化、研究过程数字化及学科数据库建设等数字化问题。就学术层面而言，创新进程中的人类学民族学数字化研究，在方法论上还存有诸多挑战。因此，我们应该达成共识，即数字化人类学民族学不等于传统人类学民族学的简单数字化，亦不是坐在电脑旁，敲打键盘，滑动鼠标，将其全部内容搬上互联网就完事大吉了。真正的人类学民族学数字化不仅把传统内容变成电子版，还应该在与其他多种媒体资源共享等思路上多下功夫，这样才可以优势互补、共同发展。在技术层面上，我们也应该看到，人类学民族学数字化面临的问题和需要探讨的内容还不少。例如，认识理论认为，人们比较容易认同和接受与自己原有认识一致的习惯，自觉或不自觉地遵循习惯性的思维定式。特别是在当前，数字化人文并不真正属于主流学科，传统的学术传播和研究模式仍然占据主导地位，如果我们把人类学民族学现象全部量化、数字化，必然会造成结论的简单化。此外，网络手段无法取代现场交流。新型的网络研究手段可以跨越时空距离，实现研究人员相互之间的沟通与交流。然而，过分依赖网络就会加剧研究人员之间的疏离，使之丧失了面对面互动，会有一种"远水解不了近渴"的感觉。

再有，原始手写文献资料转化为计算机可读文件，要付出很大的努力并存有失真性。例如，田野调查的原始数据有些是被调查人员亲自用手书写的，对于研究人员来说，如果将其全部数字化将会失去其手写的意义。因此，我们应当提高责任意识，站在学科长远发展的高度上，深刻认识人类学民族学数字化对学科创新的作用，积极行动起来，相互配合，建言献策，使其尽快地发展并不断产生出信息资源共享的社会效益。

从民族学材料看原始交换的产生与方式

万　红

关于原始交换的产生与原始交换方式的研究，无论是在社会发展史的领域里，还是从以人类学方法探讨经济问题的经济人类学的视角出发，都是一个十分重要的课题，并且学术界已经有了一定的积累和研究成果。本文试图在国内外学者研究的基础上，利用现存的民族学材料，特别是存在于中国西南少数民族地区的丰富的民族志资料，就此问题做一系统的论述。

一　关于原始交换的产生

研究任何一个问题，首先需要明确概念。本文所指的"交换"，主要是指人与人之间物品的双向流动。所谓"原始交换"，也就是指在人类社会早期，即已经为学术界所普遍认同的原始社会时期人类的物品交换行为。

在人类的童年时代，人们生活在林木茂密、野兽出没的自然环境里，食物充足、易于获取。但为了抵御各种凶猛野兽和自然灾害的威胁，他们以"原始群"的方式聚集在一起，依靠集体力量，互相协作、共同劳动，从自然界中采集所需的生活用品。那时，人类的精神生活和物质生活都极其简单，以采集为主，渔猎为辅，衣食简朴，很少积累，过着"饥则求食，饱则弃余"的生活。恩格斯在摩尔根对"原始社会"研究的基础上，对这一时期的人类生活进行了阐述。他认为，人类在蒙昧时代的低级阶段，还住在自己最初居住的地方，即住在热带的或亚热带的森林中。由于那时的人类至少是部分地住在树上，因此尽管森林中有大猛兽出没，但人类依然可以在其间生存。那时的人们主要以果实、坚果、根茎作为食物。① 恩格斯的这种推断，经现代科学对腊玛古猿和南方古猿的研究已基本被证实。卢勋先生等现代学者在此基础上又做了进一步的论述。他们认为："在原始采猎经济时代的早期，也就是摩尔根、恩格斯所说的蒙昧时代的低级阶段，人类属于'正在形成中的人'。这一时期的经济生活以采集果实、坚果和根茎为主，开始偶尔的狩猎行为，部分树居。直立行走、手脚分工，能够使用天然的工具获取食物。"②

从古史传说和历史文献中，我们也可以找到一些有关远古人类生活的线索。如犹太人在其《圣经》中，描述了人类始祖亚当、夏娃在伊甸园里的生活，大概反映的正是这一时期人类的思维和生存状态。《圣经·创世记》第二章写道："耶和华神在东方的伊甸立了一个园子，把所造的人安置在那里。耶和华神使各样的树从地里长出来，可以悦人的眼目，其上的果子好作食物。园子当中又有生命树和分别善恶的树……耶和华神吩咐他（亚当）说：'园中各样树上的果子，你可以随意吃，只是分别善恶树上的果子，你不可吃，因为你吃的日子必定死。'"这一

---

① 参见恩格斯《家庭、私有制和国家的起源》，《马克思恩格斯论民族问题》，民族出版社 1987 年版，第 669 页。

② 李根蟠、黄崇岳、卢勋：《中国原始社会经济研究》，中国社会科学出版社 1987 年版，第 14—15 页。

段材料正反映了处于采集阶段的原始人的思维和生存状态[1]，由于人类生存环境单一，人们的物欲极低，大家共同采集、共享食物，只要满足最低限度的温饱就可以了，因此根本谈不上分工与交换。

随着火的发明和人类的不断繁衍，人们越来越多地超越气候和地域的限制，生存空间和食物的种类随之大大地扩展了。除继续采集植物的果实、茎叶、块根，人们也捕捉鱼类、其他水生和陆生小动物，偶尔也开始狩猎一些大的动物。以后，人类的智力发展到可以制造出木矛、石球以至弓箭等专门用于狩猎的工具，狩猎业逐渐可以从以采集为主的混合经济中相对地独立出来。由于人类生存空间的拓展，人们所处的自然环境和地理位置有了显著的差异，所获取的物品也有了显著的不同。有了不同，就有了交换的可能。

早期人类虽然物欲很低，但从人类本性来说，又具有好奇和探索新事物的一面。人们在满足简单温饱的同时，内心还有一种尝试和拥有不同种类的物品的需要。这种需要一旦遇到了适宜的外部环境就会显露出来。原始人群体在寻找食物的途中，有时会遇到其他一些生存环境不同的群体，于是，不同的获取物之间就有可能导致交换的发生。例如，在台湾土著萨斯特族大隘社有个关于交换之始的传说："昔祖先等遇高山族土著于途中，土人问曰：'汝等食何物？'答曰：'食鱼。'土人曰：'我等系捕鸟兽而食之，可否以鸟兽与汝等之鱼交换食之？'言罢，即出示鸟兽，并换得鱼归。两族间之交易，以此为始。"[2] 这段传说也许可以说明，原始交换在渔猎时期就有可能发生。最初的交换不仅限于食物，有时，制造各种工具和器具所需的石料、

---

① 参见《新旧约全书》，南京，1992 年，《旧约》第 2 页。
② 许君玫：《台湾先住民经济传说集》，台湾银行经济研究室编《台湾之原始经济》，台湾银行 1959 年版，第 133 页。

木料和其他原料，往往也并非在任何地方都可以找到，而可能需要从外地获取。例如，在中国云南怒江州知子罗村周围地区的怒族共同体，在农业产生以前，就曾通过交换从居住在江边的另一些共同体中取得过制造弓弩的原料；他们从很早起，还用自己的猎获物和土特产到兰坪一带去交换盐巴。①

总之，人类对不同物品的需求与自然环境的差异导致了交换的发生。最初的交换行为，不是经常性的，随着社会分工的发展，交换才逐渐地变为了经常性的活动。

人类社会的分工，大概在采猎时期就已经出现了，最早的分工是存在于原始共同体内部的自然分工，即根据年龄和性别的分工。老人、妇女一般在居住地看管儿童、料理内务，此外，还从事一些采集劳动；青壮年男子则出外作战、狩猎、捕鱼，制作获取食物的工具等重体力劳动。在云南哀牢山的彝族那里，我们还可看到原始的性别分工的遗痕。那里同村或邻近村庄的青壮年男子在集体进行围猎的时候，毫无例外地排斥女性参加。妇女若是在牧羊或拾火柴时碰巧遇到分配猎获物，则可以分到一份。② 这个例子，一方面可以使我们窥见原始的性别分工的情况，另一方面也说明了人类早期共同体内部的共享习俗。

在原始共同体内部，自然分工通常是无法产生交换行为的。虽然，此后也逐渐出现了某些专业化手工业活动的倾向，但共同体内部的社会分工发展非常缓慢，也很少有交换行为。这在中国云南西部的少数民族中是有例证的。在民主改革前，独龙族和苦聪人的社会里保存了许多原

---

① 参见李根蟠、黄崇岳、卢勋《中国原始社会经济研究》，中国社会科学出版社1987年版，第270页。
② 参见李学忠、剑鸣等《云南哀劳山摩哈苴彝村经济史略》，《云南社会科学》1984年第4期。

始经济的成分。那时，在他们生活的共同体中，经济以种植业为主，畜牧业和手工业都还没有从农业中分离出来，没有专门从事养畜或手工业的部落、家族或农户。每个农户既种庄稼，又从事养畜、采集、渔猎，并独立进行生产工具、生活工具的制造以及酿酒、编织、纺织等手工业生产。虽然也有若干手工业技术只有少数人才掌握，如打制铁农具和制造弓弩等，已经出现了某种专业化的萌芽，但是，这些工匠替本共同体内的农户干活，基本上多是义务性的帮忙，尚没有发生以物易物的交换。云南西盟一带的佤族，也基本如此。例如，岳宋寨在民主改革以前，经济活动有农业、采集、狩猎、捕鱼等，手工业也还没有从农业中分离出来，主要有纺织和编竹器等，都是为了自用。纺织由妇女担任，编竹器多是男子担任。岳宋寨佤族的经济是自给自足的，分工不发达，内部交换很少。①

　　但是，在不同的原始共同体之间，却往往由于自然环境的差异和社会经济条件的不同，为了适应人们某些必需品的需要而发生了社会性的分工，这就为共同体外部的交换亦即相互间的交换，提供了必要的物质条件。例如，在台湾土著阿美族所居地区盛产陶土，并因其他地区的人们对于陶土的需求，不仅发展了和其他地区间的交换关系，还间接地促成了阿美族自己的制陶业。

　　我们前面提到的内部尚未发生交换的苦聪人，却从很早起，就和相邻的哈尼族、苗族、瑶族发生了交换关系。云南独龙族最初的交换关系，主要发生在出产藤竹器较多的村寨和出产麻布较多的村寨之间。此外，独龙族还要从西藏察瓦隆地区、怒江地区和缅甸德钦邦的僳人那里，分别取得生产上和生活上必需的铁刀、盐巴、陶锅、铁锅、牛只等。在岳宋的佤族也是如此，虽然其内部很少有交换行为，但却从外民

---

① 参见《佤族社会历史调查》（二），云南人民出版社 1983 年版，第 3—4 页。

族输入了牛、布匹、食盐等。

在云南怒江地区的怒族和傈僳族等原始共同体中，外部的分工和交换也要比其内部的分工与交换发达得多。这一方面是由于自然条件的差异，另一方面也有经济发展不平衡等方面的原因。例如在碧江县，有一个怒族村寨托克扒村，据说村人的祖先于八九代前从兰坪迁到碧江县知子罗乡所属地区时，他们仍然是以狩猎采集为主的，而其周围各村寨从事农业生产已有了相当长的历史了。这种不同的生产发展阶段，也能导致彼此间的交换。托克扒村本身的粮食不够食用，他们就用猎物、生漆、香菌、木耳、竹篾器等，向周围的村寨换取粮食、牲畜、土锅等。以后，托克扒村又特别发展出来装粮食用的长方体木柜的生产，甚至还出现了若干半专业化的木匠，他们都没有脱离农业，其产品则主要用于与周围各村寨的交换。① 又如，台湾土著中的"岩穴生番……以皮与熟番易盐、米、铜、布诸货物"②。这种"生番"与"熟番"之间的交换，也是属于发生于社会发展程度不同的共同体之间。

以上这些事例说明，由于自然环境的差异、生计模式的不同，以及处在社会经济之发展阶段的不同，往往是可以导致共同体之间的交换，而且，一个很自然的结论便是，共同体之间的交换有可能是先于共同体内部的交换而产生的。

很多来自国外的案例，也能够说明上述分析性的结论。例如，尚处于采猎经济阶段的澳大利亚土著居民，其在经济上基本是自给自足的，但各部落之间的交换却很发达。部落之间交换的物品主要有武器、石器，以及只在某些地方才有出产的原材料（如赭石、燧石和含有麻醉剂

---

① 参见李根蟠、黄崇岳、卢勋《中国原始社会经济研究》，中国社会科学出版社 1987 年版，第 243 页。

② 邝其照：《台湾番社考》，转引自韦兰春《论原始交换的产生和发展——台湾土著资料和有关民族学资料的比较研究》打印本，1987 年 5 月。

的麻蛇树等）。每个部落通常都世世代代地充当某几种确定的物品或原材料的提供者，同时也从别的部落通过交换取得自己所需要的东西。后来，这种部落之间的交换甚至还逐渐地形成了固定的商路和类似于集市的一些交换中心。①

著名的经济史学家波拉尼曾经认为："交易"通常首先会发生在两个共同体相互接触的边缘地带。他认为，某一个共同体要从异地获取财物，可以采取"掠夺"和"交易"这样两种基本的方式。在原始社会，随着社会上活动的共同体的增多，人们在社会上发生接触与交往的机会也越来越频繁。通常，在相互具有血亲关系的共同体之间，人们可以通过相互间的馈赠与共享加强他们之间的友好关系。但在没有血亲关系的共同体之间，则往往会因为争夺相互领地（比如猎域）、掠夺自己没有却需要的财物而发生各种冲突。这些冲突的解决方式，大部分无疑是用相互残杀、以武力方式来进行的，而残杀造成的两败俱伤的后果，又使人们更渴望相互间的和平共处。于是，为了达到和平共处而又能够获得彼此所需的物品，也就必然要采取交换的方式。当然，这种"交换"最初的方式未必一定就是明确的"以物易物"，它每每会采取相互馈赠"礼物"的方式。应该说，这种礼物馈赠式的物品互换活动，维持了人类非血亲共同体之间的和平共处的友好关系，使得人类免于因获取更多物品的欲望而导致的掠夺性冲突。就原始民族自身来说，他们在交换中也认识到交换所能够带来的和平的珍贵，因此，据说在某些东非语言中，"交换"或"物物交换"，同时也就意味着"和平"。

---

① 详见［苏］托卡列夫、托尔斯托夫编《澳大利亚和大洋洲各族人民》上册，李毅夫等译，生活·读书·新知三联书店 1980 年版，第 256—266 页。

二　关于原始交换的方式

在原始社会的初期，一般认为，同一个共同体的人们共同劳动，并共享其劳动产品。一开始共享仅限于小群体之中，随着血亲群体及其相互关系的产生，人们扩大了共享的内容和范围。当人们有了某些奇异的或比较丰厚的猎获物和采集物时，往往还要与和他们有血亲关系的群体共享。这种原始共享的残余，直到不久前还保存在一些土著民族的生活之中。

例如，台湾土著的各个族群之间，就保存有类似的共享习俗。据清代方志记载："诸番傍岩而居或丛处内山，五谷绝少。斫树燔根，以种芋魁；大者七八斤，贮以为粮。收芋时，穴为窖，积薪烧炭中，置芋灰中，仍覆以土。聚一社之众，发而噉焉；甲尽则乙，不分彼此。"① 类似的情形也发生在西南非洲的纳马·霍屯督人中，"当一个男子带着猎物归来以后，营地里所有的人都聚集到他的茅舍里来一直将肉吃光为止"②。西北美洲的廷枝人、海达人、新宣人和瓜求图人，多仰赖捕鱼、狩猎为生。冬天的时候，每当有人杀了一只海豹，或得到了一盒莓子或菜根，亲友们就彼此召唤，相互分送，若是有人在海边发现一条搁浅的大鲸，也要请大家前来共享。③

生活资料的共同消费便是共享，而相互提供消费资料或其他援助则是互助。在原始社会初期，同一群体中只有共同生产、共同消费的风

---

① （清）王瑛曾：《重修凤山县志》卷三《风土志·番社风俗》。
② ［美］乔治·彼得·穆达克：《我们当代的原始民族》，童恩正译，四川民族研究所1980年7月，第307页。
③ 参见［法］莫斯《礼物：旧社会中交换的形式与功能》，汪珍宜、何翠萍译，（台湾）远流出版事业股份有限公司1989年版，第49—50页。

俗，而谈不上互助这一内容。"互助"通常是较晚一些才发生的风俗，它产生于个体家庭出现以后。卢勋、李根蟠先生在调查中发现，苦聪人在中华人民共和国成立前有"讨"吃的习惯：粮食吃完了，就背着背篓，到旁人的地里去"讨"；对于别人来"讨"吃，主人从不吝啬，哪怕只有一箩玉米，也要分一半给来"讨"者。"讨"吃无须归还，它是一种人人都可以行使的权利和义务。在苦聪人中流行着一句话："有吃大家吃，没吃大家饿。"此外，怒族和傈僳族的互相"要"，也都是原始互助的遗风。① 笔者认为，正是这种互助的形式，后来逐渐导致了"援助式交换"的产生。所谓"援助式交换"，主要是指经由互助习俗发展而来，以相互提供基本消费资料或其他帮助的交换形式。在这种情形下，由于物品呈现出援助与受援双向流动的动态，因而可以认为已经具备了"交换"的属性。

在保留有旧氏族制传统遗俗的滇、川、黔三省彝区，类似这种原始的援助式交换，直到不久前还或多或少地存在。其中，尤以四川凉山彝族最为典型。凉山彝族在 20 世纪 50 年代中期以前，被认为尚处于父系氏族制和氏族奴隶制并行的发展阶段，氏族已经不再是一个共同生产、共同消费的经济单位，而已经逐渐被个体家庭所取代。但是，旧氏族仍然具有很强大的活力，个体家庭则成为它的基层组织。不同的个体家庭相互间的关系，通常还需要依靠氏族来调节，共同的血缘关系还是维系个体家庭的纽带。虽然个体家庭自行组织生产、自行消费，但对外则由氏族和自然形成的氏族首领代表个体家庭。个体家庭也通过氏族得到共同体的扶持与援助。旧氏族共同体成员之间相互援助，主要表现为个人安全方面的互助，而个体家庭出现之后，则在财物上也表现为互换互

---

① 参见李根蟠、卢勋《从我国少数民族的原始交换方式看交换的发生》，《中国社会科学院经济研究所集刊》第 7 期，第 113 页。

助。例如，某一家遇到红白事，或发生了灾祸，其远近亲族或本氏族成员，便会携带粮食、牲畜、酒、猪肉、鸡、炊具、建筑材料等，以及其他家庭生产和生活用具，前来"援助"。受援的家庭，亦需在其亲族或本氏族成员遇到红白事之际，携物品前去"还礼"。

根据民族志的报告，四川凉山彝族在"援助"和"受援"时，通常都并不计较得失；而在滇、黔彝区，每一家则要记下从各户得到援助的物品和数量，一旦该户需要援助时，则要以近似值的、等同量的物品送回，否则就将有可能引起纠纷。[①] 看来，彝族社会的这类"援助式交换"，实际上也可能存在不尽相同的阶段或者形态，这是今后需要我们进一步深入探究的。

除了上述"援助式交换"外，在"原始民族"中还普遍存在"馈赠式交换"，也就是"礼物式交换"。由于原始的道德观念的影响，最初的馈赠一般是没有要求或希望对方给予实物性的回赠的。如台湾土著居民泰雅族，常将动产和武器、装饰物、器具、粮食等赠予亲友，一旦赠予后就不得要求回赠或索还原物。[②] 但是，单方面的馈赠总是无法持久存在的，因此，无论是从物品的互通有无，还是从维持人与人或是团体与团体之间的关系的角度来说，"馈赠"最终都是要发展为相互的性质。

在中国滇西地区的独龙族、怒族、傈僳族，西盟的佤族，还有西藏的珞巴族、僜人，东北的鄂伦春、鄂温克族那里，我们都可以看到类似的"馈赠式交换"的习俗。例如，在独龙族社会中，存在一种"交朋友"的交换方式，他们称其为"布嫩牟"。"朋友"是在彼此交换中结

---

① 参见龙建民《市场起源论》，云南人民出版社 1988 年版，第 164—166 页。
② 参见台湾省文献委员会编《台湾省通志》卷八《同胄志》第五册《泰雅族篇》，第 22 页。转引自韦兰春《论原始交换的产生和发展——台湾土著资料和有关民族学资料的比较研究》打印本，1987 年 5 月，第 27 页。

成的人际关系，彼此要每年互访一次，一般是在收获后的农闲时进行。访问者通常要带着礼物，一般多是当地的土特产，而且也要考虑到主人的需要。相反，主人的回访与回赠也是如此。对于来访的"朋友"，主人要杀鸡宰猪盛情招待，所杀牲畜的一半与"朋友"共享，另一半则让"朋友"捎走。"朋友"告辞时，互相通知对方下次什么时候来访，需要什么东西，或者来访前托人传递木刻或带口信，以便双方做好必要的准备。这种"朋友"的互访和馈赠通常并不是发生在村寨内部，而是形成于不同的村寨之间，尤其是在不同的经济和生计模式的地区之间。在村寨内部和邻近村寨之间，一般是有什么困难都会互相援助，"朋友"则主要是远方的固定而又持续的交换伙伴，例如来自缅甸德钦邦的俅人，怒江地区的怒族、傈僳族和察瓦隆地区的藏族等。①

　　馈赠式交换的案例，在国外民族志中也可以找到不少作为实证。例如，波利尼西亚的毛利人，曾有一种送礼而后必须还礼或回报的制度。比如，用鱼干来换取腌的小鱼和草席等。这种交换，通常不需要任何规条，而是非常自然地通行于部落或相识的家庭之间。② 在波利尼西亚群岛的萨摩亚，氏族之间则通行着"信约式"的送礼制度。大凡遇到出生、疾病或者死亡之类的仪式，或者婚礼、割礼、少女成年礼等，都有送礼的习俗，而且也存在绝对必要的回礼义务。③ 此外，美洲的易洛魁印第安人，如见到内地土人到苏必利尔湖来，便会拿东西赠送他们，名为修好，实为希望他们回送以内地的毛皮。易洛魁人甚至还会把东西送到别人的家里，然后期待回礼，如回送的礼物不能令人满意，便把原物讨回。

---

　　① 参见李根蟠、黄崇岳、卢勋《中国原始社会经济研究》，中国社会科学出版社 1987 年版，第 245—246 页。

　　② ［法］莫斯：《礼物：旧社会中交换的形式与功能》，汪珍宜、何翠萍译，（台湾）远流出版事业股份有限公司 1989 年版，第 20 页。

　　③ 同上书，第 17—19 页。

在新西兰，土人若以物送人，则是表示他希望某物为回礼。① 在人类学的民族志中，更为著名的例子，则有美拉尼西亚西部特罗布里安德群岛各部落或岛屿之间的所谓"库拉"交换。同时，澳洲土著部落之间的礼物交换体系等②，也大都属于这种原始馈赠式交换的范畴。由此可见，这种"馈赠式的交换"曾经普遍存在于原始共同体之间。这种以寻求回报为特征的送礼，虽然形式上是为"馈赠"，实质上则应该理解为"交易"。

在世界民族志资料中，我们还可见到一种"无言式"的交换方式，它是指物品的交易双方在没有会面的情况下进行的交换，在人类学文献里也常常称之为"默契交易"。一般的情形是，交换中的一方来到双方习惯或者默契的地点，放上要交换的物品，然后退开或者躲在一旁。另一部分人再来到这里，也放上他们的物品。只要双方各自取走对方的货物，便算达成了交易。在"无言式交换"的情形下，交换双方通常并不特别去推敲物品的价值与好坏，只要觉得满意就可以了。这种"无言式交换"，在处于原始经济的很多民族中都曾广泛流行过。

在中国南方许多少数民族中，也曾流行过这种"无言式交换"。云南的苦聪人（现在被认定为拉祜族的一支），大多居住在深山老林，交通闭塞，生产方式和经济条件都非常落后，直至 20 世纪 50 年代前后，还一直保留了大量原始生活的残余。根据我国民族学家们对云南苦聪人的社会调查，"50 年代的云南苦聪人居住在原始密林中，靠狩猎和采集为生。为了狩猎和采集更加有效，他们不得不组成小小群体在密林中四处游荡。从常识可以知道，在这样的状况下，苦聪人自己绝对不可能获得食盐，也不可能获得像钢针那样极其普通的日用品，他们要获得这种

---

① 参见石峰《试析"默契交易"的成因》，《中央民族大学学报》1999 年第 6 期。

② 参见［苏］托卡列夫、托尔斯托夫编《澳大利亚和大洋洲各族人民》上册，李毅夫等译，生活·读书·新知三联书店 1980 年版，第 264 页。

类似的东西别无他法，只有靠密林外的其他民族为之提供"。"在滇南原始密林边缘行走，如果你细心的话，有时会在大道边显眼的石块或树墩上发现一张捆束得十分规整的兽皮，或者某种珍稀山药材，有时还在兽皮或药材旁边发现一些用树皮或草扎成的引人注目的标记，但周围却看不到人，不管是用傣语还是汉语向周围喊话，都没有人答应。了解情况的傣族乡民看到这种情况心里立刻明白，这是密林深处的苦聪人要求与他们作实物交换，如果他们有意要这张兽皮或药材，就可以将家中的一点盐或几根针放在兽皮或药材所放的原来位置，就可以理所当然地将这张兽皮或药材带走。他们取了兽皮或药材走开后，苦聪人才会放心大胆地出来取走他们回赠的盐和针。"①

其实，在国外的一些民族志报告中，有关这种现象的记载也有很多。如 18 世纪末叶，楚克契半岛的楚克契人和美洲的印第安契布克人，也都曾经采取过无言交换的形式。外地人来了以后，将一定数量的货物放在岸上，然后躲开。这时契布克人上来，看看货物，把他对于所要的东西应付给的代价皮张放在旁边，然后也躲开；之后，外地人再走近看看所付的数目，如果他满意，就拿走皮张，留下所换的货物；如果不满意，则把所有东西原封不动放着再躲开，等买者添付。② 此外，在日本的《虾夷志》中也记载说，北海道的阿伊努人曾经同千岛群岛的阿伊努人在千岛海边进行过默契交易。从北海道航海去千岛群岛的阿伊努人，通常是把船停泊在海上，然后趁村民们隐遁山林之际把商品放在海边，然后返回船上。村民们随后过去放下等价物，再取走商品。最后，北海道的阿伊努人再到海边去取回他们换来的等价物。③

---

① 罗康隆：《族际关系论》，贵州民族出版社 1998 年版，第 280 页。

② 参见［苏］阿·尼·格拉德舍夫斯基《原始社会史》，东北师范大学译，高等教育出版社 1958 年版，第 90 页。

③ 参见［日］栗本慎一郎《经济人类学》，王名等译，商务印书馆 1997 年版，第 83 页。

对于这种"无言式交换"（默契交易），学术界有各种不同的解释。日本学者栗本慎一郎认为，默契交易乃是由于原始人对自己共同体以外的人持有恐惧心理，为了避讳直接接触而采取的一种交往方式，交易便是这种交往的结果。

应该说，这种解释是有一定的例证可以使人信服的，然而它也有一定的片面性。因为某一种现象的出现，很可能有着多重性的原因。对于不同于自己且不熟悉的其他共同体的人，恐惧接触是人类正常的心理反应。然而，我们还应该看到，在原始的观念中，对于直白地用自己的物品去换取他人的物品，人们往往会认为是一种不好意思的事情。这种情形在中国不少民族中都可以见到。直到不久前，在很多少数民族中还存在交换或做生意不好意思之类的观念。例如，海南的黎族地区，不久前还有这样的情况发生：有人想拿只鸡去换东西，但又怕同村人看见，只好把鸡藏在衣服底下。来到集市后，当拿出鸡时，鸡已经死了。还有一个黎族人把粮食挑到集市去卖，他不好意思与人讨价还价，以为粮食放在那里，别人拿走后自然会把交换的东西留下。就这样，他把整挑粮食放在集市上之后就躲了起来，到散集时回去一看，整挑粮食还在那里放着。① 由此可见，原始的道德观念的确可能在"无言式交换"中发挥过至关重要的作用。

三　扩大价值形态的交换与早期货币的产生

前述几种交换形态大多属于"以物易物"形式的交换。但是，即便是"以物易物"形式的交换，其间也是经历了一些不同的演进阶段的，

---

① 参见韦兰春《论原始交换的产生和发展——台湾土著资料和有关民族学资料的比较研究》打印本，1987 年 5 月，第 41 页。

例如，人们由最开始的不计较物品的粗细数量，逐渐发展到计较数量，再到计较粗细大小等。随着交换的日益频繁和发展，逐渐地也就形成了代表固定的价值量并有一定比率的更为精确的计价单位。例如，中国四川省盐边地区的彝族社会，民主改革以前还处于以物易物的阶段，他们通常用土特产如皮张、药材等，换取生活用品。根据一份资料，其在1942 年交易的情形是：一只活羊换盐七斤；一张羊皮换土布三尺；六十个鸡蛋换大针一包。① 这似乎说明，在物物交换的发展过程中，已经出现了固定的组合和"价格"。又比如，独龙族在物物交换中，大宗的物品主要有铁刀、铁锅、盐巴、黄连、贝母等，由于它们经常性地被用来与其他物品进行交换，所以，便逐渐形成了比较固定的比率。比如，一把大铁刀换十碗盐巴或一口二尺口径的大铁锅，一口二尺口径的大铁锅换三斤黄连或两斤贝母等。由于上述物品的价值，已经不是偶然地表现在某一种物品之上，而是较为经常地表现在一系列的物品上了，因此，我们可以说这已经是一种"扩大的价值形态"。

这种"扩大价值形态的交换"再进一步向前发展，就会逐渐出现从众多的商品中分离出来一种特殊的商品，它即成为所谓的"一般等价物"。这种"一般等价物"，多少具有早期货币的职能。早期的货币很可能是一种实物货币，它自身的使用价值原本就十分突出。在云南怒江地区，20 世纪 50 年代前后，原始的货币已经出现了。例如，碧江县知子罗乡的怒族妇女的"珠饰"，便是什么都可以换取的，而且还有固定的比率：一串小珠换一只鸡，两串珠子换一头小猪，三四串珠子换一头大猪，一串珊瑚珠子换一头牛，一圈大贝壳（缠在腰上的）也可换一头牛，等等。在这里，珠饰也就具有了一般等价物的职能，并且是一种流通手段了。很自然，它还是财富的标志。富有的家庭，常常购买和储藏

---

① 参见《盐边少数民族志》，四川民族出版社 1994 年版，第 41 页。

珠饰，此外，珠饰还用于陪嫁、赔偿（作为支付手段）和随葬。

无独有偶，"牛"在 20 世纪 50 年代前后的怒江地区，也曾经充当过早期货币的材料。牛被分为"活牛"和"干牛"两种。它不但是经常用于交换的物品，而且在各种交换中还被用以做计价单位，比如娶媳妇、赔人命、买土地等，都可以用牛来计算。牛，甚至有时候还作为一种流通手段，进入交换的过程，例如，在碧江县打洛村的怒族，他们广种漆树，用生漆到兰坪换牛，然后再用牛换回所需的粮食。在这里，我们可以看到，人类社会已由"商品—商品"的物物交换方式，转化为"商品—货币—商品"的商品流通方式了。①

---

① 参见李根蟠、黄崇岳、卢勋《中国原始社会经济研究》，中国社会科学出版社 1987 年版，第 251 页。

阡陌上的中国：基数社会的分形结构*

——不能失却的村庄

周旭芳

题记 1：

……总是在那里讲"中国特色的社会主义"……现在还没有人讲得很清楚，原因就是并没有好好研究。西方的学者，像 Durkheim 那样的，他就可以把西方资本主义的特点讲出来，像韦伯那样的，他就可以把资本主义精神的特点和文化背景讲出来。在我们这里，马克思主义进来后变成毛泽东思想，毛泽东思想后来又发展成了邓小平理论，这背后有中国文化的特点在起作用。可是这些文化特点是什么，怎么起作用，我们却说不清楚。我觉得，研究文化的人应该注意这个问题，应该答复这个问题。[①]

* 本文是中国社会科学院民族学与人类学所重点项目《缄默的亚热带：生产方式与生活方式研究》的阶段性成果，特此鸣谢对本文的写作提供宝贵资源和时空的中国社会科学院民族学与人类学研究所、社会文化人类学研究室（现民族社会研究室）；还要感谢我的父亲和母亲以及陈氏宗亲会心灵和物质的双重扶持和给予我的灵感。

① 费孝通、李亦园：《中国文化与新世纪的社会学人类学》，费孝通《费孝通文化随笔》，群言出版社 2000 年版，第 301 页。

……看来继承性应该是中国文化的一个特点，世界上还没有像中国文化继承性这么强的。继承性背后有个东西，使它能够继承下来，这个东西也许就是 kinship，亲亲而仁民。我一时还讲不清楚，但是在慢慢想这个问题，希望能想清楚，把想法丰富起来，表达出来，讲明白，使人家能容易懂得。①

——费孝通

题记 2：

仅仅从一个方面（如工业化特征）去分析现代社会及其变迁显然是不够的。②

——吉登斯

一　序言

本文之构思，缘于一项自我预设的任务，即遵循文化人类学传统而构建近现代中国新学术体系的核心问题——中国的社会观问题，或曰中国社会性质问题大讨论。力求沿着一条涓涓小溪，顺流而下，汇入中国学术的主流。

中国社会性质问题大讨论，可以说是中国新学术领域内的一场百年追问。此间，曾发生诸多重大学术争论，其论辩之激烈、交锋之长久、影响之深远，都堪称中国学术界的标志性事件。这场大讨论，还成就了以黄现潘先生为代表的"无奴学派"的诞生。它的核心概念是否正确，

---

① 费孝通、李亦园：《中国文化与新世纪的社会学人类学》，费孝通《费孝通文化随笔》，群言出版社 2000 年版，第 303 页。

② 朗有兴：《安东尼·吉登斯：第三条道路》，浙江大学出版社 2000 年版，第 27 页。

依然存疑，何况，如韦伯所言，学术与政治历来难脱干系①。但无奴学派的主干力量来自民族学界，它所代表的中国民族学家的严谨求真的治学态度；它以民族学实证方法加文献考据为特色的学科风范，已成为我们因袭不衰的优良传统。这场大讨论所产生的学术理念，在社会革命与改造运动、日常生活、当代社会事务和国家事务等层面，均打下了深深的烙印。沿着由政府主导的知识普及渠道，一些概念逐步形成，并嵌入人们的脑海，这些先验性的学术理念，已左右着上至国家下至国人在当今世界的角色感、属性及定位的话语取材（有些已经陈旧或因不合时宜而遭到抛弃）和风向标。

这场大讨论包括：滥觞于 20 世纪二三十年代（1927—1937）的土地革命时期的中国社会史论战；抗日战争和解放战争时期（1937—1949）中国古史分期大讨论；中华人民共和国成立后直到"文化大革命"前的一场古史分期第二次大讨论；新时期的新一轮再讨论，晚近的焦点越来越集中到有关亚细亚社会问题和中国式道路问题；论辩一直持续至今。② 在这场大讨论中，一种不加辨析的知识生产和知识传播现象令人忧虑，同时，我们也应庆幸有中国民族学家和人类学家的加盟，使得这个漫长的过程中不时闪现学术理性的光辉。

特别值得一提的是，以费孝通、吴文藻、许烺光、林耀华、杨堃等先生为代表的中国主流人类学家也认为，中国的人类学从业者，应以学术研究服务于中国社会，并以建立正确的中国观认识论为己任，从而为我们树立了学术楷模。他们严格遵循现代人类学科特色，为中国人类学在国际学术界赢得了"社会人类学的中国学派"的美誉。老一辈民族学家和人类学家所代表的知识生产传统，为我们指出了一条

---

① 参见［德］韦伯《学术与政治》，冯克利译，生活·读书·新知三联书店 1998 年版。
② 详见张广志《中国古史分期讨论的回顾与反思》，陕西师范大学出版社 2003 年版。

正确的前进方向。

那么，人类学的知识传统是什么？费孝通先生把今天的社会文化人类学，比作孔德时代的社会学。它主要是与自然科学做区分，相当于后来所说的"社会科学"，是一个有关社会研究的大箩筐；用现代的流行语汇来说，相当于学科"孵化器"，为有潜质的新的知识体系提供一个话语空间和成长空间。待到成熟，便分家出去成为独立的学科，如法学和经济学，包括当代意义上的社会学。而人类学现在的定位，应该相当于孔德时代的社会学。它的知识点星罗棋布，系统性很不完备，视野比较发散；它为各种无法归类者提供一个可识别的标签，还有一点边缘；它充满想象力和无限的拓展余地。跨文化研究因殖民主义的开启获得了地理和社会空间，全球化的推进，又使它拥有不可限量的前景。它所推动的"镜像互观法"正在成为其他学科自觉不自觉加以应用的普适方法。各学科纷纷进入了一种如伽达默尔所言的那种"视觉融合"的佳境。跨文化因子和镜像互观正在成长为社会科学方法论的景观林，它甚至深入民间社会的实践而成为一片文化景观带。这样说来，人类学式的跨文化实践和视角，已先于人类学学科本身抢占了话语高地。

然而，面对这些纷繁杂乱的景致，我们不能仅此欢腾下去。总体性方法一旦确立，热闹之余，我们不禁要问，我们到底贡献了什么？

在古史论辩、历史断代和社会性质问题讨论中，"亚细亚东方社会说"，已成为中国史学的"哥德巴赫猜想"；而"有奴无奴说"①，则被喻为中国社会科学的"帕米尔结"，成为难以穿越的理论高地。民族学家的参与，为民族学人类学加入中国主流学术论争树立了典范，在学术造势与学术影响力方面的成就已为学界所瞩目。但人类学与其他学科应

_____

① 参见张广志《奴隶社会并非人类历史发展必经阶段研究》，青海人民出版社1988年版。

该保持的一种应有的疏离感，却不复存在。这是一种张力下的疏离；一种交集中的疏离，疏离中的交集。而只有在这种张力中，中国当代社会人类学，才可以保留自己的学科特质。

如今，阵地渐趋沦陷，勇士归于淡泊，烈士仍未祭奠。聪明的人类学家们，纷纷取海路来回，进进出出，参加各种节日般的人类学嘉年华。记得维纳格林人类学研究基金会（Wenner – Gren Foundation for Anthropological Research）前任主席西尔弗曼·西德尔（Silverman Sydel，Eric Wolf 的夫人）女士在 20 世纪 90 年代中期与笔者在阿姆斯特丹相遇，她充满热情和羡慕地对笔者说："中国是一座人类学的金矿。"沃尔夫先生在一旁频频点头。笔者想她已预想到中国的黄金时代的到来和人类学的繁华胜景。

然而，知识生产的任务远远没有完成，甚至金矿探测点也有所偏离。费先生其实是在主张，中国的人类学与民族学在整个知识体系中的定位，应类似于物理学与数学在自然科学中的定位，成为基础性学科，为其他的学科提供可靠的经过检验的概念范畴和分析工具，而不是太过介入其他成熟学科的范式（比如说社会学或经济学），以防学科的僭越或越俎代庖。完全借助成熟学科的成熟概念作为分析工具，那种接轨实际上是人类学的懒惰和倒退。人类学的民族志传统不应该丢弃。人类学家应该是知识领域的拓荒者。否则，有法学家、经济学家、历史学家就足够了，而追随其后只能使人类学沦为二流学科。

以费老为代表的中国人类学派，其实代表的是汉学人类学和乡村人类学的一大批中国学者。看来，尽管经过老一辈的耕耘，成果却仍不理想。否则，费孝通先生晚年就不需要疾声呼吁"文化自觉"了。这对于如今走向世界的中国变得如此急迫和关键！乡土社会，差序格局，祖荫之下，这些抛砖引玉的表述至今仍然闪耀着玉石之光。微观研究有余，知识生产不足。有的甚至已经失去了从事拓荒和知识生产的勇气。

本文使用的主要概念，不仅对大家来说是陌生的，对笔者自己而言，也是如此。基数和分形，听起来好像是几何学范畴。虽然应该开门见山地给出二者的定义，但是，概念归根到底只是标签而已。为避免作茧自缚或犯本质主义的错误，请允许暂且搁置这一任务（但是不可回避），先回顾一下已有的相关触发性范式，通过折回演进来展示本文研究的源起、方法、思路，分析框架的形成及本研究在知识体系中的定位及其意义。

二　跳出方法论上的名词纠缠

19 世纪 30 年代，文艺复兴通才式的民族学家史禄国就发现："上个世纪历史学的研究方法已不能在当今使用，因为它不能充分地处理很多事实。"[1] 时隔半个多世纪，检阅中国新学术史，牟宗三先生也曾慨叹，中国的新学术不幸陷入了一种所谓的"名词的纠缠"[2]，这一点得到秦晖先生的响应。如他谈到土地租佃制时说："……在中世纪共同体等级占有制条件下我们很难绝对地说领主是'土地私有者'而农民则对土地没有任何权利。事实上，这种劳动的基础并不是'无地的'农民耕种了'土地私有者'领主的土地，而是自然经济宗法共同体的人身依赖关系，统治与服从关系。"[3]

---

① 史禄国：《论民族志研究与民族学》，于洋、舟溪译，《世界民族》（双月刊）2013年第 3 期。
② 牟宗三：《文化建设的道路》（上），《寂寞中的独体》，新星出版社 2005 年版，第231 页。
③ 秦晖：《古典租佃制初探——汉代与罗马租佃制度比较研究》，《中国经济史研究》1992 年第 4 期，第 58 页。

　　关于井田制，各家众说纷纭，甚至关于它的存在本身是否真实，也受到无奴学派的代表人物黄现璠（1941—2004）老先生的质疑。

　　关于"地主"，亦是如此。地主在中国 20 世纪上半叶不仅仅是一个衡量个人经济身份的名词，它主要被建构成为一个应该被推翻的阶级。地主与土地问题，成为理解中国社会与中国革命的锁钥。可是地主阶级到底在中国占有多大的比例呢？秦晖的关中地区研究得出了"关中无地主"的结论，这一理论被美籍华人学者赵冈引来佐证自己的论断：中国传统农业非地主经济论。① 其他地域经济史学者也得出了类似的结论。② 尽管反对之声不绝，但基本都是些定性的推论，没有定量的分析可以和赵秦派抗衡。这一理论最早的提出者其实还不是学界，而是实务界。当年红色边区推行土改时，主政者认定的关中地主占比约为11%，整个渭南地主只占 5.9%。后来这种温和的土改被定性为"右倾"，有人为了适应形势需要，硬是把这些数字都改大了一圈，找到一堆"漏网地主"，号称"土改补课"，走向"极左"（康生 1947 年推行的边区土改）。习仲勋 1948 年对此纠偏又被指责为"习仲勋的黑土改"。后来"文化大革命"结束，"土改补课"遭到否定，数字又调回到 5.9%。③ 土改后定的比例甚至一度低到 2%。可见，概念的混淆和实践的反复如此难解难分。

　　但这并不是笔者的关注点。这个理论之所以在此提起，是因为笔者的兴趣点不在"地主"，而在他的对立面："自耕农"。因为，无论地主的比例如何被夸大或扭曲，中国社会一个不可辩驳的事实由于这些争论得到了反证：地主总归是少数，自耕农才是真正的大多数。是他们构成

① 参见赵岗《历史上的土地制度与地权分配》，中国农业出版社 2003 年版。
② 参见秦晖《关于传统租佃制若干问题的商榷》，《中国农村观察》2007 年第 3 期。
③ 参见郑欣淼、鲍澜《试析所谓陕西民主革命补课问题》，《陕西地方志》1993 年第 1 期；转引自秦晖《关于传统租佃制若干问题的商榷》，《中国农村观察》2007 年第 3 期。

了中国社会的基础，是中国的基数社会。那么，他们存在的形态是什么？存在的时间有多久？是否将会持续，抑或消亡？存续的可能原因何在？历史会再给它多大的空间？它的空间在哪里？生命力如何？面对全球化工业化，它的命运如何？国家会怎样面对它的命运并加以哪种推力？假如它会消亡，消亡后的中国又会是如何一般景象呢？这些问题应该提起重视吗？毕竟，是他们在数量上构成大多数，在结构上处于社会基础面。那么，谁来面对它？重视它？笔者无心也无力去实证历史上的自耕农传统农业模式是否是一种历时长存的事实。看来，将自耕农传统农业模式假定为常态而非特例，也是可以得到强有力的理论支持的。那么与这种乡间自耕农为代表的自然经济背后又是什么样的一种乡村社会结构呢？

再也无法回避一个更大更激烈的相关争议带：亚细亚社会的问题，亦即中国社会性质的问题。牟宗三指出："亚细亚生产方式，其特征如下：一、缺乏土地私有现象，土地大都是公有，因而租税与地租合一；二、人工灌溉在农业上有很大的重要性；三、灌溉与其他公共事业由国家大规模地施行；四、共同体顽固地存在着；五、受着专制君主的支配。实则，此五点中，只是一与四为主征。"[1] 梳理自亚细亚问题的提出在我国开展的学术论争，我们可以进一步说，就牟宗三指出的上述第一和第四两项为"主征"之说，各派基本达成共识，其他的均有激烈争议：亚细亚社会的性质如何？奴隶社会分期说，封建社会分期说；有奴说，无奴说；奴隶社会说，封建社会说；中国东方社会形态说，众说纷纭，非史界巨擘，不敢染指，牟大师之外，再无人能有四两拨千斤之力。无奈，中国学术确如牟氏所言，虽珠玑之声相闻，却陷于"概念的纠缠"而无果，令人扼腕叹息！再进一步说，可不可以搁置这些争议和

---

[1]　牟宗三：《历史哲学》，吉林出版集团有限公司 2010 年版，第 19—20 页。

各种意识形态的标签，认定这两项主征为中国社会和中国历史的常项呢？也许这就是这贯穿最近一个世纪的最大的学术论争为我们留下的一笔宝贵的遗产！

我们仍然难以厘清这些核心概念。也许我们需要做出一个跳跃式的动作：一次方法论上的跳跃，跳出概念之争，到田野中去看一看，对业已基本达成共识的、构成牟氏"主征说"的要素进行一次田野检验。我们需要借助人类学的田野，去搜寻基本的素材和社会事实，进行一场冒险的实证之旅。

三　从村社实体到观念实体："义门陈"个案

通过以上所述，也可以看出一个知识准备不足、心存忐忑的研究者驾驭一个体量庞大的知识传统时的力不从心。所以，笔者要为自己在方法论上的一跳加以铺陈，同时也确立了在人类学知识体系内人类学家可以化繁为简、化大为小的可能性与必要性。人类学的田野变得极其重要，因为它要求所有的推论都必须建立在可观察的现象层面，关注"活文化"，它是人类学的生命力。它用田野工作为知识论辩进行田野实证。这让人不禁联想到马林诺夫斯基是如何勇敢地摆脱文献研究的经院式羁绊，以其西太平洋海岛民族志开辟现代人类学田野式研究的传统的。社会文化人类学具备一种对"活文化"进行知识考古的偏好，所以尤其关注那些成为一种古老现象载体的人群，一些带有这种符号的行动者。带着以上这些思绪，一个活跃的正在行动着的庞大社群闯入了笔者的眼帘，一场田野中的遭遇正逢其时。他们是一群自称"义门陈"——"义"＋"陈"姓——的人的集结。在笔者对他们作为一个人类学的个案进行描述前，让我们先来听听"义门陈"自己讲述的故事。

（一）"梁上君子"的故事及其主人公"陈氏"

寔在乡间，平心率物。其有争讼，辄求判正，晓譬曲直，退无怨者。至乃叹曰："宁为刑罚所加，不为陈君所短。"时岁荒民俭，有盗夜入其室，止于梁上。寔阴见，乃起自整拂，呼命子孙，正色训之曰："夫人不可不自勉。不善之人未必本恶，习以性成，遂至于此。梁上君子者是矣！"盗大惊，自投于地，稽颡归罪。寔徐譬之曰："视君状貌，不似恶人，宜深克己反善。然此当由贫困。"令遗绢二匹。自是一县无复盗窃。①

这里将上述故事转成白话文以便阅读："陈寔②在乡间，以平和的心对待事物。百姓争着打官司时，陈寔判决公正，告诉百姓道理的曲直，百姓回去后没有埋怨的。大家感叹说：'宁愿被刑罚处治，也不愿被陈寔批评。'当时年成不好，民众没有收成，有小偷夜间进入陈寔家里，躲在房梁上。陈寔暗中发现了，就起来整顿衣服，让子孙聚拢过来，正色训诫他们说：'人不可以不自我勉励。不善良的人不一定本性是坏的，（坏）习惯往往由（不注重）品性修养而形成，于是到了这样的地步。梁上君子就是这样的人！'小偷大惊，从房梁跳到地上，跪拜在地，诚恳认罪。陈寔慢慢告诉他说：'看你的长相，也不像个坏人，应该深自克制，返回正道。然而你这种行为当是由贫困所致。'结果还赠送二匹绢给小偷。从此全县没有再发生盗窃。"

上面这则《梁上君子》故事，出自《后汉书·陈寔传》。其主人公陈寔就是"义门陈"颍川③世系的先祖之一。东汉初，陈胡公满的

---

① 《后汉书·荀韩钟陈列传》
② 陈寔（104—187）即陈太丘，东汉官员、学者。字仲弓，颍川许人，今河南长葛市古桥乡陈故村人。
③ 颍川为一条发源于河南登封嵩山流入安徽淮河的一条河流。

第 43 世裔孙陈寔（实）（104—187），汉恒帝时为太丘长，为人公正坦诚，并生有 6 个优秀的儿子，朝野非常有名。陈寔携子孙游许昌西湖时（今河南省长葛市古桥乡陈故村）定居于此，汉灵帝遂在许昌建"德星亭"，陈氏后裔故有"德星堂"之名。陈寔过世后，被追封为颍川侯，人称颍川陈氏世系，这也是当今绝大多数陈姓的始祖，其后的江州义门派、开漳派等都是颍川世系的分支。又云：颍川陈氏成为中华望族，天下陈氏共颍川陈寔为祖，不仅在陈姓氏族史上，即使在中华各姓的历史上，也是一奇观。他之所以被尊为颍川陈氏之祖，并为后来天下大多数陈氏子孙共同尊崇，其主要原因是他品德高尚，"兼资九德（忠、信、敬、刚、柔、和、固、贞、顺），总修百行"。谥号"文范先生"，即"文为德表，范为士则"，堪为后世之表。这在中国古人"立德、立功、立言"之三不朽中，"立德"是最高境界。所以太建元年（569），陈宣帝追封他为"颍川郡公"，奉为始祖。遍观陈氏旧谱，不同支系均把陈姓各派系中在历史上稍有名气的人物串联一起，宗为己祖，最后又归结到颍川陈寔支下。所以，现在颍川陈氏人遍布海内外，实属罕见现象。但是，由于秦焚楚炬，陈寔以前的世系已不可确考。①

正像华夏民族都可寻根溯源到轩辕一样，颍川系陈氏亦尊因"孝行"而得尧禅让之位的舜帝（约前 2277—前 2178）为其始祖。而要考证自舜帝至上古时期扑朔迷离的氏族起源，若缺乏考古学家的发现，便只能流于传说。但考证陈氏颍川世系源流却的确已成为笔者的故事中的主人公们的一项重大人生义务和使命。关于这点，"义门陈"氏内部已经产生老、中、青三代专家，这里不加赘叙，随后所作"义门陈"大事记，可以为大家提供一些总体线索。

———————————

① 资料来源：陈氏研究网（http：//www.jzyimenchen.com/article_ detail.asp？id＝171）。

　　陈姓乃中国第五大姓，占我国总人口之 4.3%。① 其中，"义门陈"系一支，颇为引人注目，其认祖归宗者达 3000 万之众。据《新五代史》《南唐史》《宋史》等正史记载：江西省德安县车桥镇义门村乃"江州""义门陈氏"的发祥兴旺之地，形成于唐玄宗开元十九年（731），兴旺于唐僖宗中和年间（881—885），繁盛于北宋，衰落于明初。

　　如今的"义门陈"发源地——位于江西省德安县车桥镇境内一座名为"义门村"的古村落，陈姓人家不过六七户，但沿袭了"义门村"古村名。如今，一度归寂于历史尘烟之中的"义门村"，又重新热闹非凡，自 2006 年始，便有义门后裔三三两两出现于义门村的田畴阡陌之中，寻访自己家族的古老根系。之后，每年清明都会有义门后裔八方来朝，认祖归宗，慎终追远，盛况空前。每次聚集，均不下 5000 余众。

　　这里的确是传闻中的"聚族三千口天下第一，同居五百年世上无双"的一个古老氏族公社（家族）的所在地。北宋"义门陈"顶峰时期，出现过 3900 余口聚族而居，老幼和睦相处，百犬同槽而食的景象（"一犬不至，百犬不食"）。北宋仁宗嘉祐七年（1062），奉旨拆家为 291 庄。现全国许多地方的陈姓门首，仍挂有"义门世家"的匾额，并有"天下陈氏出义门"之说。

（二）"义门陈"年表："义门陈"主位叙述法②

　　——陈姓受姓于舜帝第 34 世裔孙妫满公，距今已有 3000 多年的历史，公元前 1065 年，周武王灭商后，把阏父的儿子妫满封于太昊之墟陈（今河南淮阳），建立诸侯国陈国，并将长女太姬嫁给妫满为妻。妫

---

　　①　数据由袁义达先生（中科院遗传与发育生物学研究所副研究员）依据 1982 年第三次人口普查抽样资料统计，详见袁著《中国姓氏——群体遗传和人口分布》。统计数据不包括少数民族。

　　②　本年表主要资料来源：陈氏研究网（http：//www.jzyimenchen.com/article_ detail.asp？id＝171）。特此鸣谢！

满谥号胡公，人称胡公满，是陈姓的血缘始祖。

——陈国在公元前 478 年被楚国所灭，亡国后的陈国子孙以原国名为姓氏，称为陈氏。

——陈姓由发源地淮阳曾多次外迁，至当今山西、河南等地。

——战国时期以陈轸为始祖的河南颍川陈姓繁衍昌盛，南迁始于西晋太尉陈伯眕，他举家南迁到江苏丹阳县。其孙陈世达又迁居浙江，其后人陈霸先建立"南朝陈"，陈氏家族显赫，遍布长江和粤江之间的广大地域。

——据历史学家何光岳考证，陈氏后又衍生出田、袁、胡、陆、费、饶等 70 余姓，是一个非常古老的大姓，妫、陈、田、姚、胡五姓同根同源，史称"妫汭五姓"，其血缘先祖都是五帝之一的虞舜。

——东汉初，陈胡公满的第 43 世裔孙陈寔（实）（104—187），定居许昌西湖时（今河南省长葛市古桥乡陈故村）。

——公元 557 年，南北朝时，陈寔第 22 世裔孙陈霸先建立陈朝，立都建邺（今南京）。

——公元 573 年，陈朝宣帝六子陈叔明被封为宜都王。公元 589 年后，陈朝为隋所灭。

——在唐总章二年（669），河南光州固始的陈寔裔孙陈政、陈元光父子奉旨率领固始 58 姓入闽，祖孙四代治理漳泉，陈元光的后裔成为当地的一支望族，分居在饶平、澄海等地，当地人称陈元光为"开漳圣王"。"开漳圣王派"陈氏成为闽、粤、我国台湾省及南洋诸岛陈姓最主要的一支，而其他地方的陈姓则主要是"义门陈"的后人。

——公元 573 年，陈朝宣帝六子陈叔明（陈后主陈叔宝之弟）避居浙江金华。排除南朝陈后主陈叔宝，而认宗后主之弟陈叔明，表明"义门陈"文化选择性策略的运用。

——公元？年（待考），因注司马迁《史记》而闻名于世的南陈皇室第9世裔孙陈伯宣，生于泉州，"由闽移庐，隐居30余年"。名闻朝野，诏著作郎，坚辞不仕，迁至福建仙游县，后又隐居庐山圣治峰，后来成为江州义门一世祖。

——陈伯宣举家迁至齐集里（今九江县），其孙陈旺。为避战祸，经过多次搬迁。

——公元731年（唐开元十九年），陈旺缔造"义门陈"。时陈旺得中进士，率全家四代，由庐山龙潭窝迁居江州府蒲塘场太平乡常乐里永清村（今九江市德安县车桥镇义门村），成为江州"义门陈"氏开山之祖。

——公元877年（唐乾符四年），陈伯宣其他后人也迁居德安县太平乡永清村与陈旺的后人"合族同处"。

——公元884年（唐中和四年），僖宗感其义聚一堂，御笔亲赐"义门陈氏"匾额，至此江州"义门陈"累受皇恩旌表，被誉为"天下第一家"。在唐代有个规定："凡五代以上同居者，即获旌表。"此时义门人从陈旺建庄算起，到家庭最小辈成员，已有八代未分家。在伯宣后人的努力下，经过官府申报，公元884年（中和四年），唐僖宗御笔亲题"义门陈氏"四字，对义门人进行首次旌表，史称"江州义门陈氏"，"义门陈"进入鼎盛期。鼎盛时的义门不仅建有繁华的街坊市井、茶楼酒肆，还建有各种公益设施：御书楼（图书馆）、秋千院、嬉戏亭、戏台、敬老院、育婴室和医院，还有刑杖厅以及佛寺、道观等。"义门陈"氏立有《义门家法三十三条》，还有保障家法得以实施的族规、家训、各项管理制度等。最高领导者是家长，在其领导下，内部分工具体，各司其事。

——公元890年（唐大顺元年），创办了我国也是世界上最早的家族书院——东佳书院，比江西白鹿洞书院还要早半个多世纪。"义门陈"黄金时代拥有庄田 300 多处，遍布江州大地，甚至超越省界。庄田不仅能够满足家族生活之需，还单列"学田二十顷"作为教育经费，以供给制形式令适龄子弟入学普受教育。东佳书院对内实施免费义务教育，对外推行资助金，为民间办学之首创。

——公元 890—891 年（唐昭宗大顺年间），陈崇为江州长史；乾宁中（894—898），崇弟勋为蒲圻令，次弟玫，本县令。

——公元 881—884 年（唐僖宗中和四年），"义门陈"始祖陈伯宣南朝陈皇室散居各系重返主庄。

——江西德安白鹤乡竹林株岭集聚。故株岭改名齐集里。

——公元 890 年（大顺元年），陈崇立《义门家范》。固有"陈门二百人而家法行，三百人而义门立"之说。

——公元 907 年，唐亡，五代十国启。伯宣墓从原葬地齐集里凤凰山迁至车桥义门村。

——南唐升元元年（937），李昇又敕立"义门"，便于门首建牌坊一座，旌门三间。受到唐宋历朝的恩遇："义门"免征徭役，钦贷粮谷，赐御书；题赠"真良家""义居人""至公无私"等御匾。因之，名宦仕子慕名而来，挥毫泼墨，吟诗题赠，留下颇多文章和史料。

——公元 993 年（宋淳化四年），宋太宗御书"至公无私"四字赐予宋时任家长陈兢。据载，宋太宗问陈兢："汝义门所以义聚，何也？"兢回答说："公也。公则无私，无私方可义聚。"于是以赐之。

——自义门立户于赣至宋朝奉旨分庄，历经唐、五代十国及宋，历时 332 年，人口发展到 3978 人，合族同居 15 代，共设立了 14 任家长，"义门陈"氏一家历代为官人数约 30 人，受封赠 42 人，累计中举 120 余人，其中官至宰相者 2 人。

——公元 1062 年（宋嘉祐七年），在重臣文彦博、包拯等屡次建议下，仁宗皇帝下诏劝其分家。陈知柏主修"义门陈"金字谱。

——公元 1063 年（宋嘉祐八年），江南西路转运使谢景初率众官，亲自到德安监督"义门陈"氏分家，按御赐的十二字派行分拆为大小 291 庄，"阄迁"全国各地。据谱志载，所分宅田计江南 110 庄，楚地接壤 91 庄，两直、川、浙、广、闽等地因官置产 90 庄；另将德化、瑞昌、星子三县庄田分为 27 份，德安、建昌的财产分为 20 份。其中，陈独秀一支先祖陈汝辛迁得皖省怀宁庄（现安庆郊区，现存有"陈家老屋"。陈 1901 年因为进行反清宣传活动，受清政府通缉，避难于乡下老屋，后从安庆流亡日本研读西学）。

——公元 1187 年（南宋淳熙十四年），朱熹、周必大等为义门宗谱作序。

——拆分后的陈氏星罗棋布于全国 70 余州郡，从现在的省区划分看，主要分布在江西、安徽、湖南、湖北、浙江、江苏、河南、山东、四川、广东、广西等。之后又庄上分庄，支分系别，时有变动。

——南宋时期，金兵元帅金兀术派兵对抗金名将陈部故里即德安义门进行残酷的烧杀抢掠，将"义门陈"唐宋时期的建筑夷为平地。义门村被毁。又据史载，之前，"义门陈"已遭李成匪患，深受重创。

——"义门陈"受劫后，分拆出去的陈氏后裔云集故里，捐资重建家园，至元末时期"义门陈"庄又重展雄姿。至元末明初时，"义门陈"村仍有 1200 多人。

——之后由于陈友谅被明太祖朱元璋打败，朱元璋下令抄斩陈姓 800 多人，并将"义门世家"陈姓定为"胥民""丐户""贱乐户""不与齐民齿"，流放蛮夷荒野之地。致使分拆出去的陈氏后裔纷纷逃亡海外，也正因此，陈姓而今遍布海内外。

——至此，"义门陈"氏也形成了我国历史上最巨大、最典型、最严密、最罕见的传统社会家族组织样本。以儒家的忠孝节义为本，勤俭耕读传家。这个家族的突出特点是：通过设立家长，制定家法家规，创办书院，实行共同劳动、财产公有、一夫一妻制等，过着"室无私财，厨无别馔"的氏族公社生活。

——公元 1553 年（明嘉靖三十二年）官府于齐集里重新树坊告示天下，坊曰"义门陈氏遗址"，门曰"敦睦"。故齐集里后更名"牌楼村"沿用至今。

——各地"义门陈"后裔根据幸存保留下来的 1062 年谱及 1187 年谱续修家谱。

（三）"义门陈"重建大事记（笔者田野采集）

——1739 年（清乾隆四年），1783 年（乾隆四十八年），1844 年（道光二十四年），1892 年（光绪十八年），1921 年（民国十年），元末自鄱阳迁皖一支义门后裔（疑为陈友谅一脉，待考），现居安徽怀宁县皖河乡东港村的"义门陈"后裔续修族谱。

——1997 年，安徽怀宁县皖河乡东港村《陈氏（"义门陈"）星聚堂第六届宗谱》筹备开修。

——1998 年 12 月，《筹议编纂〈陈氏（"义门陈"）星聚堂第六届宗谱〉过程中的慎宗追远录》初稿出。

——1999 年 6 月，《陈氏（"义门陈"）星聚堂第六届宗谱》修订完毕。付梓。

——2003 年 3 月，江西省民政厅 16 号文件批复"江州义门陈文化研究会"成立。

——2003 年，德安县几千义门宗亲筹集 30 万元用于修建义门祠堂。

——2005 年，出生于德安县邹桥乡付山村身为"义门陈"113 代后人的陈峰，时任江西德安县乡镇企业局局长到广州出差，偶然在书店见到一本江州"义门陈"祖谱，从小耳濡目染义门故事，生长于义门村落中的他心中萌发"义门陈"文化挖掘与重建计划：比如在"义门陈"村建立起"义门陈"文化博览园，占地100多亩，总投资近亿元，目的是恢复唐宋时期以来"义门陈"村的原始风貌，原汁原味地再现当年"义门陈"生活的点点滴滴，让游人最真实地感受"义门陈"文化。

——陈峰从县乡镇企业局局长的岗位上退居二线，全身心地投入"义门陈"重建计划。据称，其将子女的房产做抵押，又投入积蓄几十万元，并请陈氏宗亲出资，先后凑了300万元，用于建文史馆。九江、德安义门后人文化精英开始思考开发"义门陈"文化的可行性并考虑筹资问题。

——2006年年初，陈峰率领他的团队奔赴全国各地明察暗访，并在各地图书馆、档案馆查阅古籍，不到两个月的时间，将散落全国各处有关"义门陈"文化的珍贵资料收集汇总。

——2006年3月，陈氏研究网（www.jzyimenchen.com）上线。

——2006年清明，来自贵州的6个老人来到"义门陈"村祭奠先祖。

——酝酿双修工程，即"江州义门陈"先祖陵园暨"中华义门大成宗谱"修建工程。

——2006年9月，"义门陈"故居修复工程施工现场发掘出大量出土文物，其中有供3000余人共餐的"馈食堂"遗址，出土大量唐宋时期云雷纹、钱文花砖、布纹板瓦、宋花纹滴水瓦、筒子瓦及瓦头等，并有大量执壶、双系壶、酒盅、粉盒、饭碗、斗笠碗等珍贵文物。

——2006年，江西省义门研究会编著的《"义门陈"文史考》由江西人民出版社出版。旺公千年大祭奠在义门村举行。

——2007 年始，前来车桥祭祖参观的陈氏宗亲和采访报道的媒体络绎不绝，每年都有几十万人，不少陈氏后裔带着子女来德安，在文史馆内教育儿女，向他们讲述自己祖先推行的忠孝礼义、和睦持家的处世道理。

——2006 年 10 月，"江州义门陈"旧址恢复第一期工程竣工暨"江州义门陈文史馆"落成。世界陈氏宗亲会秘书长原台湾师大教授陈大络出席。紧接着，以陈峰为掌门人的"中华义门陈联谊总会"和"义门陈文化研究会"民间组织也相继成立。原江西省社科院副院长、人文学者、茶博士暨农业考古专家陈文华先生任名誉会长。

——2006 年 12 月，中华"义门陈"联谊总会成立。

——2007 年 7 月，九江市批复"九江市义门陈文化研究会"成立。

——2007 年，《中华义门陈》杂志前身《义门流芳》创刊。

——2007 年，"德安论坛"举办"江州义门陈文化"专场讲座。著名农业考古专家、"义门陈"文化专家陈文华先生主讲。

——自 2008 年起，陈峰组织了《中华义门陈氏大成谱》的编写，全国各地"义门陈"编修支系谱达 80 余部。许多散落海内外的陈氏宗亲不远万里到德安"义门陈"寻根问祖，在港台及海内外的陈姓华侨间影响甚广。

——陈峰在深圳龙岗发现了一处明清保留完好的"义门陈"村落，自明代从德安分庄到此，至清道光年间最甚，人口有 300 余人，数百年依旧保留下不分家的和睦群居生活，实属罕见。这次发现让陈峰倍感兴奋，尽管迫于城市发展需要，住在里面的人早已迁出，但完整地保存下一座"义门陈氏"大宅，可以向世人揭开久远且神秘的"义门陈"聚族一堂的古老大家族文化。

——2008 年 4 月，中央 4 台播出《义门传奇》专题片。

——2008 年 9 月，义门村上海交通大学"姓氏文化研究基地"签字仪式在德安举行。"义门陈"申报世界非物质文化遗产。

——2008 年，原义门家族祠堂处重建的"义门陈"文史馆落成。门前立有"天下第一家"的石碑，庭前两根大石柱则刻有"聚族三千口天下第一，同居五百年世上无双"等对联，在文史馆内还有宋仁宗的分家圣旨复刻本（真迹保存在北京故宫博物院）。

——2008 年 10 月，《中华义门陈氏大成谱》修成。

——2009 年清明节，旺公陵园工程奠基仪式暨"义门陈"公祭大会，与会者基本囊括各地"义门陈"分庄，包括台湾金门"义门陈"后裔到会。约 6000 人。现场认捐《中华义门陈氏大成谱》。

——2009 年 5 月，德安县"义门陈"二期工程建设暨电视剧《义门陈》信息发布会在德安车桥"义门陈"村召开，两个项目总投资 5000 万元。筹建义峰山公园，将其打造成儒家文化示范基地，青少年文化教育基地和形成文化影视制作基地。

——台湾著名导演陈文贵编写的 40 集电视连续剧《义门陈》剧本已经定稿，2009 年年底开招，总投资 3000 万元。投资 500 余万元的"义门陈"旅游文化开发一期工程全面铺开，占地 140 平方米上下两层的"义门陈文史馆"现全面完工并投入使用；二期工程投资额达 2000 万元。

——2009 年，江西南昌小兰邓埠村老支书陈才金、"义门陈"后裔若干参加"世界舜裔宗亲联谊会第二十届国际大会"。

——2011 年 9 月，陈月海、陈刚合著《"义门陈"文史续考》，由江西人民出版社出版。

——2011 年 11 月，义门村隆重举办"旺公陵园主墓竣工暨五祖像开光"典礼。五祖寺落成。奉义门古制行祭拜礼。散居世界各地的义门宗亲参与盛典。海外宗亲来自美、英、新加坡、越南，以及中国港澳台地区等。倡议打造"义门陈"文化产业品牌。

面对这样的"义门陈"的完美自叙，作为研究者，真不知道余话要从哪儿说起?! 笔者在做田野调查期间，联谊会几乎是"逼供般"邀请笔者面对义门 5000 之众发表讲话，并专为笔者召集义门研究团队座谈，令笔者十分被动、感动和难忘（因为当时初下"田野"，事先完全没有想到这阵势和义门强大的自研究团队的存在，也不敢贸然代表他们给笔者封上的社科院"义门陈"课题组说话）。他们自我的研究能力绝不在研究员的水平之下。没想到，笔者这个研究者上来就成了自己研究对象的观察对象，我们彼此打量和丈量的兴趣谁也不亚于谁。当时笔者孤身作战，加上文史准备不足，真有点猝不及防、短兵相接的味道。幸有独秀先生曾孙——陈长琦先生和北京一同前往德安的"义门陈"专家——退休工程师陈铁吾①老先生一旁助阵，还算安然! 2007 年刚刚接触他们时，在笔者眼中，他们是一群素朴得看上去像普通农人和普通公民的阡陌中的行动者，尚不知他们"从哪里来，要到哪里去"（尼采）? 他们在田间地头展现的影像很符合人类学家的口味。如今方知，他们的文史知识、修辞能力、话语建构和考据功底、艺术造诣已使得作为"人类学家"的笔者的优越感荡然无存。笔者所面对的是一个强大的文明体和人多势众的社群，无人敢小觑。这是一个致密的人情人脉大网，是田野人类学难以驾驭的巨幅题材。他们所拥有的是一条深远的河流，一座华美的建筑，一个文明体系，一个庞然大物，称有 3000 万之众的一个"家族"，还不包括那些家族的亡灵。不对，那些祖先之灵，他们虽死犹生，有名有姓，他们仍然能听到百里抑或千里之外的祖宅里传出来的"开饭了"的呼声、朗朗的读书声，还有家中"不肖之徒"挨打的刑杖

---

① 没有陈铁吾先生无私地为笔者提供的"义门陈"的文史家谱资料，本文将难以完成，谨此鸣谢!

声（据"义门陈"史志记载，300 年里仅庭杖三次），迎宾接客的车马的辘辘声……他们是谁？人类学家面对无文字、无历史的民族时的那份从容被一种充满"高文明"气息的研究对象扫得一干二净。他们完全具备了向任何打主意研究他们的人进行文化展演和灌输的能力，而且已进入了"时刻准备着"的状态，他们欢迎我们的到来，似乎为我们这些半路杀出的"陈咬金"们早就准备好了演讲稿。当然，在很大程度上他们也是为自己准备的这些发言稿。他们十分在意自己是谁，"从哪里来，要到哪里去"？他们承载着一个悠久深厚的文明传统，并觉得自己承接的是华夏文化的正统和精华。他们的"义门陈"是一个标准版本。他们不仅行动而且有文字的证明。其时，义门自己的影视剧团队正在筹划小说影视剧本的写作与影视制作。在这里，人类学研究文明社会的困难和困惑成了笔者切身的感受。

还是来到我们的田野先来看看我们眼前的行动者吧！

2006 年清明，来自贵州的 6 个老人来到"义门陈"村祭奠先祖。正是他们的到来，拨开了历史的尘烟，打破了车桥义门村的千年沉寂。接下来的场面是任何一个先行者和首倡者都难以预料的。2009 年，笔者亲历"义门陈"开基祖旺公陵园建设动员大会暨"乙丑年清明祭祖大典"，那强大的气场足以把任何一个外来者吞没。现在，要对"义门陈"进行解读，我们还必须进行第二次跳跃，从"义门陈"的主位叙述中跳出来，开始一个人类学者的工作。这项工作要面对一个学术上的世纪难题：如何才能够克服话语体系障碍，打通中华传统话语体系与现代新学术语系之间的联结呢？

2008 年 9 月 17 日，来自上海交通大学"世界遗产学研究中心"的余晋岳教授在"义门陈"故里发表了一段讲话，他说："从'义门陈'这个有特殊意义的氏族公有制社会来看，从唐玄宗时期的始祖陈旺公开始到宋仁宗时期，322 年，历 15 代，有近 4000 人，成功地实行了一个令人赞叹的美妙的大同世界，或桃花源式的社会，这是不曾为马、恩发现的真实的'乌托邦'。"① 看来，学术界同人一旦碰到"义门陈"这样的个案，都会想到马克思，并会不自觉地猜想马克思面对它会怎么说。所以还是让笔者把话题拉到开篇时的一些提问。关于亚细亚的问题。看来这不是"义门陈"人所关心的概念，但话题还需从这里打开……

四　对解读的解读，对研究的研究："义门陈"　　与"亚细亚问题"的关联

为了回答上述的两个提问，这里需要花开两朵，各表一枝。

（一）人类学常规性解读和现象学式解读

按照文化人类学的惯性，这样的古老素材，一般都是把它作为民俗风下的"残余"（residu）来处理的，或者把它交给人类学的另一个分支——考古学。文献研究作为配套当然是必备的。

发端于西方殖民主义时代的人类学注重小型社会的研究，研究大型社会时也都要对地域单位的大小进行适当的限定。黄仁宇提到西方学堂一般将历史研究的理想时段控制在 30 年之内，否则会有非科学之嫌。人类学一般研究文化的进行时态，所谓"活文化"是也。人类学对整体处理像"义门陈"这样具有如此之广的历史跨度和地理跨度的有文字的古老社群似乎还没有经验。抛开这些学术成规不论，问题在于，面对笔者的研究对象的体量和它时间维度上的绵延性，你不能说，它超越了那些学科传统就可以弃之不顾，或者还把它说成只是一种社会的"残

---

① 中华义门陈联谊总会编：《中华义门陈特刊》。

余"，它至少像中国史学家所谓的那样，是一种文化留置。① 这一留置时隐时现，或有或无，说或不说，它都一直存在。犹如一种社会装置：掩埋式的、管道式的或者备胎似的。这样的假设充满了功能主义的色彩。但史家一直停留在美丽的中华话语体系里，自说自话，难以和现代学术话语体系接轨。

但你不能怀疑它的真实性，虽然家族史中的某些部分有很多存疑之处，特别是上溯到上古部分考证尤其困难；后人的附庸风雅和附会也是难免的。其实，用实证主义方法研究认同问题本来就是一种比较粗陋的思维导致的简单方法，认同问题研究的对象是复杂的人，它认同什么由它说了算，还是由你说了算，还是大家说了都不能算？

但至少"义门陈"这段历史截片是不容置疑的，有文字及考古为据，重要的是一个个真实的村庄的存在，更重要的是，阡陌中忽然涌现的打着一个个村庄旗号的人！他们认同义门，并且有严格登记造册的家谱为证，自宋延续至今。

但是要强调一点："义门陈"的村庄并非人类学社会学常规定义下的村庄。这些家谱资料中，我们看到每庄的人丁统计方法是以门房的男丁为轴展开的，当然最新的统计法也有个别统计女孩的，那是家中无男丁的情况下采取的权宜之计而已。

一般社会学人类学的村庄研究的对象限于有本村户籍的村里人，但是我们在族谱里看到的"某某庄的"某某人的职业和地点都不在本庄，他可能是新疆石河子的机关干部、大庆油田的工程师、商人、北京的大学教授、书法家或军人，但他们都认同自己的"庄"。万川归流，走多远、走多久都还能走回来，代代如此。路线图印在族谱中也留在脑海

---

① 参见马云杰《绵延论——关于中国文化绵延之理的研究》，陕西人民出版社 2003年版。

里。如今聚集到车桥义门村祭祖的人群也是按庄归类的，但是他们有些是真的"村里人"，相当一部分已经离开乡土谋生或在社会上其他地方找到了自己的位置，在异乡立足。

"义门陈"的村庄似乎是"立体的"。这个村庄"不平面"。这里借用一下庄孔韶的"平面村庄"的概念。他从民俗保护的立场对目前推行的农民上楼运动大加抨击，认为这种"村庄立体化"现象将把只能由"平面村庄"承载的民俗连根拔起，但他所指的还只是地理意义上的村庄立体化，而笔者所说的"立体村庄"不是一个地理意义上的概念，它是植根于人们心理上的那个村庄，这个村庄的模型是：以一个世系地理位置为基地，以从村庄出发的人为维度，在无限的时间和空间之轴里活动定位的历史村庄；它的底部是不动的，上部呈多维度非线性延展；它是一个既实在又虚拟，既靠地理又靠人脉维系，既是过去时又是现在时并且还是将来时的立体化空间，一个多维的"立体化"的村庄。

说到这里，笔者好像看到了牟宗三所说的那两项"主征"：（1）缺乏土地私有现象，土地大都是公有；（2）共同体顽固地存在着。这里，笔者想用的词是"常数"：第一，村庄不是残留，公有制也不是残留，它先是一种自然发生，后是一种制度上的刻意设计，是中国社会衍化至今未被打破的一种制度文化常态。从家族到国家层面都是如此。它是中国社会的历史常数，至少从远古到如今！今后会吗？这将取决于人们对村庄的认识和政府的政策取向，也要取决于历史的发展，特别是全球化的影响。今"义门陈"后裔有言："中华结构超静定，协和万邦趋大同。"① 若果真如此，那么中华文化能以不变应万变，我中华儿女甘享中华文明早熟之果实也！

---

① 摘自影印本《筹议编纂〈陈氏（"义门陈"）星聚堂第六届宗谱〉过程中的慎宗追远录》。

看来，如果将笔者的研究归于汉人类学或乡村人类学的话，笔者的视角并不同于常规，这种特性并不是由研究者本人的偏好所决定的，反之，研究框架是由研究素材所规定的。

说到这里，请允许我们再以现象学的视角考量一下"义门陈"这一中国现象。现象学是一个 20 世纪以来掀起的显学，一个新的知识传统，在欧美知识分子和青年学生中有深远的影响。现象学试图在观念哲学和科学哲学之间进行协调和沟通。胡塞尔（Husserl，1859—1938）的现象学，伯格森（Bergson，1859—1941）的生命哲学，海德格尔（Heidegger，1889—1976）的存在主义现象学尚停留在对古典哲学本体论的突围阶段，他们不仅以笛卡儿为武器而且随后也高举黑格尔的旗帜对绝对理性主义进行反思。现象学代表了西方哲学一个重大转型——哲学的非形而上学化。它赋予个人、存在及反思以哲学主体的地位，二战前后萨特的存在主义代表了现象学在人生哲学方面的应用，而尼采和弗洛伊德甚至将下意识带入了哲学主体范畴，以至得出理性和上帝均已死亡的结论。可以说，现象学沿着反思性（带着对西方文明的反思）道路表现了西方一大批知识分子重建伦理指向的人生哲学的不懈努力。随着德里达等解构主义后现代哲学的出现（也可归入现象学系谱），现象学的情绪喧嚣似乎代表了机器世界人文知识的乏力，现象学沦为知识界的消费品，并未能达到它的原初目的——让哲学成为大众人生哲学。但它所提倡的还原主义的方法论个体主义，对"行动者"的关注深深地影响到经济学和社会学等学科。如在经济学领域，经济学的前提性假定"理性人"受到质疑，"集体行动如何可能"这样的追问导致行为经济学和制度经济学对古典经济学的修正。在社会学领域，对"行动者"的研究也不再只是关注类型化的建构和解释，更加注重行动者的自我、他性以及两者之间的互动。这种新的思考维度对思考社会结构的转型和建构具有积极意义。虽然现象学一度也被冠之以"现象学人类学"的称呼，但那还仅指哲学对人类学的转型而言（现象学之后人类学不再是形而上学），或者说是一种广义人类学，一直坚持田野传统的欧陆氏的狭义人类学对此是排斥的。以列维－斯特劳斯对其的有意拒斥为例。列维－斯特劳斯所倡导的人类学有意排斥哲学思辨，沉浸在对神话、亲属制度、语言结构和"野性思维"的民族志考证和一种无历史的静态结构秩序的建构里。那些具有"现代性"的"社会行动者"没有能够进入人类学的视野。就这样，现象学方法与欧陆人类学失之交臂。吸收了现象学和后学的美式人类学则主要走向了一种文本主义和主观建构，在方法论上既背离了人类学传统也背离了现象主义本身。社会人类学为什么不能像经济学和社会学那样把那些带有"现代性"符号和具备"现代性意识"的"行动者"纳入我们的眼帘呢——那些"个体的行动者"或者"集体行动者"？

其实当今的人类学田野（至少是中国的人类学田野）到处都活动着这样的行动者。现象学视角的引入十分必要。"行动者"以及"行动者的逻辑"应该成为我们关注的对象。这也是对人类学实证传统的尊重，现代文化人类学应该成为以"人"为中心的"活文化"（而非静态）考古式的学术活动。而田野中出现的"义门陈"就是这样的一群"行动者"。如果按照传统的人类学方法处理"义门陈"现象，我们可能又看到了"仪式"，还有中国人的"祖先崇拜"。一些"超静定的"或有"列维－斯特劳斯式偏好"的静止结构，如亲属制度。而以现象学的视角观之，我们看到的是一个内涵更加丰富的人类学个案。他们既具备传统社会的"同质性"——血缘、村落纽带、共同记忆，也具备了"现代人"的反思性和文化的策略性（其中相当的一部分）。但不能忽略的是，在这样一种大型的、越来越声势浩大的"义门陈"集结中，他们首先是一个个反思性的个体，是现代社会给予他们行动力。然后才是一个宗族，一个"姓氏"族群，一个民系。对祖先的崇拜基于一种对祖训的认同和生命哲学的认同，是一种共识，他们是一群对现代性进行逆向挣脱、因循传统的脉络，进行下意识的"行动性反思"的集体行动者，他们幸运地拥有天授祖传的人文血亲资源。只按工业化社会范畴对他们进行研究真可谓把他们看作了"单面的人"来机械处理了。就像把以村庄为本位的农民工当作城市"蚁族"处理一样，尽管他们在"老家"可能还有八间大瓦房。工业化和民族虚无主义思维和方法会导致对中国人和中国社会的极大扭曲和误读。

笔者在现场目睹了人们踊跃捐款的盛大场面。目的是用于恢复"义门陈"的建筑景观和重新修谱。几百，几千，几万，绝对自愿。后来的跟进证明这些项目的推进速度和预想的一样快。如今，借"大力发展文化产业之风""义门陈"故居重建已大体成形。

一般的研究者对这样的重建工程基本会认为，这是一种"传统的重建"，或曰"传统的建构"，言外之意是，它是一种"不真的"传统或风俗。这样的审视会让研究者和被研究者关系陷入紧张。岂不知，以笔者观之，这种"传统重塑"的视角又落入了一种"实证主义"的思维，它忽略了精神、情感和意志层面的需要，对于复杂结构的发现也毫无补益。

可以尝试对作为"民族志进行时"的"义门陈现象"进行一番结构主义现象学的分析。经过千年时空转换流变的"义门村"已不仅仅是一个村落，而是一个既实体又观念化的结构；是一个既地理（村庄）又意识（记忆）又血亲的空间；既物理（陵墓、楼堂馆所）又观念（儒家思想）的实体。其中每一个环节都必不可少。重建是因为有重建的可能性。哪怕建成的只是一些象征符号。那么象征符号是不是一个精神实体的构件呢？

可以说，"义门陈"呈现的是一幅中国意象。"义门陈"人是具备

"文化理性"的阡陌中的行动者。有意思的是，在"义门陈"框架里，如今，"非经济理性"的陈氏和具有"经济理性"的陈氏聚合在了一起，神圣的祖先之灵遮蔽了两者的差异。一位西方哲人曾说：中国人是幸运的，因为他们生来就带有一种哲学（叔本华）。尽管现代的学者带着西方中心主义机械思维把农人刻画成愚昧和落后的载体（这是极大的误读），现代农民用行动告诉人们自己所秉承的理念和生活方式的内涵。神圣化的祖先是世界观和人生观的一些承载符号。中国的崇拜对象是精神（观念）与物质（祖先）的统一体，采取的是天人合一的方式，这一点和西方的宗教产生了分野。

祖先的墓冢是神圣的所在，必不可少。其次，最重要的是穿越时空的村庄。我们的"义门陈"已不再是一个村庄（江西德安车桥"义门陈"村），或者一组村庄①，而是一条河流，就像赛珍珠所说的那样：我感到，中国人生活在一条深远的河流之中。她在中国生活多年后，回归美国家园感到有些不适应。因为，在她看来，那种生活已经"碎片化"。

村庄正是那条河流的河床。从结构上说，村庄是底座，所以不能拆除。从情感上说，村庄是不可失去的，一旦失去村庄（工业化和城镇化可能的后果）（庄孔韶意义上的平面村庄空间布局甚至也应保留），"义门陈"将是一座"空中楼阁"，那么中国的小农也会像英国的农民一样成为"历史的幽灵"。我们看到：推土机已经开到了中国村庄的门口。

---

① 根据《中华义门陈氏大成谱》，"义门陈"全国分布如下：江西（93 庄）、湖北（43 庄）、浙江（35 庄）、福建（30 庄）、江苏（29 庄）、安徽（28 庄）、湖南（16 庄）、广东（15 庄）、河南（13 庄）、四川（8 庄）、山东（6 庄）、广西（4 庄）、上海（4 庄）、河北（3 庄）、陕西（1 庄）、天津（1 庄）、海南（1 庄）、其余 4 庄不详。详见中华"义门陈"氏大成谱编委会编《中华义门陈氏大成谱》，2008 年，第 218 页。

下面是两个"义门陈"人对"义门陈"观念性的由衷感悟："这方圆 20 里都是'义门陈'氏的家园，鼎盛时聚集了 3900 余口居民，村内各式各样的建筑，功能齐全，像极了一个小型王国。小时候，常常听老人讲起'义门陈'的百犬同槽、三百年不分家等传奇故事。这些美丽传说都在我心里留下了难以磨灭的印记。20 世纪 70 年代，我们村里的房屋架构还是相通的，人们可以自由出入，串门吃百家饭也是常有的事，仿佛过去那种'义门陈'不分家、和睦相处的景象还存在。随着改革开放后，大山中的人们开始放眼山外的世界，外出谋生的人越来越多，留在村子里的陈氏族人逐渐疏远起来。'义门陈村'目前只剩下 12 户数十口陈姓居民，而大多数陈氏都已经散落分布在德安周边乡镇。义门家谱让年近花甲的自己找到了一个'精神家园'，也让我萌生了发扬'义门陈'文化，向世人传播'和平、和谐'的归宿使命。身处现代生活，人或许都有浮躁感，而富裕起来的人，常常缺乏精神追求，没有归宿和精神寄托成为现代人的通病，这里就像一个'精神家园'，置身于山清水秀中，既能让人感受中国千百年来的优秀文化，又能感召城市中逐渐迷失的人群，让人倍感舒适和愉悦。"（陈峰采访实录）

再看一例：

赞　词

（作者：陈长荫）

追溯宗族源流，伦理文化是求。

德承虞舜妫满，颍水光照春秋。

寔公父子范世，盛德史送太丘。

魏晋开拓南国，陈朝帝业悠悠。

宜都承先启后，伯宣著书赣庐。

后裔耕读守正，义门聚居江州。

盛唐已迄北宋，合炊四百春秋。

中华孝义第一，人间美誉长流。

旺崇昉兢诸祖，教化遍及田畴。

百婴专宅同哺，百犬同食槽头。

仁宗分庄示范，陈姓播德九州。

宗华始迁鄱岭，胜一克绍其裘。

三子开发怀邑，时在元末明初。

建堂聚义星聚，家族再展宏图。

者番筹议焦点，族史不探为忧。

谨献慎宗追远，六届宗谱持修。①

　　文化人类学的另一个学科偏好是研究文化变迁，而"义门陈"个案反映了中国社会中一种历千年而不变的文化绵延的因子。看来人类学来到中国总是不免要具备些中国特色的。那么，是中国特色还是中国特例呢？

　　这个问题把我们带入了马克思主义人类学的一个核心命题：亚细亚东方社会的问题。

　　前面，我们根据牟宗三的方法对亚细亚的不确定因素进行了剔除，锁定了两项常数："公有制"和"共同体"的顽固存在；抛开意识形态的干扰，我们发现中国社会直到今天仍然没有丢失这两项主征。那么是不是"亚细亚"并不是问题的核心，我们的问题是：这两个主征是如何保持的？这种特色的保持在当今世界意味着什么？对我们自己又意味着什么？

---

　　①　摘自影印本《筹议编纂〈陈氏（"义门陈"）星聚堂第六届宗谱〉过程中的慎宗追远录》，第 89 页。

这里先请允许回到马克思所关心的问题。

（二）"马克思主义"学者的可能性解读

美国历史学家克拉德（L. Krader）根据荷兰阿姆斯特丹图书馆的收藏，整理出版了《卡尔·马克思的民族学笔记》（*The Enthnological Notebooks of Karl Max*，Assen，1972）一书。书中首次披露了马克思1880—1882 年间用英文摘录的阅读摩尔根、菲尔、梅因、拉伯克等人著作的读书札记。接着，1979 年俄文版的《马克思恩格斯全集》第45 卷和1985 年人民出版社中文版《马克思恩格斯全集》第45 卷相继出版，其中收录了除菲尔笔记外的三种，并加上曾经发表过的柯瓦列夫斯基的笔记和有关摩尔根的笔记整订出版。[①]　至此，马克思学术思想史基本肯定了一个晚年马克思的发现。马克思在完成了他的历史唯物史观的宏伟理论构建和政治经济学经典《资本论》之后（研究发现《资本论》写作常被他的人类学研读所打断），开始关注当时陆续面世的人类学民族学志资料。可见，马克思一直在为自己早年陆续提出的有关早期公社的概念寻找民族志的佐证。同时，本着科学精神，马克思并未对亚细亚社会下过确定的定义，一直表述不一，表明关于"亚细亚"社会，马克思一直在探索之中。其语焉不详引起的相关争议在俄国、在苏联，特别是在中国，贯穿新学术一个世纪，相关文献汗牛充栋。由于斯大林社会形态说的影响，20 世纪80 年代以前的研究基本都在讨论亚细亚社会的社会形态问题，主要是史学界和哲学界的讨论，民族学界据此框架发掘了一系列宝贵的民族志资料，出现了一个否定亚细亚社会奴隶社会说的"无奴学派"[②]，但此说也是在社会形态说的框架里提出和

---

① 参见杨堃、周星《关于马克思往年民族学笔记的思考》，《马克思主义来源论丛特辑——马克思人类学笔记研究论文集》，商务印书馆1988 年版，第267 页。

② 张广志：《奴隶社会并非人类历史发展必然阶段研究》，青海人民出版社1998 年版。

讨论问题的。① 杨堃跳出了形态论框架，指出："揭示公社制度的奥秘在本质上为科学社会主义所需要。"②（1988）但这在他的学术体系里并非交响乐章里反复奏响的华彩主题，只是一笔带过的闲来之笔。但书生之言点破了社会学说的政治功能色彩。可惜，马克思有生之年没有看到过中国的民族志资料，那时整个民族学也才刚开始在西方兴起。马克思关于亚细亚的研究没有形成定论，为中国的马克思主义民族志研究留下了很大的研究空间。

在中国，对亚细亚生产方式问题发表意见最早的权威是郭沫若。1928 年，郭沫若发表文章，认为马克思在《政治经济学批判序言》中所列举的四种生产方式就是原始社会、奴隶制社会、封建制社会、资本主义社会。他说马克思所说的"亚细亚的"，是指古代的原始公社社会；"古典的"，是指希腊、罗马的奴隶制；"封建的"，是指欧洲中世纪经济上的行帮制，政治表现上的封建诸侯；近世资产阶级的，指的是现在的资本主义制度。他还说这样的进化的阶段在中国的历史上也是很正确地存在的。大抵在西周以前就是所谓亚细亚的社会。原始公社社会——西周与希腊、罗马的奴隶制时代相当；东周以后特别是秦以后，中国才真正进入封建时代。原始公社说与苏联史学界 20 世纪 20 年代提出的社会发展五阶段论相吻合。20 世纪 80 年代后半期，随着《马克思恩格斯全集》第 45 卷的出版，持原始社会说的论者愈来愈多。他们大多认为，马克思的亚细亚生产方式概念原指原始社会，只是晚年在研读了大量的

---

① 涉及亚细亚社会问题的早期马列著作计有：《1844 年经济学哲学手稿》（"部落所有制"），《资本主义生产以前各形态》（1857—1858）（农村公社、家族公社、部落共同体、公社所有制），《经济学手稿》（1857—1858）（氏族部落、地域部落、土地公社所有制），《政治经济学批判》（亚细亚生产方式）（1859）等。《资本论》第一卷（1967）出版后，马克思在他的著作中没有再用过"亚细亚生产方式"这个术语。

② 杨堃、周星：《关于马克思往年民族学笔记的思考》，《马克思主义来源论丛特辑——马克思人类学笔记研究论文集》，商务印书馆 1988 年版，第 272 页。

人类学材料之后，发现在亚细亚生产方式之前，还有一个氏族社会，才放弃了这一概念。①

研究发现，马克思晚年是在阅读了大量民族志材料后放弃这一概念的。而郭沫若根据他的研究，只是保守地把他的"亚细亚社会原始社会说"悄悄地改成了"奴隶社会说"，他通过对古史分期问题中奴隶社会的上下限的两头外推实现了亚细亚社会从他的原始社会说到奴隶社会说的转型。② 笔者在想，在那时中国的政治背景下，要求他完全放弃主要在斯大林搭建的社会形态五阶段论框架下的"亚细亚社会奴隶制说"，也太过苛求。

可以说，马克思放弃亚细亚说是因为他发现了氏族社会。不仅如此，准确地说，马克思发现的是氏族社会的绵延性，其跨度之大超过他的想象。据杨堃、周星梳理，马克思涉猎的相关民族志种类涵盖了广阔的世界各个地区③，包括：德国民族学家阿·巴斯提安的风俗民族志，哈克斯特·豪森对于俄国土地公有制的发现与研究，古代墨西哥人、秘鲁人、斯拉夫人、犹太人、日耳曼人、苏格兰的氏族（克兰制）、日耳曼的马尔克、美洲印第安人、印度和俄罗斯村社制等。庄孔韶对此也有细致的梳理。马克思去世以后，恩格斯继续关心相关民族志的搜集，俄国民族学家列维·斯特恩堡关于库页岛吉里亚特人的最新出版物也没有逃过他的眼睛。恩格斯一直保持了对民族志的跟踪研究直至生命终点。

可惜马克思没有看到中国的资料：中国的聚族世袭式居住一直延续到今天〔比如说"义门陈"，也就是马克思看到的"氏族"（?），抑或

---

① 详见季正矩《国内外学者关于亚细亚生产方式理论研究观点综述（一）》，《当代世界与社会主义》（双月刊）2008 年第 1 期。

② 参见张广志《中国古史分期讨论的回顾与反思》，陕西师范大学出版社 2003 年版，第 22 页。

③ 参见杨堃、周星《关于马克思往年民族学笔记的思考》，《马克思主义来源论丛特辑——马克思人类学笔记研究论文集》，商务印书馆 1988 年版。

说是一个"历史氏族"，它已经跨越千年，按"义门陈"自己的说法已跨过了 3000 多年，进入了社会主义时代]，也许，中国现在正处在一个历史的门槛之上。

顾准等早在中国提出亚细亚社会特殊形态说。更早的有，20 世纪 50 年代初杨向奎提出"跨越时空的农村公社制度说"：他认为，"不能把亚细亚生产方式看作一种某一阶段、某一地区的独立的经济形态，而应理解为残留在奴隶、封建乃至资本主义社会中的原始村社制经济。1979 年年底，南开大学历史系主持召开了亚细亚生产方式问题研讨会。与会者基本同意此方式是一个复杂的从远古一直延续到 19 世纪初的包括了多种社会因素的特殊形态，其特殊之处主要在于公有的村社制经济在文明阶级社会各阶段的继续存在并对其社会发展的多种重要影响，而这一特殊性显然在东方亚洲社会的发展中最为明显"①。看来理论界早就得出了这样的结论，只是似乎缺乏民族志的大规模跟进，本课题极其有限，应该深入遍布各省的义门村庄通过口述和家谱资料寻找更多的民族志素材加以佐证。

复旦大学当代国外马克思主义研究中心的俞吾金教授的最新研究取得了突破性成果，他认为，马克思的社会形态学说存在两个序列：

> 马克思社会形态理论包含两个不同的维度：一个是欧洲社会形态演化的维度：氏族公社、亚细亚所有制、奴隶制、封建制、资本主义所有制、未来工厂主义所有制；另一个是东方社会形态演化的维度：氏族公社、亚细亚所有制、社会主义所有制（跨越"资本主义制度的卡夫丁峡谷"）、未来共产主义所有制。②

---

① 季正矩：《国内外学者关于亚细亚生产方式理论研究观点综述（一）》，《当代世界与社会主义》（双月刊）2008 年第 1 期。
② 俞吾金：《社会形态理论与中国发展道路》，《上海师范大学学报》2011 年第 2 期。

马克思认为世界历史的分野或者说东西方开始走上不同的道路是从亚细亚公社开始的。

据俞吾金的研究，马克思把关注的焦点投向有希望跨越"资本主义制度的卡夫丁峡谷"（1881 年马克思致查苏利奇信件）的"东方社会"——俄国。而俄国令马克思感到兴奋的条件都满足了：（1）俄国的公社制依然存在；（2）和俄国的公社制同时并存的外部资本主义制度的存在，即资本主义外部环境下的亚细亚公有制的社会事实和实体的存在。当然马克思所考虑的不仅仅是俄国。这一时期的马克思像一个实证人类学家一样只基于可靠的民族志发表自己的观点。他在致查苏利奇的信中这样写道："如果说土地公有制是俄国'农村公社'的集体占有制的基础，那么，它的历史环境，即资本主义生产和它的同时存在，给它提供了大规模地进行共同劳动的现成的物质条件。因此，它能够不通过资本主义的卡夫丁峡谷，而享用资本主义的一切肯定成果。"①

"但是，如何才能使俄国的农村公社在高利贷和外在的资本主义因素的渗透下继续生存，并得以复兴呢？马克思毫不犹豫地指出：'要挽救俄国公社，就必须有俄国革命。'"②

马克思提出了挽救"俄国公社"的使命，这一提法没有多少浓墨重彩，似乎是一笔带过，但是根据马克思主义唯物史观，公社制度的留置是社会主义革命的必要条件，加上外部环境的资本主义化，才构成跨越资本主义的必要条件，再加上马克思主义头脑的武装也即所谓的对社会制度的"文化自觉"，马克思主义建国意识形态的确立才构成跨越资

---

① 《马克思恩格斯全集》第 19 卷，人民出版社 1963 年版，第 437 页注①。
② 同上。

本主义的充分必要条件，缺一不可。

马克思眼中的"农村公社"并非后世西方人类学家眼中的社会残留（这是一种带有先验偏见和意识形态偏见的西方中心主义民族学方法论，不幸的是，它在我们当中十分流行），而是一个令他十分重视并且轻易不肯妄下结论的东方社会的历史常数，是一个令他心仪而激动的社会科学的发现。在他眼中，东方的农村公社是超大体量的世界现存实体，是绵延的历史事实，是建设对资本主义制度具有批判和抗争性的新制度的基本要件，而这一"制度意识自觉"的唤醒完全归功于古典资本主义的实践，没有 17、18 世纪的资本主义在英、法、德等西方世界的实践，对它的反抗和反思就无从发源，对亚细亚的重新发现也无从开始。而资本主义制度更要感谢马克思为它带来的"制度自觉"，使它得以自觉地修正其制度上后来不断暴露的缺点。（这大概就是社会学家罗伯特·默顿所谓的"未能预想到的结果"吧？后来的混沌论则更于精微之处捕捉到了导致系统不确定性的微量砝码）。马克思晚年对"氏族公社"的重新认识对于今天的社会主义建设应具有珍贵的理论指导意义。

五　思索与结论

本文立足于对中国村庄文化的探讨。但它的出发点和结论与常规的村庄研究有所差别。本项研究的田野出发点，是一个亚热带农人居住的平凡而僻静的乡落，一个曾经演绎过"义门陈氏"家族历经 15 代聚族而居的历史传奇的历史村庄，它始于公元 731 年，公元 1062 年由于外力的干涉遭到了解体，之后一直归于沉寂。2006 年开始，历经千年之后，在只有六七户陈氏后人的义门村的阡陌和荒野之间，开始陆陆续续出现当年分庄离去的陈氏家族成员后人的身影。人们一呼百应，从四面八方纷至沓来，祭拜祖先，聚族怀古缅思，很快形成一种合力，开始了一项恢复"义门陈"故居的宏伟工程。2009 年，当笔者置身于他们中间的时候，"义门"之人已经每到清明必会集到这里，每每数千之众。时至今日，人数恐已过万。在这座记忆村庄里，或者说在这座"修复型村庄"里，笔者不仅看到传统历史村庄已经演变为一个承载着历史记忆、人文符号和儒家思想符号的观念型"村庄"，更加重要的是它的存在依托的是出现在这里的陈氏后裔们。他们每个人身上都贴上了"义门庄"的符号，而这些"庄"又回归了村庄的实体形态。在分拆之后，又在新的地理方位和千年时空里静静地以"义门陈"的村庄身份聚族而居至今（只是在母村，人群被打散了）。"义门庄"早先主要分布在江西、湖北、福建、安徽、山东、陕西、河北、广东等省区，后又扩张到台湾及香港。最近几年，这些庄子包括零散的华侨也都以"某某庄"的身份每年自愿来"母庄"与族人聚集。正是这些以"庄"为身份标志的人令笔者格外关注。和其他人的关注点不同之处还有就是"义门陈"保存完好的历史文献档案对于村庄文化研究的宝贵价值。近几年，"义门陈"内部涌现出一股股强大的家史和谱志研究力量，并借助各种大众介质努力进行传播，特别是大众媒体和网络，也为笔者收集资料提供了极大的便利。在取向不尽相同的"义门陈"热中，作为文化人类学的切入点及相关的推论大有不同，笔者关心的主要是中国"村庄"作为结构的实证性发现："庄"作为中国文化绵延的基础，作为结构力的存在、价值和意义。可以说，那些一个个还未能深入考察的"分庄"的价值在人类学的视野里比"母庄"价值更大，因为它们是一个较为完整的子集，一个群，又因为其归于平凡才是中国村庄的真正代表。"母庄"的辉煌使得这些村庄具备了强烈的自豪感，这些村庄文化自觉意识远远强于普通村庄，因而刻意保留了具有研究价值的历史记忆和家谱、人丁、人文史志资料，对中国社会结构的研究具有特殊意义。

下面是笔者通过此项研究得出的一些初步结论。

（一）对"村庄"的概念的人类学修正

法国人类学家葛兰言 20 世纪二三十年代观察中国，直观地得出一个结论："城市与乡村的对立是中国社会的一个基本特征。"[①] 但他很快又改口说，这差别可能还不能确定是哪种，因为，他接着又发现："这两部分人经常彼此交流，有关历史名人往来于城乡之间的例子也不胜枚举。"[②] 我们看到，葛兰言质朴敢言，面对困惑时，也并不怕与读者分享自己的矛盾看法，这和某些对其研究对象惊鸿一瞥便断然论断的汉学家们形成对比，不是有人通过一桩乡间的弑父案子便得出了中国乡村有阶级斗争的结论了吗？中国的结构不像它表面看上去的那样简单。

通过"义门陈"发掘的"庄"文化，笔者试图对中国语境下的"村庄"定义进行一番人类学的修正。村庄在中国承载了因袭千年的绵延性的中国文化，是一种特别的"中国图像"的视觉聚焦点，是带有村庄符号的行动者共同营造的一种"中国气氛"，是小共同体的标志。是一种中国特有的文化景观。它可以在乡间田园，可以在楼堂馆所，可以在地头田畴，可以在曲赋文章，可以在心理空间，可以在墓冢庙堂，没有它中国人的人生难以附着（《中国不笑，世界会哭》[③]）。这是一个多维度延展型的空间，它有实体性村庄（一般是社会学和微观经济学的研究单位）作为底座，但又不同于社会学经济学的作为微观经济单位处理

---

① 葛兰言:《中国人的信仰》，汪润译，哈尔滨出版社 2012 年版，第 1 页。
② 同上。
③ ［法］若泽·弗雷什:《中国不笑，世界会哭》，王忠菊译，人民日报出版社 2008 年版。

的村庄。人类学视野里的村庄甚至也不单纯是联合国教科文组织定义下的由地理空间和人文空间相加而成的"文化景观"，中国语境下的"中国村庄"因为历史的绵延因袭已成为中国社会结构中的地基、柱染、榫卯，它的社会纽带作用和支撑功能尚未引起各方特别是决策者的足够重视。目前对它的认知受到"经济学殖民主义"的影响，在线形矢量发展的历史观中它被当作落后的被改造的对象看待（对业已形成的有关"小农"的刻板印象）。现代化（工业化和城镇化）造成了村庄的"濒危化"。直到今天，几乎任何一个中国人都能说出自己的"老家"，老家的村庄。村庄所具备的结构力量应该上升到文化自觉和制度自觉层面加以认识。

（二）基数社会说

是该给概念定义的时候了。"基数社会"试图指出的是中国社会成员构成的另一个向度和方式。它基于三个维度的考量：

首先，是对家谱瓜瓞图人丁登记规则的反映。在中国，家谱修订都是以村庄为单位的，乡间的修谱作坊一直传承了下来。人丁统计是以家为单位的，因为村落的聚族而居的传统基本未被打破，所以一谱的人也就是一村的人。家谱登记时每家出去（户籍离村）的男丁及其配偶子女都统计在内。在册人数远远大于本村各姓氏户籍人数。

其次，对以姓氏为切入点进行人口数量统计的一种反映。如陈姓目前据称有近6000万人，李姓人口已超1亿（据中科院抽样调查）。这个数字的规模使得中国宗族的概念似乎应该也同时得到修正，似乎用"民系"较之"宗族"概念更适合这样的数量规模。中国的百家姓反映的是具有高度认同感的一支支"民系"的客观存在，较之基层社会，"基数社会"反映了中国社会构成的纵横两面的有机性和稳定特征。

最后，是对底层社会或基层社会概念的修正。基数社会是以姓氏为主轴组成的数的集合体，是一个跨阶层的人群集合体，可形成广泛的社会交往平台，它具备一定的消弭政治分歧的社会整合功能（如两岸政治整合；汉学家们也试图对华人特别是海外华人的"'同'社团"即 Tong Society 进行解读）。它还具备文化资本和政治资源动员的潜在功能。"数"的影响力，应加以足够重视。

（三）分形结构说

分形是线性模型的替代性理论，它是混沌理论的一个分支，指的是某一形态具有一种明显的自相似性现象。科学家可以通过维度计算做出相关的数理模型。有人类学家试图联合科学家从事这样的工作（Frederick H. Damon，2008）[1]，这里借用过来指出一下中国社会基本结构粒子——村庄具有分形结构的特点，这只是一种直观的把握，因为中国的村庄具有极强的自相似性，并且，中国传统文化资源和村庄拥有的致密的人际网络使它具有多维的空间向度和能动空间。中国社会含有大量具有自相似性的结构因子，"构成总体系统（有时称母系统）的相对独立部分（子系统，子子系统）的形态是整体的缩影"[2]。历史上的"义门陈"发展的高峰标志便是它"像一个小型王国"[3]，直到它发展到货币甚至有了军队这才引起了皇帝的警惕，决定以"播化诗书""礼义"的名义对其进行拆分。从 5 代旌表到 15 代拆分，古代统治者显示出对民间社会肌理尺度方面的权衡把握和政治智慧。村庄单位成为中国传统治理模式中的可大可小的底部装置。对中国传统社会的治理艺术应有进一

---

① SeeMark S. Mosko and Frederick H. Damon. ed. ，*On the order of chaos*；*social anthropology and the science of chaos*，Berghahn Books，Inc.，，Portland，2005.

② 钟云霄编著：《混沌与分形浅谈》，北京大学出版社 2010 年版，第 131 页。

③ "置库司以掌家财，立庄首以督赋租，书屋以教童蒙，书院以待学者，道院以业焚修，巫室以备祈祷，医院以供药石，德安廨宇以奉公门。""设置无不妥善，管理井井有条。"（参见胡旦《义门记》）

步的探索与跟进。

根据卢钟锋的研究，虽然马克思主要是把"原始公社"与"氏族公社"作为资本主义之前的社会形态来研究，马克思也认识到"东方公社"的独特价值。可见，随着现代化荡涤了西方社会的公社遗迹以来，"东方社会"是马克思主义的研究表格里格外重视的单列项目，自"亚细亚"映入马克思的眼帘，晚年的马克思一直持续跟踪研究最新的民族志资料。"马克思把东方公社的这一特性称为古代类型的公社天赋的生命力，认为这种原始公社的天赋的生命力比希腊、罗马社会，尤其是现代资本主义社会的生命力要强得多，因此，它在经历了中世纪的一切波折之后，仍一直保存到今天。而在所有原始公社中亚细亚形式必然保持得最顽强也最长久。因为这取决于亚细亚形式的前提：单个人对公社来说不是独立的，生产的范围限于自给自足，农业和手工业结合在一起，等等。"① "义门陈"个案证明了马克思的论断。"东方公社""义门陈"在历尽生产方式的变革和社会变革以后，仍然以紧密的血亲和观念纽带联系在一起，以农业社区为底部基础，已进入后资本主义和全球资本主义时代，"义门陈"已摆脱"原始公社"的野蛮身影，中国文化的早期化育使它具备了独特的文明因子，形成深厚的文化资本，进而具有转化成商业资本的可能。这样的文明的"东方公社"具备了高度的"文化自觉"，展现了结构的稳定性和对现代社会及意识形态的高度的调适性。

克罗齐指出，农业文明终止的地方就是古老文明终止的地方。这里说的农业，按照法国农人学专家孟德拉斯的定义，仅指"小农"或曰"自耕农"而言。在工业化和全球化背景之下，孟德拉斯提出全球性

---

① 卢钟锋：《亚细亚生产方式的社会性质与中国文明起源的路径问题》，《历史研究》2011 年第 2 期。

"农民的终结"命题，引起广泛关注。根据孟氏的观点，法国以其高度的文明自觉和制度自觉从社会和国家层面对自耕农加以保护，但也仅仅是延迟了小农终结过程。他认为，全球"20 亿农民站在工业文明的入口处，这就是在 20 世纪下半叶当今世界向社会科学提出的主要问题"①。对村庄的保护之于社会的意义如同对森林的保护之于自然的意义。"阡陌上的村庄"是中国的一道独特的文化景观。中国的村庄世系聚居的特点构成一道独特的东方文明风景线，中华文明早熟的礼教和儒家家国一体思想对村庄的化育使它具备了制度向心力结构，形成了天然的文化批评圈的功能，它的半径和维度具有可调性，可大可小，依人因时而变，在漫长的时间空间里一直绵延不断，是中华文明绵延性的制度保障和关节点。通过观察两岸政治整合实践，我们发现村庄要素的浮现，"村子"是"寻根返乡祭祖"活动中不可缺失的环节；通过观察"义门陈"现象，我们发现，"村庄"充满活力和能动性，具有成本节约型自组织的特性；它的修复性、综合性、功能性平台对于传统文化复兴、传统文化圈再造，以及文化资本和商业资本的整合和相互转化具有重大意义。在全球化背景下，其商业潜力和文化潜力，不可限量。这一点在海外华人经济中已展现无遗。

　　以村庄为焦点，笔者发现，为顺应中国改革开放的大历史变局，村庄的能动性与制度创新力不断升级，"离土不离乡"，中国正处在一个被笔者称之为"公社"的"脱胎化"过程。也就是说，无论农人如何转变职业身份，无论身处异乡何地，村庄的地理布局仍未被打破！所谓"留置"！这个时点，有必要将"村庄"的物理性存在的保护提到议事日程，因为它也是"观念性实体"村庄的着陆点，否则中国观念就会随之化为空中楼阁，中国特色就会流失并且成为缺乏文化实践可行性的空

---

① ［法］孟德拉斯：《农民的终结》，李培林译，社会科学文献出版社 2005 年版。

谈。中国的"村庄"由于其聚族和世系相承的特点，还具有"公社"古老的自组织的特点，它不仅代表了我们的悠久的历史文化的绵延，而且形成了独特的消费圈和交换圈，兼备备胎化的福利功能，在西方福利制度受到挑战的时刻，保留制度多元化的古老基因十分重要。我们对此应该具备充分的文化自觉和制度自觉。

"脱胎珐琅"是由北京的珐琅彩艺术发展出来的一种新工艺：原来的实体铜胎被碳胎所替代，珐琅彩经高温淬火固着在胎体表面之后，将烧焦的碳胎抽去，留下珐琅彩附着美丽的透明结构。也许，农民工离乡不离土是一次相当于脱胎珐琅彩的工艺升级，一种社会工艺，一种治理工艺，一项上下呼应、自然天成的社会工程。

在这项工程中，人在流动，结构尚未打破。只是实胎变成了脱胎，脱胎并不是解构，结构依然完美存在，它带给人们安全感和归属感。要打破它吗？如果说，不破不立，那么，破的底线是什么？真的要打碎一个"旧世界"吗？不破又如何继续呢？这些新的问题又产生了。

混沌理论提醒我们，要关注微小因子在长时段运作后可能带来的变化。英国400年前刚刚开始工业化的时候，没有想到过砍掉一棵树对地球的影响，所谓"蝴蝶效应"中的微小变量只有在长时段运动中才能造成系统性影响。村庄这个微量砝码在历史长河中的"留置"在系统中的意义值得我们深入挖掘和思考。

笔者想就此提出国家意识形态与乡土意识形态结合的必然性和必要性。民俗承载意义上的"平面"村庄是中国的地标，它的方位和方圆既是农人的生计空间，也是农人的神圣空间和一个外延型能动性空间（文化的、商业的、政治的）的生长点。乡土社会既脆弱又强大。面对资本的推土机，它极其脆弱，需要强大的行政力量的保护。它最脆弱的时候是当行政力量和资本相携手的时候，那么它所面临的命运就只有被铲除了！而且这种破坏可以发生在一夜之间。随着生产空间的一步步扩大，生产力要素的一步步变革，"顽固地存在着"的"共同体"——村庄——这一中国特定空间在逐步缩小，推土机的底线有没有？农民的心理有没有准备好村庄的失落？社会契约的底线又在哪里？中国的村庄可以任其失却吗?！

蓦然回首，以"村庄主位"观之，阡陌上的中国将会走向何方？

（本文完稿于 2013 年）

围绕人类学者与他者文化交流的
路径探讨人类学研究的动向

——以原住民、发展与文化为例

李海泉

前　言

这篇文章的主旨在于透过同属东北亚毗邻而居的日本其文化人类学研究的事例，探讨研究者与研究对象之间的文化连带关系，对长期以来偏重于本土地域研究的中国人类学的自我认识问题提起反思。

20世纪20年代以来，曾占支配地位的文化与地域空间静态结合的文化本质主义研究已被后现代主义者诟病多年。进入21世纪，伴随全球化的进展，如果没有不同地域间不同文化间的比较，更难以对自身所处的文化环境产生正确的解读能力。

我们处于封闭的人民文化共同体之中。研究他者文化，研究异文化，理解不同的文化，理解他者的文化与自身所处本土文化的连带关系可以对经典理论研究有所贡献或者突破。研究多元文化，避免同一性，避免一元化的思考，可以在应用人类学研究中减少片面错觉带来的危害。

所谓"他者"（other）是拥有异文化模式的共同体。但这是一个动态的概念。第二次世界大战前，可以简单定义为某个遥远地域拥有不同生活组织方式的人群或集团。第二次世界大战以后，殖民主义体制瓦解，独立的民族国家遍地开花，权力意识不断高涨，也拥有了话语权，政治情势发生改变，学术研究的知性和趋向也发生了变革。特别是 20世纪 60 年代以后，作为主体的研究者更多通过客体的他者也就是研究对象反思了自身，重新认识了世界、认识了自我。这时，研究者与研究对象出现对等关系。他者不再是生活在远方偏僻地域的人群或集团，而是相对于言论主体的"客体"。也就是说，他者成了动态的概念。这时产生的一个巨大进步是说，因为有了客体的他者作为参照，主体自身知性地认知了自我，即费孝通以言简意赅风格总结的文化自觉现象。

背 景

与近代人类学发源地的欧洲相同，拥有海洋国家经验，拥有殖民国家经验的日本国，一直对外界的他者有着浓厚兴趣。日本列岛远离大陆，海啸、地震、台风、火山爆发等自然灾害频繁发生、相伴左右，变幻无常的生存环境使其对外界的探索成为现实需求。近代以来日本国家在经济、政治、社会等生活中所获得的成功，与其对外界的探求及成功复制有着紧密关联。到现代又在复制过去的成功经验，经验不只是物或者组织制度本身，更重要的在于文化的汲取，并由此生成方法论。

20 世纪中叶以后殖民体系逐渐瓦解，人类学语境开始改变，曾经的调查方向也越来越不适应形势的变化。20 世纪 80 年代以后欧洲发达国家的经济几乎陷于停滞，用于人文社会科学的资金被削减，对远方的向往无法得到足够的经费支持。欧美人类学研究收缩战线，更多地转向他者异文化研究，比如城市的边缘群体，或者如美国借助后院的印第安人推进人类学发展。但东方的日本经济高速发展，民主政治及社会状况在进步。作为边缘的日本人类学家群体继续人类学传统，向海外派遣研究人员，壮大队伍，积累成果。这一研究取向至今仍在延续。

学界已经达成共识的是日本和欧洲相同，有着海洋国家的经验，岛国内部有着契约精神，这也是 19 世纪中叶以后，日本能够不同于其他亚洲国家，摆脱不利形势得以发展壮大的一个重要原因。进而，日本人类学领域的基因在于它和西欧一样均为殖民国家的经验，在聚散离合中，日本或多或少也许还残存着战败带来的痛苦记忆，但完全不同于曾经沦为殖民地国家的感受，这便在人类学写作风格上得到了体现。

20 世纪最后 10 年，随着柏林墙的倒塌，苏联解体，世界政治局势进入后冷战时代，更因为那一时期中国经济的疾速发展，令人们感到了革命以来久违的热烈和激动。时光流转到 21 世纪，一切似乎趋于平静之时，却因为"9·11"事件的发生，向世人猛击一掌，使人们发现，在政治经济的喧哗声中，的确隐藏着一个终极的文化对立问题。这是在塞缪尔·亨廷顿（1996 年发表《文明的冲突与世界秩序的重建》）辞世不到一年之后。政治对立减弱以后，文化对立便彰显出来，让主流社会意识到关注他者，具体而言即关注拥有不同文化色彩的他民族，对主体社会自身是至关重要的。

在带有政治对立色彩的原住民问题之外，经济发展乃是战后广大新兴国家共同面对的最紧迫主题，是占世界人口最多的第三世界的问题，必然是近期人类历史最重要的现象之一。现在仍然在世，最富原创力的人类学家马歇尔·萨林斯近年在中国发表的带有结构主义性质的高论，几乎都没有离开原住民、发展、文化这样的关键词汇。

　　曾经的殖民扩张时期，西方殖民者对远方殖民地人民的观察研究成果确立了现代文化人类学。关于文化的概念这里采用最早 1871 年爱德华·泰勒在《原始文化》中的定义，即"文化或者文明，指的是知识、信仰、艺术、道德、法律、习俗等人类作为社会成员后天习得的所有能力及习惯的复合体"。古典的指标认为，被研究者在血缘、宗教、历史、体质、语言、行动方式等诸多方面有共同特征的群体即为民族。不论是曾经占支配地位的进化论观点，还是标志了 20 世纪人类思想进步的功能主义、历史具体主义、结构主义等，均以书写民族志（Ethnography）为人类学科的基础训练。日本新派的人类学者则更愿意将 Ethnography 译为生活志，也就是说，比起"民族"的定义，他们更乐于称自己的工作为地域研究，其背景是民族、文化的概念已经被认为具有模糊不清、似是而非的虚构性，更多是从其自然属性转向动态的认同研究。

　　我国幅员辽阔，民族众多，有多元的生态、文化群落，人类学家大多立足于本土研究，是在研究异文化还是在研究自身，其实界限模糊，这也凑巧暗合了后现代主义者对传统人类学调研方式的批判。后现代主义者对异文化研究的正当性及研究理论本身存在诸多质疑，其言论无意间为中国的人类学研究方式找到了某种理论正当性。时代在变迁，中国人类学的主体意识不断增强，研究人员也开始了海外调查。他们步入日本的田野，走出最初阶段旁观者新奇的文化发现之旅，融入当地人的生活，进入似理性又非理性的阶段，发现日本在二战后的盟军占领时期也曾存在同样的发展问题，依然存在民族问题、文化问题。但日本的人类学家与我国不同，对国外研究的兴趣远远大于国内研究，原因也许在于其自身对国内问题的认知与外国人类学者是有所不同的。

原住民

在发达国家中，日本有关国内原住民族的问题被国际组织视为异数。一直以来，日本政府在向联合国提交的报告中否认国内存在原住民族，并且也未像其他发达国家一样，在政治经济生活中给予原住少数民族优惠待遇，在文化上、组织上承认其独立地位。DNA 测试的结果显示，日本北方原住少数民族阿伊努人属高加索或中亚人种，在体质上与日本人明显不同。1869 年明治政府在未签订任何协议的情况下，便将北部原住少数民族阿伊努人的土地据为己有。标志性的事件是日本政府在 1899 年制定了《北海道旧土人保护法》，目的看似要传授农业知识，救济阿伊努人，但以现在的解读，是将阿伊努人视为异端，主体的大和民族以"文明人"自居，要教化蒙昧的原住民。称阿伊努人为"旧土人"，这在言论层面和制度上制造了明显的歧视，区别了主流和少数族裔。

二战后日本经济高速发展，也遇到了生态环境破坏问题，此时，日本人似乎意识到，不向大自然过多索取、不以追求商业利益为目的、与大自然共生的原住民阿伊努人，其生存逻辑是有可取之处的。加之大的国际政治环境也在发生剧烈变革，日本开始走出殖民时代的阴影，因此对阿伊努人的政策有所缓和，出现了进步的端倪。如果日本本土的人类学家能够积极参与到国内事务中来，境况也许会有更多的改善。20 世纪 80 年代，日本又因当时的首相中曾根康弘关于日本是单一民族国家的发言引发轩然大波。1992 年北海道同胞（UTARI，阿伊努人在险恶的环境中更愿意这样称呼自己，意思是伙伴、同胞）协会理事长野村赴联合国大会陈情，控诉日本政府实施同化政策，否定其传统文化，并剥夺了他们的领土和生活手段。1997 年日本政府终于宣布废止实施近百年的、有明显同化目的的《北海道旧土人保护法》，代之以《阿伊努文化振兴法》。2007 年联合国通过了原住民权利宣言，在国际潮流及舆论导向作用下，2008 年 6 月，日本参众两院一致通过了关于阿伊努为日本原住民族的决议案，并成立了实施工作组，以进一步完善针对阿伊努的政策措施。时任日本内阁官房长官的町村信孝随即发表讲话，承认阿伊努在宗教、文化、语言等方面有不同于主体社会的独立性。在日本的现代化进程中，阿伊努人受到了不公正待遇，备受歧视，深陷贫困，对于这一历史事实，日本政府应该以严肃真诚的态度加以重视。

町村信孝在谈话中指出，日本政府不能不承认在国家的近现代化过程中阿伊努人虽然在法律上拥有国民待遇，但实际上受到了不平等待遇，饱受穷困之苦。日本政府应该参照国际组织有关原住少数民族权利的章程，听取各方面意见，修改有关阿伊努人的国家政策，并采取有效措施尽快予以落实。政府有责任和义务帮助阿伊努文化的保存、传承和振兴，充实教育条件，支援就业，改善生活条件，尊重阿伊努人的民族自豪感。听取阿伊努人的意见，提高其社会及经济地位。

近年来日本的考古资料证实，阿伊努人曾经以简单的渔猎方式获得了充足的食物和产品。在世界范围内，越来越多的关于狩猎采集民的资料也向近代所谓"发展""进步"的观念提出了挑战，也就是说，其生活并非简单的糊口度日。日本等发达国家在通过努力工作，有了足够消费的工业产品，以至于随意丢弃成为社会问题之后，意识到出土文物或者还存世的器物蕴含狩猎采集民在闲暇时拥有的"美好"时光，是为后人创造的文化财产。游猎民族逐水草而居，物质是身外之物，这并非说他们情趣高尚，而是由于物质会带来移动的负担。狩猎采集的原住民依赖土地和自然，相信万物有灵，这必然会对自然对生命有所敬畏。现代社会里诸多有悖人伦的异常不祥事件时有所闻，使人们意识到与狩猎采集的原住民相对照，在发展进程中人类自身出现了缺欠，失去传承有其可怕之处。农耕民族要以粮为纲，安居乐业，谋求积累。而自古以来，农耕民族经常成为社会主体，其对物质无限积累的文化，让自然生态无法承载，山川河流不再富饶，使得与自然共生的原住民由富变穷。日本从对鲸鱼的崇拜演变到现在的商业捕鲸活动，已经影响到海洋生态及北极地区原住民的生计。20 世纪以来，不论我国北方少数民族还是北极的因纽特人地区，国家开发计划均为原住民实施了安居工程，目的似乎是希望原住民像主体社会一样安居乐业。但移居、改变原住民的文化生态，令当事人及参与者茫然若失，所产生的社会问题之多，对作为复杂体系的原住民文化理解之难，可以说为世界各国的人类学家提供了诸多难得的工作机会和思考材料。从明治年间开始的北海道开发无疑给阿伊努人带来了灭顶之灾。根据 2006 年的统计，阿伊努人口仅存 2.6 万人，而且基本是长期以来与大和民族通婚的后代。

日本充满异国风情的地方除了北方的北海道之外，还有亚热带的冲绳。在经济发展的浪潮中，冲绳属于日本最不发达的地域之一，日本内阁曾经专设有北海道、冲绳开发厅。日本国内对冲绳问题追问的热情远高于中国，但多见于日本的政治学或民俗学领域，从这一研究取向也可以看出冲绳人所处的敏感地位。虽然 1972 年在中国政府帮助下，美国将冲绳归还了日本，但至今冲绳还是满眼的海军基地，令冲绳人不愉快的美国士兵仍然游荡在街头。中国的研究人员自然会联想到当 1853 年西方殖民者的舰船第一次来到日本列岛时，现在属于冲绳的琉球王国还在使用咸丰年号，向清政府进贡。另外是不同于日本本土的冲绳原住民文化，例如经常令日本人不解的是，冲绳人食用猪肉较多，且连皮一起吃，而我们知道这是中国占主体的汉族人自汉朝以来形成的饮食文化。

在日本料理店里偶尔会见到与中国菜品酷似的食物，一般认为这只有在中国才能见到，餐厅主人会告知，这来自冲绳。

在冲绳的访问中，当地人偶尔会将自己的位置与香港做比较，说中国变强了，成功地从英国人手中收回了主权，而日本政府对冲绳真正行使主权还遥遥无期。对于完全没有过殖民地屈辱记忆的日本来说，冲绳问题不会令日本政府痛心疾首。而当地原住民的记忆则不那么简单，他们不情愿地从大陆的清王朝分离出来归顺岛屿国家日本仅 100 多年，仅是三代人以前，上书李鸿章却无力回天，恍如昨日。600 年前建成的琉球首里城现在是世界文化遗产，雕梁画栋，金黄色的琉璃屋顶，朱红色的立面，建筑风格立即使人想起这乃是中国传统的宫殿架构。在那里举行仪式时使用的道具、服饰、礼仪，与日本本土截然不同，更像是中国的民间庙会，模仿的是中国皇室的礼制。冲绳的日本人是一个微妙沉重的话题，因为这种认同牵涉了多重的意识，在近代殖民主义时期命运多舛，在战后现代国家的政治分界中，依然多灾多难。麦克阿瑟就曾经表示，冲绳人不是日本人，所以日本人不会反对美国拥有冲绳。虽然在体质上冲绳人并不像阿伊努那样与日本人有明显差异，但由于文化的差异，以及历史上的聚少离多，他们依然要面对来自主体社会的歧视。根深蒂固的穷乡僻壤印象依然使冲绳徘徊在日本本土主流文化之外。

在近现代化发展进程中，有关日本民族的问题波澜起伏，但是日本本土文化人类学家的踪影并不多见，东方人不愿触及政治现实"以和为贵"的传统思想已经渗透到了日本学者及其学术研究的基因里。偶尔有日本新派的人类学者从社会运动、政治运动以及文化运动的角度关注冲绳或原住民动向，因为原住民和主体社会的关系经常很容易被解释到文化范畴。研究这一问题的日本人类学家是在海外研究第三世界国家民族独立、自治运动时联想到冲绳问题的，就像原住民运动本身的动因也经常来自与主体社会有关的某些思潮。在西方人类学论文里经常提到，原住民运动的起因是美国印第安退伍军人在政府奖学金帮助下接受高等教育，同时也接受了主体社会自由、民主、权力的思想熏陶，成为原住民运动的始作俑者。文化自觉的想象力源自与外界的连带关系。

拥有日本国籍的本多俊和（Steward Henry）从人类学的角度积极探讨了原住民的政治地位问题。多年在海外累积的文化人类学研究成果，成为日后讨论原住民族问题的思想来源。并且他不使用母语而长期坚持使用日语表述，以明确的日本本土人的思考角度讨论日本及世界范围的原住民问题。写于"国际原住民年"的论文《原住民运动》（Steward Henry 1998，pp. 229 - 256），缜密地论述了谁是原住民，较为全面地介绍了各国原住民运动的历史、现状，展望未来，认为不容乐观。也就此评判自身所处的日本文化人类学界佯装"客观"进行的所谓"非政治"研究，指出文化人类学应该追究研究的意义和结果，尽到学术的道义责任，避免应用人类学运用于国家政策的倾向。作者试图从人类学的角度阐释世界范围内存在的原住少数民族政治地位问题。国际原住民年之后的 10 年间，即 1993—2004 年，原住民及其所处境况引起了国际社会的高度关注。《国际原住民的现在——轨迹及展望》（Steward Henry 2004，pp. 1 - 13）一文论述的是国际原住民年及随后 10 年期间的合作与纷争。文章首先简要勾勒了原住民运动的发展概略，特别是新西兰、澳大利亚、美国、加拿大的事例，进而指出原住民目前所面对的困境。具体事例包括近些年来加拿大发生的武力冲突；澳大利亚和美国原住民圣地受到的破坏；围绕资源利益在企业和原住民之间发生的管理权和所有权之争。同时，原住民文化遗产的管理和保护也是备受瞩目的话题。国际原住民年之后的 10 年里，世界原住民境况在诸多方面有明显改善，但不能满足于此，因为原住民又面临新的威胁与挑战，"反恐"给了政府动用军队镇压原住民活动家及其后援组织的借口。还有一个动向主要发生在加拿大和澳大利亚，很微妙但同样不容小觑，就是主流社会对国家给予原住民特殊待遇的不满情绪。该论文的一个理论基点是，20 世纪后半叶的原住民运动的依据或根源可以追溯到英国法系中的习惯法及 1763 年的英王诏谕。提起的问题在于说日本乃是上述发达国家的伙伴，但是其国内原住民族的地位如何呢？

原住民绝大部分居住在第三世界国家，因此居住在这些国家的原住民也被称为第四世界。在我国，人类学概念上的原住民，可以认为是与居住在边疆地区、被称为"少数民族"的群体相重合，虽然有"东突厥""藏独分子"等少数民族问题不断显露，但在社会主义人民国家多元一体化格局或者华夷秩序观中，发端于 20 世纪 60 年代、80 年代以后发展为世界规模的原住民运动在我们眼中可以视为无关的他人的话语。

发　展

二战后，广大亚非拉国家纷纷独立，在政治上以新的创世神话实现国民统合，同时也或早或晚将经济发展问题摆上了日程。我国的应用发展人类学研究多集中于对国内发展项目的大力参与，较多研究人员以农村社会学结合经济学的方法参与到农村的现代化进程，也就是将社会、文化现象还原为定量分析。马林诺夫斯基在 1922 年《西太平洋的航海者》中最早提出了真实生活不可定量分析的理论。在我国，近年来一批受到人类学方法训练的新锐人类学者，通过扎实的田野工作，运用民族志获取的知识，激活人类学传统的思考方法，为新农村建设献言献策。

与中国的发展研究几乎完全面向国内不同，日本的发展人类学的目的和经验均面向国外，并且在 20 世纪 70 年代以后，日本的发展援助组织减少雇用经济学者，而增加了对文化人类学者的雇用。此举固然有充当"文化使者"加强不同文化之间理解的用意，但更多的用意则在于评估发展项目，例如因为本土的现实状况和当地人固有的观念，被援助者有时根本无法接受发展援助者远道带来的农业科学方法，世界银行及日本等国家的贷款也不能使真正需要援助的人领情，人类学者就此提出整改意见，以至于终止。很多发展人类学家质疑，在战后发展浪潮中，曾经的殖民地国家的民众亦在追逐欧美式消费社会的虚幻理想，随处可以见到所谓原住民穿着牛仔裤、喝着可口可乐的身影，即使在缺水缺电，野生动物出没，仅能维持极低限度的生存的地域，人们所希求的依旧是物质繁荣、带有梦幻色彩的近代欧美取向。在这样的背景下，再去某个角落探寻未受近代化熏陶的传统的原住民文化，是否已经不合时宜。因而，他们将发展计划视为人类学的一个现象，是与亲属制度以及部落、村落组织相同层面的研究，并追述既存发展制度的形成根源及其是非。

另外源于阿图罗·艾斯科巴的言论，从话语的角度批判发展现象，认为普世的发展指标是世界范围内知和权力的斗争问题（Arturo Escobar 1984, pp. 377 - 400）。世界上存在多元的民族文化，不同的历史背景，差异很大的生态环境，各地的人们理应过着多种多样的生活，有多种多样的追求，却有人将战后的新兴国家定义为需要发展的"发展中"国家，以"发展"的谎言引导全世界人民追逐诸如国民生产总值、基础设施建设、消费、教育等同一世界同一梦想。发端于欧美、带有霸权性质的现代性绝非放之四海皆准的框架，在理性、秩序、公正、富裕等近代化言辞下，隐藏着知、权力、利益的较量。阿图罗·艾斯科巴等人富有批判力的思考发表于20世纪80年代，一直以来只作为一家之言，没有真正被广大第三世界所接受。告别20世纪，进入21世纪，当初人民期

待的玫瑰色生活并未随着发展项目的发展而到来。2008 年由于"雷曼
危机"招致全球经济出现震荡，向世人敲响了警钟，依靠货币信用消费
体系的发展是有巨大风险的。诸如此类难解问题的困惑让发展中国家窥
见了欧美消费神话的虚无，认识到发展浪潮中世界需要多元文化的现实
意义，因为多样的文化是本土人的生存之道。

　　20 世纪 70 年代以来长期在南亚斯里兰卡从事田野工作的京都大学
足立明于发展人类学中引入了多年来处于热潮的记忆研究，也就是说，
记忆并非事实的储存库而是不断被重构的，具有不确定性。所谓发展其
回忆和诉说时常被政治嘲弄，强调了发展及文化的政治性。他列举了在
斯里兰卡等发展中国家关于发展的集体记忆受到政治家操纵的事例，并
指出发展援助组织本身的记忆常常游离于现实状况带有虚幻色彩。日本
对第三世界的发展援助项目是与其国内巨大的商业利益有关联的。作者
进一步指出，日本作为先进国家通过琐碎记忆整理出的很多经验之谈未
必适用于很多第三世界国家，因为在这些国家，发展项目经常是与国家
的政治形势、意识形态、民粹主义以及管理体制相勾连的（足立明，
2003，pp. 412 - 424）。

　　在印度尼西亚发展研究方面功力深厚的加藤刚将发展的叙述方式与
革命的叙述方式进行对比讨论，虽然是印度尼西亚研究其实暗示的是社
会主义性质的发展动向。"革命"和"发展"是第二次世界大战以后 50
年间两分印度尼西亚现代史的关键词。加藤刚通过过去 20 年间在廖内
（Riau）省的科特达拉姆村（化名）进行的连续定点调查，以及政府的
文书记载，对这两个社会事件进行比较、探讨。印度尼西亚的革命始自
1945 年 8 月 17 日的"独立宣言"，直至 1949 年 12 月主权移交，其对象
是试图再次实行殖民统治的荷兰，这次革命也可以被视为独立战争。印
度尼西亚第一代总统苏加诺在"指导下的民主主义"时代（1959—

1965），夺回了尚在荷兰统治下的西新几内亚，并提出了建设印度尼西亚式社会主义、继续革命的口号。但是，1962—1963 年，随着西新几内亚的解放，革命的说服力减弱，加之经济的失败和军队的策划，苏加诺政权瓦解。之后，苏哈托上台，在其执政的 32 年间一直推进发展主义的政策，制定、实施了六次五年计划，期待自己的政权也可以如此循环往复，但长期执政带来了贪渎、政商勾结、裙带关系的蔓延。1998 年，也就是亚洲金融危机发生一年之后，苏哈托失去了政权。革命和发展相比较时，前者关联的是动员、参加、牺牲、打倒体制、记忆、再现，后者关联的则是选举、补贴、消费、维持体制、计划、革新。因为革命具有潜在的危险，所以对现在的政权来说，最好是将其作为过去的记忆重现。另外，发展则不倾向于回顾过去，也就是说，计划拟订之后，即成为旧事，而非日常性的运营，带有自我更新性质。因为与发展计划同步，还要涉及预算、支出、补贴、投票，有时贪渎也包含在内，可以说，发展与权力一样，容易从内部出现腐化（加藤刚，2003，pp. 425 – 449）。

文　化

这篇带有反思性质的论文在提起文化的概念时，不得不提及后现代主义色彩浓厚的美国文化人类学的变革。太田好信的论文《谁拥有文化的话语权》以美国内部围绕文化话语权问题的纷争为例，揭示了后现代主义者对文化的思考。作者是日本后现代主义人类学研究的一面旗帜，是深受美国知识状况影响的日本人类学家。

讨论美国的文化人类学无法离开博厄斯的言论，博厄斯及其高徒关于文化的理解是以地方性意义和完整性为前提，界限分明的体系，这便可能与文化相对主义相连，也使文化相对主义成为美国文化人类学的宗旨。还在于美国的国情是各路移民众多，在黑人公民权运动的刺激下，少数族裔的自觉和自我主张不断强化，处于多元文化中的少数派包括非洲裔美国人、墨西哥裔美国人，或者女权运动者、同性恋者等团体，在开展运动时文化概念不可缺少，平等必然需要文化相对主义。原住民为了主张权利与国家对抗，更需要倡导文化定义，因为这是核心部分。这也就使得文化有了主观支配的痕迹，会因所处逻辑不同而不同。趋于保守的势力强调说人人都有话语权可能导致美国主体文化价值观的丧失。自由派则认为原有的主流文化价值体系本已出现了漏洞。也就是说，保守派和自由派两方均认为原有的与文化相对主义有关的文化批判体系应该受到质疑（太田好信，2000，pp. 153 - 161）。

作者在福柯式权利论的影响下探讨谁拥有文化的话语权，并非其真正的用意，最终目的在于重新思考形成于殖民扩张时期的文化人类学。因为社会语境和历史背景均已改变。文化曾经是文化人类学家最擅长的概念，当下其他学科的研究人员也已随处使用甚至滥用之时，关于文化的主体发言者增多，权利增强，其内涵出现了模糊性，以后现代派为首的文化人类学家已经开始重新审视自己擅长的文化定义了。

毋庸赘言，西方人类学的文化研究也必然要"君临"地缘传统上非西方的日本。上野公园盛开的樱花、江户的日本桥、像刀又像剑的日本刀、歌舞伎的假面、华丽的和服、特定时代产物的浮世绘，以及说不清是中国文化还是日本文化的木屐、油纸伞、红灯笼、漆器、黑白乾坤的围棋、席地而坐彬彬有礼的身姿等表象，均隐喻着西方人眼中充满异国情趣的日本传统文化。日本作为客体的研究对象，作为东方国家，爱德华·萨义德的《东方主义》中屡次以日本多例进行论述。西方关于日本的人类学著作从早期的《真正的日本》《菊与刀》，到战后的《须惠村》《假面的背后》等均成为经典之作。《菊与刀》更成为畅销了半个世纪的畅销书。

马丁内兹的论文《旅游与"海女"——找寻真正的日本》，提及了在"007"系列电影中曾经现身，似乎可以凝缩日本传统文化的"海女"映像。马丁内兹调查的是日本三重县伊势神宫附近的国崎村。很多日本游客喜欢去那里度假，"海女"文化是那里的重要看点。日本传统神话在水、女性、起源之间有着丰富的想象，这也成就了国崎村落旅游中令世人瞩目的"海女"现象。这个村庄被日本民俗学会认定为日本现存最传统的地方，游客在那里似乎找寻到了过往日本"传统"的乡愁。作者以一年田野调查获取的资料指出，在旅游产业文化的意象创造中，东道主的文化形态受益于传统的影响和束缚，有其真实性，这也保证了国崎的旅游业长盛不衰。"海女"无疑扮演了游客眼中"传统"之角色，但是她们也作为游客在其他地方找寻她们眼中"真正的日本传统"。作者试图从旅游的视点解答有关日本传统的真相，所谓的传统是他者的意象，随着主客体的转换，其意象也在变换（D. P. Martinez, 1990，pp. 97 - 116）。

二战后日本的传统宗教影响力式微，也影响了某些地方的民俗文化旅游，而国崎村自古以来与日本最大的皇室宗庙伊势神宫有密切往来，宗教活动的延续使得国崎还很"传统"。人类早期的生殖崇拜在后来有着不同的演进方向，中国的道德文化讳言"性"的话题。而日本文化则完全不避讳，至今在神奈川县川崎市、爱知县及四国的宇和岛等一些日本的寺庙里仍然供奉着男性或女性的性器官的仿真器物，其庙会依然热闹，人们抬着巨大逼真的模拟性器官的器物走街串巷，前呼后拥，前往参观的外国游客也络绎不绝。人类早期以此祈求自身繁衍生息。女性器官的供奉更多在于祈求婴儿的顺利降生。

结　语

本文试图通过有关日本的研究事例，明晰人类学研究与异文化的交流路径，进而围绕文化的他者观念探讨言论主体与客体研究对象之间的连带关系。任何一个研究领域，无论如何强调创新，总会有其渊源，这是所有受过良好专业训练的人不可否认的事实。虽然应用人类学在我国是大势所趋，但应用不等同于御用，人类学科追根溯源，不论早期的殖民者和殖民地人民，还是后来强调的他者文化，萦绕在研究者和被研究者之间二元体系的思考始终是一个话题。因为言论主体自身也一直在饰演着他者眼中的自我。如果我们没有足够的异文化调查研究做基础，而一味强调人类学的本土建构，那么也便无法实现这一学科的强势精髓所在，科研的创造力也就无从谈起；而且不能无视的现实状况是广大第三世界国家公民的地域间流动加剧，围绕文化发言的主体也越来越多。不再封闭于某个地域某个族群，跨文化跨地域的比较成为一个趋势。

日本是非西方国家，但沿袭了西方人类学的理论和研究传统，研究人员对岛国外界地域他人的异文化有着明显的问题意识。他们研究中国时会调查包括遥远非洲在内世界各地生活的华人。本文前面详细列举了日本人类学者针对远方地域写就的涉及政治、经济、文化领域的论文，从中可以窥见其研究倾向。就调查地域而言，不论在因纽特人生存的寒冷北极，还是在炎热的亚洲之南，日本均有成规模的研究队伍，随着世界政治经济格局的改变，还可以看到日本人类学的研究对象已经不再局限于战后新兴的亚、非、拉第三世界国家，也努力将欧美作为研究对象的客体列入其视野范围。人类学学科确立以来，我国国内大部分时间里完全不能容忍和接纳人类学田野调查，而日本则相反，除了战争期间，田野调查不存在禁忌，无论作为研究对象的客体，还是作为研究者主体自身，日本均有着明显的传统积累，实践上也呈现着诸多作为。在追究何谓"人"这个人类学终极命题的同时，日本人类学的海外研究对其自身有着诸多现实的需求，虽然客观上也借助他者文化重新审视了自我。

文化人类学家深知文化人类学的研究方式对社会及人类的生活的观察是有独到细致视角的。例如，日本文化人类学者研究家族时，较多关注家业，认为家业延续是家族延续的轴心，没有亲生子时，为了家业的延续，普遍要领养孩子。中国文化人类学者则普遍观察到家业附属于血亲制度，家族延续的轴心是血缘。那么在没有充足财富储备的时候，家族的扩大也意味着财富的积累，生存实力的壮大。尽管有的非洲部落在哺乳期内有禁止生育的文化制约，日本人也因为哺乳期长的传统文化制度控制了人口增长。而只生一个子孙后代的"计划生育"是与文化传统不相干的国策。我国强有力的政府组织在社会发展变革的浪潮中理应努力了解自身所处的文化状况。但文化自觉的想象力需要借助他者，如果拒绝了这一参照系，那么了解自身的文化渊源便会沦为虚无的神话。展望 21 世纪，寄希望于中国人类学回归其应有的姿态，为社会文化及人类的进步服务。

参考文献

（一）中文文献

［美］爱德华·W. 萨义德：《东方学》，王宇根译，生活·读书·新知三联书店 2000 年版。

［英］霍布斯鲍姆：《传统的发明》，顾杭等译，译林出版集团 2008 年版。

［美］塞缪尔·亨廷顿：《文明的冲突与世界秩序的重建》，中央编译出版社 2005 年版。

（二）英文文献

Arturo Escobar，"Discourse and Power in Development：Michel Foucault and the Relevance of the Third World"，*Alternative*，10，1984－1985.

D. P. Martinez，"Tourism andama：the search for a real Japan"，in *Unwrapping Japan*，ed. Eyal Ben－ari. 1990，Manchester University Press.

（三）日文文献

足立明："開発の記憶"，《民族学研究》，Vol. 67－4，日本民族学会 2003 年 3 月。

太田好信：《民族誌的近代への介入——文化を語る権利は誰にあるのか》，人文書院 2000 年。

加藤剛："革命と開発の語り方"，《民族学研究》，Vol. 67－4，日本民族学会 2003 年 3 月。

スチュアートヘンリ："先住民運動"，中林信浩（編）《紛争と運動》，岩波書店 1998 年版。

スチュアートヘンリ："国際先住民の現在——軌跡と展望"，《文化人類学研究》第 5 巻，早稲田大学文化人類学会 2004 年。

第二部分

个案研究与调查报告

西部少数民族女性教育状况调查研究

—— 以黔西北地区为例

彭雪芳

中国社科院民族学与人类学研究所

女性受教育状况是指女性受教育机会的多少和受教育水平的高低，由此构成女性在国家教育机制中的位置。受到良好教育是女性参与社会的能力基础和发展前提，是提高女性社会地位的一个重要因素。女性教育是我国教育体系中的薄弱环节，而少数民族女性教育又是女性教育中的弱势群体。为了了解少数民族女性受教育状况，笔者于 2011 年赴黔西北地区运用教育人类学的田野调查法进行深入细致的实地调查，收集到真实可靠的第一手资料，并结合官方发布的统计数据，分析西部地区人口受教育状况的地区差异与性别差异，重点关注西部民族地区基础教育的发展。从经济因素、传统习俗、教育制度方面分析少数民族女性教育权受损的现象，进一步探索解决少数民族女性教育问题的途径。

一 发展女性教育的意义

教育是人类有意识、有目的的活动。教育水平是衡量一个国家和民族社会文明程度的重要标志。在不同的国家和地区教育战略地位的体现不尽相同，但随着历史的向前发展，许多国家都日益重视教育在国家和民族发展中的战略地位。妇女教育是世界各国教育所面临的难题之一，在亚洲和非洲的许多发展中国家，女童教育又是妇女教育中的一个难点。过去以至现在的不少地区，受"重男轻女"的传统观念影响，人们对男性接受教育比对女性重视，使女性在社会竞争中处于劣势地位。

女性教育问题涉及人权、人口、民族、贫困、性别平等一系列社会问题。为了降低生育率，减缓人口压力，提高人口质量，消除贫困，大力发展女性教育是行之有效的措施之一。中国是一个多民族的发展中国家，不论哪个民族，不分男女，都有受教育的权利。提高少数民族人口的文化素质，改变处于弱势地位的贫困妇女、少数民族妇女的状况，充分发挥妇女自身的潜力，是我国走可持续发展的战略措施之一。

中国政府十分重视提高少数民族妇女的政治经济地位，制定了各种法律法规保障妇女的权益。尤其是改革开放以来，全社会为消除教育方面的性别差距、民族和地区差距采取了积极措施。例如：1989 年开始实施的"希望工程"，1989 年中国儿童基金会制定、由全国妇联牵头实施的"春蕾计划"，1992 年由国家教委与联合国儿童基金会合作的"促进贫困地区女童教育项目"。这些措施使少数民族地区适龄女童的入学率、升学率和合格率有了明显提高，失学、辍学率显著下降。随着《宪法》、《义务教育法》及《妇女儿童权益保障法》等法规在民族地区的实施，从法律上维护了少数民族女性受教育的权利，取得了很大的成效。

中国作为发展中国家，女性教育取得了巨大进步，男女两性受教育的性别差距大大缩小。但是，由于各民族所处的地理环境、历史背景、经济发展、宗教信仰不同，如今，仍然在某些地区存在历史上遗留下来的不平等。中国女性受教育状况依然存在城乡、民族和地区差别。西部农村地区、少数民族地区女性教育发展依然较为滞后，尤其是西藏、贵州、云南、青海、甘肃等地区的女性教育发展状况差距较大。

二 西部地区教育发展现状

西部地区主要包括宁夏、新疆、广西、内蒙古、甘肃、青海、西藏、云南、贵州、四川、陕西和重庆。西部是中国资源丰富的地区，也是经济欠发达的地区。西部地区的经济要腾飞，必须解放思想，转变观念，走可持续发展的道路，实施人力资源的开发和知识经济的发展战略。人力资源的开发是指教育的进步和发展。发展西部地区的民族教育，不仅关系到西部地区经济社会的发展及整个中华民族的繁荣昌盛，而且对于国家的稳定和民族团结有着重要的意义。

西部是少数民族主要聚居地，据不完全统计，55 个少数民族中有52 个分布在西部。西部教育某种程度上可以说是民族教育。

（一）西部人口受教育程度的地区差异

我国教育发展的现状与经济发展的状况相似，总体而言，中东部地区教育发展强于西部地区，但西部地区之间的教育发展也存在差异。根据第六次人口普查统计：汉族人口占 91.51%，少数民族人口占8.49%。西部地区人口受教育程度状况见表1。

表 1　　　　　西部地区人口受教育程度之比较（千人）
（按大学以上人口受教育程度的比重降序排列）

地区	大学以上人口	大学以上人口比重（%）	每10万人大学以上人口数	高中人口	高中人口比重（%）	高中以上人口比重（%）	初中人口	初中人口比重（%）	初中以上人口比重（%）	小学人口	小学人口比重（%）	小学以上人口比重（%）	文盲人口	文盲人口比重（%）	文盲率（%）
中国大陆	119,637	8.93	8,930	187,986	14.03	22.96	519,656	38.79	61.75	358,764	26.78	88.53	54,657	4.08	4.89
新疆	2,320	10.64	10,635	2,526	11.58	22.22	7,874	36.10	58.31	6,560	30.08	88.39	516	2.36	2.98
陕西	3,940	10.56	10,556	5,888	15.77	26.33	14,981	40.14	66.46	8,741	23.42	89.88	1,398	3.74	4.39
内蒙古	2,522	10.21	10,208	3,737	15.13	25.33	9,689	39.22	64.55	6,280	25.42	89.97	1,005	4.07	4.74
宁夏	577	9.15	9,152	785	12.45	21.60	2,121	33.65	55.26	1,879	29.83	85.08	392	6.22	7.92
重庆	2,493	8.64	8,642	3,811	13.21	21.86	9,514	32.98	54.84	9,747	33.79	88.63	1,239	4.30	5.17
青海	485	8.62	8,616	587	10.43	19.04	1,428	25.37	44.42	1,984	35.27	79.68	576	10.23	12.94
甘肃	1,923	7.52	7,520	3,245	12.69	20.21	7,983	31.21	51.42	8,313	32.50	83.92	2,223	8.69	10.62
四川	5,368	6.68	6,675	9,045	11.25	17.92	28,057	34.89	52.81	27,847	34.63	87.44	4,377	5.44	6.56
广西	2,751	5.98	5,978	5,079	11.03	17.01	17,842	38.76	55.78	14,581	31.68	87.45	1,249	2.71	3.47
云南	2,656	5.78	5,778	3,850	8.38	14.15	12,631	27.48	41.63	19,944	43.39	85.02	2,770	6.03	7.60
西藏	165	5.51	5,507	131	4.36	9.87	386	12.85	22.72	1,098	36.59	59.31			
贵州	1,839	5.29	5,292	2,530	7.28	12.57	10,351	29.79	42.36	13,681	39.37	81.74	3,039	8.74	11.69

资料来源：2010 年第六次人口普查数据。

从表 1 可知：（1）西部地区大学以上人口比重此项从高到低的排列次序为：新疆排列第一，为 10.64%；陕西排列第二，为 10.56%；内蒙古排列第三，为 10.21%；宁夏排列第四，为 9.15%；这四个地区的比重都高于全国 8.93% 的平均水平。重庆排列第五，为 8.64%；青海排列第六，为 8.62%；甘肃排列第七，为 7.52%；四川排列第八，为 6.68%；广西排列第九，为 5.98%；云南排列第十，为 5.78%；西藏排列第十一，为 5.51%；贵州排列第十二，为 5.29%。

（2）高中人口比重此项从高到低的排列次序为：陕西排列第一，为 15.77%；内蒙古排列第二，为 15.13%；重庆排列第三，为 13.21%；

甘肃排列第四，为 12.69%；宁夏排列第五，为 12.45%；新疆排列第六，为 11.58%；四川排列第七，为 11.25%；广西排列第八，为 11.03%；青海排列第九，为 10.43%；云南排列第十，为 8.38%；贵州排列第十一，为 7.28%；西藏排列第十二，为 4.36%。仅有陕西与内蒙古两个地区的比重高于全国 14.03% 的平均水平。

（3）初中人口比重此项从高到低的排列顺序为：陕西排列第一，为 40.14%；内蒙古排列第二，为 39.22%；广西排列第三，为 38.76%；新疆排列第四，为 36.10%；四川排列第五，为 34.89%；宁夏排列第六，为 33.65%；重庆排列第七，为 32.98%；甘肃排列第八，为 31.21%；贵州排列第九，为 29.79%；云南排列第十，为 27.48%；青海排列第十一，为 25.37%；西藏排列第十二，为 12.85%。此项有陕西与内蒙古高于全国 38.79% 的平均水平。

（4）小学人口比重此项从高到低的排列顺序为：云南排列第一，为 43.39%；贵州排列第二，为 39.37%；西藏排列第三，为 36.59%；青海排列第四，为 35.27%；四川排列第五，为 34.63%；重庆排列第六，为 33.79%；甘肃排列第七，为 32.50%；广西排列第八，为 31.68%；新疆排列第九，为 30.08%；宁夏排列第十，为 29.83%；内蒙古排列第十一，为 25.42%；陕西排列第十二，为 23.42%。此项仅有内蒙古与陕西低于全国平均水平 26.78%。

（5）文盲①人口比重此项从高到低的排列顺序为：青海排列第一，为 10.23%；贵州排列第二，为 8.74%；甘肃排列第三，为 8.69%；宁夏排列第四，为 6.22%；云南排列第五，为 6.03%；四川排列第六，为 5.44%；重庆排列第七，为 4.30%；内蒙古排列第八，为 4.07%；陕西排列第九，为 3.74%；广西排列第十，为 2.71%；新疆排列第十

---

① 文盲：指不识字或识字很少。

一，为 2.36%；西藏没有此项数据统计。此项有新疆、广西、陕西与内蒙古四个地区低于全国平均水平 4.08%，而其余七个省区高于全国平均水平，尤其是青海、贵州和甘肃高于全国平均水平两倍多。文盲绝对人口较多的省区为四川、贵州、云南及甘肃。

以上数据显示：内蒙古人口的受教育程度高于全国的平均水平，新疆的教育发展也有很大的进步。而青海、贵州、云南、西藏的受教育程度低于全国平均水平。

（二）西部人口受教育程度的性别差异

性别研究主要体现为一种方法，一个观察事物的角度。它不褒扬或排斥任一性别，相反，它必须兼顾两性存在的客观事实，并广泛使用对比和比较的方法。通过男女两性受教育程度的差异反映出不同地区、不同民族、不同的经济社会发展环境下女性地位的差异，有助于了解不同社会因素和环境对妇女发展和两性地位的影响。教育平等是社会性别平等的基础。

1. 西部文盲人口的性别差异

女性文盲是造成贫困的原因之一，也是贫困地区社会经济全面发展的重大障碍之一。农村地区遗弃女婴、多生超生、女童失学、女孩早婚早育等一系列社会问题都与农村存在大量女性文盲有较大的关系。据 2000 年人口普查统计：中国有 15 岁及 15 岁以上文盲人口 86992069 人，其中女性文盲为 63204457 人，占 72.66%。西部地区的女性文盲分别为：四川 4536551 人，贵州 3609671 人，云南 3315902 人，甘肃 2474682 人，陕西 1834852 人，重庆 1561337 人，内蒙古 1466803 人，广西 1364075 人，新疆 636676 人，青海 611531 人，西藏 536877 人，宁夏 427445 人。总计：22376402 人，占女性文盲总数的 35.40%。

据 2010 年人口普查统计：中国现有 15 岁及 15 岁以上文盲人口为

5465.7 万人左右，比 2000 年减少了 3200 多万人。而西部地区的文盲人口为 1878.4 万人，占全国文盲总数的 34.37%。

根据 2009 年全国人口变动情况抽样调查，可了解西部男女两性文盲人口的基本状况。

表2　　西部地区按性别分 15 岁及 15 岁以上文盲人口的比重

（单位:%）

地　区	比　重	男	女
西　藏	39.6	31.58	47.26
甘　肃	15.94	10.03	21.88
青　海	14.73	7.79	21.63
贵　州	13.21	6.39	20.3
云　南	13.74	8.15	19.68
宁　夏	9.89	5.86	14.01
四　川	9.17	4.92	13.36
内蒙古	7.49	4.24	10.88
重　庆	7.13	4.27	9.9
陕　西	7.2	4.49	9.89
广　西	5.06	2.3	8.01
新　疆	3.4	2.63	4.2

资料来源:《2010 中国统计年鉴》，中国统计出版社 2010 年版。

从表 2 中可见：总体来说，西部地区 15 岁及 15 岁以上的女性文盲率都高于男性。其中，西藏、甘肃、青海、贵州、云南女性文盲率高于男性十几个点，而文盲率最低的地区是新疆，文盲人口的性别差距是 1.57。

妇女是劳动力的主体，担负着繁重的农活和沉重的家务。她们被束缚在土地和家务上，失去了接受学校教育的机会。作为母亲，她们在照料和教育子女中起着主要的作用。她们的文化素养直接影响着家庭文化的建构，既体现了家庭生活质量的高低，又体现了对子女教育能力的限度。文盲母亲有可能对子女的教育产生不利的影响。因此，教育一位女性等于教育了一个家庭。社会投资于女性教育，通常能获得最高回报。大力发展女性教育是改变妇女地位的重要措施。大力发展女性教育的关键要从女童教育入手。

2. 西部地区小学净入学率分省区情况

由于种种复杂的原因，中国成千上万的失、辍学儿童主要分布在西部地区，大部分失、辍学儿童是女孩。1993 年全国 216 万适龄儿童未入学和 438.15 万辍学儿童中 66.4% 是女童，其中青海、甘肃、宁夏、贵州四省区就占 1/4。1998 年全国未入学儿童 153.2 万及 350 万辍学儿童，西部失学女童占全国同类人口总数的 71.56%。边远贫困的少数民族地区女童入学率低、辍学率高。

在中国救助失学儿童最大的工程是共青团中央发起的"希望工程"，自 1989 年实施以来，救助许多贫困地区失学儿童重返校园，为贫困地区援建数万所希望小学，已成为中国参与最广泛、最富影响的民间社会公益事业。

此外，中国还针对女童教育问题采取了两项特殊措施。一项是 1989 年中国儿童基金会制定的"春蕾计划"，由全国妇联牵头实施，使许许多多贫困女童获得了入学的机会。另一项是 1992 年国家教委与联合国儿童基金会合作的"促进贫困地区女童教育项目"。女童教育项目推动了贫困地区女童教育的发展。1994 年起在陕西、甘肃、宁夏、青海、云南、贵州、四川、广西、安徽等 9 个省（区）101 个贫困县，152 个乡（镇），2039 所学校实施，较好地完成了预期的任务，女童教育取得了显著成效。这些措施为提高贫困地区儿童，尤其是女童的入学率、巩固率和升学率，改善贫困地区教育发展状况起到了促进作用。

表 3　　　　　　　2008 年西部地区小学净入学率分省区情况

	学龄人口数	在校生人数	入学率（%）	女童适龄人数	在校生适龄人数	入学率（%）
西　藏	300461	290222	96.59	143728	138827	96.59
云　南	4203209	4131483	98.29	1979079	1945090	98.28
贵　州	4301660	4241494	97.24	2044727	2011149	98.3
甘　肃	2492061	2470725	99.14	1183953	1171980	98.99
四　川	6007540	5955198	99.13	2848716	2822671	99.09
广　西	4277155	4248458	99.33	1972291	1958931	99.32
青　海	486510	483580	99.4	233412	231923	99.36
陕　西	2735145	2723806	99.59	1248902	1243658	99.58
新　疆	1865105	1856800	99.55	896988	893346	99.59
宁　夏	615975	613795	99.65	296736	2950704	99.65
内蒙古	1444026	1440127	99.73	682344	680384	99.71
重　庆	2008040	2007657	99.98	949946	948952	99.9
全　国	—	—	99.54	—	—	99.58

资料来源：2009 年中国教育统计年鉴。

从表 3 可见：

（1）西部地区小学入学率从高到低的排列顺序为：重庆 99.98%，内蒙古 99.73%，宁夏 99.65%，陕西 99.59%，新疆 99.55%，青海 99.4%，广西 99.33%，甘肃 99.14%，四川 99.13%，云南 98.29%，贵州 97.24%，西藏 96.59%。重庆、内蒙古、宁夏、陕西、新疆五个省区的小学入学率超过全国平均水平。而贵州倒数第二，比全国平均水平低 2.3 个百分点。

（2）西部地区小学女童入学率从高到低的排列顺序为：重庆排列第一，为 99.9%；内蒙古排列第二，为 99.71%；宁夏排列第三，为 99.65%；新疆排列第四，为 99.59%；陕西排列第五，为 99.58%；青海排列第六，为 99.36%；广西排列第七，为 99.32%；四川排列第八，为 99.09%；甘肃排列第九，为 98.99%；贵州排列第十，为 98.3%；云南排列第十一，为 98.28%；西藏排列第十二，为 96.59%。贵州女童入学率名列倒数第三，但女童入学率比男童高出 2 个百分点。

西部地区小学学龄儿童的入学率总体上有很大的提高，尤其是女童入学率比过去明显提高。从近几年的情况来看，小学教育的性别差距已经逐渐缩小。除新疆和贵州女童入学率高于男童外，其他省区女童始终与男童有一些差距，但已经缩小到几乎微不足道的幅度，可以认为入学率已经达到了性别平衡。然而，入学率只是反映教育普及程度的一个指标，它是"动态"的，它可以忽高忽低，不足以反映教育的结果。还应结合巩固率、完成率来判断，了解儿童入学后有多少人完成了学业，继续接受学校教育。

（三）西部地区师生比状况

推进西部地区教育事业的发展，教师队伍的建设是关键。我国地区之间、城乡之间、优质学校和薄弱学校之间教师队伍的差距较大。尤其是教师的数量和质量的差距最为明显。西部不同地区各级学校的师生比也存在差距。下面具体分析这些差距（见表4）。

表4　　　　　　　　2008 年西部地区各级学校师生比　　　（单位:%）

	小　学	初　中	普通高中	职业高中
全　国	18.32	16.07	16.78	23.47
西　藏	17.24	17.15	17.01	
云　南	19.89	18.17	15.54	23.19
贵　州	23.49	19.53	18.56	32.85
甘　肃	19.63	17.88	17.4	24.32
四　川	21.09	18.6	17.86	30.15
广　西	20.4	18.04	18.55	
青　海	19.7	15.15	14.39	56.05
陕　西	15.84	16.61	18.13	27.96
新　疆	15.15	13.31	14.57	16.09
宁　夏	20.98	17.84	16.7	33.45
内蒙古	13.48	13.44	17.6	16.92
重　庆	18.83	18.72	19.23	28.18

资料来源:《2009 中国统计年鉴》。

从表4可知:

（1）西部地区小学阶段师生比从高到低的排列顺序为:贵州23.49%，四川21.09%，宁夏20.98%，广西20.4%，云南19.89%，青海

19.7%，甘肃 19.63%，重庆 18.83%，西藏 17.24%，陕西 15.84%，新疆 15.15%，内蒙古 13.48%。全国平均水平为 18.32%。

（2）初中阶段师生比从高到低的排列顺序为：贵州 19.53%，重庆 18.72%，四川 18.6%，云南 18.17%，广西 18.04%，甘肃 17.88%，宁夏 17.84%，西藏 17.15%，陕西 16.61%，青海 15.15%，内蒙古 13.44%，新疆 13.31%。全国平均水平为 16.07%。

（3）高中阶段师生比从高到低的排列顺序为：重庆 19.23%，贵州 18.56%，广西 18.55%，陕西 18.13%，四川 17.86%，内蒙古 17.6%，甘肃 17.4%，西藏 17.01%，宁夏 16.7%，云南 15.54%，新疆 14.57%，青海 14.39%。全国平均水平为 16.78%。

（4）职业高中阶段师生比从高到低的排列顺序为：青海 56.05%，宁夏 33.45%，贵州 32.85%，四川 30.15%，重庆 28.18%，陕西 27.96%，甘肃 24.32%，云南 23.19%，内蒙古 16.92%，新疆 16.09%。全国平均水平为 23.47%。

从以上数据分析得出：

（1）贵州省的小学、初中、高中、职业高中的师生比例都偏高。小学与初中阶段的师生比排列第一，反映义务教育阶段的师资严重不足，比其他西部地区还要缺乏教师。小学师生比例比全国 18.32% 的平均水平多 5.17 个百分点，而内蒙古此项的比例为 13.48%，低于全国平均水平 4.84 个百分点；贵州初中师生比例比全国 16.07% 的平均水平多 3.46 个百分点，而内蒙古此项的比例为 13.44%，低于全国平均水平 2.63 个百分点。

（2）贵州高中师生比例比全国 16.78% 的平均水平多 1.78 个百分点，而内蒙古此项的比例为 17.6%，高于全国平均水平 0.82 个百分点。

（3）贵州职业高中师生比例为 32.85%，比全国的平均水平

23.47%多9.38个百分点，而内蒙古此项的比例为16.92%，低于全国平均水平6.55个百分点。

在贵州，平均一个小学教师至少要教23个学生，一个初中教师要教19个学生，一个高中教师要教18个学生，一个职高教师要教32个学生。

在内蒙古，平均一个小学教师要教13个学生，一个初中教师要教13个学生，一个高中教师要教17个学生，一个职高教师要教16个学生。

贵州师资力量不足是影响贵州教育发展滞后的重要因素之一。西部地区中教育发展较好的内蒙古除高中教师的师生比略高于全国平均水平外，小学、初中、职业高中的师生比都低于全国平均水平，表明教师数量相对充足。

通过以上数据统计分析得知：在各级政府及社会力量的共同努力下，西部地区的教育发展取得了很大的成就。内蒙古地区受教育程度高于全国平均水平，新疆在发展高等教育及减少文盲人口方面取得了显著的成绩。然而，青海、贵州、云南、西藏的受教育状况依然低于全国平均水平。其中，贵州的各类教育虽然比过去有了很大的进步，但横向比较还存在很大的差距，比如说：大学以上人口比重此项排名倒数第一，高中人口比重此项排名倒数第二，小学人口比重与文盲人口比重都排名第二。贵州的小学、中学、高中阶段的教育，若是平衡发展的话，走向应呈"正方形"或"梯字形"，但却呈"三角形"。由此可见：贵州省是西部地区乃至全国教育发展比较滞后的省区之一。尤其是贵州少数民族教育发展比较滞后。贵州是苗族的大本营，有400多万人口，彝族也有90多万人，布依族也超过100多万人。在中国少数民族人口超过百万的10个少数民族中除藏族外，彝族、苗族、布依族的受教育程度较低。

三　贵州少数民族女性教育

贵州是一个有着 49 个民族居住的多民族省区，全省有 3 个民族自治州，11 个民族自治县，454 个民族乡。少数民族绝对人口仅次于广西、云南、新疆，居第四位。在贵州人口超过 10 万人以上的少数民族有：苗族、布依族、侗族、土家族、彝族、仡佬族、水族、回族、白族。少数民族人口主要分布在自然生态环境十分恶劣、交通不便、经济发展缓慢的深山区、石山区和高寒山区。贵州是中国经济欠发达的西部省份，也是教育发展比较缓慢的地区。1994 年至 1995 年贵州全省未入学及辍学流失的女童高达 30 万人。1997 年以前，全省未入学的学龄儿童中，女童占 70% 以上，女性文盲率高。

这些年来，在各级政府及社会力量的共同努力下，贵州的各级各类教育取得较大的发展。全省小学适龄儿童入学率、初中毛入学率、高中毛入学率、高等教育毛入学率分别达到 97.2%、95.9%、47.9% 和 11.8%。

尽管贵州的基础教育取得较大的发展，但发展是不平衡的。在边远地区，少数民族女童入学难、巩固难的问题尤为突出。以毕节为例，1999 年据当地妇联对毕节所辖 192 个乡镇的调查，当时有 23087 名失、辍学女童。

（一）黔西北地区女性人才偏少

黔西北地区即指毕节地区。毕节位于贵州省西北部，全区面积 26844 平方千米，其中山地占 93.3%。居住着汉、彝、苗、回、布依等 10 多个民族，是一个比较典型的多民族杂散居的贫困山区。水土流失严重，生态环境恶化，交通不便，经济落后，民族教育发展滞后。毕节属于"老、少、边、穷"地区，是比较有代表性的西部地区。

2000 年人口普查显示：少数民族人口 177.17 万人，占总人口的 28%。其中，彝族 468800 人，占总人口的 7.4%；苗族 434507 人，占 6.8%；白族 114770 人，占 1.81%；回族 93197 人，占 1.47%；布依族 59325 人，占 0.94%；仡佬族 22063 人，占 0.35%；满族 8617 人，占 0.14%。

第六次人口普查结果与第五次人口普查相比：毕节每 10 万人中具有大学文化程度的由 657 人上升为 2440 人；具有高中文化程度的由 3104 人上升为 4495 人；具有初中文化程度的由 15316 人上升为 24604 人；具有小学文化程度的由 44393 人上升为 46127 人。全区常住人口中，15 岁及 15 岁以上文盲人口为 736208 人。与第五次人口普查相比，文盲人口减少 573320 人，文盲率由 20.7% 下降为 11.26%，下降 9.44 个百分点。

在毕节这样比较边远的贫困地区，由于受家庭经济因素及传统观念的影响，女性受教育的机会较少，导致了女性人才偏少。截至 2007 年年底，全区党政机关公务员总数为 1.4 万余人，其中女性公务员 2500 余人，占公务员总数的 17.8%。国有事业单位中，管理人才 1.4 万余人，其中女性管理人才 4000 余人，占事业单位管理人才总数的 27.8%；事业单位专业技术人才 7.6 万余名，女性专业技术人才 2.7 万余名，占事业单位专业技术人才总数的 36.6%。在国有企业单位中，共有管理人才 1200 余人，女性管理人才 350 余名，占企业管理人才总数的 27.6%；专业技术人才 940 余人，女性专业技术人才 290 余人，占企业专业技术人才总数的 30.9%。集体企业共有经营管理人才、专业技术人才 380 余人，其中女性人才 70 余人，占集体企业人才总数的 20.3%。[①] 这些数据反映出：毕节地区的公务员、专业技术人才及管理人才队伍中，女性

———————

① 参见贵州省人力资源和社会保障厅网站。

的比例都低于男性。在女性专业技术人才队伍中，大多是幼儿教师、小学教师及护理等专业方面的人才。

毕节地区女性人才偏少的原因：受教育程度不高，男女受教育的机会不平等，尤其是少数民族女性受教育权受损现象比较突出。

（二）少数民族女性受教育程度低的原因

不同民族或同一民族在不同地区的教育发展状况不相同。黔西北地区少数民族中满族、布依族的受教育程度相对高一些，彝族、苗族受教育程度较低。例如：2008 年赫章县三唐镇苗族适龄儿童入学率为 60%，其中男童占 90% 以上，女童不足 10%；毕节市观音桥办事处献山组全是苗族人口，2008 年秋季小学适龄女童失学率高达 67.7%。[①] 苗族女孩辍学问题比较突出，原因如下所述。

（1）特殊的地理环境。毕节是一个高寒山区，全区 3/4 的地区海拔在 1200—2200 米，最高海拔 2900 米，高原山地面积占 93.3%。村寨被高山、峡谷、河流分隔成一个封闭的小天地。这种分散居住的特点使得离学校较远的女童不便就近入学。苗族村寨大多数分布在偏僻的山区。

（2）经济基础薄弱。苗族地区的经济发展比较缓慢。随着生态环境的日益恶化、人口的不断增长，人多地少的矛盾日益突出，苗族农村人口中贫困面较大。1996 年夏季，笔者曾在赫章县朱明乡银盘村做过调查。银盘村地处海拔 2000 多米的深山，当时不通公路。该村主要居住着苗族、彝族。当时村民每年的人均纯收入不足 200 元，人均粮食仅100 多斤。不到年底，大部分农户就缺粮挨饿。有的村民住在用几根木柱支撑的烂草房里，屋里仅有一些简陋的生产工具和生活用品，全部家

---

① 参见周感芬《社会性别与中国少数民族妇女发展问题研究——以贵州毕节地区少数民族妇女为例》，《贵州民族研究》2011 年第 3 期，第 36 页。

产不到 100 元。村民的生活非常艰苦，除了过年过节能改善生活外，平常吃的都是粗茶淡饭，能填饱肚子就不错了。现在，苗族村民的经济收入虽然比过去有很大的提高，但相对而言还是处于低收入水平。由于贫穷，大多数村民没有足够的经济能力让子女接受良好的教育。许多研究都表明：在家庭经济能力受限制的情况下，加上"重男轻女"意识的影响，经济因素从负面影响了家长对女孩受教育的决策。

（3）传统观念与社会性别意识。非经济因素是影响苗族女性继续接受教育的主要原因。苗族的社会分层以性别和年龄为基准。在苗族的传统社会里，年长者有较高的地位，妇女地位低于男子。苗族男女青年结婚后担负着为家族繁衍后代的重任。婚姻是妇女取得社会地位的前提，生育，尤其是生儿子是妇女转变地位的标志。据笔者在中、泰两国苗族村寨的田野调查，"早婚、早育、多子多福"的观念不仅在中国的苗族地区盛行，也在泰国的苗族社区流行。在苗族村寨，许多学龄女孩为了结婚仅仅读完小学或初中就辍学。在苗寨遇到一个 20 岁左右女子，她已经是 3 个孩子的母亲。一个 15 岁在读初中的苗族女孩说，她村里的人问她为何还不回家去结婚？这种传统观念在美国苗族移民中依然存在。外国学者林奇（Lynch）在她的著作中提到，打算读大学的美国苗族女孩经常感到矛盾，为了上大学，接受高等教育就会耽误她们的婚姻大事。她们感到美国苗族男孩不愿意与比他们文化程度高的女孩结婚。据说，假如一个新娘具有较高的文化程度，她父母所得到的聘礼反而比文化程度较低的新娘家里所得到的聘礼少。在美国，15—19 岁的苗族女学生中有 50% 的女孩结婚、生孩子，有很多高中生辍学回家。[1] 苗族的传统观念是影响女性继续教育的障碍。

---

① Lynch，Annette，*Dress Gender and Cultural Change*：*Asian American and African American Rites of Passage*，New York：Berg Publishing，1999，p. 56.

在贵州少数民族地区，女性受教育不公平的现象存在代际延续。由于少数民族女性结婚后嫁到丈夫家的传统婚姻习俗使女性的教育价值具有流动性。不少家长认为女孩子终究要出嫁，何必花钱为别人培养人才，不如给家里当帮手。在这种观念的影响下，就女孩自身而言也认为理所当然。例如：一位调查者问几个正在放牛的女孩为何不去上学读书？她们却回答："我们不傻，为何要去为婆家念书！"自己被剥夺了受教育权而竟然不知。① 在人们的观念中，把男孩上学视为天经地义，不供女孩上学，或让女孩失学、辍学视为理所当然。女孩所受到的被动性教育使她们习惯于做出牺牲，放弃了发展自己的权利成了她们本能的反应。少数民族女性在传统社会性别观念的影响下对其女性角色的认同和顺应，使得现实生活中的性别不平等现象更加普遍。社会性别的不平等以及对其的传承延续，使得少数民族男女受教育程度呈现出严重的不平衡。在我国的边远地区，少数民族女性教育权受损的现象普遍存在。

（4）语言障碍。黔西北地区的少数民族呈现多杂居少聚集的特点。苗族与彝族杂居的村寨比较常见。贵州有苗族 400 多万人口，被称为苗族大本营。苗族从古到今一直保留和使用本民族语言。乡村的苗族儿童从小接受母语教育，习惯用母语进行交际和思维。他们上学后接受的是汉语教学，难以学懂用汉语编写的教材。即使能听懂一些汉语的苗族儿童，他们也习惯用母语来思维。由于苗语与汉语之间的语言结构存在较大的差异，苗族学生需将苗语转换成汉语来思维，这样就影响了他们学习书本知识的进度而掉队，由此产生厌学情绪而中途辍学。

（5）学校教育内容脱离实际需求。苗族一向重视传统教育。父母对孩子的传统教育是：要懂礼貌，会为人处事，会干家务和农活。在动手能力上，家长一般要求女孩子要会做针线活。针线活的好坏是衡量一个

---

① 参见贵州毕节地区苗学会主编《苗学研究论文集》第二集，1996 年，第 78 页。

姑娘是否心灵手巧的标志，也是她将来能否找到理想对象的重要条件之一。苗族女子出嫁，十分讲究服饰的数量和质量，如果服饰多而精美，就会受到赞誉。因此，苗族女孩从小要学绩麻、织布、蜡染、挑花、制作衣服等手工技艺。男孩要学各类礼规、祭祀、犁地干活、吹芦笙等。在他们自给自足的传统生活模式中体会不到现代教育的作用，因此，他们不重视学校教育。再加上现在的学校教育偏重于应试教育，教学内容脱离实际生活。于是，认为读书无用。

（三）大方县民族教育现状

大方县位于贵州省西北部，东西长 86.2 千米，南北宽 85.2 千米，土地总面积 3550 平方千米，耕地面积 5.37 万公顷。属于毕节市管辖。全县除汉族外，居住着彝族、苗族、白族、蒙古族、仡佬族、布依族、水族、满族、壮族等少数民族。2010 年年末总人口 104 万人，少数民族人口占全县总人口的 33% 左右。2009 年农民纯收入 2900 多元。大方县原来也属于国家级贫困县，后来虽摘掉了贫困县的帽子，但在一些边远山区农民的生活状况仍十分艰难。在这个县里，不管是走向小康的乡镇，还是处于解决温饱问题阶段的乡村，都存在以读书为荣的风气。该县民族教育发展较好有一定的历史原因。在明代，这里曾出现过一位彝族女性领袖人物——奢香。她是明初洪武年间人，其夫死后代夫行使贵州宣慰使一职。她在任期间提倡学习汉文化，倡导彝族民众与当地汉人及其他民族和平共处。在 20 世纪上半叶，一些教会学校在当地办学堂也招收了一些边远地区的少数民族学生，包括一些少数民族女性，对当地的少数民族接受教育起到了积极的作用。1949 年以后，尤其是改革开放以来，全县民族教育取得了长足发展。随着九年义务教育的全面普及，适龄儿童的小学、初中入学率及高中阶段女生的比例都有较大的提高。全县基础教育稳步发展，女性受教育状况明显改善。

全县有 18 个民族乡，18 所民族乡中心小学。包括 4 所民族中小学，即百纳民族中学、普底民族小学、菱角民族小学、大水民族小学。2010 年，全县有幼儿园 11 所，入园（班）幼儿 11004 人，学前三年入园（班）率为 29.31%；有小学 329 所，小学在校生 113907 人。其中，女生 53113 人，少数民族 36797 人。小学阶段适龄儿童入学率为 99.65%；适龄女童入学率为 99.59%，残疾女童入学率为 79.98%。有九年一贯制学校 2 所（其中民办 1 所），初级中学 36 所，初中在校生 49305 人。其中，女生 23956 人，少数民族 15027 人。初中阶段毛入学率为 97.78%；初中女生毛入学率为 97.55%。有独立高中 1 所，完全中学 13 所（其中民办 5 所），普通高中在校生 14827 人；其中，女生 6780 人，少数民族 4182 人。高中阶段毛入学率为 50.5%。

实地调查的主要发现：

（1）小学在校学生中女生与少数民族学生的比例都与全县总人口中性别与民族的比例差别不大。这表明所有适龄儿童基本上都能够入学。

（2）初中在校生中少数民族女生的比例逐渐减少，表明少数民族女生随着年级的升高，离开学校的可能性越大。高中阶段少数民族学生毕业生人数、招生人数、在校生人数所占的比例都比小学、初中阶段低。由此可以推测：九年义务教育结束后，少数民族学生继续升学的人数大大减少。

（3）家长转变对女孩上学读书的态度。随着社会的巨大变迁，许多农民离开家乡到外面去打工挣钱，养家糊口。出外去打工者必须掌握一定的文化知识，具备一定的适应主流社会的能力。因此，居住在边远地区的少数民族同胞逐渐认识到接受现代学校教育的重要性。他们转变了对女孩子上学读书的看法。相信女孩子若受过良好的教育同样有机会找到好工作。尽量让孩子到教学质量高的学校读书，希望孩子将来能在城里找到工作，不要再回到农村。

（4）该县现阶段教育发展中存在的问题：第一，学前教育资源严重不足。大方县目前虽有11所幼儿园，但公办幼儿园仅1所，且仅能容纳150名幼儿，其他10所民办幼儿园已办证的有2所，但民办幼儿园的办学水平都不高。第二，高中阶段教育还存在保障机制不健全，办学条件不足，学校布局不合理，师资整体素质不高，发展不平衡等问题。第三，教师队伍数量严重不足。根据在该县一所教学质量较好的小学的调查：2010年春季学期全校有1881人，其中女生775人，少数民族608人。共有24个班，人数最多的班级有92人，最少的也有64个学生。平均每个班为78个学生。大班额存在的原因是教师少，学生多。该校有57名专任教师，其中48名女教师，师生比例为1:33，远远超过贵州省小学师生1:23.49的比例及全国小学师生平均1:18.32的比例。一些教师感到：教学担子很重，工作比较辛苦，待遇不高。

大班额形成的原因也与撤并学校有关。在边远地区实施学校撤并后，农村学校的办学条件进一步改善，师资力量不断壮大，在一定程度上整合了教育资源，提高了办学效率。然而，撤并学校也带来了负面影响。

其一，撤点并校违背了就近入学的原则。由于离学校较远，低龄学生在上学路上的人身安全令人担忧，家长要干活养家，没有时间接送孩子上学；若家长在城镇租房陪孩子读书，又得增加开支，加大教育成本，有的家长可能会让孩子弃学。学校布局调整在一定程度上有可能影响了入学率和巩固率。

其二，教学资源的集中并没有带来预期的效益，反而造成资源的闲置或短缺。一些被撤的校点设施完好却被搁置；有的学校因为学生集中而拥挤，只能到学校附近租借民房给学生上课，造成安全隐患。而且，教师数量不足，只好聘请部分代课教师来填补空缺。

其三，与撤点并校配套的寄宿制学校在管理上还需进一步完善。

其四，"辍学不辍考"的现象存在。有的学校为完成"两基"达标的任务和提高"升学率"的内在要求，在辍学率统计上，一般都以学生参加毕业考试或毕业证的发放情况为准。只要学生参加毕业考试，至于考前是否在校学习，学校都听之任之，"辍学不辍考"的现象比较突出。学生虽然在册，但并不在校。交钱就可买到初中毕业证书，而实际上根本未在学校读书。从数字上看辍学率很低，但隐性辍学现象依然比较严重。

（四）当地政府发展女性教育的措施

当地政府部门为发展民族教育，使少数民族女性有更多受教育的机会，采取如下措施。

（1）重点解决好农村贫困地区、少数民族地区、残疾人及流动人口中女童的教育问题，竭力帮助失、辍学女童完成九年义务教育。继续实施"春蕾计划"，推进少数民族地区儿童教育事业。例如：为解决苗族女生入学率很低的问题，1991 年大方县民委与县教育局协商，在竹园彝族苗族乡的箐脚、海马彝族苗族乡、八堡复兴创办了 3 个苗族女子班。随后，毕节、黔西、织金、威宁也相继创办少数民族女子班各 1个。随着义务教育的全面普及，女子班也合并到普通班。

（2）为搞好学前教育，在一些少数民族聚居的乡镇兴办民族幼儿班。使幼儿班的女童进入小学一年级能适应老师的双语教学或用汉语讲授的课程。

（3）在教学质量好的中学开办民族班，提高少数民族学生的学业成绩。

在 20 世纪 50 年代就开始在普通中学里开办民族班。20 世纪 60 年代至 70 年代，少数民族学生大多集中在小学初中一贯制学校上学。后来，经地区、县民委、教育局共同协商，在教学质量较好的普通中学开办民族班。例如：1981 年在重点中学大方一中开办了第一个高中民族班。每年都有少数民族女生从这里考上大学。

（4）实行倾斜政策。在执行国家对少数民族考生降分录取的同时，根据当地的实际情况，对少数民族女生考生实行倾斜政策，以提高少数民族女生的比例。

（5）在农村开设农民技术学校，对妇女进行扫盲和职业技术教育培训。培训的主要内容有：农业技术、药用植物的栽培技术、妇幼卫生保健知识、法律知识。事实证明：一些妇女经过扫盲，学习和运用科学技术发家致富，千方百计送子女上学，对孩子的期望值也高一些。受过教育的妇女有更多的机会来发展她们的潜力，并更积极地参与社会活动。

四　发展少数民族女性教育面临的困难

总的来说，影响民族地区女性教育发展的因素：（1）教育资金投入不足，农村义务教育公用经费不足普遍存在。据国家教育督导团披露，2004 年全国有 113 个县（区）的小学、142 个县（区）的初中均预算内公用经费为零，其中 85% 以上集中在中西部地区。[1]（2）家庭经济困难或缺乏劳动力，有的女孩不得不辍学外出打工补贴家用，或回家干活。（3）学校布局不合理，学校离家远，不便于女孩就近入学。一些地方撤

---

[1]　参见袁连生《我国政府教育经费投入不足的原因与对策》，《北京师范大学学报》2009 年第 2 期。

并学校"一刀切"的做法造成新的学生上学远或辍学率反弹的问题。（4）"男尊女卑，早婚早育，多子多福"的传统习俗。女性"为人妻、为人母"的传统性别角色影响了她们受教育的权利。贫困地区女童入学率低，辍学率高。在学校里，年级越高，女性所占的比例越低。（5）家长受教育程度低，对女孩读书不重视。（6）语言障碍，学习成绩差产生厌学情绪。（7）师资不足，缺乏女教师，尤其是缺乏农村科技专职教师。（8）办学形式单一，教学内容脱离实际，不符合女孩的需求。以应试教育取代生存教育，使教育的多功能丧失和弱化。学生和家长认为学了用不上。"读书无用"论死灰复燃。在贫困地区，由于经济社会发展的制约，目前不可能大批毕业生升学，结果是大部分学生在初中或高中毕业后返乡。然而，他们仅有书本知识，无实用技术。对家乡、家里的发展并无用途。（9）就业压力。一些来自农村的大学毕业生由于各种原因毕业以后找不到工作。这种现象使一些家长和学生担心对高等教育的投资很难有回报。这种想法使得他们对继续教育投资兴趣不大。尤其是在经济能力有限的情况下，家长和学生上学的积极性不高。属于弱势群体中的女性首先被剥夺受教育的权利。

五 促进少数民族女性教育发展的对策措施

（1）大力宣传教育法规和性别平等的观念。针对农村"男尊女卑"的传统观念，广泛开展各项宣传活动，消除重男轻女的思想。让家长认识到不送女孩上学是违法的。通过组织活动，启发群众和家长的觉悟，使他们自觉地参与学校管理，更加关心、支持女童完成义务教育。充分发挥各级政府部门的作用，需要立法和执法部门、教师和家长及全社会的相互配合，共同努力推动女性教育的发展。

（2）各级政府应增加对教育经费的投入，制定保障女性受教育的一系列配套政策和措施。

（3）重视职业技术教育。职业技术教育是妇女参与社会、政治、经济活动的重要途径。西部地区的现代化建设不仅需要一定数量的各类高级技术人才，而且更需要一大批受过良好教育的初中级技术人员、管理人员及受过职业培训的生产劳动者。然而，职业技术教育正是民族地区教育的薄弱环节。人们的传统观念中对职业技术教育认识不足，存有偏见。因此，首先要转变观念，提高认识。职业技术教育是现代化教育的组成部分。西部地区中小学应根据当地的具体情况和经济发展需要，在教学计划中积极引进职教因素，加强劳动技术课程，努力使学生毕业时初步掌握适合当地生产、生活需要的劳动技能和脱贫致富的本领。女性学到一技之长后能通过自身的努力，谋生、脱贫、求发展，在参与当地经济社会的发展中发挥自己的作用。

（4）编写乡土教材，继承和发扬优秀的民族文化，增强民族自信心。应根据当地生产、生活的特点，开设纺织、刺绣、缝纫、编织、种植、养殖等课程，吸引女性来学习。

（5）采取灵活多样的办学方式，采取正规教育与非正规教育相结合的方式。积极为女生接受教育创造条件。为边远贫困的少数民族女生实行寄宿制创造条件。

（6）重视双语教学。少数民族学生的学业成绩比不上汉族学生的原因源于两者之间有不同的语言和社会文化背景。两种不同文化背景的人来接受同一种学校教育，效果是不同的。在少数民族地区的教育如果忽视了民族特点、民族文化背景，生搬硬套汉族教育模式，就会影响对少数民族学生智力、潜能的开发。应该在不通汉语的地区实施双语教学。

贵州省在推行成人民族文字扫盲和民族文字进学校的过程中曾经引

起了争议，人们对此有不同的看法。持赞同观点者多为少数民族上层人士，他们认为少数民族学习本民族的文字是宪法赋予的权利，而持反对观点者认为这是浪费人力、物力、财力。一些基层教育工作者也认为，这是增加少数民族学生的学习负担，影响他们对汉语的学习。

笔者认为：选择学汉语还是本民族语言文字要尊重少数民族的意愿，不能强行规定。每一个少数民族同胞应根据自己的教育需求来决定。汉语是中国各族之间相互交往所使用的公共语言，使用范围非常广。熟练地掌握汉语，就可以接触和使用大量的科技信息。学好汉语，有利于各民族之间社会经济和文化的交流。民族地区采用双语教学，符合民族特点，符合民族地区的教育规律。如何构建双语教学模式，还需结合实际。

（7）进一步深化女性教育的研究。女性教育问题不是单纯的教育学问题，要深入探讨影响少数民族女性教育发展的传统习俗和社会因素。西部少数民族分布较广，民族众多，所处的自然环境、历史文化背景不同，在女性教育方面会有不同的需求。所面临的问题既有普遍性，也有特殊性，很难使用统一的模式解决问题。应根据不同地区、不同民族的实际情况和不同女性群体的不同需要采取相应的措施。

（8）重视青壮年妇女的教育。为女性开辟多层次、多渠道的成才活动，以培养不同层次的女性科技人才和管理人才。加大对少数民族妇女的人力和智力投资，提高她们参加国家和社会事务的管理及决策水平。

（9）大力发展电化教育。采用现代化教育手段，也是一些国家帮助和解决边远贫困地区发展教育事业的一种强有力手段。能有效地克服边远地区交通闭塞、师资不足的实际困难。提高教学效益，扩充学习资源。

教育手段要现代化，教育内容也要现代化。现代科学技术的推广应用和高科技的发展不仅为少数民族地区的教育发展提供了基础设施，而且还将现代科学技术知识、现代生产和生活方式及价值观念构成教育内容。

（10）加强教师队伍建设。教师的文化水平和素质对提高教育水平起着关键作用。因此，首先要培养出一批合格教师。尤其是要培养出适合民族地区需求的双语教师。稳定师资队伍，提高教学质量。为了使民族地区师资有来源，留得住，对民族乡镇的少数民族学生实行定点招生、培养，使他们毕业后回到家乡工作。

（11）从实际需要出发，合理布局校点。允许多元办学模式，承认或支持民办村校，共同促进农村边远地区基础教育的发展。对质量好的民办村校，政府应给予政策和资源上的支持，像贵州这样的山区省份最好以自然村落的聚居为单位，综合人口出生率等因素来布局校点，小学1—3 年级最好就近设校点，以保障更多的女孩顺利上学读书。

六　结束语

妇女问题已成为当今社会普遍关注的研究课题。自从 20 世纪 80 年代以来，关于这方面的研究，中国的学者已取得了很大的成绩。但相对来说，对少数民族妇女的研究还是比较薄弱。少数民族女性教育问题不仅关系到妇女发展和性别平等问题，而且关系到民族素质、国家进步和社会发展的重大问题。因此，应从战略性社会性别利益为出发点，关注少数民族女性受教育权利的保障，不断创造条件使她们获得接受教育、获得知识和技能的机会。少数民族女性只有通过接受教育，才能掌握自己的命运，从而获得和实现选择生活、工作的能力和权利，在经济建设和社会发展中发挥重要作用。实现男女基本教育机会的平等，以教育平等去促进社会性别平等是一种有效的途径。少数民族女性教育是一项复杂的社会工程，需要全社会的关注与支持。

蒙古汗廷音乐及其价值认定与可持续发展[*]

呼格吉勒图

在蒙古族传统音乐的百花园中，蒙古族民间音乐、蒙古汗廷音乐，以及蒙古宗教音乐是蒙古族传统音乐的三大分支。要说蒙古族民间音乐以博大精深而著称的话，蒙古汗廷音乐则以庄严肃穆、恢宏典雅为特点。蒙古汗廷音乐产生于蒙古草原，始于太祖年间，经历了蒙古汗国、元朝、北元三个时期，在漫长的历史长河中，不断发展演变，成为蒙古草原民族汗廷音乐的集大成者，在音乐文化方面出现了一种前所未有的、具有世界品格特点的局面。成为人类音乐文化宝库中的瑰宝，是当之无愧的。

今天，在党中央提出的"中华文化是中华民族生生不息，团结奋进的不竭动力"，突出强调"要全面认识祖国的传统文化，取其精华，去其糟粕，使之与当代社会相适应、与现代文明相协调，保持民族性，体现时代性"的召应下，以及在内蒙古自治区"弘扬草原文化，建设民族文化强区"的进程中，保护、传承、弘扬蒙元汗廷音乐，无论对于继承

———————
* 本文是国家社科基金重大项目"内蒙古蒙古族非物质文化遗产跨学科调查研究"（12&ZD131）阶段性成果。

和发展蒙古民族宝贵的音乐文化遗产具有重要的意义，而且实现蒙古汗廷音乐的可持续研发具有重要的价值。

一　蒙古汗廷音乐及其历史沿革

蒙古汗廷音乐俗称汗·斡耳朵乃·胡葛吉麽或蒙古宫殿音乐。蒙古族民间音乐是蒙古族传统音乐发展的主流，又是蒙古汗廷音乐生成发展的基础。成吉思汗创建大蒙古国初期，蒙古族音乐文化就有了长足的发展，民间宴歌、庆典歌舞、民间器乐都趋于成熟。那些活跃在蒙古草原上的民间音乐从室外走进了室内，从牧场走上了可汗的殿堂，最终形成了蒙古草原汗廷音乐。自从13世纪蒙古人确立成吉思汗的尊号和地位之始，在蒙古音乐历史上出现了大量的关于歌颂和赞美成吉思汗宏伟大业的颂歌赞曲，最终成为蒙古帝国时期的汗廷宴乐。太宗窝阔台继大汗位之后，又按孔子五十一代孙被封为衍圣公的孔元措的提议，收录亡金知礼乐旧人，散失的太常故臣及礼册、乐器，得掌乐、掌礼及乐工92人，命制登歌乐其沿用于汗廷。而窝阔台汗、贵由汗、蒙哥汗时期的汗廷音乐，仍以蒙古族传统礼乐为主，所谓《元史·礼乐一》记载的"元之有国，肇兴朔漠，朝会燕飨之礼，多从本俗"是以本民族的风俗音乐为主，包括战前之礼乐、迎宾客之礼乐、喜庆之礼乐、敬奉之礼乐等。当时，从成吉思汗以及窝阔台又把蒙古族民间音乐，以及从民间有才华的艺人诏括到可容纳几百人的金帐里，发挥他们的才能，丰富了蒙古汗廷音乐的内容，从此"蒙古汗廷"音乐更大盛行。由于建筑和林城，修造万安宫，蒙古汗国的"汗廷"已有了长期而稳定的统治基地，而在"汗廷"里，已经有了专司礼乐的各种官员。

后经元世祖忽必烈对蒙古汗廷音乐的充实，元朝汗廷里形成了所谓的"大成乐"（也克布特辉·胡葛吉麽）。当时，蒙古汗廷乐人已有500余人的阵容，专司礼乐的各种官员会聚于汗廷，人数之多、规模之大，包括各民族各地区的音乐人才，当时的音乐机构和音乐队伍远远超过任何一个朝代。忽必烈为制朝仪，诏括民间所藏之器，制定烈祖至宪宗八室乐章，大大扩充了汗廷礼乐。忽必烈使汗廷雅乐和燕飨之乐更为完美华丽，他积极地接受前朝制乐和蒙古族民间音乐，又引进西方乐器，开辟了东西方音乐文化交流的先河。忽必烈制定的纲领是："稽列圣之洪规，讲前代之定制。"他力图继承蒙古族的祖宗成法，采取中原各朝的仪文制度，又吸收疆域民族或西方音乐文化加以提炼，看得出，这种吸收式的融合在元朝时期形成的"大成乐"的风格上凸显得淋漓尽致。

直至北元时期，大规模的蒙古汗廷音乐依然活跃在林丹汗的都城——查干浩特。其表演的内容和形式既有前朝的乐风制度，又有新的乐制体系。就资料表明，无论是作品的数量还是演唱、演奏的内容上，其最丰富多彩、最具特色。目前，在不同地区发现的林丹汗汗·斡耳朵里演唱（奏）的不同版本的音乐作品已有90余首，包括宴飨之歌曲、宴飨之乐曲。从音乐的体裁可分为《筚吹乐章》和《番部合奏》两大类。《筚吹乐章》属于以演唱为主的歌曲类。歌曲所反映的内容，则主要是对可汗的赞颂、朝廷之赞，以及成吉思汗时期流行的部分哲理性谚语或训谕歌曲。《番部合奏》是器乐曲，主要是以乐器演奏的作品，但也有一部分演唱的歌曲。这些作品主要是在蒙古的大型宴会、庆典和礼仪活动上进行演奏的艺术水准较高的器乐曲和歌曲。不难看出，林丹汗时期所用的宴乐之器，基本上承续并沿用了元代时期的宴乐之器。因此，蒙古汗廷音乐发展的历史脉络和内在规律是一脉相承的。

二　蒙古汗廷音乐在草原音乐文化中的价值定位

　　蒙古汗廷音乐是蒙古民族在漫长的历史长河中的创造和积累。在草原音乐文化与人类音乐文化中占有不可替代的位置。蒙古汗廷音乐源于蒙古族的民间音乐。早在1000多年前，当蒙古人的祖先活动在额儿古涅·昆山林地带时，便有了音乐活动，迎来了音乐历史的曙光。早期产生的那些歌、舞、乐一体的蒙古部落歌舞、祭祀歌舞、战阵歌舞已成为蒙古族音乐文化形成发展的重要内容和蒙古汗廷音乐形成的土壤。蒙古汗廷音乐作为特定历史时期的产物，是在特定的场合进行表演的一套完整的音乐品类。况且，蒙古汗廷音乐既是蒙古族古代音乐，又是在现存的传统音乐范畴内。但它更多地蕴含那个时期音乐文化的特点。因此，它更具有历史音乐的价值。它既与蒙古族传统民间音乐有着千丝万缕的联系，但是在很多方面又与民间音乐不同。包括各自的表现形式，从事音乐活动的空间、场所及传承的方式，或演唱演奏的内容，或表演的形式和风格等方面都存在差异。在表现形式、空间场所、传承方式方面，民间音乐是由民间艺人在进行传唱，是在一个不确定的空间场所——或在牧场上，或在马背上，或在蒙古包里，主要以自然传承的方式在传承，而汗廷音乐则有专门的乐工或乐师来完成，是在一个固定的或特定的场合上完成，没有更多的自由空间去演唱或演奏；在演唱或演奏方面，民间艺人的演唱或演奏是不为他人，而是为了抒发自己的感情而演唱或演奏，而汗廷的乐工或乐师专为他人演奏或演唱；在表演的形式方面，民间除了婚嫁或宴会等场合之外，更多的是以个体的表演形式为主，而汗廷的乐工或乐师们，主要以集体的形式进行表演；在表演的风格方面，民间的表演形式更加张扬或开放，特别是歌舞音乐的表演尤为突出，而汗廷表演的无论是文舞还是武舞，都比较保守但不拘泥，更是突出一种典雅、优雅之风格特点。除此之外，汗廷乐工、乐师、舞者、舞师，以及执麾、照烛等人的服饰、道具、乐器、礼器、舞台布景等方面，都有严格的规定，表现那种可汗宫殿的风范。

总之，蒙古汗廷音乐将为我们提供很多宝贵的音乐历史的信息。对深入研究蒙元时期的典章制度、风俗礼仪、制乐始末、宫廷雅乐、宴飨乐章、乐队编制、音乐交流、演奏形式、演唱方法等方面都具有很大的理论价值和文献价值。对于探讨历朝历代宫廷音乐之间的互动关系、承续始末，以及深入了解古代蒙古人的乐律理论、音乐活动、音乐表演、音乐美学等方面具有研究价值。并且，在更全面地传承草原音乐文化的浪潮中，应重新审视和确立蒙古汗廷音乐在草原音乐文化中的重要地位和核心价值。

三　蒙古汗廷音乐在世界音乐文化中的历史地位

人类音乐文化是由世界各民族共同创作的结晶。

在世界人的眼里，人们常把蒙古人与掠夺联系在一起，这在某种程度上已成为蒙古人的标签。其实，13 世纪的蒙古历史并非都是如此！而我们一定要看到蒙古人的另一面——那就是用他的心灵和智慧创作的草原游牧音乐文化，继而从蒙古高原辐射到人类的半个世界。因此，蒙古人所到之处留下的并非都是尚武精神，更多的还是草原游牧文化传统。他们用自己的音乐天赋唤醒了蒙古各部，再次谱写了世界游牧文明历史的新篇章。他们告知世界，蒙古人所踏的历史足迹不仅仅是尚武的精神，且以他唯美的歌声播种和注入了游牧文明的新鲜血液，成为继匈奴、突厥之后的又一个世界膜拜的超级偶像，注定成为又一个高举草原游牧音乐文化的主人。在中华音乐史上留下了草原游牧音乐文化浓郁的气味和新的篇章。蒙古族作为草原游牧民族的忠实代表，它不仅承载着草原游牧文化渊源的基因，也承载着草原游牧音乐文化的辉煌历史和未来。

特别是元朝的建立，事实上推进了中华文化形成多元性与融合性的历史进程。最终形成了草原游牧文化与中原农耕文化进行交流、融合、吸收的最为重要的历史时期。元朝在中国历史上谱写了特殊的一页，在我国民族大融合的历史上具有重要地位，元代的统一促进了我国多民族文化的繁荣发展。元代最显著的特点就是它那海纳百川的融合性和求同存异的包容性，尤其在元朝建立的初期，这种融合性和包容性更为凸显。在融合的浪潮中，最具冲击力的、最有影响力的要数文化的融合了。最显而易见的一个是中原文化的融合，另一个是与疆域民族或西方音乐文化的融合。元朝的疆域比过去任何一个朝代都要辽阔。在如此大的区域里，涵盖了各种肤色的民族，他们操着不同的语言，有着不同的生活习俗及文化背景，要把这些民族都统一到一个国家，就必须要求各个方面的全面融合。在元朝的统治者看来，要做到这种融合不能是同化，而是求同存异，共同发展，在音乐文化上显得更为突出。

一方面，元世祖忽必烈为制朝仪，他任用太保刘秉忠等人重制朝仪之事，命宋周臣典领乐工，又用登歌乐享祖宗于中书省，继又命王镛作大成乐，诏括民间所藏金之乐器，至元三年，初用宫县、登歌、文武二舞于太庙，烈祖至宪宗八室，皆有乐章（《元史·礼乐一》）等，大大扩充了宫廷礼乐。另一方面，那些在蒙古汗廷或在文人阶层中的各路专业艺人，诸如蒙古汗廷乐人、剧作家、散曲家们有了更大的创作空间，体现了他们在蒙古汗廷乐坛上的作用，最终在中国音乐史上出现了出类拔萃的作曲家和剧作家。他们是来自不同民族，具有不同生活背景的乐人，表现出了各自的音乐风格和艺术格调。在他们的作品中表现出了游牧民族特有的质朴粗犷、豪放率直的性格，使元朝汗·斡耳朵音乐更加多姿多彩。

因此，蒙古汗廷音乐在构筑中华音乐文化史的进程中，打破了草原游牧音乐文化与中原农耕音乐文化交流的屏障，拓宽了世界民族音乐史学的新领域，对中华音乐乃至丰富世界音乐文化之新天地做出了贡献。

四　通过进一步申遗提升蒙古汗廷音乐的文化价值

2009 年 7 月，在阿旗召开的"蒙古林丹汗暨汗国都城察汗浩特全国学术研讨会"上，由呼格吉勒图提交的学术论文《关于抢救与复原"蒙古汗廷音乐、汗廷乐队"的设想》一文，引起了众多专家学者及新闻媒体的普遍关注和极大的反响。本文从蒙古汗廷音乐的文本资料与研究状况、总体思路与具体做法、抢救与复原的意义和目的、组织机构与运行模式等方面进行了详尽的阐述，认为蒙古汗廷音乐的抢救与复原工作迫在眉睫。本文的论究又得到了阿旗旗委、旗政府的高度重视。于是2009 年 8 月，阿旗旗委、旗政府将蒙古汗廷音乐的抢救与复原工作列入了全旗重点项目之一，着力抢救、复原、开发、利用这一珍贵的非物质文化遗产，又建立了专项推进领导小组和专家组，安排了专项资金。经过一年多的努力，于 2010 年 11 月 26 日至 27 日，由内蒙古自治区文化厅主办，赤峰市委宣传部、赤峰市文化局、阿旗旗委、旗人民政府承办的"《蒙古汗廷音乐》抢救复原汇报演出及论证会"在内蒙古自治区文化厅隆重举行。在长达两个多小时的汇报演出中，蒙古汗廷乐队表演了"箛吹乐"《大龙吟马》《高士吟》《至纯辞》，文舞《敬献舞》《卓拉舞》，武舞《剑舞》《盾牌舞》，番部合奏《大合曲》等 17 个节目，与会领导和来自中国艺术研究院、中央音乐学院、中央民族大学、中国音乐学院、内蒙古大学、内蒙古师范大学的有关专家，以及来自北京和内蒙古自治区的非物质文化遗产中心的领导和专家对本次抢救复原及汇报演出进行了充分的论证的同时也给予了高度的评价。一致认为，本次蒙古汗廷音乐的抢救与复原，不仅开启了抢救复原蒙古汗廷音乐这一沉睡在历史长河中的民族艺术瑰宝的复活之门，也将填补这一研究领域的空白。并于2011年，成功获准成为自治区非物质文化遗产项目之一。这标志着在国内蒙古汗廷音乐的理论研究走向了艺术实践，抢救复原工作初见成效。这也充分说明国内专家学者对蒙古汗廷音乐的研究已有了坚实的基础和雄厚的力量。在此基础上，通过有关部门和依靠全社会的力量，把这一草原音乐文化之精品早日成为国家级非遗，或全人类共享的文化遗产项目，指日可待。实践证明，我们只要有文化品牌意识或精品意识，通过努力，也有能力全面抢救与复原蒙古汗廷音乐。通过进一步申遗更加强化和提升蒙古汗廷音乐在中华文化以及世界文化中不可替代的重要地位，以及蒙古汗廷音乐在全国和世界音乐文化遗产中的影响力和知名度，并使之成为可持续研发的战略资源和自治区经济社会发展的软实力和核心竞争力。

五　蒙古汗廷音乐可持续发展的前景

近年来，可持续研发或可持续发展作为世界各国共同追求的发展战略目标已成为共识。当下，蒙古汗廷音乐可持续研发的前景是非常广阔的。已具备的条件之一，是蒙古汗廷音乐可持续研发的可行性的理论研究基础是扎实的。已具备的条件之二，是于2011年，在地方政府和专家学者的共同努力下，蒙古汗廷音乐已经从理论的研究走向了演出实践，抢救复原工作初见成效。这对蒙古汗廷音乐可持续发展，既奠定了理论基础，又积累了实践经验，为可持续发展带来了生机。

今天我们将"可持续发展"的理念引入音乐文化领域，是因为在当今社会经济改革的浪潮中，不断发展起来的广播电视、地方旅游、舞台演绎、影视作品等方面正呼唤着民族文化精品的诞生。蒙古汗廷音乐作为草原音乐文化中的一枝独秀，对其进行研究、开发、利用有着美好的前景和市场，有着诱人的魅力和强劲的推力。

蒙古汗廷音乐是草原音乐文化集大成者，蕴含蒙古民族夺目光彩的音乐内容，包括乐声、乐曲、乐舞，以及乐器品种、服装道具、舞台布景等，其研发的动力和空间是极大的。有宴乐所用的宴乐之器，元旦用的乐音王队，天寿节用的寿星队等。这些乐队的配置又有各自的特点，并且具有庞大的阵容。必要时，对乐队的编制进行灵活的调整（单管或双管），这是其一。蒙古汗廷音乐的舞队也是最丰富的，主要以文舞队为主。对此进行挖掘，研发方面具有很大的空间，条件成熟的情况下，舞者的人数可达八佾，即 64 人，或六佾，即 36 人，等等，并且又有相匹配的优美的舞曲。这是其二。蒙古汗廷音乐的各类表演有比较清晰的记载，把那些风格各异的乐曲、歌曲和舞曲变为大众喜闻乐见的舞台作品或影视作品已迫在眉睫。

蒙古汗廷音乐作为文化软实力，只有得到有关部门的大力扶持和全社会的关注和推动，才有生存的活力和发展的前景，只有走可持续发展之路，才能走出国门走上国际舞台。蒙古汗廷音乐走上可持续发展之路，应该是我们的终极目标。

作为非物质文化遗产的蒙古族萨满艺术[*]

——以科尔沁蒙古族萨满教为例

色 音

　　科尔沁萨满教艺术包括绘画美术、音乐、舞蹈等部分。萨满在蒙古族艺术史上扮演了一个出色的"民间艺术家"的角色。这一点在阴山岩画、乌兰察布岩画等北方民族先民留下来的岩画中得到了证实。考古学家和岩画学家在北方草原地带古代岩画中发现了大量的萨满教岩画。那些萨满教岩画不仅是有较高的考古价值，还有非常珍贵的艺术价值。它的学术意义在于为我们研究萨满教的起源、发展及早期的观念形态等提供了可贵的形象资料。在那些萨满教岩画中既可以看到萨满教自然崇拜的痕迹和图腾崇拜的遗存，也可以看到萨满教对人类生产生活和生殖行为的影响。

　　蒙古族萨满教文化在岩画艺术中留下了历史的痕迹。如在内蒙古阴山岩画中曾发现有"翁贡图""狩猎舞蹈图""宗教祭礼舞图"等。在查干扎巴岩画中有手执铃鼓的萨满巫师形象；布里亚特蒙古部落祭祀查干扎巴山崖神灵的祷文中也说，在群山有你们的宝座，在山崖上有你们

　　* 本文是国家社科基金重大项目"内蒙古蒙古族非物质文化遗产跨学科调查研究"（12&ZD131）阶段性成果。

的神像。这些都充分说明蒙古族古代萨满教文化与岩画崇拜有着密切的联系。

对日、月的图腾崇拜是人类早期社会中带有普遍性的现象，是崇拜大自然的又一种意识形式。盖山林先生在内蒙古南部阴山山脉对大量古代北方民族岩画的考察中，曾发现过一个双手举过头顶的人物形象，在其头顶上刻绘有烈日当空照耀的图形。

除岩画之外，萨满教的绘画艺术还表现在萨满神像以及萨满法具和法服上的装饰图案中。大多数民族的萨满都拥有一定数量的神像。除有些神像是刻制而外，大部分是绘制的。其中既有祖先神像、图腾神像，又有守护神画像和萨满作法画像。有些民族的萨满画像起源较早，而有些民族的萨满画像是较晚近的时候才出现的。

在科尔沁蒙古族的整个萨满教造型艺术中，立体造型艺术形式即木雕、布偶及皮偶等占有很大比重。在科尔沁萨满举行的各种仪式中，对各种动物图腾崇拜的需要促使他们以各种手段来塑造崇拜偶像的实体。这就很自然地使他们经历了对立体造型艺术逐步认识掌握的过程。① 蒙古族萨满画像的种类非常多。德国著名蒙古学家海西希从世界各地民间和博物馆中收集了大量的蒙古萨满教神像，仅在他的《蒙古宗教》一书中所收神像就有战神腾格里像、腾格里苏勒得神像、达延山神像、蒙古家神像、成吉思汗祭祀图等种类。

萨满画在整个科尔沁萨满文化体系中有着审美、装饰、符号以及认识等多种功能。其中审美功能和认识功能尤为重要。萨满画在通过人的视觉使神灵的形象具体化方面起着不可忽视的作用。其符号功能和认识功能是紧密地联系在一起的。萨满画中往往用特定的符号象征特定的事物，并用符号来具现抽象的观念。英国社会学家甄克思曾指出："最初

---

① 参见鄂·苏日台《狩猎民族原始艺术》，内蒙古文化出版社 1992 年版，第 60 页。

的绘画和雕刻是用于记事或交流思想的。"① 从这个意义上来说，萨满画在萨满教文化体系中起着"宣传画"的认识功能。人们通过那些萨满画可以认识和了解萨满教的基本思想和观念。

一般认为萨满是"因兴奋而狂舞"的人，所以萨满的主要职能之一就是以舞降神。可以说，没有丰富多彩的萨满舞蹈就没有萨满教仪式。由于萨满和舞蹈紧密地联系在一起，在中国东北等地用"跳大神"来泛指萨满和大仙等民间巫者的跳神仪式。尽管"跳大神"和萨满仪式不完全是一回事，但在民间已经习惯于用这一术语。

蒙古族的萨满教舞蹈种类繁多，内容丰富，形式多样，并各有各的民族特色。以科尔沁蒙古族为例，萨满舞是古老的原始宗教舞蹈。人类历史初期的蒙古博舞蹈，是原始狩猎舞、鼓舞、图腾舞的结合体。其舞蹈动作无疑是起源于劳动生活的古老的模拟性、自娱性简单动作，而且具有明显的实用意义……随着社会生产的发展和宗教的形成，作为宗教意识的形象体现博舞蹈，逐渐脱离模拟再现魔法狩猎的生产形式，演变为单纯的"歌舞事神"的宗教舞蹈。这时的博舞蹈，经博信徒们的积累、加工、提炼，形成了一套适合表达思想感情、行博内容的丰富的蒙古族舞蹈语汇和完整的表演形式。可见，蒙古族萨满舞蹈吸收和发展了原始舞蹈，对此白翠英富有见地地论述过："他们的劳动、征战、庆典中创造了模拟动物、再现狩猎搏斗的场面和传授狩猎舞、战争兵器舞（鼓舞、刀舞）、绕树顿足拍手击节的集体舞等。蒙古博（萨满）在其由敬畏神鬼转为献媚神鬼的过程中，将这些原始舞蹈的风采吸收到宗教仪式中、巫术活动中、服饰法器中，使其神化，成为他们以巫术、魔法进行狩猎生产的手段和主持集体宗教仪式、激发人们宗教意识和审美需求的一种手法。之后，在萨满（博）由氏族变为职业，由娱神发展为既

① ［英］甄克思：《社会通诠》，严复译，商务印书馆1981年版，第203页。

娱神又娱人的过程中，又使集体祭祀舞，部分民间舞蹈变为专业萨满表演的丰富多彩的、比较完美的、规范化的宗教舞蹈，寓教义于娱乐之中。"① 长期以来，萨满教舞蹈在蒙古人精神生活中占据着重要地位，在生产、生活、习俗、礼仪、征战等活动中都要举行特定的带有宗教意义的仪式，跳萨满舞。其表演形式有独舞、双人舞、四人舞、群舞等，分大场（室外祭祀求福）、小场（室内治病驱魔）；其基本动作有步伐、旋转、跳跃等。萨满舞主要有鼓技舞、精灵舞、亦都罕舞、莱青舞等。

鼓技舞，是原始多神教带有共性的舞蹈形式，具有自己的独特风格、动作、节奏和表演形式。精灵舞，是原始多神教模拟图腾神灵的舞蹈，丰富多彩，可以分几个类型：鸟神精灵舞——以鼓、手臂、法裙、衬裙等象征翅膀，模拟鸟神抖动翅膀（硬肩、抖肩）、啄弄羽毛、飞旋飞落等形象。蜜蜂神精灵舞——双背手，手指为针，退步蹦跳，表现蜜蜂神蜇人。虎神精灵舞——以四肢为爪，双腿蹦跳，表现虎神凶猛的运动形态。种山羊神精灵舞——以鼓柄为角，将鼓放在头上，另一只手后背，晃动前倾的身体，脚下自由走动，表现种山羊神顶人。学舌精灵舞——将鼓竖在耳后，另一只手按在腿上躬身行走，蹦跳，扮演好奇的学舌人，时而站着听，时而学着说。模仿动物的舞蹈动作在蒙古族萨满舞蹈中比较普遍。模仿野生动物的舞蹈，原是猎人们以跳舞的形式来模仿各种野生动物的动作和神态。对此乌兰杰认为："各种野生动物是蒙古人生活资料的主要来源；换句话说，就是他们的劳动对象。通过狩猎生产劳动长期的实践，蒙古人逐渐掌握了各种飞禽走兽的习性，积累了有关野生动物的丰富知识。因而，他们将自己对野生动物的敏锐观察和体验，用舞蹈的形式表达出来。"② 据研究，有些地方至今还流传着模

---

① 白翠英：《科尔沁民族民间舞蹈与宗教》，《哲里木艺术研究》1990 年第 1 期。
② 乌兰杰：《蒙古族古代音乐舞蹈初探》，内蒙古人民出版社 1985 年版，第 29 页。

仿野生动物的舞蹈。白海青舞，是蒙古人最古老模仿野生动物的舞蹈之一，是从萨满教歌舞中发展起来的。

科尔沁萨满舞蹈中如下舞蹈颇具特色。

"牙布迪亚"舞——蒙古族萨满教歌舞，是萨满教仪式歌舞的主体部分，是一种娱神歌舞。作为娱神歌舞，它是由萨满巫师专定为娱乐鬼神而表演的歌舞节目，其目的就是取悦鬼神。从结构方面来说，蒙古族萨满教娱神歌舞是由漫步集体舞蹈和快步集体舞蹈两个部分构成的。"牙布迪亚"舞是漫步集体舞蹈。

"贵克朗"舞——是一首典型的快步集体舞蹈。在萨满教仪式中，当娱神歌舞进入快步集体舞蹈阶段后，萨满们的表演则变为以舞蹈为主，歌唱次之。快步集体舞蹈所特有的节奏和速度，是驱动萨满灵性的主要动力。正是娱神歌舞那种由简而繁、步步紧催的节奏流程，由慢转快，逐渐激昂的速度变化，才使萨满巫师摆脱普通人所固有的心理状态，进入如醉如狂的超常心理状态。

"查干·额利叶"舞——在科尔沁蒙古族萨满教中，有一个叫作"查干·额利叶"的教派。所谓查干·额利叶，蒙古语即白色的鸥鹰，实则指的是白海青。白海青的精灵专门附在女萨满身上。跳"查干·额利叶"舞时，女萨满们身着白色长袍，两手持红绸巾，翩然起舞，由慢到快，模仿白海青的各种神态动作。

"浩嘿迈"舞——蒙古族萨满教巫术歌舞，"浩嘿迈"蒙古语意为骷髅，所以可译作骷髅舞。蒙古族萨满教巫术歌舞有内场与外场之分。所谓内场指的是在室内表演的巫术歌舞，外场则指那些在室外表演的巫术歌舞。[1] 萨满巫术歌舞的表演者的身份，必须是职业萨满，从不允许业余萨满或群众参与其事。

---

① 参见田青主编《中国宗教音乐》，宗教文化出版社1997年版，第301—302页。

在科尔沁萨满舞中鼓的作用是非常重要的。萨满开始跳神之前往往先敲击一段神鼓，以此来酝酿歌舞灵性，同时以鼓声通告神灵：仪式就要开始了。萨满舞的序幕往往是在鼓声中缓缓拉开的。没有鼓萨满就跳不了神，也主持不了仪式。

在民间现在还流传一句话——见有人干活不带工具，空手来的，就说："当一辈子大神没鼓，一拍巴掌来的。"就是说鼓是大神必备的工具。萨满在跳神时就是累死，也要把鼓拿在手里。

神鼓主要是通过鼓舞、鼓法去象征各种人的活动。萨满在跳神时，神鼓、腰铃是伴奏器。击鼓的动作，可分身、手、脚三部分。跳时，左手持鼓，右手握槌，也有右手持鼓，左手握槌。有些出名的老萨满都是左右开弓，双手都会。击鼓的方法与普通的打鼓不同，其鼓槌不是直上直下，而是斜击鼓面。身体左右摇动，腰铃随之摇摆成声。两足分开站立，开始时左足较右足稍前，仅以脚尖着地，身体摆三次，右脚前进一步；也是脚尖着地，身体继续摆动三次，左脚又进一步。如此更迭，前进不已。萨满的鼓舞都在室内举行，唯有跳鹿神时在室外。室内舞在里屋地上，通常环舞三次。舞的姿势有三种：一是盘鼓。香主家摆上供，萨满上场，右手握鼓，左手拿鼓槌，盘腿坐在床上，先打一通报鼓，要打得生动、快活、喜庆，接着双目紧闭，一面击鼓，一面抖动嘴唇，咬响牙齿。二是击鼓。在请来神后，互相对答完，从炕上跳下，也有从高桌上跳下的，边歌边舞，边跳边唱，歌声鼓声融为一体。三是鼓舞。鼓舞多用小鼓，节奏复杂多变，鼓点短促清晰如爆豆。在跳神打鬼和送鬼时，村中有些好玩鼓的青年人，为了给萨满出难题，凑合几个人，戴着各式鬼脸，闯进跳神的屋，和萨满比试鼓舞，这是萨满最担心的，也是他（她）必须过的一关。开始由萨满的助手和村中的"外鬼"比赛，一般的就将"外鬼"比下去了，比败了的外鬼就等于被赶走了。但也有技术很高的"外鬼",非得掌坛的老萨满出面,开始舞一面鼓,一会儿舞两面鼓,舞者手中的鼓有时抛起、有时旋转,手上的功夫非常好,花样繁多,各使节数。这时腰铃齐响,跳神达到高潮,几个人鼓声参差错落,真是火爆。在表演鼓舞的同时拿出绝招,像吞火、衔刀等,惹得四周人暗中叫好。

在萨满文化中鼓的主要价值在于它的实用性,其艺术性价值是次要的。正如普列汉诺夫所指出的:"从历史上说,以有意识的实用观点来看待事物,往往是先于审美的观点来看待事物。"[1] 神鼓在萨满仪式中起迎神驱鬼的功用外,在萨满舞中直接表现体态律动、传达各种宗教情感指向和渲染宗教气氛方面起的作用是不可低估的。萨满在掌握鼓的节奏、音色和力度上花费了很大工夫,一个萨满的功底完全可以从其鼓技上看出来。笔者所看到的几场萨满跳神仪式,萨满在跳神之前必须先把神鼓拿到火上去烤(通电的地方在电灯上烤)好,将其音色调到比较响亮为止。鼓技好的萨满在跳神时将鼓声的力度和节拍掌握得灵活自如,神鼓的音色变化也相当丰富。一般来讲,萨满表达请神、迎神、送神等喜悦之情时用轻快的节奏和柔和的音响,舞步也较缓慢,而驱鬼赶妖的场面鼓点激昂、节奏加快,表现一种怒怨之情。萨满舞中舞台气氛和情节展开,始终靠鼓点来渲染和推动。萨满舞的开场、高潮及收场等舞蹈段落都可以从萨满敲击出的鼓点中听得出来。鼓在萨满跳神仪式中对制造气氛、渲染情绪、调整舞步等方面所起的作用是非常大的。在整个跳神过程中,萨满通过击出高低快慢不同的音调和频率,传达了许多较为复杂的宗教观念和文化信息。

宗教与声音、神灵与声音以及声音在宗教仪式中的象征意义等问题一直是音乐人类学的重点研究课题。音乐人类学家认为,要研究宗教音

---

[1] 《没有地址的信,艺术与社会生活》,人民文学出版社1962年版,第125页。

乐，首先要弄清声音在宗教仪式中的象征功能和文化蕴含。用特殊的声音表达特殊的感情和特定的意图是古今中外人类宗教仪式中共存的普遍现象。萨满教作为一种比较原始古老的宗教形态，对声音的理解和看法尤为古朴而神秘。萨满教认为，神灵喜欢声音而鬼怪害怕声音。萨满仪式中对各种声音的不同处理是以这种双重理解为前提的。正因为神灵和鬼怪对声音的态度不同，所以在萨满教仪式中萨满击鼓作声时必须根据不同的场合、不同的目的变换其鼓声的高低快慢等节奏。萨满鼓的敲击节奏是萨满表达不同感情和不同思想的重要手段。在以声音和节奏的变换来表达不同的具体意图的简单符号思维的基础上，逐渐发展出旋律和曲调，来表达更复杂的抽象观念的音乐思维。

蒙古族萨满教音乐是独具特点的宗教音乐。自 20 世纪 80 年代以来对萨满教音乐的研究也取得了可喜的成就。1986 年由内蒙古哲盟文化处内部出版的《科尔沁博艺术初探》一书对蒙古族萨满教音乐的历史与现状以及特点等问题进行了深入的探讨，并阐明了萨满音乐和民间音乐之间的相互影响和渗透关系。

1992 年，有关萨满音乐的研究又有了新的发展。乌兰杰在《蒙古萨满教歌舞概述》① 中，简要论述了蒙古萨满教祭祀中的歌与舞的功能，认为萨满教歌舞是蒙古萨满教活动的主体部分，它除了具有宗教功能外，同时还兼有人神同享的世俗性特点。科尔沁萨满教的音乐活动，主要表现为跳神时的歌唱和乐器（法器）演奏。跳神仪式有严格的程序。程序不同，歌唱曲调也不同。

科尔沁蒙古族萨满音乐在漫长的历史发展过程中调式、节拍节奏、曲式结构等逐步形成了自己的特点。有的萨满在不改变曲子的情况下，利用速度和节拍的变化，丰富其表现力。有的萨满在曲子结构不变的情

---

① 乌兰杰：《蒙古萨满教歌舞概述》，《中国音乐学》1992 年第 3 期。

况下，根据唱词内容和语言的变化，改变音高（可改变调式或不改变调式），在不变中求变，在单调中求丰富。例如，宝音贺喜格唱的"祭神"曲，开始，是速度很慢的慢板，经过中板，加快至小快板。无论在哪种速度里，都是两小节为一个乐节，每个乐节的音型和节奏型都大致一样。

设坛是科尔沁蒙古族萨满歌舞的准备阶段，萨满巫师们亦称之为烧香。所谓设坛，就是应邀行巫的萨满巫师在开始表演歌舞之前，预先在病人家里布置神坛，对之叩拜祈祷。由此可见，设坛既是蒙古族巫神作法之前的准备阶段，也是整场萨满歌舞的序歌和引子。首先，通过设坛这一特殊段落，萨满们调动和诱发自己内心深处的"萨满灵性"，进入行巫和歌舞表演所需的特殊精神状态。其次，对于虔诚的观众来说，设坛也能唤起他们的潜宗教意识，这对于萨满巫师来说是必不可少的。

《设坛》是序歌中的首曲。当神鼓敲出三点或×××节奏后，第一小节便是一个低沉的长音。从宗教功能上说，这个长音则是萨满巫师向着苍天大地、神灵祖先以及诸多图腾发出的热切呼唤。这一特殊信号显得格外神秘幽远，把观众带入天荒地老、诡谲迷离的宗教意识之中，颇具历史纵深感。[①]

萨满音乐作为萨满文化的重要组成部分，在整个萨满教的神灵体系、观念体系及仪式活动中有着非常重要的宗教功能。萨满用曲调的交替、音色的变换、鼓点的节奏调整等方式表达不同的宗教感情和信仰内容。笔者在内蒙古科尔沁地区进行萨满教调查时，深深地感到音乐曲调和萨满鼓的敲击节奏对创造不同的宗教氛围和文化气氛所起作用的巨大。1987 年笔者在内蒙古哲盟科左后旗哈日格苏木采录了一位萨满的《请吉雅奇神》曲调。那位萨满在诵唱的过程中将神歌的调式变换了三

---

① 参见田青主编《中国宗教音乐》，宗教文化出版社 1997 年版，第 301 页。

次，以不同的曲调来划分不同的内容段落。10 年以后，1997 年 10 月笔者又观看了一位科尔沁萨满的祭天仪式。在整个过程中主持仪式的萨满根据仪式的不同阶段换了几次调式，请天神曲、请精灵曲及献牲曲各有各的特色。请天神曲听起来给人一种悠扬、低沉、温顺、幽远的感觉。献牲曲的旋律质朴、通俗易记。笔者当时就记住了该曲调，至今记忆犹新。整个仪式过程中的曲调变化具有慢起渐快的规律。祭天仪式结束后，主祭萨满还为笔者表演了一段治病仪式的简单作法。由于治病仪式是驱病魔的仪式，所以萨满为了造成一种阴森可怖的气氛，诵唱的曲调也和祭天时所唱的曲调不同。祭天时萨满击出的鼓点很有节奏，一般用三点式节拍。而治病仪式中的鼓点则变化较多，仪式刚开始时鼓点较缓慢，当萨满跳得激烈若狂时鼓点变成"当、当、当、当……"的急促节奏。萨满击出这种急促的鼓点来制造一种紧张而可怖的惊心动魄的气势。可见，鼓点在萨满仪式中造成不同气氛时所起的作用比较重要。所以，研究萨满音乐时不能忽视对萨满鼓点的研究。

关于萨满鼓的起源目前学术界还没有定论。但从人类鼓文化的发展史来看，鼓的起源和它的宗教功能密切相关。在万物有灵观念的支配下，初民社会的人们认为鼓有通神的能力，在巫术中把它用作法器。在许多民族的萨满神话和传说中萨满鼓往往被描绘成萨满和神灵交流的"坐骑"。严昌洪、蒲亨强所著《中国鼓文化研究》一书中指出："在萨满教这一比较完备的原始宗教中，鼓的神秘保存比较多，它是萨满（巫师）请神和驱鬼的重要法器。"[1] 萨满教仪式中萨满鼓起着传达各种宗教信息的"信鼓"作用。萨满通过鼓点的不同来向神灵和鬼怪通报各种信息，所以萨满鼓是萨满所必备的法器兼乐器。萨满鼓的乐器作用在萨满音乐中发挥得比较突出。

---

[1]　严昌洪、蒲亨强：《中国鼓文化研究》，广西教育出版社 1997 年版，第 95 页。

　　萨满音乐中表达不同信息和感情的另一重要因素是"声音"。从发生学的角度来看，在人类的语言还没有产生之前，人们往往用简单的吼叫声来表达复杂的感情和丰富的信息。所以，人类自古给"声音"这一生理现象赋予了丰富多样的文化意蕴。恩斯特·卡西尔说："人类最基本的发音并不与物理事物相关，但也不是纯粹任意的记号。无论是自然的存在还是人为的存在都不适用于形容它们。它们是'自然的'，不是'人为的'；但是它们与外部对象的性质毫无关系。它们并非依赖于单纯的约定俗成，而有其更深的根源。它们是人类情感的无意识表露，是感叹，是突然迸出的呼叫。"① 古希腊哲学家德谟克利特第一个提出：人类语言起源于某些单纯情感性质的音节。萨满教仪式中利用这一自然赋予人类的表达感情之生理本能，给它添加了许多原本所不具备的文化功能。为了区别萨满在正常精神状态下的世俗人格和进入附体状态下的神异人格，在萨满音乐中往往用真声和假声的二元对立方式来处理萨满发出的声音。萨满在神灵附体状态下发出的各种不同于正常声音的"怪叫"在仪式过程中起着人格转换和渲染神秘气氛的作用。有人指出，蒙古族科尔沁萨满大都是真声演唱，"但当他们神灵附体治病驱邪时，就要采取高八度的假声唱法，声音尖而细，很不扎实，断断续续，虚虚渺渺，再加以他们痉挛状狂热的表演，似乎真有超凡的神灵附在体内一般，此时此刻这种假声演唱方式就成了他们吸引观众，迷惑人们，为其宗教迷信服务的一种手段了"②。在萨满音乐中用正常的真声来表达萨满本人对神灵的真诚祈祷等宗教感情，而用假声来表达神灵附体状态下的"神灵语言"和"精灵语言"，以示此时所讲的话不是萨满本人的话，而是神灵或精灵借萨满的口在"发号施令"。

---

① ［德］恩斯特·卡西尔：《人论》，甘阳译，上海译文出版社1986年版，第147页。
② 白翠英等：《科尔沁博艺术初探》，哲里木盟文化处编，1986年，第76页。

国内对萨满文化的民族学、民俗学、宗教学研究也积累了一定的学术资源，譬如 20 世纪 50 年代由国家行政主管部门所组织的大规模民族识别与调查和 80 年代以来人类学者的某些个案考察。如是，萨满文化的研究几乎成为人类学研究的专有领地。不过，国内外学术界对萨满文化的研究仍然存在很大的缺欠，即对萨满文化中的音乐研究十分薄弱；因而，在已有的人类学研究成果中人们还无法在更深层次上看到萨满文化的全貌。这里存在学科理论视角不同以及当时历史条件、研究手段所限的原因，同时，更缺少音乐学专业的直接介入。近十几年来，国内音乐学家开始进入这个领域。其成果主要体现在满族、蒙古族萨满音乐的研究中，而其他少数民族的萨满音乐则较少有人涉足。特别是关于萨满乐器的研究，除了满族已有专文或专著外，其他民族的萨满乐器研究成果大多散见在一些综合性的音乐论文之中，尚未形成专题性的研究。此外，由于田野工作条件所限，农业地区诸民族的萨满乐器得到了较为全面的研究，而处于林业、牧业地区诸民族的萨满乐器则较少得到深入的开掘。

在科尔沁蒙古族萨满音乐的研究方面刘桂腾先生做出了很大的贡献。他在《科尔沁蒙古族萨满祭祀仪式音乐考》（参见《中央音乐学院学报》2004 年第 1 期）一文中比较全面系统地探讨了科尔沁蒙古萨满音乐文化的地域特色和符号属性等相关问题。

对于分布于广阔地域的一个人数众多的民族共同体，由于各部落与氏族之间所处的自然条件、生产方式及周边的人文环境之不同，因而其文化形态必然带有鲜明的地域特色。这一点，在蒙古族萨满乐器的使用和配置上体现得尤为明显。如呼伦贝尔一带的巴尔虎蒙古博使用抓持型的萨满鼓（抓鼓），与邻近的鄂温克族、达斡尔族相近；哲里木盟一带的科尔沁蒙古博使用握持型的萨满鼓（单鼓），与邻近的满族、汉族相近；而河套平原一带的察哈尔蒙古博使用的萨满鼓则介于两者之间。握持型的塔拉哼格日各，是科尔沁蒙古博的标志性乐器。使用腰镜，也是科尔沁蒙古萨满仪式在乐器配置上的突出特点。铜镜是农耕文化的产物，属汉文化圈里的东西。汉族以及中国东北阿尔泰语系诸族的萨满仪式无不使用铜镜作为重要法器。他们或将铜镜披挂在萨满的身上，或缝缀在萨满的神服上，或镶嵌在萨满的神帽上作为护心镜、护背镜、护头镜等。但将铜镜串联在一起围系在腰间并使其互相碰撞发声而成为乐器的，则十分少见。在文字记载中，使用腰镜的民族有蒙古族、达斡尔族和锡伯族；但在目前的田野考察中，只有在哲里木盟的科尔沁蒙古萨满那里才能见到腰镜的实物。因而，腰镜也是科尔沁蒙古博的标志性乐器。这些，便形成了科尔沁蒙古萨满音乐文化不同于其他地区蒙古萨满音乐文化的地域特色。

萨满祭祀仪式音乐属象征符号系统。犹如其他民族的萨满祭祀仪式音乐一样，科尔沁蒙古族的萨满乐器及神歌充满了丰富的象征意义。正是萨满所赋予的这些象征意义，构成了一套科尔沁蒙古萨满祭祀仪式符号集：塔拉哼格日各是科尔沁蒙古博的"坐骑"，有了它，蒙古博"想上哪儿转眼就能到哪儿"；铸有吉语或祥瑞图案的托力寄寓和指代了复杂的意念，如双鱼镜的双鱼形象语义双关地意指"年年有余"，弦纹镜的圆圈图案隐喻着"圆满"，铭文镜文字符号预示着"五子登科"之类的祈愿；不同的节奏类型和不同演奏速度与力度，刻画了不同的仪式情境（请神、降神、送神）；哄哈的铃声，描摹了神从灵界飘然而至的步履；吉德刀身上镶嵌的七星北斗结合托力、铜铃与刀身碰撞而产生的声响，为祈愿者指点了迷津。因之，我们将祭祀仪式音乐看作一种具有实用功能的象征符号。相比之下，它的审美功能是潜在的。

与完全进入审美层次的"美感符号"所能够产生的作用有所不

同，作为"象征符号"的萨满仪式音乐的意义是有限的；因为象征符号的意义是在产生仪式的族群中约定俗成并且具有鲜明的功利目的。故而，它在特定的文化圈中主要发挥功利性而非审美性的符号效应。换言之，音乐在祭祀仪式中产生符号效应时，审美功能处于次要地位，而象征功能居于主导地位。科尔沁蒙古萨满正是运用这些具有明确功利目的的视觉形式（乐器及其上的图案）与听觉形式（器乐及神歌）的象征符号，使萨满乐器成为萨满驱魔逐妖的工具，使萨满神歌（包括器乐）成为与神灵沟通的特殊语言。科尔沁蒙古萨满运用音乐形式所创造的这种被常人视为虚拟的语境，形成了由一系列象征符号建构的话语系统，进而成为他们举行复杂萨满仪式所必须并且能够使受众理喻的思维载体。①

科尔沁蒙古萨满音乐是萨满仪式的重要组成部分。科尔沁蒙古萨满举行仪式时一般要先诵唱迎精灵神曲。如"翁古惕·舞日会"神歌就是科尔沁蒙古族萨满的一首著名的迎精灵神曲，在科尔沁草原广为流传，深受群众喜爱。它音调简洁，旋律流畅，节奏舒展，调式富于对比和变化，依旧很好地保持着萨满音乐的典型风格。萨满通过唱"翁古惕·舞日会"神歌，最终使人格与神格在自己身上得到完美结合，表现出人神沟通、相互和谐的统一性，并以此为神灵附体创造了心理条件。仪式结束时科尔沁蒙古萨满也要诵唱送精灵神曲。蒙古语称"翁古惕·呼日格胡"。从仪式结构上说，"翁古惕·呼日格胡"送神歌舞算是蒙古族萨满教仪式歌舞的尾声，起着圆满结束萨满仪式的重要作用。

萨满仪式音乐与一切口传原生态民间音乐文化一样，都是拥有者对

---

① 参见刘桂腾《科尔沁蒙古族萨满祭祀仪式音乐考》，《中央音乐学院学报》2004 年第 1 期。

自己文化传统的一种不间断的、现实的选择与阐释。因而，科尔沁蒙古萨满乐器及神歌所呈现出来的"复合型"文化特征，典型地体现了民族间文化融合的基本规律。

总之，萨满音乐在萨满仪式活动中起着传递信息、表达感情和渲染气氛等多种功能。萨满音乐是把语言无法表达的含蓄感情和信仰内容加以分节，形成程式化的宗教艺术。它在萨满教宗教感情状态的形成中起着根本性的艺术感染作用。冯伯阳在《音乐研究》1997 年第 2 期上撰文指出：目前，在世界范围内，有关文化人类学的理论和方法正愈来愈广泛地应用于人文社会科学的诸多研究领域。冯文即力图将对中国满族萨满音乐的探讨置于文化人类学的视野之内，以期能使这种研究建构在一种较为清晰的理论框架之中，从而使萨满音乐恒久的文化价值和艺术魅力能够在一个更广阔的文化背景和更深厚的历史积淀中得到显现。作者在对萨满音乐的源流、构成要素、发生机制进行研究与探索之后，对萨满音乐的本质提出如下认识：根据目前各国人类学家对人类原始文化的生成、进化规律的全方位研究，以及满族萨满文化自身所包容的人类原始文化的某些特征，可将寓于萨满文化中的音乐艺术视为满族先民在认识自然、开拓自然、征服自然的漫长艰辛的历史岁月中形成的原始艺术思维产物，它的外化形式为歌、舞、乐、词，其本质"名为娱神，实则娱人"。当我们把萨满音乐放在满族原始社会的"文化生态系统"中，放到当时的社会关系及社会互动形式中去考察，可以看到，萨满音乐的存在，完全是满族先民为满足个人或集体某种需要的艺术形式。其中，凝聚了满族人民在长期社会生产实践中积累形成的心理素质、审美观念、文化价值取向及生生不灭的民族意识。通过对满族萨满音乐的研究，至少可以从以下几个方面获取它的价值：（1）在寻找人类艺术起源途径方面，（2）在认识人类原始艺术思维形式方面，（3）在建立人类原始音乐模式方面，（4）在发现人类音乐演化规律方面，（5）在探讨满族民族审美观念方面。随着人类社会空间的无限拓展，一方面，萨满文化赖以生存的生态环境正不断地受到现代文明的冲击而濒临消失；另一方面，萨满文化作为一个世界性的研究课题，它所反映出的"人类本质的永恒本性"，又使它充满了无穷的魅力。

对萨满音乐的文化人类学研究在国际上已形成了一种热潮，尤其是音乐人类学界一直在热烈地讨论萨满教音乐的发生发展规律以及它在宗教仪式中的神圣功能等问题。而我国文化人类学界对这一类问题的重视可以说刚刚开始。并且从事这方面研究的主要是音乐学家，而不是正统文化人类学学者。追寻其中之原因，主要是大多数文化人类学家缺乏音乐学方面的知识和素养，所以很难从音乐人类学角度对其进行深入的研究；音乐学家对萨满音乐的研究尽管取得了一些可喜的成就，但也由于缺乏一些文化人类学的专业知识，其研究成果往往缺乏应有的深度和广度。根据这种情况，笔者认为对萨满音乐从多学科、多角度进行综合性"科际"研究是当务之急，把音乐学、宗教学、人类学乃至语言学等相关学科结合起来研究，才能将对萨满教音乐的研究推向一个新的高度。

需要说明的是，我们为了研究方便将萨满教的造型艺术分作绘画、舞蹈、音乐三大部分来分析。然而，在萨满文化体系中这三者往往是融为一体，不能够截然分开的。在国际学术界，往往用诗歌、音乐、舞蹈的"三位一体"来概括人类艺术的起源和原初形态。对于萨满教艺术来讲，用"三位一体"来概括似乎不够充分。萨满教艺术实际上是融绘画、诗歌、音乐和舞蹈为一体的"四位一体"的艺术综合体。在一个完整的萨满仪式中祈祷诗、音乐、舞蹈和绘画（主要是神像）是不可缺少的四大要素。从这些仪程中可以看出除合唱神歌（一般用诗体）、击鼓跳神等所涉及的音乐、诗歌、舞蹈三个要素之外，还加上了"悬挂神像"的绘画要素，构成了典型的"四位一体"的艺术结构特征。由于萨满教艺术是蕴含极其丰富的艺术综合体，所以我们应该采取多学科、多角度的"科际"研究方法才能够得出全面系统的论断。把萨满教艺术中的各个要素放在萨满文化的整体结构中来研究，并在各个要素的相互关联中去分析和阐释萨满教艺术的功能才能够得出比较完满的结论。

流行上师与当代灵性：
印度灵性领域的个案考察

吴晓黎

当代印度号称是人均出产灵修导师最多的国家，他们被称为 guru——上师①。有学者曾估计当代印度有数万名上师②，他们的信徒从几十人到百万计不等。2005—2006 年笔者在印度喀拉拉邦田野调查期间③，时常从报纸、杂志、电视、广告上看见各种上师的身影。一些跨国流行的上师，拥有自己的组织和庞大的、媒体经常用"帝国"（empire）一词形容的事业、机构网络。他们为自己的生辰或组织的某些周年纪而举办的盛大庆典，参加者以十万、百万计，在这种场合，印度的政要、名流都要出席。

在印度英文媒体上，上师经常与"spirituality"（精神性/灵性）和"spiritual"（精神的/属灵的/灵性的/灵修的）这两个词联系在一起，它

① "上师"（guru）是印度传统中的一个重要概念，这个梵语名词由 gu（暗，无知）和 ru（驱除者）两部分组成，guru 便是驱除各种无知之蔽的人。不仅是宗教和灵修方面的指导老师称为 guru，音乐、舞蹈、格斗等技艺修习方面的老师也称为 guru，知识通过上师—弟子（guru - shishya）关系而传承。

② David Smith, *Hinduism and Modernity*, Malden：Blackwell, 2003, p. 169.

③ 2005 年到 2006 年，笔者在印度西南端的喀拉拉邦为博士学位论文进行了一年的田野调查，民众的宗教生活是调查的一小部分内容。

们在印度本土语言中并没有很好的对应（在中文里也一样），但像英语本身一样已成为印度文化的一部分。这两个词用得泛滥而模糊，一个原因在于，英文词根"spirit"包含了在世俗性意义上指称人的非物质维度的"精神"以及灵肉二分意义上不死的"灵魂"这两层含义，"spirituality"也便存在两个方向：一方指向人文价值，另一方指向个人与一个超越性现实的联系，无论这个现实被称为什么，有神的还是无神的。无疑，前者更多是启蒙时代以来的产物，而后者具有更古老的传统，是宗教的内在组成部分：与外在仪式、教条相区别的个体内在宗教性体验。

本文试图在印度社会与文化背景中理解当代流行的上师与灵性。在历史追溯和分类把握的基础上，本文将通过一位流行上师的个案，来具体考察当代灵性的内涵、功能、信奉者以及灵性领域在当代印度社会的位置。

一　上师在印度

上师在印度社会的崇高地位源于传统。同时作为祭司和宗教指导老师的上师在吠陀和奥义书时代（前1500—前500）已经存在，他们通过传授知识，也通过仪式行动，来帮助和强化学生的灵性生活。上师的言传身教被赋予了重要的价值，这其中包含了对与事实性知识相对的被体验的知识的高度重视。在虔信派（Bhakti）运动中①，上师更是走上了神化之路。正是从虔信派运动开始，情感主义、有神论和人格化的大众

---

① Bhakti 的意思是对神的虔心、投入、热爱，《薄伽梵歌》将它作为三条可能的宗教道路之一。作为大众宗教运动，虔信派运动 4 世纪兴起于南印泰米尔地区并向南印其他地区扩展，在 12—18 世纪扩展到印度所有地区。

印度教战胜了仪式中心、重智、重达摩（Dharma）的婆罗门印度教。虔信派的修行团体引入了一种新型的上师："上师受到崇敬不是因为他的学术知识或出身，而是因为他个人的、具有启示性的品质，这些品质植根于他自己对于神的虔信和由此而来的神的实现（Realization of Lord）。"①

上师制度在印度教中的重要性显然与印度教没有集中化的权威结构有关。印度教内部有被称为 sampradaya 的各种宗教流派，它由代代相传的上师世系和经过了入门仪式（diksha）的弟子构成，有自己特定的神学观念和仪式实践。这里的上师可以称为制度化的上师。最著名的，莫过于直接源自 8 世纪不二论（Adivaita）神学、哲学家商羯罗的上师世系，迄今已传承到第 68 代。不过，弟子可以脱离原有的派别自立门户，任何修行者或圣人一旦有了自己的信奉者、追随者、弟子，也都成了上师。现代印度流行的，更多是修行者自我成就的克里斯玛型（charismatic）上师。

上师在当代印度的勃兴与大众传媒的发展有莫大关系。一本研究当代"神人"［用印度本土概念说，即"神之化身"（avatar）］② 的印度著作指出，"神人"的"突然涌现"是在独立后，他们"通过报纸、杂志和其他大众媒体的宣传而具有广泛的知名度。一些神人还发展出了自己强有力的媒体"③。20 世纪 80 年代以来的通讯和传媒革命无疑大大促进了上师的传播，甚至直接制造了上师——今日在北部印度有广大知名度的巴巴·罗摩德夫（Baba Ramdev，1953—　）就是在电视上教瑜伽

---

① Joel D. Mlecko, "The Guru in Hindu Tradition", *Numen*, Vol. 29, Fasc. 1, July 1982, p. 46.

② 神为了特定使命投生人世，是为化身。印度教的一些修行者会宣称自己是某位或某几位神的化身，拥有他们的神性和神力。

③ Uday Mehta, *Modern Godmen in India: a Sociological Appraisal*, Bombay: Popular Prakashan, 1993, p. 37.

并结合瑜伽和传统生命吠陀医学（Ayurveda）给人治病而成名，被一些人称为"电视上师"。

在灵性领域极大繁荣的今日印度，对于繁星般的上师图谱，任何普遍化的概括都是冒风险的。不过，考察今日的上师风景线，他们向潜在的信徒提供的各种各样的灵修选择还是可以大致归类：从虔信风格的神之化身信仰，到瑜伽、呼吸术等身心技术，到吠陀知识、灵性哲学。虽然有交叉，但是根据每位上师所强调的重点，或许仍可以粗略地把他们分为虔信派、技术派和知识派。强调智性的知识派更具精英色彩，因而流行程度明显不如其他两派。

二 商卡尔上师为何流行：身心技术的现代相关性

被信众称为"古鲁吉"（Guruji）① 的斯里·斯里·拉维·商卡尔（Sri Sri Ravi Shankar, 1956—　），无疑是当代印度最流行的技术派上师。商卡尔 1956 年出生于南印泰米尔纳杜邦一个中产家庭。根据他的官方网站介绍，他从小就显示出对灵性生活的兴趣，他的父母因此决定让他接受属灵和世俗的双重教育。他少年时代曾跟随多位灵修大师学习，同时，他在 17 岁时就获得了大学的科学学位。因此，他属于既受印度传统灵修训练、具有深厚的吠陀知识又受过现代科学教育的上师。他很早就加入了国际化潮流，向世界传播印度文化。1978—1981 年，他应玛哈礼希欧洲研究大学（Maharishi European Research University）② 的

---

① Ji 为尊称，Guruji 意为"尊敬的上师"。
② 由印度上师玛哈礼希·摩诃什·瑜吉（Maharishi Mahesh Yogi）1975 年在瑞士塞利斯堡（Seelisburg）建立的大学。玛哈礼希是超觉禅观会的创立者，商卡尔曾是他的弟子。

邀请，作为年轻的吠陀学者，在国外讲授吠陀科学和文学。[①]

可以说，商卡尔具有知识派上师的背景，但他的成功却在技术派脉络上。他今日的名声起步于一个组织和一项技术。1981 年，商卡尔创立了"生活的艺术"基金会（The Art of Living Foundation）。次年，商卡尔推出了名为"正行"（Sudarshan Kriya，前一个词的意思是"正确的眼光"，后一个词的意思是"行为，努力"）的一种独特的分节奏的呼吸训练，通过在世界各地设立的"生活的艺术"中心，推广这种呼吸训练的收费课程。上师表明，这种呼吸技术是他在 1982 年一次长达 10 天的静默中获得的启示，其秘密在于，呼吸联结着身、心，每一种情绪都有相对应的呼吸节奏，人们可以通过调节呼吸节奏而调整情绪，改变心态乃至行为模式。[②] 这种呼吸技术最广为人知的功效是纾解压力和紧张，缓和负面情绪。"生活的艺术"网站介绍了一些医学研究的结果（附有研究文章的链接），证明这种呼吸技术对身体和心理健康指标有种种改善。[③] 目前，"生活的艺术"已经把自己的课程开到了 151 个国家。[④] 课程分为基本课程和高级课程——后者一般需要住在训练营，因而最流行的还是基本课程。"生活的艺术"基金会还提供针对特定群体的特殊课程。不过，所有课程的核心都是"正行"呼吸术。

（一）基本课程：呼吸术与灵性训练

2005 年笔者在喀拉拉邦做田野调查的时候，在村里邻居的热情推荐下，参加了镇上"生活的艺术"中心的基础课程。中心开办于 2003

---

① http：//www. artofliving. org/intl/Founder/tabid/57/Default. aspx，2010 年 3 月 22 日访问。

② "Sri Sri on Sudarshan Kriya"，http：//www. artofliving. org/spirituality – human – values/sudarshan – kriya/sri – sri – on – sudarshan – kriya. html，2010 年 4 月 8 日访问。

③ http：//www. artofliving. org/spirituality – human – values/sudarshan – kriya/research – on – sk. html，2010 年 4 月 8 日访问。

④ "About us"，http：//www. artofliving. org/intl/，2010 年 4 月 7 日访问。

年，其实就是汽车站旁一栋半新的楼房里一个空旷的大房间，墙上、桌子上有商卡尔上师的多幅彩照。笔者在这里和其他 50 多人一起学了 6 天的基本课程：前五天每天三个小时，最后一天从上午到下午。

基础课程的中心当然是教"正行"呼吸技术：以不同的节奏呼吸，辅以略微不同的身体姿态，技术要点明确简单。而课程的相当部分是关于生活态度与价值的教育，这是"生活的艺术"提供的灵性训练的一部分。在宣讲中，老师逐日提出问题，这些问题包括：你期待于生活的是什么？有什么困扰你？你期待于这个课程的是什么？你什么时候感到快乐？感到快乐你需要什么？你对什么负责任？对什么不负责任？你什么时候来到这个星球？你准备待多久？未来你想做什么？你在哪里？你是什么？你是谁？学员们分六人小组、三人小组进行讨论，各自讲述自己的人生故事。特别是，大家对坐，每人问对方：你是谁？

在这个课程中，老师总结的要点包括：大家期待于生活的是幸福快乐。幸福更多地来自内在。要活在当下，在当下快乐。负责产生力量，与负责任相反的是抱怨。不要在别人的错误后找意图。按别人的样子接受别人，照处境的样子接受处境，能改变的只有自己。你是谁？你是某个社会角色，剥开这个角色，你什么也不是，但你也就是任何人。

最后一天的课程最长，从早上 9 点到下午 6 点。老师让学员们禅观（meditation），让你想象自己 6 个月，2 岁，6 岁，12 岁，16 岁……直到80 岁，体会身体变化而内心不变的感受。

与"正行"呼吸术推广时的科学色彩相称，"生活的艺术"课程的灵性训练基本不提神灵或超自然，具有入世、理性的面貌。价值教育中一部分属于日常生活的现代伦理。避开印度教的生命轮回世界观，课程肯定现世幸福快乐，强调当下，强调个人责任，还有人际关系中的宽容、不抱怨和反求诸己。不过，它的核心——可以概括为唤醒或回到那个不变的真正的自我——仍然属于印度教传统。课程里面追问"我是谁"的方式，其首创者是商卡尔的泰米尔前辈同乡，教授纯粹不二论吠檀多（Vetanda）① 的罗摩那·玛哈礼希（Ramana Maharishi 1879—1950）。罗摩那教他的学生追问自己"我是谁"，因为他相信，围绕"我是谁"问题的禅观，将使一个人的多种角色和面具剥落，而作为纯粹意识的真正自我就将浮现出来。② 与自我主义、自我中心的那个"个我"（英文的 ego，梵语的 jiva）不同的"真正自我（Atman）"，是印度吠檀多哲学/神学的核心概念之一。真我是不变的，它与作为宇宙的终极现实、最高灵魂的梵（Brahma）是一致的，这就是"梵我同一"。③

爱也是"生活的艺术"课程宣扬的价值。课程最后一天的禅观中有这样一个节目，男性、女性分开，男与男、女与女各自排成两排，面对面而坐，先闭眼冥想，然后睁开眼睛看着对面的人的眼睛，老师特别地强调，要"以初生婴儿的眼睛，带着爱，凝视对方的眼睛"。然后闭上眼，与对方手拉手，"带着爱感觉对方"。然后一排人整体移动一个位置，多出来的末尾一位换到最前面来，所有人换了一个人相对。

这是一种很不寻常的经验。男女分开自然是照顾印度社会的性别接触禁忌，然而这里要传达的，是对另一个同类无条件的爱，普遍主义的爱。

这时候不寻常的事发生了：

在换了一个人相对时，我发现斜对面一位 50 多岁的妇女在无声地哭泣，她与对面的中年妇女双手相握时，不断放开手拿围巾擦眼泪。屋

---

① Vetanda 的梵语本义为"吠陀的结尾"，也就是吠陀的附录。8 世纪时，这个词已用来指称以大梵（Brahma）与个体灵魂（Atman）之间关系为核心问题的多重哲学传统。

② *Gavin Flood An Introduction to Hinduism*，Cambridge：Cambridge University Press，1996，p. 271.

③ 参见龙达瑞《大梵与自我：商羯罗研究》，宗教文化出版社 2000 年版，第 40—42 页。

里放着舒缓的音乐，老师同时有一些很短的指示，比如说"放下你的悲哀"。这位妇女可能想到了自己最伤痛的事。她对面的妇女也开始流眼泪，不知是受到了感染，还是勾起了自己的伤心事……这样轮了三个人之后，音乐节奏转为活泼轻快。老师让大家闭眼起身，随着音乐自由起舞，摇摆身体。哭泣的妇女也止住了眼泪，大家都放松地跟着音乐摇摆。闭眼，所以很自我，而在身体的自由舞动中，悲哀也会逐渐发散。就这样舞了很长时间，最后停下来时，身心都像洗了一场热水澡一样。

握手的部分是一个爱的能力的训练。正是在这个部分，在某种让人表达和体会爱的场景中，有人不行了——那很可能是因为爱的伤痛。笔者也是在这里特别注意到，这个课程的灵性训练部分对于经历感情伤痛的人可能具有的心理疏导与治疗的效果。

课程最后一天的禅观综合了其他一些印度上师的禅观技术。除了前面提到的罗摩那·玛哈礼希和围绕"我是谁"问题的禅观之外，将音乐和自由舞蹈应用于禅观，此前最有名的是另一位有国际影响的印度灵修大师奥修①（Osho，1931—1990）。除了课程之外，"生活的艺术"组织的讲道会（Satsang）也大量运用音乐，反响很好。

（二）学员的构成与追求

来小镇"生活的艺术"中心学习的人，基本上可以说来自乡镇中产家庭。"中产阶级"在印度是一个经常被谈论但很少被明确界定的概念。在喀拉拉笔者的田野经验是，很多人会有中产阶级或阶层的自我定位，这里的指标通常包括职业（如专业人士、公务员、白领和商人等）和相对于当地的家庭经济地位。在城乡区别不大、小镇密布的喀拉拉，这样的中产阶层也相当程度地存在于村镇之中。

---

① 奥修在20世纪60—80年代以Bhagwan Shree Rajneesh的名字闻名于世，是一位有争议的上师。

小镇上的"生活的艺术"中心 6 天的基础课程学费是 550 卢比（约合人民币 110 元）。虽然不算很贵，但花钱学这种课程仍然是一个中产阶层的闲暇消费。那一次基础课程，赶上"生活的艺术"基金会成立 25 周年，学费从 550 卢比减到 250 卢比，一下子来了 50 多人，大部分是白领职业者，如教师、银行职员、政府雇员，其次就是中产阶层的家庭主妇。其中 30 多位是女性，年纪最小的是一位高中女生，跟她母亲一起来的。在这个以印度教徒为主的地区，他们基本上都是附近村里的印度教徒。

人们来"生活的艺术"中心的目的是实用性的——学习一门有益身心健康的技术。向笔者推荐这一课程的朋友葛里佳是一位中学女教师。她和丈夫都参加过基础课程，之后她也经常参加每周的集体练习，唱颂神歌（bhajan）——颂神歌源于印度教的虔信派运动，是表达对神之热爱的歌曲，寺庙里日常都会播放。她强调这里教的呼吸技术和集体唱歌的练习对身体非常好，除了缓解压力，还有治疗慢性病之功效。在课程学习的间隙，学员们在一起也会谈论自己的身心感受和通过呼吸术和唱歌治疗疾病的传闻。"压力"是谈话中经常出现的一个词：在高度商业化、受教育者失业率居高不下、竞争激烈的喀拉拉乡镇，人们普遍具有生活压力感。

课程结束的时候，老师让人主动上前分享自己学习课程的经验、感想。应者踊跃，共有两三位男士、六七位女士上前。发言的人都是肯定呼吸术以及灵性训练给他们个人带来的好处和启迪。我印象最深的是一位中学女校长，她是以前学习过基础课程现在免费参加的。她大意是说，因为第一次当校长，特别有压力，不自信，学习了"生活的艺术"课程后，她经常做呼吸训练，身心压力感真的有了很大改善，变得更自信、更有力量，就像上师教导的那样，勇敢地承担起责任。

基础课程结束后，学员应该每天在家进行呼吸训练。每周也有一次集体练习，在中心的大教室里。笔者也参加了多次，每次有 20 多人。主要内容就是呼吸练习、禅观、唱颂神歌，让人放松身心。颂神歌都是印度教中现成的流行的颂歌，有人领唱，有人打铃鼓，他们都是早期的积极学员，现在作为志愿者来领导每周的集体练习。大家一边拍手一边跟着唱歌，颂歌到结尾时节奏加快。这样跟着唱歌的确可以无思无虑，让人放松，对于缓解紧张和压力、调节情绪是个好方法——这也是人们来这里的目的。学员也可以从中心买颂神曲的磁带，自己在家跟着唱。来参加集体练习的只是所有学员中的一小部分，这和学员的时间安排以及投入程度有关。经常来的人可能从陌生人变成了熟人，不过并没有建立更紧密的联系。

（三）从学员到信徒

与有神论的虔信派上师相比，商卡尔这样的技术派上师提供的产品更为单纯。对比中国经验——中国有着同样丰富的身心技术传统且养生热潮方兴未艾，笔者感到好奇的是，来学习一门实用身心技术的学员的宗教性态度。

在"生活的艺术"的运作模式中，上师的技术和教导通过经培训获得资格的老师而向学员传递，在小的中心学习课程的普通学员基本上不会见到上师本人，跟他之间的关系是极为松散的。不过，上师是在场的。在我们学习课程的大房间里，墙上挂着多幅上师彩照：白袍，长发美髯，面带睿智的微笑。靠墙一张桌子上立着镶镜框的大彩照，每次总有一些人来绕上茉莉花串，还有人带来香蕉点心供在像前，课程完后分给大家吃。大多数人进来时先到像前合掌礼拜，还有人进来后和离开之前都跪拜。中心在镇上一个礼堂举办 3 周年庆的时候，上师镶镜框的大彩照被请到舞台上，伴有茉莉花串和油灯。这些仪式都是宗教性的。

3 周年庆那一次来了八九十人，都是曾经的学员，合唱颂神歌颇为壮观。笔者熟悉的葛里佳夫妇就在其中。2006 年 2 月"生活的艺术"组织庆祝成立 25 周年，在南印卡纳塔卡邦的班加罗尔市举行盛大聚会，为期 3 天的庆典上有来自 145 个国家的 250 万人参加，其规模之浩大，如该组织的网站所言，堪称"属灵的奥林匹克"（spiritual Olympics）。①葛里佳夫妇和镇上的其他数名学员，都赶去参加了这一盛事，远远瞥见了上师真身。由于课程推荐吃素，葛里佳的丈夫从第一次课起已经吃了3 年素了。他们不再是简单的学员，而发展出了对上师本人的热爱与崇拜。

从前面的叙述中我们已经看到，"正行"呼吸术的定位是实用的，避免超越宗教禁忌，它的推广和课程特别向科学、理性以及现代价值与伦理靠拢，回避神灵、超自然以及印度教的轮回世界观。那么，学员的宗教性态度所来何自？

首先，这和商卡尔的身份有关。他是一位专注于灵性领域的修行者，他的白袍和长发美髯是修行者—圣人风格的标志。修行者—圣人在印度社会享有崇高的地位。在传统印度教社会，虽然婆罗门位于社会阶序的最高端，印度教基本和终极价值的体现者，却不是他们而是遁世修行者。遁世修行者传统不是印度教独有的。到公元前 6 或 5 世纪时，在吠陀传统内部以及在它之外的佛教和耆那教之中，禁欲主义和遁世修行的传统已经确立，其最终目标，是为了从轮回中解放出来。生命的轮回（samsaara）和业报（karma）——行动的后果将累积并传递到下一世——是公元前 9 至公元前 6 世纪发展起来的两个重要概念。认为它们构成了生命痛苦的根源，因而寻求超出轮回［印度教的解脱（mok-

①　"The Art of Living Silver Jubilee Celebrations"，http：//www. artoflivingsfba. org/sjphotoessay/sjphotoessay. html，2010 年 3 月 15 日访问。

sha)，佛教的涅槃（nirvana）]，则是遁世修行者（samnyasin）共享的观念，途径是禁欲主义和一系列使意识集中和转化的技术，后者被称为瑜伽（yoga）。① 因此，以瑜伽为代表的身心技术有着宗教起源，是达成灵知的途径。商卡尔宣称他的呼吸术得自 10 天的静默，这本身是一种宗教修行实践。商卡尔的修行所和"生活的艺术"基金会总部位于班加罗尔市郊，在那里，以及在他巡游"生活的艺术"中心其他大的分支的时候，他也经常组织讲道会。

其次，借用杨庆堃关于中国宗教与基督教的机构化特点相比而言的弥散性概念，② 可以说，与基督教的圣俗二分形成对比，印度教里的神性也是弥散性的。一方面，自然万物都可具神性，神与人之间并没有不可逾越的界限。且与中国汉地宗教人死后成神不同，印度教通过神转世的化身机制，人在活着时就可以显现神性。另一方面，人对神的崇拜态度扩散到其他的阶序关系中，比如传统说的丈夫是妻子的神，上师是弟子的神。商卡尔上师虽没有宣称自己是某位神的化身，信徒对他仍是恭敬如神，礼拜如神。而且，随着上师声誉日隆，几乎不可避免地，来自某些热切信徒和"生活的艺术"组织的对他的神性的公开宣示也不断增加。③

最后，根据笔者的了解，学员本身多数都是虔敬的印度教徒，常去寺庙或者在家拜神。仪式性的崇拜以及颂神歌，都是他们习以为常的东

---

① "瑜伽"一词扩而言之还指通向宗教最终目标的道路，如《薄伽梵歌》中对于三种瑜伽的著名分类：知识、行动或业报、虔信。

② 参见杨庆堃《中国社会中的宗教》，上海人民出版社 2007 年版。

③ 例如有信徒称商卡尔是克里希那神的化身，见 "News flash"，http://www.artofliving.org/component/option，com_php/Itemid，106/，2010 年 4 月 26 日访问。在 2012 年对"生活的艺术"妇女儿童福利项目部主任、商卡尔的妹妹的采访中，媒体记者提到数十万的信徒把商卡尔当作"先知"（man of God）（如果不说神的现代化身的话），妹妹对于哥哥的"神性"予以高度肯定。http://www.artofliving.org/cn – en/spirituality – competes – super – glue，2012 年 4 月 4 日访问。

西。像唱颂神歌这样的行为，一些虔信派的上师也会让信徒采用或者让地方分支机构组织信徒集体进行。"生活的艺术"中心让大家唱歌的首要目的，不是为了表达对神的信与爱，而是集体唱歌本身带来的放松身心、缓和情绪之实用效果。但颂神歌本身，仍然带着宗教性情感，并成为学员们体验的一部分。

不是每个上过"生活的艺术"的课程的人，都成为商卡尔上师的崇拜者，但是的确每次课程都可能培养了信奉者——只不过在相信他的呼吸术和人生教导与信仰他的神性之间，这种信奉的内容和热度存在一个渐变范围。他们的数量随着"生活的艺术"机构的扩展而不断增加。喀拉拉的小镇出现"生活的艺术"中心，就是这个原来以城市中产阶级为面向的机构向小城镇扩展的体现。

（四）商卡尔作为灵修导师的成功

"生活的艺术"在 21 世纪获得了长足发展，知名度上升迅速，媒体上开始有人用"运动"一词来形容。2006 年 250 万人参加的"属灵的奥林匹克"，以一个前所未有的数量的高峰，见证了商卡尔上师的地位。2009 年，商卡尔被福布斯杂志评选为当年印度 7 位最有力量（powerful）的人物之第 5 位[1]，也是唯一登上这个权力榜的灵修界人士。

如何理解商卡尔上师的流行和影响？他的成功首先是"正行"呼吸术推广的成功。其实从技术的实质来说，传统的瑜伽本来就关注调息，"正行"呼吸术因此并不是无中生有式的创造，而是一种提取更新；此外，瑜伽、禅观、祈祷、唱诵，这些传统的灵修方式，都有类似缓解情绪和压力的身心效果。"正行"呼吸术如果有什么特别，就是它单独

---

[1]　排在他前面的 4 位分别是：国大党主席索尼娅·甘地，首相马莫罕·辛格，为了防止选举作弊和腐败而试图给印度公民每人一个唯一的身份证号的内阁部长，大财团塔塔集团的主席。http://www. forbes. com/2009/11/09/gandhi－singh－tata－leadership－power－09－india_ slide_ 6. html，2010 年 4 月 7 日访问。

强调呼吸的作用，起了新颖的名字，另外技术更为单纯和标准化。"正行"呼吸术的成功，从一个角度可以理解为市场营销和公共关系推行的成功。它早在 1982 年就在美国注册成为商标。作为一种收费课程，"正行"呼吸术的推广要求的条件很简单：场地，教师，学员。基础好一些的地方就可以成立中心，有相对固定的场地和稳定的教师。"生活的艺术"组织与许多机构有合作，很注重开发特定人群，提供特别安排以传授这种呼吸放松技术，比如公司高管、警察、监狱罪犯、具有暴力倾向的青少年、试图戒烟或戒酒的人等。

与商卡尔上师最具有可比性的是 20 世纪 50 年代中期在印度创立超觉禅观（Transcendental Meditation）并在 20 世纪 60 年代推广到欧美的玛哈礼希·摩诃什·瑜吉上师（Maharishi Mahesh Yogi，1917—2008）①，实际上，商卡尔曾是瑜吉的弟子②，尽管后者的名字没有出现在"生活的艺术"官方网站和商卡尔上师个人网站上③。他们的上师风格和组织有很多相似之处：都拥有现代物理学背景，对于各自推出的技术——超觉禅观（它的核心是吟诵咒语）和"正行"呼吸术——都强调它们的科学维度，乐于征引现代科学研究的证据，两种技术对于人的身心效果也有相似之处；组织方式上，都以教师和收费课程为支撑。不过，与玛哈礼希对超觉禅观的阐发相比④，商卡尔对他的呼吸技术的定位更实用，更少超越的宗教意味，更具有针对性——压力、紧张、焦虑、负面

---

① 关于瑜吉上师及超觉禅观的介绍见 http：//www. britannica. com/EBchecked/topic/358171/Maharishi‒Mahesh‒Yogi，2010 年 3 月 20 日访问。

② Subhamoy Das，"Sri Sri Ravi Shankar"，http：//hinduism. about. com/od/gurussaints/p/ravishankar. htm，2010 年 3 月 20 日访问。

③ 在讲究师承和世系的印度灵修传统中，这种做法是引起争议的。见 http：//www. yunusnews. com/system/files/sri_ sri. pdf，2010 年 3 月 20 日访问。这从一个侧面反映了上师之间的竞争关系。

④ 超觉禅观的宗教维度参见 William Sims Bainbridge and Daniel H. Jackson，"The Rise and Decline of Transcendental Meditation"，in Bryan Wilson（ed. ），*The Social Impact of New Religious Movement*，New York：Rose of Sharon Press，1981，pp. 135‒158.

情绪，它针对的是典型的现代病。另外，商卡尔上师在印度赶上了一个好时代。从 20 世纪 90 年代后期开始，"生活的艺术"中心在各个城市加速增长并向城镇延伸，这正好也是印度经济开始快速发展、中产阶级扩张的时期——当然，现代病也随之蔓延更广。

商卡尔上师的成功还在于他的个人风格。印度学者苏迪尔·卡卡曾总结说，印度教传统中有两种上师形象，他们构成了两极："一端是入世的、正统的老师，代表相对的、经验性的知识，另一端是出世的、神秘主义的上师，代表深奥的、存在性知识。"前者是"达摩上师"，后者是"解脱上师"① ——在印度教的多元传统中，达摩（Dharma）是婆罗门传统的关键词，具有职责、伦理规范、原则、法律、美德等一系列含义；解脱则是遁世者传统的关键词，意味着个体灵魂从痛苦的生死轮回中解放出来。本文在一开始讲到的上师在历史中的神化过程，也就是位于遁世者传统的"解脱上师"获得主导地位的过程。商卡尔具有确定无疑的遁世修行者—圣人风格，然而他的教导是高度入世的，在肯定现世幸福和当下之外，他对责任、伦理的强调——除了课程，他也时常为报纸撰写这方面的文章——让人想到达摩，当然，是现代版的达摩。他宣扬的灵性具有浓郁的人文色彩。不变的真我中隐含个人与一个超越性现实（梵）的联系，但是后者并没有被特别强调——别的风格的技术派上师有可能把与超越性现实同一的神秘体验作为追求目标。商卡尔实际上在试图协商好几种传统：灵修技术与现代科学、达摩与解脱——在这里特别体现为社会性的责任伦理相对个人的救赎。对于现代中产阶级——他们的问题的核心，是在一个竞争的物质主义的时代如何保持平衡，商卡尔没有让人们去摒弃欲望、遁世修行，他肯定人们对现

---

① Sudhir Kakar, "The Guru as Healer", *The Essential Writings of Sudhir Kakar*, New Delhi: Oxford University Press, 2001, p. 141.

实幸福的追求包括物质上的追求，他同时提供缓解人们在这个过程中遇到的种种身心问题的药方，提供安慰和指导。在他接见信徒并回答问题时，那些问题绝大部分是非常世俗的，比如如何对付不听话的青少年，如何选择婚姻伴侣。对于"行贿是不是总是错的"这样的问题，他的回答是"你不能总是太理想主义，有时候你不得不小小地妥协一下"。在描述这一场景的西方记者眼中，他更像一位咨询专栏作家而不是先知。① 富有意味的是，在"生活的艺术"基金会位于班加罗尔的总部，全部由大理石砌成的美轮美奂的莲花形禅观大厅中，支撑中央舞台的圆顶的柱子上，描绘着不同宗教的象征：伊斯兰的新月，犹太教的大卫星，基督教的十字架，而处于中央位置比别的画都更大的是拉克西米（Lakshmi），印度教里的财富女神。② 在这里，灵性跨越不同宗教的边界，特别呼应一个追求物质繁荣的时代和它的主流人群。

商卡尔上师成为印度灵性领域的一个旗帜性人物，还在于他相对清白的声誉、国际化的履历和多面向的社会活动——他经常充当印度和南亚各种社群之间冲突、社群和政府冲突的中立的调停者；"生活的艺术"基金会也投身社会事业，在农村和部落地区做发展项目③，开办学校④。2010 年的一大事件是清理德里地区污染严重的雅穆那河（Yamuna）——商卡尔联合了其他几百个非政府组织、社团和公司，发起了"雅穆那清洁运动"：在 7 个月的时间里，每月的第一个星期发动志愿者

---

① Edward Luce, *In Spite of the Gods：The Rise of Modern India*, New York ：Anchor Books，2008，pp. 176 – 177.

② 笔者没有参观过这座建筑，以上细节参见 Edward Luce, *In Spite of the Gods：The Rise of Modern India*, New York ：Anchor Books，2008，p. 176.

③ http：//www. artofliving. org/social – transformation/5h/ruraldevelopment. html，2010 年 4 月 26 日访问。

④ "Spirituality competes with the Super Glue"，The Times of Indian，4 March 2012，http：//www. artofliving. org/cn – en/spirituality – competes – super – glue，2012 年 4 月 4 日访问。

清理雅穆那河。头一个月就有两万人参与。① 尽管商卡尔在这些领域的活动成效仍存在不少疑问，这却是他作为一个国际化的灵修领袖的现代、正面形象不可或缺的一部分。

三　灵性领域之于当代印度社会

灵性在西方是在相对晚近的时候才成为一个相对于宗教而独立的领域②，它的背景是随着科学、理性确立支配地位与世俗主义的盛行，组织化宗教的参与率的下降和宗教教条的衰落。灵性领域在美欧的长足发展，是在 20 世纪 60 年代青年反文化运动兴起之后，其中，东方宗教中注重个人内在体验的派别扮演了重要的角色，许多印度上师越洋跨海，向西方人展示灵性的曲径通幽。不过，围绕某个上师或属灵的领袖而建立的信众团体在西方被称为"膜拜团体"（cults），带着挥之不去的负面色彩，因为这些信仰和组织与美欧主流社会价值处于紧张关系。对照之下，在灵性领域更具有传统的合法性和延续性的印度，检视它的位置和社会反响是富有意味的。

当代灵性何为？在前面的个案里我们看到，对于那些来"生活的艺术"中心上课的学员和潜在的信徒而言，商卡尔上师所设计的课程，不仅教他们一种缓解压力、有益身心健康的呼吸技术，还教他们追问自我，教他们爱，提供给他们一个反省人生价值、治疗情感伤痛的机会。虽然不提神灵、超自然，这里仍然存在一种宗教性的氛围和

---

① "Meri Delhi, Meri Yamuna—Yamuna Clean up Campaign", http：//www. artofliving. org/social - transformation/water - conservation. html，2010 年 4 月 26 日访问。

② 在美国，宗教历史学者施密特认为爱默生（Ralph Waldo Emerson，1803—1882）是把灵性作为一个独特的领域提出来的先驱（Schmidt 2005）。Leigh Eric，*Schmidt Restless Soul：the Making of American Spirituality from Emerson to Oprah*，San Francisco：Harper，2005.

态度。概而言之，这一切被视为一位灵修上师为了生活在现代压力之下的人的福祉提供的一种灵修实践。这里的需求市场，随着印度经济的迅速发展和中产阶级基础的扩大而扩张——因为更多的人被卷进竞争资本主义之中。

灵性领域在当代印度获得极大繁荣的同时，也鱼龙混杂。追随者由于与上师之间的崇拜者—被崇拜者关系，存在被剥削的可能；上师大量聚敛私人财富，或爆出性丑闻，上师个人或者组织卷入谋杀案之类的事情时有出现。不过丑闻一旦曝光，对上师的形象的影响是巨大的，如果不说全部是毁灭性的。比丑闻轻微的，是各种因素引起的争议。

灵性领域在印度社会也受到来自各个方向的批评，笔者把这些批评区分为两种视角：内部视角和外部视角。内部视角是贴近灵性追求者的视角，对于某个上师，中心问题是"真不真"，也就是说，他是否称得上是一位真正的上师。上师是医生、智者、人生顾问，是垂范世间的榜样，以至于是神性在人世的体现——但就是神性的体现方式，也存在不同的风格。这里"真"的标准与风格理想因人而异，但也有一些共通的道德品质，比如言行一致。对于上师的这种批评性检视是普遍的，通常发生在灵性追求者的私下交流中或者网络空间。商卡尔上师也不例外，一篇在网络上小有影响的质疑文章，标题就是"斯里·斯里·拉维·商卡尔有多真?"[①] 文章对商卡尔提出的质疑，从"正行"呼吸术是商卡尔的发明还是古老瑜伽技术的再包装和商业化，到他是否真的参与了"生活的艺术"的发展项目，他简单化的社会问题解决方案，他的和平斡旋者、冲突调停者角色的真实效果，等等。

外部视角的批评常见于媒体和知识界，主要有两种，一是站在理性

---

① "How genuine is sri sri ravi shankar", http：//www.yunusnews.com/node/486，2010年4月26日访问。

主义立场对不合理性的现象的批判，比如对于"神人"型上师、对奇迹的揭露；一是社会学批评，是对上师的社会功能、效果的批评。商卡尔受到的批评主要来自后者。在一个名为"灵性：光环还是骗局"（Spirituality：Halo or Hoax）的研讨会上，紧随商卡尔之后，印度知名的剧作家、词作家阿克塔尔（Javed Akhtar）发言，他的核心观点，就是当代灵性主要服务于富裕阶层，是"富人的镇静剂"。[1] 阿克塔尔的批评不是针对商卡尔个人，而是把包括商卡尔在内的整个当代上师群体作为靶子。阿克塔尔批评当代的灵性与历史上的灵性名同实异，方向相反：佛陀从宫殿走向草莽，而今日的上师们从草莽走向宫殿；为人类文明做出贡献的宗教人士有一个共同点，即反抗非正义，而当代上师绝不挑战现有的权力结构。这个研讨会是《印度时报》的著名年度研讨会"今日印度会议"（Indian Today Conclave）2005 年度会议的一部分，"灵性：光环还是骗局"的题目表明了当下印度"灵性"活动的繁盛在公共领域引发的关注和质疑。在媒体和网络空间，外部视角的批评者通常是自称为"理性主义者"的自由派和左翼人士。

　　并不奇怪，商卡尔在对阿克塔尔批评的事后回应中，援引了甘地、维维卡南达（Swami Vivekananda，1863—1902）（亦意译为辨喜）、奥罗宾多（Sri Aurobindo，1872—1950）这样的"印度教灵性领袖"来为灵性领域辩护[2]，这些都是与印度的民族叙事联系在一起的广受尊敬的人物。

　　在现代印度，灵性领域一方面是传统的延续，另一方面它也在与西方的科学理性主义的对峙中获得自己更新的意义。罗摩克里希那（Sri

---

[1]　http：//www. javedakhtar. com/inner/interview. html，2012 年 4 月 4 日访问。

[2]　http：//srisriandjavedakhtar. blogspot. com/，2012 年 4 月 4 日访问。

Ramakrishna Paramahansa, 1838—1886）① 被认为是现代印度第一位著名的上师，他对神的狂热追求和神秘体验属于源远流长的虔信派传统，他在加尔各答的中产阶级中赢得名声的时期，正是一个印度教衰落、科学理性主义渐成城市中产阶级文化主流的时期。而扩展了罗摩克里希那的影响力和这一运动的社会地位的，是他的弟子维维卡南达。② 通过在美国开办公共和私人讲座，维维卡南达将吠檀多哲学、瑜伽传播到西方世界。他被公认为是促进了印度教在现代印度的复兴和使印度教在 19 世纪末成为世界宗教的一个关键人物。另外，维维卡南达创立了慈善性志愿组织罗摩克里希那宣教团（Ramakrishna Mission），与传统的僧堂不同的是，宣教团从事各种社会服务，泛及医疗保健、农村管理、部落福利、基础和高等教育及文化等领域，其宗教意义在于通过无私的行动消除个我，实现真正的自我。通过组织化的慈善事业，维维卡南达使罗摩克里希那运动向那个时代民族精英的社会行动主义回归，也确立了现代灵性领域的典范和社会服务的传统。从这个时期开始，灵性领域从两个方向上确立了自己在印度现代社会的正面价值：复兴印度文化价值和身份认同，服务和改善社会。这是印度的政要、名流经常要出席灵修领袖的庆典仪式以示尊敬和支持的背景。一些对商卡尔的呼吸术不感兴趣的理性主义者，也认可他向世界传播印度文化之功，或者他的慈善发展项目。

　　灵性领域在确立印度（教）自我方面的文化政治，在当代印度仍

---

　　① 罗摩克里希那出身于 19 世纪孟加拉乡村贫穷的婆罗门家庭，后来在加尔各答的一个郊区寺庙中担任普加师（pujari）。他因为对迦梨女神（Kali）显圣的狂热追求和神秘主义修行体验而一度被一些人视为疯了。从 19 世纪 70 年代开始，逐渐有一些仰慕者来他的寺庙拜访，在他生命的最后 10 年，他从加尔各答的中产阶级中吸引了很多信徒。追随他的年轻人后来成立了罗摩克里希那僧堂（Ramakrishna Math）和罗摩克里希那宣教团（Ramakrishna Mission），这两个组织至今仍在运转。

　　② Sumit Sarkar, " 'Kaliyuga', 'Chakri' and 'Bhakti': Ramakrishna and His Times", *Economic and Political Weekly*, Vol. 27, No. 29, July, 1992, pp. 1543 – 1559, 1561 – 1566.

然有效，只是与印度的现代早期相比，内外环境都发生了很大的变化；印度从殖民地变为独立的国家，在国内，印度教民族主义已成为右翼的实体化的政治势力。当代一线流行的上师，一般都小心维护着灵性领域与政治领域的边界。在印度，灵修/宗教权威相对自治，倒是政党会试图借助前者的影响，而一些政党比另一些在意识形态上与他们更有亲和性。因此，边界的维护是一门微妙的艺术。①

　　在印度通常的语境中，政治就是党派政治，但是还存在非党派意义上的公共政治。2011 年印度社会活动家安纳·哈扎尔（Anna Hazare）发起了一场席卷全国的反腐败运动，商卡尔站出来公开支持并参与到反腐败运动之中。社会运动与公共政治，可能会是我们观察当代印度灵修领袖的另一个舞台。

---

　　① 英国记者爱德华·卢斯提到商卡尔不大为人所知的一点：与印度教民族主义的中枢组织国民志愿团（RSS）的重要成员有密切的个人关系。Edward Luce, *In Spite of the Gods: The Rise of Modern India*, New York：Anchor Books, 2008, pp. 177 – 178.

罗斯人的神灵信奉与圣灵信仰

——从家族神、村社神到东正教

周　泓

古罗斯土地有白俄罗斯、红俄罗斯、黑俄罗斯之分。白俄罗斯被赋予的文化含义是，最先由希腊与东罗马接受东正教的罗斯地域；红俄罗斯系基辅罗斯与莫斯科大公国的土地（尚红色；黑俄罗斯习指南部的罗斯土地）。俄罗斯人口约 3/4 信仰东正教，1/4 人口信仰其他族属宗教；白俄罗斯人约 3/4 信仰东正教，1/4 人口（主要在西部）信仰天主教及民间宗教。由于俄罗斯与白俄罗斯受希腊文化的深刻影响，尤其是近现代二者统一的历史、与波兰的纷争、与德国的血战，东正教成为其国家认同的宗教，具有国教色彩；由于 13—14 世纪蒙古帝国在东欧统治的影响，滞缓了近代启蒙运动和文艺复兴的东向传播，使得二地较多地保留了中世纪政教合一的人观传统；又由于历史上，彼得大帝请君士坦丁堡教父解决基督徒、犹太教徒与穆斯林纷争，俄国杜马曾请神父敬言沙皇等，使东正教具有维系民主的色彩；同时，东正教悠久于近代罗斯国家，以此，东正教享有兼容民间信仰、教化国民、整合社会、协佐军队、建构民族的历史积淀和政治支撑。因而，东正教在俄罗斯与白俄罗斯具有建构国民、社会、民族—国家的功能。

克里姆林宫教堂（周泓摄于 **2010** 年 **6** 月）

一　古罗斯人神灵信奉传统：家族神

观念记忆集体意识和心态，具有坚实的根基——习俗、信仰、认知、术语，是思维现实、集体意识和研究者的出发点。[①] 拜占庭与斯堪的纳维亚文化曾由南向北影响俄罗斯，中世纪公国的缙绅大会与村社出现宗教民主和国家习俗化，[②] 内陆亚、南部斯拉夫大土地制"公社"及

---

① Ю. С. Степанов Константы, *Словарь русской культуры*, москва, Школа, 1997：55.

② Д. С. Лихочов, *Раздумья О России*, ПекинУниверситет, 2003, с. 18, 23.

其大家族与村社世系群广泛存在。别尔佳耶夫（Н. А. Бердяев）关于"俄罗斯的心灵地理"说指出，土地紧紧包围着人给其安全感，集约劳作养成人们恭顺、服从的品质。① 《现代俄语联想大词典》列举俄罗斯语言意识中占有重要地位的观念，Дом（家）位居榜首。② 在波兰的文化和文学文本中此观念同样突出。③ 而在西班牙人的语言意识中其则居第 10 位（А. Т. Хроленко，2004：59）。④

俄语家（Дом）除指居所（жилище）、家庭（семья），还指家族（род）、祭祀场所（храм）、家族经济（хозяйство），包含神灵（духи）——祖先灵魂（Род и Чур）、家族神（домовой и домовик）。Большой дом（大屋）是成人仪式结束后未婚男子共同居住的公共空间，也是保存圣物和祭祀之地，不允许外人和女性入内，只有通过成年仪式、成为父系大家族的正式成员，才被允许进住。亦家族（Род）即居住于同一祖屋（дом）者，从事共同祭拜和经济活动。⑤ 神的居所成为有生命的人的灵魂筑造的小宇宙⑥，系文化空间与宇宙空间相互模仿，祖居（Дом）成为俄罗斯人对宇宙结构的想象和复制。⑦ 传说家族神（домовой）常被化身为最年长的家族成员，作为家族的精神守护神，称为"看不见的庇

---

① Н. А. Бердяев, *Истоки и смысл русского коммунизма.* , Москво. Наука, 1990

② Ю. Н. Королов, *Ассоциативный тезаурус современного русского языка*, Москва, 1994，1996.

③ 《语言与文化中的家园》，波兰"民族语言学会议"文集，Польша，Щещин，1995 年 3 月。

④ Международная научная конференция "Национально - культурный компонент в тексте и языке", *Дом как один из ключевых концептов русской культуры*, Минск, Белгосуниверситет，1999，4.

⑤ Владимир ЯковлевичПропп, *Моряология волшебной сказки*：Москва，Лабиринт，2003.

⑥ Г. Гачев, *Национальные Образы мира*, *Космо - Психологос*, Москва, Прогресс - Культура，1995：38。

⑦ 参阅 А. Ситникова, *Этимологоический словарь русского языка*, Ростов - На - Дону，Феникс，2005.

护者和神秘的守卫"（Незримый покровитель и тайный страж）。普洛普（Владимир ЯковлевичПропп）以大量民族学人类学资料说明家宅的神圣性和仪式功能。[1] 笔者以下图所示：

Дом 与 Род 的功能

10 世纪东正教传入罗斯后，诸神灵信仰仍然植根民间，许多家族祷祝膜拜祖先之灵，家内中心位置，诸神祇雕像与圣像并列供奉；圣餐仪式、圣母祭拜画十字祈祷时，面对的却是生命始祖、家族与家宅的保护神（Род）和庇护家族与家园的女神（Рожаницы）。[2] 中世纪观念中大地之家（земнойдом）与天国之家（небесныйдом）合一，敬畏神灵的仪式空间更加与负载文化内涵和情感内容的空间合一，"家就是永生神的教会、真理的柱石和根基"（提摩太前书 3：15）。有的房宅被说不干净，是说发现里面有邪魔作祟的迹象。[3] 祖居（Дом）成为近代罗斯民族文化的深层结构符号。不论乡村或城市，它象征着"自己的城堡和天地"（дом—моя крепость，избушка—свой простор），并把世界分为 внутреные（内部的）、свое（自己的）、культурное（文化的）、спокойное（平和的）、

---

① В. Я. Пропп，*Исторические корин волшебной сказки*：*Таинственный лес. и Большой дом.* Москва，Лабиринт，2005.

② Крывелев И. А. *История религий.* Москва. 1976；*Очерки по истории русского искусства.* Москва，1957；参见姚海《俄罗斯文化之路》，浙江人民出版社 1996 年版，第 9 页。

③ Т. Фадеева，*Образ и символ.* Москва，Новалис，2004.

безопасное（安全的）和 внешнее（外部的）、чужое（他人的）、хаотическое（混乱的）、враждебное（敌意的）、опасное（危险的），如 "用田畴将自己的家围起，不要把外人引进去。不要让邪恶的意志，侵犯儿子的花园和祖父的墓茔。即使遭受险恶的命运，祖先的橡树在高高伫立"。① 祖先陵墓和灵魂的喻指与家、祖业一起构成与外部有别的内部空间秩序、角色规范，隐喻罗斯社会的生存方式和乡土理念。② 亦如 "ктодомнестроил，Землинедостоин...Небудетземлею"（谁不建造家，就不配拥有土地……就不会归入土地）。③ 在祖辈相传的土地上建立的祖屋、祖先墓地与后辈子孙族产一起形成俄罗斯文化连续性的载体和象征。

二　村社信仰形态：自然神与家族树

罗斯人自古依据自身山林、河域等自然环境，或分别崇拜山神、树神、水神、雷神等，或兼而崇拜诸自然神，作为各自村社的保护神，这成为各村社的自然崇拜。然它们相对于家族神而言是外部的，祖先及其神灵祭拜是维系内部的祭奠，家族观念的根基持续存在。罗斯古代的世袭领地和13—17 世纪军功分封领地都是家族式的。④ 17 世纪后军功领地和世袭领地融合成为世袭家族领地。⑤ 中世纪的父家长制是俄罗斯家族制度的主要形态。16 世纪的《治家格言》⑥ 直至 18 世纪基本没有改

---

① B. A. Маслова，*Введение в когнитивную лингвистику*. Мсква. ，Флинта Наука，2004.

② Ю. М. Лотман，*Карамзин*. Санект－Петербург，Искуссиво－СПБ，1997.

③ B. A. Маслова，*Когнитивная лингвистика*. Минск，тетра система，2004.

④ Насонов А. Н. *Монголы и Русь*. Москва－Ленинград，1940.

⑤ Буганов В. И. и др. *Зволюция феодализма в России*. Москва，1980；参见姚海《俄罗斯文化之路》，浙江人民出版社1996 年版，第65 页。

⑥ Краткий очерк истории русской культуры с древнейших времен до 1917года. ЛенинградИскусство，1967；Краснобаев Б. И. Русская культура второй половины ⅩⅦ－начала ⅩⅨ，МШкола，1983.

变。彼得一世改革对于俄国农民几乎没有影响。近代俄罗斯文化的一大
特点是上下层的分离，上层贵族的经济、政治、教育和生活方式具有欧
洲新文化的色彩，而传统的宗法制则占有着绝大多数的居民，首先是农
民，即使 19 世纪后期农奴制改革后，农民总体仍然是宗法制的主体，
9/10 的农人保持着农村公社宗法共同体。[1] 村社代表村人同地主、其他
村社和国家发生关系，组织宗教生活与合作；村社长者按习惯法调解纠
纷，农人意识力求得到村社和村首的认可，村社实际是家族的自然延伸
和扩大。19 世纪晚期宗法制仍然是维系俄罗斯社会之家族—村社—国
家的根基。M. M. 科瓦列夫斯基的《公社土地所有制瓦解的原因、过程
和结果》认为，宗法公社（亦称"大家族"形式）代表着俄罗斯有序
的传统文化。现代俄罗斯的村社形态，仍然是"没有什么外人……所
有人都是亲人……是兄弟姐妹，一同经受历史命运，一同度过春夏秋
冬……一同建造别人不会给我们建造的家社"。[2] 20 世纪初，村社制度
对于农民的整个生活方式具有压倒一切的影响，"这个制度在人民心目
中已经根深蒂固……俄国农民喜欢大家同样相等的水平"。[3] 并且，宗
法自然经济受到资本商品经济冲击后采取集约经营方式，使地域大家族
与公领域观念得以延续，因而，祖先与家族神崇奉和村社地方神或诸自
然神信奉始终并立。它们一同实际地成为 20 世纪苏联集体农庄的历史
依据和社会基础。

由于村社历史的家族性，俄罗斯保留了延续家族"谱系树"的传
统。如罗曼诺夫王朝（Династии Романовых）家族谱系主要为沙皇伊

---

[1]　Александров В. А. Сельская община в России（ⅩⅦ – начала ⅪⅩ вв）. Москва，
1976；参见姚海《俄罗斯文化之路》，浙江人民出版社 1996 年版，第 7（前言）、111、189、
190 页。

[2]　Л. А. Трубиеа，*Русская литература ⅩⅩ века*. Москва，Флинта. Наука，1998.

[3]　Краснобаев Б. И. *Основные черты новой русской культуры*. Вопросы истории，1976，
No. 9；参见姚海《俄罗斯文化之路》，浙江人民出版社 1996 年版，第 308 页。

凡五世（ЦарьИван Ⅴ 1682—1696）、伊凡六世（Иванн Ⅵ 1740—1741）；彼得一世（Петр Ⅰ 1682—1721—1725）—叶卡捷琳娜一世（Екатерина Ⅰ 1725—1727）—彼得二世（Петр Ⅱ 1727—1730）、彼得三世（Петр Ⅲ император 1761—1762）—叶卡捷琳娜二世（Екатерина Ⅱ 1762—1796）、巴维尔一世（Павел Ⅰ 1796—1801）—亚历山大一世（Александр Ⅰ 1801—1825）—尼古拉一世（Николай Ⅰ 1825—1855）--亚历山大二世（Александр Ⅱ 1855—1881）—亚历山大三世（Александр Ⅲ 1881—1894）—尼古拉二世（Николай Ⅱ 1894—1917）。见笔者绘列图示：

Генеалогическое Древо Династии Романовых（罗曼诺夫王朝族谱树）。

Михаил Федоровичцарь（1613—1645）→Алексей Михайлович царь（1645—1676）

|

——————————————————

| | | |

Федор ЦарьИван Ⅴ Царь　София　　　Петр Ⅰ Царь（1682—1721）—Екатерина Ⅰ
(1676—1682)(1682—1696)(1682—1689)　император(1721—1725)　(1725—1727)

| |

——————————————————

| | | | |

□ Анна иванновна　Алексей　Анна Голштинская　Елизавета Петровна
| императрица （1730—1740）　| | императрица （1741—1761）

Анна Леопольдовна ПетрⅡ император ПетрⅢ император—ЕкатеринаⅡ
регентша （1740—1741）　（1727—1730）　（1761—1762）　（1762—1796）

| |

Иванн ⅥПавел Ⅰимператор—Мария федоровна
император （1740—1741）　　　　（1796—1801） императрица

|

——————————————————

| |

АлександрI—Елизавета Алексеевна　　　НиколайI—Александра федоровна

император（1801—1825）　　　мператрицаимператор（1825—1855）Императрица

|

АлександрⅡ—Мария Александровна

Император（1855—1881）　　　Императрица

|

　　　　　　　　　　　　　　　　　　　АлександрⅢ—Мария федоровна

Император（1881—1894）　　　Императрица

|

НиколайⅡ—Александра федоровна

Император（1894—1917）　　　Императрица

资料来源笔者据 O. H. Котомин，*Оформление*（Дизаий 2006）和 2010 年 7 月由莫斯科克里姆林宫抄录手稿梳理绘制。

　　村社历史的家族传统，使俄罗斯与白俄罗斯神职人员（东正教和天主教士、神甫、司祭、大司祭、主教、大主教等）有家族职业传教之传承。如明斯克拉图什卡（Латушко）家族四代均任东正教神职。第一代康斯坦丁·拉图什卡（Константин Латушко）为神甫；第二代彼得·拉图什卡（O. Петр Латушко）为司祭；第三代盖奥尔吉·拉图什卡（O. Георгий Латушко）和巴维尔·拉图什卡（O. Павел Латушко）为大司祭，尼基塔·拉图什卡（O. Никита Латушко）为司祭；第四代安德列·拉图什卡（O. Андрей Латушко）为神甫，季莫费·拉图什卡（Тимофей Латушко）为教士；女婿马科西姆·拉戈维诺夫（O. Максим Логвинов）为神甫。第五代阿尔谢尼·拉图什卡（Арсений Латушко）和米特罗叶朗·拉图什卡（Митроеран Латушко）为未成年教徒。其家族所有女性及外孙皆受正教洗礼。

东正教神甫 Латушко 家族

```
Татьяна □—
Логвинов │□—│
│ О. Максим Логвинов │
Иван △—│第四代（婿）△│
Логвинов │————│ ││
第五代 │□——│ △ │
Александр │ Наталия Логвинов ││—│
Логвинов ││□ │
△—│││
││

Арсений Латушко ││
△—│ 第四代 ││
第 │ О. Андрей Латушко │ △ │
五 │△— О. Георгий Латушко —│
代│——————││ 第三代△——│□│
│□│————————│││
△—│ Татьяна Латушко │□││
Митроеран Латушко │ Емилия Латушко ││
│││
Тимофей Латушко△—│││
第四代│　　　　　Константин Латушко
│　第二代│△第一代
第三代　О. Петр Латушко△——│
О. Никита Латушко △ ————│□
□ Варвара
│ Татьяна Латушко
第四代│
Сергей Латушко△—││
│ О. Павел Латушко │
│　第三代△——│
│————│
│□
第四代│ Александра Латушко
Андрей Латушко△—
```

资料来源：此图自笔者于 2007 年 7 月在明斯克访谈神父 Латушко 绘制（表中 О 表示女性，△表示男性）

三 俄罗斯与白俄罗斯东正教的平民与国民质性

由于神灵信仰和村社历史的家族性，东正教父经常的教谕是：家庭是小教堂，教堂是大家庭。因而罗斯人东正教具有平民与国民质性。

东正教整合民间地方神及多神信仰。东正教糅合地方神崇拜要义，使自然崇拜寓于节庆、家庭和文学艺术（传说故事、戏剧人物、工艺）而习俗化，正教节日成为全民节日，并吸纳帮工、短工习俗，使之获得正教色彩——帮助贫民和弱者。多神教被东正教化。地方人们在崇奉各自的山神、水神、雷神、树神或兼奉诸自然神的同时，均信奉东正教。

东正教延续家族伦理结构，具有民间法机质。东正教教义维护婚姻家庭，教徒婚约受到上帝保护，教堂典礼（Венчание）与政府登记（регистрация）、民间仪式（брак）并行；女子出嫁与丈夫同姓、同信仰；教士可成家，其后辈成为教职阶层的广泛基础。

东正教赋有艺术机能。东正教包含它的艺术体系，壁画、雕塑、和声、建筑基于圣经、圣像、圣歌、教堂；圣像、雕塑、壁画流派的扩展，使得宗教艺术成为俄罗斯与白俄罗斯历史的咏叹；东正教堂、仪式、和声别具美感，成为罗斯人空间、心灵和生活的组成。东正教"敬畏上帝"情愫形成其绘画创作的底蕴，使之如同俄罗斯文学，凝固悲怆的风格。俄罗斯与白俄罗斯的文学、音乐、艺术构成其哲学内涵，而这正源于经院哲学。俄罗斯与白俄罗斯人阅读与识谱率极高，与圣经和圣歌的诵习紧密系连。

俄罗斯与白俄罗斯东正教赋予国民性。如同基督教，东正教认为宗教讲述的历史是真实的，与国家的历史并行，而正教保护信仰正教的地域的人们。白俄罗斯与俄罗斯相继由希腊和东罗马接受东正教，因而两者在共同认同东正教的同时，也塑造着各自的国民性。然其国民性格和社会文化皆如东正教堂及其仪式，富有历史感、肃穆感、庄重感、艺术感。

莫斯科红场圣瓦西里教堂（周泓摄于 2010 年 6 月）

教徒家族。俄罗斯与白俄罗斯民族历史上信奉多神教自然崇拜，中世纪后主要信仰东正教或天主教。信众入教途径大多以家庭关系而出生受洗，或因家族长辈信仰熏陶而信教。如明斯克巴尔霍特科夫（Борхотков）家族，祖父巴尔霍特科夫·瓦列拉·谢尔盖耶维奇（Борхотков Валера Сергеевич）、祖母巴尔霍特卡娃·斯维特拉娜·亚利山德罗夫纳（Борхоткова Светлана Александровна）、姑奶巴尔霍特卡娃·塔吉亚娜·谢尔盖耶夫娜（Борхоткова Татьяна Сергеевна）、伯伯巴尔霍特科夫·伊格尔·瓦列里耶维奇（Борхотков Игрь Валериевич）、姑姑巴尔霍特卡娃·卡捷琳娜·瓦列里耶夫娜（Борхоткова Катерина Валериевна）、父亲巴尔霍特科夫·伊戈尔·瓦列里耶维奇（Борхотков Игорь Валериевич）、母亲巴尔霍特卡娃·英娜·尼卡拉耶夫娜（Борхоткова Инна Николаевна）、兄弟巴尔霍特科夫·安东·伊戈列维奇（Борхотков Антон Игоревич）和巴尔霍特科夫·伊格尔·伊格列维奇（Борхотков Игрь Игоревич）都是东正教徒。又如明斯克什瓦拉兹基（Шваразкий）家族，外公什瓦拉兹基·克斯坦丁（Шваразкий Кстантин）、外婆什瓦拉兹卡雅·克拉夫季娅·谢娃（Шваразкая Клавдия Шего）、舅舅什瓦拉兹基·尼科拉伊·克斯坦丁诺维奇（Шваразкий Николой Кстантинович）为天主教徒，舅妈什瓦拉兹卡雅·丽吉娅（Шваразкая Лидия）、表哥什瓦拉兹基·谢尔盖·尼科拉叶维奇（Шваразкий Сергей Николаевич）、表姐什瓦拉兹卡雅·娜塔莉亚·尼科列维恰（Шваразкая Наталия Николе Вича）是东正教徒，母亲米库京娜·瓦利娅·克斯坦丁诺维恰（Микутина Валя Кстантиновича）、儿子米库京·阿列格·列奥涅达诺维奇（Микутин Олеглеонеданович）随父亲米库京·列奥涅德（Микутин Леонед）亦是东正教徒。

东正教(православие) 教徒 Борхотков 家族

Отец 父亲	Борхотков Игорь Валериевич	художник	православие
Мать 母亲	Борхоткова Инна Николаевна	поэт	православие
Сын 儿子	Борхотков Антон Игоревич	студент философии	православие
Сын 儿子	Борхотков Игрь Игоревич	студент художества	православие
Дедушка(по отцу) 祖父	Борхотков Валера Сергевич	музыкант	православие
Бабушка(по отцу) 祖母	Борхоткова Светлана Александровна	врач	православие
Дядя (брат отца) 叔伯	Борхотков Игрь Валериевич	на пенсию	православие
Тетя(сестра отца) 姑姑	Борхоткова Катерина Валериевна	на пенсию	православие
Тетя отца(сестра дедушка) 姑奶	Борхоткова Татьяна Сергеевна	на пенсию	православие

天主教（католичество）→东正教信徒 Шваразкий 家族

Бабушка（по мати）外公	Шваразкая Клавдия Шего	78л.	На пенсия	католичество
Дедушка（по мати）外婆	Шваразкий Кстантин	（умер）		католичество
Дядя（брат мати）舅舅	Шваразкий Николой Кстантинович	51г.	Строитель	католичество
Тетя（жена дяди）舅妈	Шваразкая Лидия	55л.	Работника	православие
Брат（сын дяди）表哥	Шваразкий Сергей Николаевич	30л.	Бизнез	православие
Сестра（дочи дяди）表姐	Шваразкая Наталия Николеьыича	24г.	Без работы（за мужем）	православие
Отец 父	Микутин Леонед	50л.	каректор	православие
Мать 母	Микутина Валя Кстантиновича	55л.	Каректор	католичество→православие
Сын 儿子	Микутин Олеглеонеданович	22г.	Учитель	православие

资料来源：此二表出自笔者于 2006—2007 年在明斯克调查访谈所得资料。

四 俄罗斯与白俄罗斯东正教的社会组织机能[①]

东正教会的学校及学前教育机制引发国家教育体制。近代前，教会是知识教育的殿堂，教会学校的学前、小学、中学、学院体制，是国家教育体制的雏形；文学的标准语言基于圣经的书面语言；讲演式的教学、演绎式的论证缘于教堂的圣经宣讲、教理阐释；与中国相反，知识阶层及其子女普遍信教。教会、教堂有教阶晋升、交流与社会再就业机制。俄罗斯与白俄罗斯主教、大主教均需出自修道院。教士、神父、司祭多自修道院、神学院、神学研究所，各州、市、区、乡教士可轮流聘用，不固定教堂，晋升主要考核任期。教堂招收就业谋业者。

东正教堂的社会保障机制——传递、流动的捐献。教会重要的制度是社会救济。多数教堂每月均有不等款额和医药救济的数十个孤困家

[①] 三、四、五、六内容，出自笔者 2006—2007 年及 2010 年在明斯克、莫斯科、彼得堡彼得—巴维尔教堂等的调查。

庭。信徒捐赞教堂的款、物，再由教堂赠助教徒，教堂且于各礼拜仪式、节日馈赠信众食品，免费提供书刊、供餐小学生，似礼物的流动。教会与其协会成员每月交予教堂经费，其生日或节日时教堂则赠予其礼物。财物流出以礼物归还，连接的则是精神、心灵的信念。

　　东正教堂设立专业和社会组织。教堂成立医学协会、音乐协会、青年协会等。建立教士每天轮流接待解答教众的值日制度、每周中老年座谈、青年座谈、星期日音乐和绘画学校。青年会每周两日协助教堂义务劳动，每月需帮助孤寡病残老人，每个季度都有各区的 семинар（讲演会）。东正教会每半年（圣诞日和教堂诞辰日）组织教堂、教区的环行（хром ход），每年组织跨州长途步行（поход）。东正教堂研究化和信息化。教堂组织圣经研究学会和编译委员会，设立图书馆，出版期刊、报纸、书籍、圣歌集、唱片，建立网站和网络管理。

彼得堡彼得—巴维尔教堂列宾仪式（周泓摄于 2010 年 7 月）

五 俄罗斯与白俄罗斯东正教的国民—民族建构

白俄罗斯与俄罗斯正教的国民性。俄罗斯与白俄罗斯公民的正教信奉，以家庭为纽带，尤其是长辈、妇女的守时祭拜引导着子孙；相信灵魂永生、升华而生命永恒，使身心问题得以解惑；教堂用语成为社会用语，公民平静的心态，公众站立习惯，耐心、坚忍的性格，义务、感恩观念，皆缘于东正教教义，如教语：спокойно 平静，поход 徒步、长征、挺进，терпение 忍耐，служить 服务，серезность 严肃、认真，блогодар 感激、感恩，посвящение 奉献、贡献——均成为社会与政府用语。教士即教育者。在欧陆文盲率极低，与圣经的传授诵读直接相关。圣经的语言成为标准的文学语言。俄罗斯有专门关于陀思妥耶夫斯基文学与东正教的研究。正教圣经最初由希腊、俄人经保加利亚传至白俄，故白俄人的俄语普及，且不少白俄人与俄人会保加利亚语文，由之东欧诸国形成了基于正教的斯拉夫语。白俄教堂用语每周六天为俄语，这是苏联可成立的信仰语言基础。在白俄罗斯几乎每家有圣经，自儿时颂习；在彼得堡它与教义行为之敬神尊老扶弱、餐前祷告、晚礼拜等是家庭教育的主要内容。教堂建筑成为建筑院所、美术院校训练设计和写生临摹素描的基本功。各正教堂有星期六日辅导学校，成为社会教化的重要构成。俄罗斯与白俄百姓普遍会五线谱，这与圣歌自幼的教徒辅导教唱、唱诗班习唱、学校演唱、家长领唱、教堂咏唱直接相连，同时与正规美声训练和歌咏中，以圣歌为基本唱本息息相关。且咏颂形成斯拉夫教堂用语，使民族情结重复并宗教情感升华，不同民族的斯拉夫人同唱正教圣歌。俄罗斯戏剧（歌剧、话剧）的表演性、仪式性，系源于中世纪国家与社会生活的仪式性、神圣性。经院哲学与美学，系欧洲哲学与美学之中流。教堂建筑、雕塑、壁画，尤其是希腊、罗斯正教圣像、壁画，直接促生中东欧尤其俄国学院派美术史、艺术史大发展，且与其古典、文艺复兴、巴洛克、浪漫主义、现实主义各风格相应生。人言俄罗斯的文学与艺术即俄罗斯的哲学。其中诗歌、雕塑、绘画、音乐的辉煌皆与正教同兴。在普希金画廊和米哈伊洛夫博物馆与俄罗斯博物馆，最大型和中心的绘画是东正教人物或教史的，是俄罗斯油画的最高或杰出代表。988 年始，东正教从拜占庭帝国传入基辅罗斯，由此拉开拜占庭和斯拉夫文化的融合，最终形成俄罗斯文化。应该说俄罗斯、白俄罗斯的正教是其哲学和庄严的民族性格的内涵。

俄罗斯与白俄罗斯东正教具民族国家性。在战争年代尤其是第二次世界大战时期，白俄罗斯和俄罗斯居民 3/4 的家庭为战争家庭，无数的孤寡居民，正是由于正教的支撑而获得坚强信念得以维系留存。事实上疆场的士兵亦以此祈祷自己为正义的牺牲赢得亲人生命的延续。罗斯战争家族的比例正是现时其国度正教信仰人口的比例。直至现代东正教信众主要为农民、工人、士兵阶层，商人、学界信仰天主教者较多；近年东正教地位恢复重建，青年和知识界正教信仰者增加，不少天主教徒改信东正教。天主教的信奉国度主要为意大利、德国、法国、西班牙诸中西欧国家，天主教会有较强经济实力；然天主教奉拜大主教，不符合国家思想；东正教则不然，因而成为代表国民民族的宗教正统。即东正教系俄罗斯与白俄罗斯国民民族正统信仰。大主教、主教出自东正教（即教区管理归东正教），由教界选出，政府确认。东正教是国家认可的公民与政府的桥梁。白俄罗斯的军队神职系出东正教，神甫轮流选派，联结士兵教众与国家，大主教是军队的精神领袖。白俄总理的办公桌置圣母圣像，总统每年圣诞前往教堂敬拜；官员祝词 с Богом（上帝保佑）！几乎所有的死者或每个墓地，不论教士、信徒、百姓或官员，都立有正教十字架，私人墓地多木质，国家烈士公墓多石质。明斯克研究生认为，人意识到生存的价值，期望和相信精神永存。上帝在他所创造的世界包括自然界无处不在，上帝不会死亡。人赋有上帝的身心，灵魂则不会死亡。上帝有慈善的心灵，人类则拥有和走向善良。耶稣属于上帝身心，提醒人的互爱也给予犯罪的人。所有人心怀善意，社会不同而和谐。从而白俄罗斯与俄罗斯东正教赋有国民—社会—国家民族的建构功能，自公民、社会、民族形成理念——人类有上帝，代表人性法则。因此，圣灵信仰成为俄罗斯与白俄罗斯民族的文化根基。

（附）Аспирант считал, что：（白俄国立大学哲学系）研究生认为：

• Человек обладает сознанием, знает сам существует, и задается вопросом о цели своей сушествования. 人意识到自己的存在，思考存在的价值。

• Он знает когда – нибудь умрет, и верит в бессмертие души. 相信精神永存。

• Бог создал мир, мир содержит божественную сущность, т. е везде в природе есть Бог. 上帝在他所创造的世界包括自然界无处不在。

• Бог не умирает. 上帝不会死亡。人赋有上帝的身体心灵，灵魂则不会死亡。

• Душа человека имеет божественную природу, значит душа не умирает.

• Бог имеет добрую природу, значит человек имеет добрую душу, и стремится к добру. 上帝有慈善的心灵，人类则拥有和走向善良。

• Иисус человек, который понял свою божественную природу, и часто напомнит людям лбить друг друга без корысти, значит человек может любить злых людей. 耶稣属于上帝身心，提醒人的互爱也给予犯罪的人。

• Все люди имеют добрую душу, то, общество（в том чсле разные общины）является единством. 所有人心怀善意，社会不同而和谐。

莫斯科公墓（周泓摄于 2010 年 7 月）

俄罗斯公祭墓地（周泓摄于 2010 年 7 月）

六　个案：彼得—巴维尔教堂构形、
仪式、组织、制度

在白俄罗斯首都明斯克，彼得—巴维尔教堂（惯称黄教堂）信众最多。它是东正教堂，也是明斯克最早的教堂，历史悠久于该城主教所主持的白教堂。它的空间构形突出、具有传统的神灵神圣之感和人神沟通的接近：

1. 内—中—外空间相通。外厅通向中厅（教徒礼拜堂）、中厅通向内厅（神职祭拜堂）有三个大门、六个小门；通往三个大门的三个通道即三个中型空间，而每个走道都是相通的，中部筑四大柱，故中厅即为九个相通的空间。东正教白教堂沿外厅入中厅两门两柱，不通内厅，只三个空间。而明斯克天主教（红、白）教堂虽然外厅通向中厅有三个大门，但中厅通向内厅却只有一处台阶，没有通向内厅的门、柱，即只有中厅一个空间。

2. 上部与顶部空间相通。黄教堂中厅通内厅的门以上，并非全然封墙，而是只至 2/3 处，顶部 1/3 处是未隔的。礼拜时内门打开，内厅神职和中厅教徒即完全相通。而其他教堂由于不见内厅祭拜，中厅前部即为实墙，没有通灵之感。

3. 重心在教众。黄教堂宣讲台面积小而中厅空间大，宣礼台只占堂厅 1/5 ~ 1/6，即重心在中厅与教众中间；而其他教堂宣讲台占 1/4 或 1/3，重心在宣礼者，形成了分层。

4. 宣讲台或宣礼台低且前无阻隔。笔者所见的天主教堂与清教堂，以及正教大主教宣讲台均似剧台，颇高于观众。而明斯克正教黄教堂宣讲台及其栏杆均甚低，正台阶前没有金属链阻禁；而其

他教堂宣讲台有较高栏杆或铁链阻禁。

5. 门阶低。黄教堂的大门和正门台阶均极低，利于年老教徒——忠实的主体之行走。许多信徒跨区来此礼拜。

6. 材质纯朴。黄教堂的内门、隔墙、栏杆和圣像画全部是木质、木框，有质朴和通透感；而其他教堂的或为石砌或为金属框，缺少温暖和通透感。

7. 古典油画。黄教堂由 300 余幅圣像油画装饰，圣像画极少玻璃镜罩；而其他教堂圣像画虽大却少，且非全是油画，多玻璃镜罩或画于墙上或数码扫描，缺乏古典质感。

8. 经典、严整、壮美的仪式。黄教堂的仪式最完整而贴近信众。如忏悔和祷告仪式，它的祭奠礼拜非在宣讲台主持，而是教父在中厅中间甚至于入门处主持和布经，再至内厅祭拜，并返回教众中间，宣读每一个敬香者的祝语和名字，不论多少和多长时间，之后大司祭（教父）播圣香于每一处教徒间；重复仪式，继续宣读敬香者名字和寄语，由神甫播圣香于每一处教徒间；第三次仪式后，由教士播圣香于每一处教徒。持续三小时。教士服装：上帝、耶稣纪念日—白色，圣徒圣物日—蓝色，圣母日—绿色，大主教日—黄色，礼拜天—粉色，殉道者祭日—红色，斋期—黑色。

9. 黄教堂组织与制度。教堂有两个兄弟会（医学、青年会）和星期天学校（音乐和绘画学校）。每周青年会有两日帮助教堂义务劳动，每月兄弟会帮助孤寡病残老人一次，每个季度都参与组织各区的讲习会 семинар。黄教堂每半年（圣诞日和教堂诞辰日）组织、参与教堂、教区环行（хром ход），每年参与组织跨州长途步行（поход）。值日制度，教士轮流每天接待解答教众者

（每场礼拜前）；每场礼拜后，主持礼拜的神甫个别接待祈祷者，直到最后一个人；除仪式时间，教士、神甫随时随地解答教徒问题。每周四、六都分别有中老年和青年座谈。复活节前斋月，明斯克有些教堂尚关闭，而黄教堂终年日日开堂，年节前则彻夜接待信众。黄教堂最重要的制度是社会救济。教堂每月以数万元白卢布（千元人民币）补贴50个家庭，以医药帮助80个家庭。每月兄弟会成员交予教堂5000卢布（40元），节日和其生日时教堂赠予其礼物。即黄教堂保持着东正教的传统，吸引了众多的信徒。

明斯克彼得—巴维尔教堂复活节前夜（周泓摄于2007年4月）

10. 机构完整。黄教堂有藏量颇大的图书馆提供信徒免费借阅；出版诗集、圣歌集、报刊《教堂话语》和理论书籍，建立网站和网络管理；组织白俄罗斯圣经翻译和编译委员会。黄教堂有自己的食品厂和职员食堂。每个仪式尤其是大礼拜，教堂制作大量糕点作为耶稣赠品馈赠教众、免费供餐残疾教徒和小学生。职工食堂12小时服务，使各班教士、工作人员、老弱教徒无饮食之忧而有家的保障。黄教堂犹如一个家庭，始终有志愿者为教堂尽义务。

11. 大罗斯宗教认同。黄教堂的名称是彼得—巴维尔大教堂，即两个东方斯拉夫殉道者的结合，中心台祭祀二者即此象征。除了周六早班仪式用白俄罗斯语，其他皆用俄罗斯语，联结罗斯人东正教徒。

12. 教父及其家族。黄教堂教父毕业于圣彼得堡大学，与俄罗斯东正教组织保持联系，其负责的青年协会成员每年去彼得堡青年会交流，扩展了青年教徒。其家族是白俄著名的神职家族，自父辈至子、婿，兄弟及其子辈均任教职，在白俄罗斯各州颇具影响，联结了老年教徒与其家族。

由上，与白俄罗斯大主教兼明斯克主教主持的白教堂相比，黄教堂历史早（明斯克最老）、内外空间相通、神职与信徒相通，圣像壁画多而悠久，材质真而古典，香烛（свечки）、信众多，全年每日全天开放，礼拜日圣餐仪式赠面包与红酒。而白教堂神职人员多，外部宏伟，内部全新，圣像照片大、新而罩玻璃，节日赠花，媒体部门摄像。——即黄教堂系当地东正教传统力量所在，而白教堂则为政府扶持的新的正教中心。

与佛教、道教祭献祀神的贡品含义相反，东正教—基督教大礼拜的祭品（面包、红酒）意义是，耶稣的馈赠——肉和血，食之则归于一体。因此，信众永远感恩和属于上帝。由此，人类依上帝法则而不会无法无天，社会及人性遂是平和的。

明斯克彼得—巴维尔教堂（周泓摄于 2007 年 4 月）

七　余论：宗教信仰或认知的历史影响国家的历史

　　人类学探讨文化如何造化人性与社会，历史人类学关注信仰何以引导认知与过程。宗教的认知可以影响社会、民族的认知乃至国家意识，从而宗教的历史可以影响民族及国家的历史。俄罗斯与白俄罗斯东正教无疑建构了其国家民族的认同。在唯物史观下，宗教认知与国家意识、宗教历史与国家历史是分割的，然实质上二者相互渗透而联结。

统治阶级上层尤其是皇室、贵族的宗教皈依和认知，形制着国家以至社会的主流意识。基督教"十字军东征"影响了欧亚大陆的历史。公元 10 世纪喀拉汗王朝副汗萨图克·布格拉，受到波斯萨满王朝皇室成员阿布·纳塞尔影响，信奉伊斯兰教并取得汗位，使东部汗国皈依伊斯兰，① 开创喀拉汗朝伊斯兰化的先河；其子木萨·布格拉汗定伊斯兰教为国教，确立了伊斯兰教法在汗国的统治地位，公元 960 年使 20 万帐突厥部族改宗伊斯兰。② 玉素甫·喀迪尔汗则借助中亚突厥人兵力征服于阗，使伊斯兰教扩据西南疆。③ 蒙元时东察合台汗国秃黑鲁·帖木尔成为西域第一个改奉伊斯兰教的蒙古汗，使 16 万人改宗伊斯兰。④ 黑的儿和卓汗亲自东征使吐鲁番地区伊斯兰化，其子马哈麻汗强制西域大多数蒙古部落信仰了伊斯兰。⑤

边域主体的信仰与认知在影响当地当朝意识和作为国家思想史部分的同时，也触动中原王朝而形构了整体中国意识形态史。如耶律楚材对辽、金上层统治者佛、儒尊奉的影响，拓跋魏孝文帝汉仪礼制改革对中原化的推进。蒙古族于中亚、内地相继经历了伊斯兰化和佛教化，又因清朝满蒙联姻结盟而使后者上层信仰佛教。元世祖尊藏传佛师八思巴为帝师和国师，信重汉僧刘秉忠建元大都，大筑佛教寺院和皇室家庙，如护国仁王寺、大都寺、高梁河寺、妙应白塔、西域双林寺等。明朝定都

---

① 《布格拉汗传》抄本，耿世民《维吾尔古代文化与文献概论》，新疆人民出版社 1983 年版，第 41 页。

② Б. Б. 巴尔托尔德：《中亚简史》，罗致平译，《中亚突厥史十二讲》，新疆人民出版社 1980 年版，第 22 页。

③ 冯家昇等：《维吾尔史料简编》（上），民族出版社 1981 年版，第 41 页。

④ 米尔咱·马黑麻·海答尔：《拉失德史》，中译《中亚蒙兀儿史》第一编，新疆人民出版社 1983 年版，第 165 页。

⑤ 《中亚蒙兀儿史——拉失德史》第一编，新疆人民出版社 1983 年版，第 225 页。

北京后续修元真觉寺、万寿寺等，建大觉寺、觉生寺等，大佛寺以佛掩祠则表明汉明道观以佛教为正统。而这种文化场域、空间、蕴围正是内地与西域伊斯兰教进程整体延长的重要成因。

除了历史上和迄今政教合一的与政、教、贵族三权鼎立的国家外，近代以来的政权亦多以宗教的正统性赢得世俗的合法性。基督教的历史伴随着西方近代史；在中国，晚清的太平天国打破了儒教天下观，理教、白莲教、黄道教均以信仰维系的合法性之世俗化助解着王朝的一统。清末科学替代科举冲击儒教，亦是由认知体系溃解帝国制度。同样，共产主义的理念引导了国际共运史。

俄罗斯与白俄罗斯的东正教仪式保留严整而传统，且非仅如涂尔干等认为宗教表征结构，而似特纳仪式"阈限"之反结构。东正教建构了俄罗斯与白俄罗斯的国民民族—国家认同，同时二者又以此结为斯拉夫文化认同，并均与希腊东正教拥有信仰认同——重构了信众权威；亦如利奇"文化与社会制度（结构）并非合一"之动态平衡，从而对国家认同构成张力。

地方场景下的"文化遗产"

——云南诺邓的庙宇重建与仪式复兴

舒 瑜

  "遗产热"在逐年升温。"非物质文化遗产"概念的提出,使得原有"文化遗产"的内涵得到更新和扩展。① 从侧重物质形态的"文物、建筑群和遗址"的保护转而更加强调对物质形态背后的精神内涵、历史传承、技艺、知识和实践的保护。当前,我国"非物质文化遗产"保护工作正在如火如荼地进行,越来越多的民俗活动、民间庙会、节庆进入国家级"非遗"名录之中。然而,这些民俗事项曾被贴上"迷信""落后"的标签而难登大雅之堂。② 这一转变已经引起学界的关注,已有学

----

  ① 在1972年联合国通过的《保护世界文化和自然遗产公约》中仅将文物、建筑群和遗址定义为文化遗产。在而后20多年的时间里联合国相继提出保护"民间创作""民间文学""无形文化""口头与非物质文化遗产"等概念来补充原来的"文化遗产"概念,最终于2003年联合国通过了《保护非物质文化遗产公约》,"非物质文化遗产"这一概念被正式确定下来。"非物质文化遗产"被界定为:被各群体、团体、有时为个人视为其文化遗产的各种实践、表演、表现形式、知识和技能及其有关的工具、实物、工艺品和文化空间。具体包括:(1)口头传说和表述,包括作为非物质文化遗产媒介的语言;(2)表演艺术;(3)社会风俗、礼仪、节庆;(4)有关自然界和宇宙的知识和实践;(5)传统的手工艺技能。

  ② 2008年国务院颁布的"第二批国家级非物质文化遗产"名录与第一批名录相比,在"民间文学""传统音乐(民间音乐)""传统舞蹈(民间舞蹈)""传统戏剧""曲艺""杂技与竞技""传统美术(民间美术)""传统技艺""传统医学"等原有九大项目门类之外,又增加了"民俗"一项,乞巧节(七夕节)、妈祖祭典、那达慕、民间社火等名列其中。

者在思考,"民间信仰"能否借助"非物质文化遗产"这一逐渐被国际社会接受的概念来摆脱长期以来被主流社会、学界漠视甚至"污名化"的命运,从而获得新的话语空间。①

当前学界的讨论多用"民间文化""民俗""民间信仰"等概念来对应理解"非物质文化遗产",对非物质文化遗产的属性界定也多借助原有论述"民俗"(民间文学)的理论,如活态性、民间性、生活性、生态性等。② 但用"民间文化""民俗"等概念来对应非物质文化遗产有其局限性:一方面,抽象的"民间文化"概念将地方文化抽离于地方场景之外,成为超越地方的民俗事项的罗列;另一方面,民俗学界在"走向民间"使命感召下提出的"民间文化"概念,预设了大小传统之间的对立甚或对抗,而忽视了两者之间微妙的、错综复杂的关系。面对诸多民俗事项已被列为非物质文化遗产的现状,需要从学理上做更深一步的探讨,当下正在发生着的这些文化事项为什么会被认定为"遗产",这些"遗产"对于我们认识今天的现实有何意义。

本文所涉及的非物质文化遗产仅针对有关文化空间(庙会、节庆)的内容,具体到一个村落中所能观察到的庙会、节庆场景。文章试图在具体的地方场景下检视"文化遗产"这个概念,旨在说明"文化遗产"这样的观念对当地人来说意味着什么。学界已有将村神及其节庆与"文化遗产"结合在一起进行探讨的研究③,王铭铭以福建溪村对地域神

---

① 参见高丙中《非物质文化遗产:作为整合性的学术概念的成型》,《河南社会科学》2007年第3期;《作为非物质文化遗产研究课题的民间信仰》,《江西社会科学》2007年第3期;《作为公共文化的非物质文化遗产》,《文艺研究》2008年第2期。

② 参见刘魁立《从人的本质看非物质文化遗产》《非物质文化遗产及其保护的整体性原则》《论全球化背景下的中国非物质文化遗产保护》;乌丙安《人类口头非物质文化遗产保护的由来与发展》《思路与出路:保护非物质文化遗产中的中国民俗学》《非物质文化遗产保护中的文化圈理论的应用》;刘锡诚《非物质文化遗产的文化性质问题》;贺学君《关于非物质文化遗产保护的理论思考》;等等。

③ 王铭铭:《现代场景中的灵验"遗产"——围绕一个村神及其仪式的考察》,《溪村家族——社区史、仪式与地方政治》,贵州人民出版社2004年版,第175—208页。

"法主公"的崇拜为例，阐明"灵验"是当地人对"文化遗产"的解释和理解，是"遗产"之所以需要保存和延续的原因。他指出，这种"灵验的遗产"基于社区共同体的历史记忆，是自身文化延续性的表达，它与现代性语境下的"文化遗产"概念截然不同，后者的"遗产"概念表达着断裂的意义，"它是一个经过选择的传统，代表着已经为现代革命和改革所破除的完整历史的有选择性的复兴，代表着文化的最终消失和不符合现代性的文化形式的革除，更代表着民族化和全球化的历史正当性"[①]。本文将在此思路下，通过具体田野材料的分析进一步延伸和深化对地方场景下"文化遗产"的探讨。

诺邓[②]，在今云南省大理白族自治州云龙县境内，是滇西历史上著名的盐井。诺邓产盐的历史最早可以追溯到唐代，明代被收归中央，清代达至鼎盛，历经民国及中华人民共和国成立后的几番波折，一直延续到 1995 年才最终停产。如今这个因"盐"而生、因"盐"而盛的村落，也因盐业的衰落而逐渐沉寂下来，而盐业时代积淀下来的厚重历史仍在诺邓的现实生活中流淌。在旅游经济日益成为地方新的经济增长点的当下，诺邓所依托的正是盐业时代所创造的人文历史景观，被称为诺邓"文化遗产"的盐井、庙宇、庆典仪式、民居建筑，至今仍旧是诺邓人生活的一部分。本文正是要通过诺邓人的仪式和日常生活实践来呈现地方场景下的"文化遗产"究竟意味着什么。

---

① 王铭铭：《溪村家族——社区史、仪式与地方政治》，贵州人民出版社 2004 年版，第 207 页。

② 诺邓原为云龙县果郎乡下属的一个行政村，但现在的诺邓村隶属诺邓镇。诺邓镇是实行乡镇体制改革，撤销原石门镇、果郎乡后设立的新镇，于 2005 年成立，笔者主要研究的是诺邓行政村的河西、河东两个自然村。

一　庙宇的沉浮：重建的"遗产"

初到诺邓，最让人震撼的就是这里曾经的繁荣。村中老人经常兴奋地描述诺邓昔日的辉煌：玉皇阁里栩栩如生的塑像、龙王庙前雕刻精美的门楼、大戏台上的莺歌燕舞、孔子会的庄严盛大、迎春接佛的"嘻嘻若狂"……这些老人见证了一个时代的变迁：从 20 世纪 50 年代伊始，诺邓的庙宇被相继破除，公共祭祀被禁止，节庆被淡忘……20 世纪 80 年代以后进入一个新的转折，部分庙宇（三崇庙、香山寺、古岭寺等）由村民自筹资金陆续进行了重建，民众自发组织的小规模的庙会开始复兴；2007 年，孔庙、龙王庙、武庙作为第一批文化遗址景观由政府和民众共同出资修复；2008 年，中断了半个多世纪的孔子会得以盛大举办。这些修复的庙宇、复兴的庆典已经被重建为祖先留下的"遗产"，今天的诺邓人就生活在其中。

盐业是诺邓的经济命脉，诺邓人世代依靠盐井生活。龙王被奉为盐井的保护神，历来备受尊崇。诺邓龙王庙的建立应与盐课提举司①的设立有关，雍正年间曾经得到帝国的敕封，今天诺邓的龙王牌位上仍赫然写着"敕封灵源普泽卤脉兴旺得道龙王之神位"。在诺邓人看来，盐井能够世世代代"卤旺盐丰""井养不穷"，正是仰赖着龙王的佑护和福祉，每年的龙王会是诺邓井最盛大的庆典之一。明清以降，诺邓用于公共祭祀活动的开支除了会首向与会的各个家户筹集会费外，还有一部分源于公共资金，这就是来自盐井的"公卤"（即属于盐井公有的卤水份

---

① 明初中央在地方设立盐课提举司，是地方最高的盐务机构。云南设有四个盐课提举司，分别是黑井盐课提举司、白井盐课提举司、安宁井盐课提举司和五井盐课提举司。五井盐课提举司就曾设在诺邓。

额）和庙产。从清末到民国时期的卤水分配上看，"在总股份（480 角）中，有少量公有卤水角份：公甲卤，（出租）所得用于埋葬无主亡人、修桥补路、修缮寺庙等；学校卤，用作学校经费；庙会卤，用来办会，如祭礼等开支"①。现存寺庙碑刻中还能看到有关"公卤"的记载，《皇图巩固——玉皇阁常住碑记》就有"建阁檀越信官黄诏施水田一双，坐落三家村甸，本井正上下卤水一袋"以及"本阁常住积买本井盐卤□桶"的记载。玉皇阁成为这些卤水的所有者，由常住进行管理，租给私人灶户煎煮，收取租金，收入用于维护玉皇阁日常的香火开支和祭祀活动的经费。到了民国期间，玉皇阁建成学校，学校拥有的公卤应为清代以降积累下来的庙卤。笔者在 1926—1927 年的《诺里乡两级小学收支账簿》② 中发现了关于文庙卤、学校卤、甲卤的记载。

文庙卤项下：

> 杨秀香卤租三元
>
> 杨羽君卤租一元六角
>
> 杨望正一元五角
>
> 杨重华一元五角三仙
>
> 杨良五七角陆仙五厘
>
> 黄允中四元
>
> 李华林二元陆角七仙五厘
>
> 李成美一元四角二仙二厘五毛
>
> 杨遇春一元零二仙
>
> 杨敬之二元

---

① 李文笔、黄金鼎编著：《千年白族村——诺邓》，云南民族出版社 2004 年版，第 78—79 页。

② 由村民黄续熙收藏，黄金鼎先生整理，由黄金鼎先生提供其抄本。

黄品超七角陆分五厘

徐奎席二元二角九仙五

黄怀之七角陆仙五

以上十三柱合洋二十三元三角三仙七厘五

校卤项下：

收黄汉衢十五年份二十三元 十六年份四十元

徐儒席十六年份五元一角四仙

杨华月十五年份一元一角

以上三柱合洋陆十九元二角四仙

甲卤项下：

李立高十一、十二两月十八元

以上三项卤租合洋一百一十元零五七仙七厘五。这份诺里小学的收支账簿为我们显示了公甲卤、学校卤、庙卤这三类用于诺邓公共生活的卤水形式，公甲卤的所有权归诺邓盐井公有，校卤由学校掌管，庙卤归属寺庙。直到民国期间这三种公卤仍然存在，而且收入不菲。可见，公的卤水在诺邓的公共生活中有着相当重要的作用。除了"公卤"之外，诺邓的很多庙宇都拥有自己的庙产，主要是土地。祝寿寺的庙产，位于今庄坪和大庄。拥有庙产最多的玉皇阁，其庙田遍布在今天的杏林、永安、果郎、石门等地。玉皇阁的住持不仅掌握着玉皇阁的庙产，还包括观音寺、祝寿寺、静室、莹慧庵的庙产，按《玉皇阁常住碑记》所列庙产计算，常住拥有田地40.6亩，随粮100升，价银20两。孔庙的香资田在果郎落场口和海尾场两处，武庙的公田位于庄坪和果郎两地。由于龙王庙缺乏碑记铭文，这方面的记载付之阙如。村中老人说，龙王庙一直没有庙田，就是只有"公卤"了。

近代以来，随着盐井的几经波折，龙王庙也一同沉沦。中华人民共和国成立以后，国家对一系列小型井矿采取了裁废的决策，自 1950 年起相继封闭了云龙境内的石门井、师井、顺荡井、天耳井、宝丰井。云龙县政府请求保留诺邓盐井，但最终诺邓盐井还是于 1956 年 11 月 22 日被封闭，之后的诺邓盐业走上乡镇企业的发展之路，先后经历过县办（1956—1965）、生产队办（1967—1980）、村办（1980—1995）等阶段，但光景已大不如前，时办时停，举步维艰。直到 1995 年，由于生态破坏及加碘技术等原因，政府下令停产，诺邓的盐业时代就此结束。

其实，早在经历了中华人民共和国成立之初的私有制改造、建立国营盐厂之后，诺邓盐井已不复是大多数村民仰赖的经济支柱。从 1951 年下半年开始，诺邓井经历了国家对资本主义工商业、手工业的私有制改造，明清以来灶户私有的卤份被逐步地收归国有，过去一家一户的灶户生产形式被整合为 4 个联营灶、1 个国营灶，由灶户入股参加的联营灶只是一个过渡时期，最终于 1954 年全部转为国营灶。从前的竜工、负卤工，帮灶户煮盐、烧盐的雇工，阶级成分好的人成为新时代的盐厂工人。[①] 盐厂工人成为最受村人羡慕的职业，但工人数量相对以前的灶户来说已经很少。大部分人在失去盐业的经济来源之后，开始开荒种地，大多数灶户成了新时代的农民。在所有制改造之后，公卤、庙卤连同灶户私有的卤权一并退出了历史舞台，诺邓亦不再拥有用于祭祀活动的公共资金来源。

在诺邓人的记忆中，龙王庙的损毁是和国营盐厂的建立同步进行的。1955 年国营盐厂成立，龙王庙的大戏台被拆除，建成盐厂生产的

---

① 土改时，诺邓根据"五把尺子"来划定阶级成分，即卤水、土地、大牲畜、房屋、大农具等五项内容，地主、富农被排除在盐厂的生产之外，不能成为盐厂工人。

大灶。龙王庙作为"封建迷信"被毁坏，戏台被拆除，龙王塑像被打倒，正殿被改造成盐厂办公室和工人宿舍，以及堆放成盐的仓库。在这个"祛魅"的过程中，龙王庙从盐井的神圣祭祀场所转变为盐厂的生产空间，龙王信仰被破除，相关的一套仪式被禁止。龙王庙是诺邓众多庙宇中第一拨被损毁的。在接下来的"集体化时期"，生产队又破坏了三崇庙、城隍庙、古岭寺、香山寺等庙宇。这些庙宇基本被完全损毁，连地基都找不到了，木材、瓦料被分配给各生产队修牛圈、盖仓库、建水磨坊等。在而后的"文化大革命"运动中，玉皇阁、文昌宫、孔庙、武庙、静室又遭到破坏。殿内塑像被破坏殆尽，只留下空空如也的建筑。在这段时间里，诺邓人进入了一个"无庙时代"，一切祭祀活动都只能是以家户的形式私下里偷偷摸摸地进行。

诺邓人清楚地知道，不同时期破坏庙宇的主力军是不同的，破坏龙王庙的主要是盐厂工人，建立国营盐厂之后，从外地调来了厂长和部分工人，在他们的直接领导下龙王塑像被打倒，戏台被拆除，正殿被改造成工人宿舍。而三崇庙、香山寺、古岭寺的破坏则是由生产队的领导直接授意和组织的，这些庙宇的原材料被重新分配用于各生产队基本设施的建设。红卫兵和红小兵毁坏了堪称诺邓最高艺术成就的玉皇阁以及孔庙、文昌宫等。诺邓人对这些破坏庙宇的人给予了强烈的道德谴责，并认为他们因此遭受了不同程度的报应。

改革开放以后，国家对此前过激的文化政策进行了修正，长期蛰伏的民间信仰开始复苏。在诺邓，这就表现为从一个"无庙时代"进入"修庙时代"。由村中几个热心的老人牵头筹资，三崇庙、古岭寺、香山寺相继得到了修复。在资源、力量有限的情况下，修复的庙宇已经远远没有了昔日的光彩，简陋的建筑、粗糙的塑像，都完全无法企及原来的辉煌。原三崇庙规模很大，是融正殿、耳房、厢房、门楼、戏台为一体的建筑群。庙内供奉有多位神灵，均属于本主信仰体系，三崇庙是诺邓的村庙。1985 年在原址上修复的三崇庙，只建有正殿一间，将城隍、财神以及原三崇庙的部分神灵全部集中到一个庙宇内供奉。正殿坐北朝南，自西向东依次是三崇老爷及夫人、子孙娘娘、城隍、本主及夫人一字排开。神台左右两个角落还有土地神和金大老爷两尊小佛像。台下两侧各立有生死判官。正殿西侧有耳房一间，专门供奉诺邓人称为"武财神"的赵公元帅。诺邓人认为三崇庙与他们的生活息息相关，生病讨魂、出门求福、死后审判等都由三崇庙里的神灵掌管。今天小小的三崇庙依旧是诺邓人生活中必不可少的一部分，逢年过节、婚丧嫁娶来三崇庙许愿求福的人络绎不绝，也正是这个原因三崇庙较早得到民间自发修复。

二 "灵"或"灵验"

为什么要重修庙宇、复兴庙会？诺邓人对此自有一番解释。他们会言之凿凿地向你描述他们的神灵如何显灵，如何佑护诺邓的故事。这些貌似"荒诞"的说法被赋予深厚的历史道德。在诺邓流传甚广的"三崇本主显灵"的故事，就赋予了今天很多仪式以意义。

大约是民国时候的事了，那时社会动荡，有一年土匪张结巴领着一队人马准备抢劫诺邓。那天早上，天还没亮，浓雾就像锅盖一样把诺邓罩得严严实实，张结巴一帮人站在北面山头用望远镜也看不清楚村里的动静，只有等着天亮再行动。有个诺邓人恰好从村外回来，就看见这群土匪站在山头上，于是赶快从小路跑回村里报信，大家就互相喊起来，赶紧做准备。天慢慢亮了，张结巴的队伍也要准备进攻了，他们突然发现一时间诺邓四面山坡上全部布满了兵马，密密麻麻的。张结巴一帮人被这么多兵力吓跑了，村里人后来才知道原来那是诺邓的神灵突然显灵，三崇骑着一匹白色大马，手持大刀，威风凛凛，带着千军万马站在北山上。城隍老爷也显灵，他的坐骑是一匹红色的高头大马，他带了另外的人马守在东南山上，所以张结巴才会被吓跑了。后来人们发现在三崇庙的墙壁上写着一句话："恍兮惚兮，倏忽失我神威。"要不是三崇及时显灵，诺邓整个村子就完了。

诺邓人把这件事说得神乎其神，据说事后村民专门到三崇庙去烧草鞋、烧纸衣给阴兵，据说烧了几百双草鞋，就是为了报答三崇部下的这些兵马，是他们保佑了诺邓的安宁。如今，诺邓很多仪式中都会用到的"马料盐米碗"的意义就缘于此。"马料盐米碗"就是在一个普通的瓷碗里盛有少量的盐和米粒，当地人称之为"马料盐米碗"（maix lut binl meix geirt），并强调盐和米一样都不能少。"马料盐米碗"通常是和三牲一同献祭神灵的，笔者在田野调查中观察到，在庙内的献祭结束之后，这个"马料盐米碗"会被拿到庙外，盐米被撒在庙外。[①] 当地人解释说，这些盐米就是喂给三崇本主麾下阴兵兵马的马料。这些兵马曾经跟着"三崇"王骥"三征麓川"[②]，后来王骥被尊为云龙全境的三崇本主，这些战死沙场的兵马也就成了三崇麾下的阴兵马。诺邓的三崇信仰

---

① 也有当地人向笔者解释道："把盐米撒在庙外的做法并不对，而是应该就在神台前撒几颗意思一下就可以了。"但不管撒在庙内或庙外，当地人都认为，盐米就是喂给阴兵马的马料。

② 诺邓人认为，三崇就是"三征麓川"的兵部尚书王骥。麓川在今云南省德宏傣族景颇族自治州的瑞丽、陇川、遮放及瑞丽江南岸一带。明代曾在此设立麓川平缅宣慰司。后因麓川思氏不断坐大，并不断兼并周边土司的领土，边境动乱数十载，明廷最终于正统年间发动了"三征麓川"之役。战争持续了八年，席卷了云南大部分地区。在云龙流传着很多关于王骥的传说，据说当年王骥"三征麓川"时曾经屯兵在漕涧嘎窝（今漕涧仁德），并在当地扎营筑城，当地土著在献给王骥的羊肉中放了弩箭药，毒死了王骥。王骥成为今天云龙全境的本主。《明史·王骥列传》中确实有王骥"三征麓川"一事，但最后王骥是班师回朝，八十三岁而终。

与历史上诺邓盐井销岸的形成有着密切的关系。① 三崇信仰在今天仍能获得生生不息的意义并被赋予了很强的"灵验性"就是缘于诺邓漫长的盐业史，这是诺邓作为一个社区共同体共享的历史记忆。

在诺邓人看来，龙王作为盐井的保护神，盐井的兴衰安危均系于龙王的显灵和护佑。龙王会一直以来都是诺邓最重要的庆典仪式。龙王会的祭祀规格很高，尽管龙王只是属于地方神灵，只能献祭三牲。但因诺邓人将其奉为衣食父母格外尊崇，龙王享受五牲大祭，进行三献礼（与孔子会的区别就是不能献祭整牛）。最初的龙王祭祀，有春秋二祭，属于官方祭祀②，到了民国年间，龙王会已为每年一祭，在龙王生日这天（农历六月十三日）举行，由盐井管事会来组织。管事会负责收集公卤资金，安排这个祭祀程序。仪式在两个空间内进行：一个是在村后北山的龙潭处进行"接水魂"的仪式，即从一个常年有水的龙潭内取一壶水倒进盐井的卤水池中，意为将卤水的魂魄取回来。另一个则是在龙王庙里祭祀龙王，以及庙前戏台为龙王唱戏。盐井生产的关键就是要进行淡水和卤水的分离，提高卤水的浓度。在一年的生产周期中按照卤水浓度可分为"平、淡、旺、空"四个阶段。旺季是在每年冬季到春季，从 11 月到来年 4—5 月，这时卤水浓度最高；其次是秋季，9 月到 10 月，称为"平"；6—7 月是一年中卤水最淡的时候，称之为"空"；其余的时间称之为"淡"，卤水浓度较低。每年农历六月，卤水最淡的时候，届时诺邓就要举行龙王会，"接水魂"仪式，以此来祈求卤旺盐丰。

在国营盐厂建立之后，龙王会被禁止。盐厂的建立，不仅是生产方式的转变，更是一种观念变迁。生产效率开始与技术标准、劳动纪律、生产

---

① 参见舒瑜《微"盐"大义：云南诺邓盐业的历史人类学考察》，世界图书出版公司 2010 年版，第 128—149 页。

② 参见杨庆堃《中国社会中的宗教：宗教的现代社会功能及其历史因素之研究》（范丽珠译，上海人民出版社 2006 年版，第 144 页）对"官方祭祀"与"民间祭祀"的区分。

技能、安全生产等直接挂钩。与从前最大的不同在于，提高卤水浓度已被视为技术问题，可以通过改进技术达到目的，而不再需要每年举行"接水魂"的仪式来祈求卤旺盐丰，工人下井作业之前也不再给龙王进香以求得在井下的安全。过去对龙王的崇拜被视为"封建迷信"而抛弃了。直到20世纪80年代，一次意外灾难，人们重新想起了龙王的灵验。

1984—1985年，诺邓连续两年遭受洪灾，井硐被淹没，修复之后1986年投产，不幸又遭连续暴雨，山洪大发，泥石俱下，河岸倒塌，井硐淹没，井房被毁，诺邓遭受了中华人民共和国成立以来未有过的重大灾害。这时的诺邓盐厂已经不再是县办而是属于村办时期。在如此巨大的灾难面前，盐厂的负责人开始考虑恢复龙王会。当时的厂长回忆说：

> 龙王会是1986年在我的手上恢复过，1985年农历六七月份下大雨，诺水河发大水，把我们盐井淹掉，淹了一个多月，县财政局给了补贴，才把盐井修复起来。修起来以后，我手上才把龙王牌位雕回来，做了一个龙王会，以前是有两尊佛，早就拆掉了。当时我问了杨树元，他是道长，他建议我们做一次龙王会。他说："几百年了，大水都没有冲过龙王庙。解放以前年年做会，私人熬盐，灶户摊钱做龙王会，整个村子都去吃，现在诺邓就靠这个盐厂，你这一次把它做起来。"那时候政策严格，我们也怕，我跟支部书记和大队商议以后，同意让我们盐厂工人自己办，把公益金抽出来一部分，上缴提留款少交一部分，总共用了四百多块钱。来了三百多人，办了三四十桌，相当热闹的，新中国成立以后就不准做会了，那回我们是第一次办。后来就没有淹过水了，1992年"八二九"沘江泛滥，整个云龙县毁坏很严重，冲了几千亩良田，我们这里也没有淹。[1]

---

① 笔者2007年7月15日访谈的录音整理。

从当事人的叙述来看，作为这次龙王会的发起人、组织者是相当自豪的，他在当时敢于打破坚冰，恢复了一个失落的传统，这一行动深得村民的支持和欢迎，他也强调了这次龙王会的"灵验性"，至此之后诺邓再没有被大水淹过，即使 1992 年全县的大洪灾，诺邓也幸免于难。但是，从此之后龙王会并没有延续下来，这次祭祀只是应对突发事件的特殊举动，盐厂的生产依旧。

近年来，龙王会又开始得以小规模地自发举办。由于缺乏公共资金，也没有诸如过去盐井管事会那样的组织来专门操办，规模已大不如前，省去了"接水魂"的仪式，只是向龙王进献五牲，有时也能凑上几人弹演洞经音乐。尽管盐业已经不再是诺邓的经济支柱，但是诺邓盐并没有退出人们的生活，盐在诺邓日常生活和仪式中的意义仍在延续。今天的诺邓人平日里食用的都是云南一平浪盐矿生产的加碘食盐，但在每年腌制火腿时诺邓人仍坚持使用诺邓盐，腌制火腿对于诺邓人来说不只是一种保存肉类的方法，对他们而言，火腿是重要的仪式用品，火腿是供献给祖先的不可缺少的祭品，也是婚礼中男方送给女方舅舅家的重要礼物，还是作为当地特产馈赠亲友的佳品。正因为火腿的仪式意义如此重要，每个家户都要制备火腿。诺邓人制作火腿可不是一件小事，制作的时间和工艺都很有讲究。首先是要选择一个吉日。每年在冬至之后，选择一个生甲日①，开始杀年猪、腌火腿。其次必须使用诺邓盐，制作工艺也很考究。每年腌制火腿的时候，村民还是要特地到井房取回盐水来自己熬盐。因为井硐已淹没，淡水和盐水相混，卤水浓度已大大降低，但人们依旧愿意耗费柴火和精力来自己熬盐。另外，在祭祀活动中

---

① 当地按照天干地支的计年方式，有着生甲、病甲、死甲的区分。诸如子、午、卯、酉年、甲子、甲午为生甲，甲寅、甲申为病甲，甲辰、甲戌为死甲。生甲日腌制的火腿最好的，不会坏，如果是在病甲日或是死甲日腌出来的火腿则易坏。因此，诺邓腌制火腿都要尽量选择生甲日。

使用的形盐，也必须用诺邓自己生产的盐制作，这在下文还有进一步说明。近几年，随着旅游观光业的进一步发展，有一两户村民恢复了传统的制盐方法，制作出诺邓筒盐进行出售。形制上比历史上的筒盐小得多，并刻有红色的"诺邓"两字作为旅游纪念品出售。过去的盐厂已承租给个人建立起诺邓火腿厂，不少旅游者也会挑选一两支火腿作为诺邓特产带走。盐并未退出诺邓人的生活，仍在日常生活和仪式活动中扮演着重要意义。因此，龙王会仍会延续，在经历了盐厂对祭祀龙王的长期禁锢之后，盐厂的停办解禁了这一信仰。近几年龙王会的举办，主要是由承包火腿厂的个人承头发起的小规模祭祀，龙王的"灵验"被重新唤起。

三　孔子会："文化遗产"的展演

孔子会是诺邓最高规格的祭祀，是清代以来诺邓最盛大的庆典。诺邓之所以有资格修建孔庙，与这里曾经设立过五井盐课提举司的历史有关。诺邓孔庙建成于乾隆九年（1744），在此之前，孔子一直是和释、道神祇共同供奉，没有独立的庙宇空间。孔子的地位是在乾隆年间被迅速抬高的，当地儒生在其中起到关键作用。盐业和科举是诺邓实现"内外""上下"流动最主要的两条渠道，考取功名是最被盐井社会认可的实现社会身份和地位转变的路径，盐业也为这一目标的实现提供了经济后盾。在明代的户籍制度中，灶户是被归为匠一类，社会地位很低。刘森在《明代盐业经济研究》中指出："灶户必须为朝廷煎办盐课，承当朝廷的户役，因此，灶户必须世守其业，世代'以籍为定'，不得'诈冒脱免，避重就轻'。如果有违，则处以'杖八十'之刑罚。"① 但从有

---

① 刘森：《明代盐业经济研究》，汕头大学出版社1999年版，第108—109页。

关明代科举的研究中可以看出，盐籍和灶籍都可以参加科举考试（灶籍是沿海海盐专业户，盐籍则是内地池盐专业户），明代既出现过灶籍进士也出现过盐籍进士。[①] 由此可知，考取功名是灶户实现身份转变，改变"世守其业"的最直接、有效的途径。诺邓历史上的世家大族都特别重视科举出仕，据黄金鼎先生统计，明、清两季，诺邓共出现过"五举人"（包括两进士）、"贡爷五十八"（包括列贡二人）、"秀才四百零"。[②] 乾隆时期诺邓进入鼎盛时代，曾出现被后世奉为美谈的"父子举人、祖孙进士"。老进士黄绍魁晚年荣归故里，据说正是他从孔子故里曲阜带回泥土重塑诺邓孔子金身，还倡修了孔庙棂星门。

2008 年 9 月 26 日（农历八月二十七）是孔子诞辰 2559 周年，诺邓举行了盛大的孔子会，这是停办了半个多世纪之后第一次正式的祭孔仪式。在当前"非物质文化遗产"保护的大潮下，这次祭孔庆典得到了官方的支持和认可，云龙县县委、县政府、县人大、县政协等为庆典送来了花篮，庆典活动也得到州、县众多媒体的关注。前后三天的会期，不仅吸引了远近村民，也有不少旅游观光者慕名而至。整个祭孔仪典都是由诺邓当地人组织和参与的，祭祀的过程基本遵照传统的祭孔礼仪，按照开祭迎神、初献礼、亚献礼、终献礼、撤馔、送神等步骤进行。仪式在上午九点正式开始。首先在孔庙棂星门外设立神坛迎神，孔子及四圣的画像立于神坛之上，进献面果、水果、茶、酒、米饭等。五位礼生向画像行礼毕，将孔子画像放进专门轧制的彩轿内，四圣画像则由四位礼生捧在胸前。这时鞭炮响起、锣鼓齐鸣，迎神仪仗队伍开始浩浩荡荡地从棂星门鱼贯而入。以彩轿为中心，前有威严盛大的迎神仪仗：抬着龙

---

① 参见钱茂伟《国家、科举与社会：以明代为中心的考察》，北京图书出版社 2004 年版，第 158—159 页。

② 参见李文笔、黄金鼎编著《千年白族村——诺邓》，云南民族出版社 2004 年版，第 132 页。

旍、掌扇的，挑着宫灯、提炉的，举着"肃静""回避"高脚牌的，舞弄着金瓜、钺斧、矛戟刀叉的，扛着曲柄黄盖的，捧着四圣画像的，端着笔墨纸砚文房四宝的、敲锣打鼓的，丝竹演奏的……向着孔庙缓缓前行。跟随彩轿之后的是一群身着白色衬衫、系着红领巾的少年，他们走在队伍的最后面。

作为仪式第一个环节，迎神的仪仗队呈现出很强的文化展示色彩。服饰是最显眼的元素。诺邓人平日里并不穿戴白族服饰，历史上诺邓的山地白族服饰也与大理坝区的白族服饰有着较大差异。但在这次仪式上，仪仗队里的青年男女都穿上了现在大理坝区通行的白族服饰，这种源自电影《五朵金花》经过改良的白族服饰已被外界认定为是最典型的大理白族服饰，成为大理白族身份认同的最明显的符号。但是，真正参与祭祀的礼生则是另一套装束。执事穿蓝布长衫、戴毡帽，主献生和陪献生穿绸缎长衫，戴瓜皮帽，这是清代、民国时期的典型着装。在这个仪式空间里，多重历史—文化在这里交织，通过多重象征、符号的交叠、融和得以呈现：仪仗队中"肃静""回避"，矛戟刀叉、龙旍、掌扇、罗盖、彩轿等再现了帝国官员出巡的情景；"金花""阿鹏"的白族服饰所要传达的是现代民族—国家疆域内的少数民族特色；朝气蓬勃的"红领巾"则是民族—国家繁荣昌盛的希望之所系。正如王铭铭分析了泉州的三套（国家的、地方的、民间的）年度周期仪式后指出："年度周期仪式就是历史、文化与权力的结合，或者说是不同的权力通过选择历史来选择文化的结果。"他认为："作为历史再度演示的仪式，服务于对未来的阐释，它们所要论证的是，在历史的过去中如何推导出命运的未来。"① 孔子会曾经是诺邓明清以来年度周期仪式中最盛大的庆典，是诺邓鼎盛时期的标志，时隔半个多世纪之后的这次重办意义重

---

① 王铭铭：《逝去的繁荣》，浙江人民出版社 1999 年版，第 17—18 页。

大，这一重新恢复的"文化遗产"所要传达的正是从过去的繁荣中推导出未来繁荣。

孔子及四圣画像被迎请至殿内安置好之后，祭祀正式开始。这次祭祀严格遵照旧时祭孔的三献礼。设主献生一人，陪献生四人，均为村里年岁较高的老人，还有太史生、太祝生、鸣赞生、迎赞生、祝生各一人，以及负责执帛、执爵、司尊、执馔等的执事人员以及专事奏乐的乐生等。这些人员多为村内道教协会的成员。从坛所的空间布置来看，在孔庙侧门外社迎神坛，殿阶下方设有盥洗所、水尊所，由两位执事人员负责进巾、盥洗等，正殿内设酒尊所、祝案、福胙案，瘗所设在殿外东南角。仪式开始，两位鸣赞生立于殿阶之上，交替唱礼：

今值吉辰　敢告祭祀　内外肃静　职事者各司其事　开鼓三通　主献生就位　陪献生就位　读祝生就位　阖村众姓人等诣位　迎神　瘗毛血　跪　叩首叩首三叩首　兴　跪　叩首叩首六叩首　兴　跪　叩首叩首九叩首　兴　诣盥洗所　着水　进巾　复位　诣行初献礼　司尊所司尊者酌爵　诣大成至圣先师孔子之神位前　跪　敬香　持爵　接爵　执帛　接帛　叩首　读祝生就位　读祝生跪　读祝文：

维公元二零零八年岁在戊子仲秋月二十七日，中华人民共和国云南省大理白族自治州云龙县诺邓镇诺邓村主献生杨鲸，陪献生杨寅亮、黄续熙、李圣全、杨铭德，暨阖村众姓人等致祭于大成至圣先师孔子之神位前祝曰：唯夫子德配天地，道冠古今；仁义中正，不偏不易；统天御世，唯道唯宝；行文教昌明之盛，正礼乐节和之时；传千年之道脉，为万世之师表；鸿开教育，开后学茅塞之胸；广敷教化，启后世入德之门。值此嵩生岳降，先师华诞之际，敬伸萍藻牲醴之仪，恭陈明荐以复圣、宗圣、述圣、亚圣。礼乐明其烟祀，祈社会和谐，人民生活安康，后学子孙学业昌盛前途畅通。仰叩昭格，来格来享。

尚飨

（读毕）兴　复位　奏乐　跪　叩首叩首三叩首　兴诣行亚献礼　司尊所司尊者酌爵　诣大成至圣先师孔子之神位前　跪　敬香　执爵　接爵　叩首　兴　复位奏乐　跪　叩首叩首六叩首　兴诣行终献礼　司尊所司尊者酌爵　诣大成至圣先师孔子之神位前　执爵　接爵　叩首　兴　复位　奏乐　跪　叩首叩首九叩首　兴诣领福受胙位　跪　敬香　领福酒　受福胙　叩首　兴　复位　奏乐　撤馔　送神　跪　叩首叩首三叩首　兴　跪　叩首叩首六叩首　兴　跪　叩首叩首九叩首　兴　执爵者捧爵　执帛者捧帛　读祝者捧祝　诣望仪所　毕

仪式在鸣赞生的号令下有条不紊地进行，礼生的着装、言行举止，仪式的程序步骤，均尽可能遵照旧时祭孔的规制，尽管如今人力、物力有限，但仪式组织者所要实现的目标就是要尽量重现清代诺邓祭孔的盛况。

在祭孔的诸多祭品中，其中最有诺邓特色的就是——狮状形盐。盐，一直是祭孔仪式中不可缺少的一项祭品，用笾盛放。但作为祭孔用盐，与平时所食之盐并不相同，需要经过一番特殊的加工。按照记载，祭孔用盐一般做成虎状或山状。《圣门礼志》说："用洁净白盐即为虎形，印为山形者，即为物性，实笾内。"① 但诺邓用于祭孔的却是饶有特色的狮状形盐，当地人叫它"狮子盐"。这种狮子盐平日里是不使用的，只有在祭祀和送礼场合才能见到。清人桂馥在其《滇游续笔》中就

---

① 转引自孔德平、彭庆涛、孟继新《祭孔礼乐研究》，文物出版社2009年版，第48页。

说："云龙煮盐，其形作狮子者品最上。"① 这种狮状形盐随着近代以来诺邓庙宇被破除，仪式被禁止之后，就逐渐退出了人们的视野。村中老人回忆说，过去只要是祭祀，都要用形盐，以前都是做成狮子状，后来简化了就用小酒杯当模子来做。过去正月间，灶户家往往会做一些狮状形盐，或是刻上"福""禄""寿""喜"字样的形盐供奉在家中祖先堂、天地堂上，等到春节过完才收回。灶户也会做出各种动物形状的形盐，作为珍品送给尊贵的朋友。制作形盐需要有刚煎煮好的盐砂，将盐砂放进形盐的模子里压紧，在火上烤干使其变得坚固成形。随着诺邓盐业生产收归国有，工人不能私自使用盐砂，而且随着龙王庙的毁坏、祭祀中断，到盐厂停办，形盐也就逐渐退出了诺邓的祭祀生活。

在诺邓的献祭体系中，不同形制的盐所具有的仪式意义是不同的。形盐和盐米在献祭中的象征意义，是与诺邓人对神、鬼、祖先的分类结合在一起的。形盐和散盐（即盐米）分别对应着神（及祖先）和鬼的分类，即形盐是献给神和祖先的，而盐米则是撒给鬼的（具体是指阴兵马）。然而有趣的是，在这次孔子会的献祭上，居然同时出现了狮子盐和盐米。笔者注意到狮子状形盐是和梨、苹果、核桃、板栗、大枣、干鱼等以前用笾来盛放的祭品一道在正式祭祀开始之前就摆在供桌上了，而盐米则是和五牲（牛、羊、猪、鸡、鸭）放在一起的，是后来献祭五牲的时候才端上来的，四配处也有形盐和盐米，盐米和三牲（猪、鸡、鸭）放在一起。这次献祭完全混淆了形盐和盐米的分类。事后询问村里的老人，他们都认为这是乱了规矩，盐米是给鬼的，怎么能献给孔子。在笔者看来，出现这样的"差错"是缘于中华人民共和国成立后形盐在诺邓祭祀生活中的缺位，在形盐消失后的大半个世纪里，在诺邓人的

---

① 转引自云南省云龙县志编纂委员会编纂《云龙县志》，农业出版社 1992 年版，第 214 页。

观念中已经形成了只要献三牲或五牲就要有盐米的定性思维。因此，在献祭五牲的时候，盐米就跟着五牲和盘托出，悄然登上了祭台。这次看来有些混乱的献祭，其实反映的正是形盐曾经消失过的这段历史。

四　结语："遗产"何为

诺邓当下正在实践着的节庆、庙会等仪式活动正在被当地人和外界一道重建为"文化遗产"。对于诺邓人而言，所谓的"遗产"意味着它们是祖先们世代相传下来的值得珍视的传统，而不意味着这是即将消亡而亟须抢救的"文化残余"。

在本文的分析中，并没有采用所谓"民间文化""民间信仰""民间宗教"等范畴来对应地方场景下的"文化遗产"，而是选择更具有地方性的"灵""灵验性"等概念，来理解所谓的"遗产"在今日之生命力。更重要的是，通过这样一个本地概念来思考作为遗产的历史与当下生活之间的延续性，从而反思现代性语境下强调断裂的遗产观念。另外，诺邓当下仍在继续的三崇本主崇拜、龙王信仰、孔子祭祀，都很难被界定为"民间"的，正如前文所述，这些信仰的兴起、形成都与帝国紧密相连。三崇的原型是明代"三征麓川"的兵部尚书王骥，对三崇的信仰与诺邓盐销岸的形成有着密切联系。龙王更是被想象成帝国官僚科层体制下专门管理盐井的地方官员。祭孔大典在古代被称作"国之大典"，明代已达到帝王规格，至清代，祭祀孔子更是隆重盛大，达到了顶峰。地方化的仪式信仰与国家大传统之间的联系有助于说明大小传统之间的复杂关联，使得"民间信仰""民间文化"等概念所预设的大小传统的对立值得进一步深思。

我们有必要指出，诺邓对"文化遗产"的恢复是有明确选择性的。

历史上，诺邓各种节庆仪式比现在多得多，用当地人的话说，基本上是"天天有小会、月月有大会"，一年到头，节庆不断。现在诺邓恢复的庆典有，儒家庆典孔子会，道教斋醮北斗会、南斗会、玉皇会、王母会等，佛教会期有迦叶佛会、太子会（规模很小）、观音会等。这些庆典多数都是村民自发举办的，唯有孔子会规格最高，进行五牲大祭，三献礼。近几年已经被列为云龙县传统文化旅游节的品牌活动，受到官方的高度重视。对于诺邓人来说，这些节庆的复兴对他们今天的生活而言至为重要。各种宗教法事满足了人们祈福禳灾的愿望，而孔子会彰显着诺邓鼎盛时期的地位。诺邓人如今不遗余力地复兴孔子会，与他们渴望重建诺邓昔日辉煌的努力密不可分。

如今，诺邓这个因"盐"而生、因"盐"而盛的村落，也因盐业的衰落而逐渐沉寂下来，而盐业时代积淀下来的厚重历史仍在诺邓的现实生活中流淌，这对于生活其中的诺邓人来说是无法割断的联系。在旅游经济日益成为地方新的经济增长点的当下，诺邓所依托的正是盐业时代所创造的人文历史景观，被视为诺邓"文化遗产"庙宇空间和仪式，仍旧是今天诺邓人生活的一部分，而不意味着即将消亡而亟须抢救的"文化残余"。这些文化事项之所以在今天仍能保存如此旺盛的生命力，原因在于，当地人相信它们很"灵"，这种"灵验性"基于社区共同体的历史记忆，是对自身文化延续性的表达，它与现代性语境下的"代表着文化的最终消失和不符合现代性的文化形式的革除"的文化遗产概念截然不同。今天的诺邓人通过各种仪式的展演，渴望回归到诺邓历史上最繁荣的顶峰，正是因为诺邓人相信——仪式作为历史的再度演示，可以从历史的过去中推导出命运的未来。

文化人类学视角下的中国民族地图 *

陈英初

"中国民族地图"（以下简称"民族地图"），这一术语目前在文化人类学词典中尚未录入。表面上看，将民族地图同文化人类学相联系，似乎牵强，但民族地图所涵盖的丰富的人类学内容凸显了它们之间的内在联系。因此，有必要将民族地图置于文化人类学视角下审视。

一般认为，人类社会的民族现象及其所伴生的民族分布，是文化人类学的重要视野之一。在不断的学术实践中，笔者以为，民族地图除了整体上同文化人类学相联系外，在技术层次、操作层面以及它的社会价值取向上同文化人类学的关联也是很实在的。因为，民族地图的研究与文化人类学研究的相同点都是以质性研究和量性研究为主要研究手段。如果说文化人类学研究更多地反映人类的"社会人文"视角，民族地图的研究则主要是表达"社会人文"理念的实践，以求更好地认识和了解"社会人文"背景下的民族状况。因此，每一个民族的起源、发展、地理分布、民族文化和生产、生活方式等民族特点均属于它研究、

---

* 本文在"第一届亚洲人类学民族学论坛"（北京，2010 年 10 月）上宣读过。

表达的范畴。如《中华人民共和国民族分布图》①，一方面，展示了我国现实各民族分布状况，从理论上也揭示了我国当代民族的社会主义社会形态，从这一点上说，文化人类学也可以用民族地图作为自己的表达手段。另一方面，民族地图的理论本身，如民族地图的文化属性、民族性、传承性及其与地理的关系以及它的分类、分类依据等，也是文化人类学的研究对象。

一　民族地图的社会属性

（一）民族地图的文化属性

人类社会的一切创造和认识必定都有文化属性，民族地图亦不例外。"文化"是一个含义颇广的概念，学界对其所下的定义有 260 余种。② 就笔者而论，还是同意人类学的说法：文化通常指人类社会全部活动方式，它包括一个特定的社会或民族所有的一切内隐和外显的行为、行为方式、行为的产物及观念和态度。每一社会文化都有如下共同特征：超自然性、超个人性、传承性、整合性、象征符号性、民族性和可变性。③

文化含义既明，民族地图的文化属性也就很清楚了。笔者认为，民族地图所表达的事项同诸多文化现象一样，反映的是社会，其形式和内容总是不可避免地要同社会文化现象发生联系，将超自然性、传承性、整合性、符号性、民族性等文化特征囊括其身，以更好地反映地图与其他事项间的有机联系，使民族地图的研究和表达深入化。因此，笔者认

---

① 见陈英初《中华人民共和国民族分布图》，中国地图出版社 1994 年第 1 版，1999 年再版。

② 参见陈秋祥主编《中国文化源》，百家出版社 1991 年版，第 2 页。

③ 参见陈国强主编《简明文化人类学词典》，浙江人民出版社 1990 年版，第 70 页。

为，民族地图是一种能够作用于人们精神世界的文化现象。

（二）民族地图的民族性

民族地图之所以不同于一般地图而自成一体，是因为它表达民族的物质和精神文化生活的各个方面，这是民族地图区别于其他地图的最本质的特点，即民族地图的标志。若从其表达的内容和社会功能来考察，它的"民族性"应有以下几点。

首先，民族地图的民族性表现在它所要反映的地图一概冠以"民族"字眼，如《中国少数民族分布图》①，人们从分类上一看便知该图属于民族地图范畴。

其次，民族地图的民族性体现在民族政策上。毫无疑问，任何一门社会科学都有政治思想性。我国的"民族地图"编绘必须坚持各民族团结、平等、进步的原则，资料运用上，一方面要客观实在，另一方面也要注意掌握党的民族政策，尽量做到客观与政策统一。在分布范围、符号取舍上要注意避免大民族主义和地方民族主义。

再次，民族地图的民族性还体现在民族习俗、民族信仰、民族心理上。各种民族符号的色彩运用要充分考虑上述因素，尽量采用本民族喜欢或习用的色调。如表示信奉伊斯兰教的民族多用偏冷色调的颜色，即蓝色、绿色、白色等；表示苗族多用桃红色、紫色；表示蒙古族、藏族则以黄色、深黄色、土黄色为宜。

鉴于上述，我们看到，民族性是民族地图一个趋于本质的属性。它既表现在民族地图的成果形式上，又表现在它所表达的丰富的思想内涵上。因此，研究民族地图的民族性无疑是为了更全面地了解和进一步地认识其各方面的特征及其在实际运用中的价值。

---

① 参见《中国少数民族》画册中的《中国少数民族分布图》，中国画报出版社 1994 年版，第 8—9 页。

（三） 民族地图的传承性

所谓传承，即相对稳定，经久不衰。从古代中国的《禹贡地域图》《海内地域图》等，到 20 世纪二三十年代学界绘制的包括四川、云南、西康、西藏、广西、湘西以及海南，乃至青海玉树、甘南等地的《西南民族分布与分类略图》①，都代表了当时学界对民族地理区域或民族分布状况的认识。20 世纪五六十年代的民族大调查，不仅识别出大量的民族，同时也对大部分民族的分布状况进行了地图定位，从而也自然而然地把民族地图的研究时空进行了传承，使其发扬光大。

关于中国地图表达的技术手段，最早可以追溯到明朝万历二十九年（1601），意大利传教士向皇帝呈献的礼品中有《万国图志》等一系列有关地图和地学的西方近代科学方法，包括采用等积投影和方位等距投影的地图投影方法。它第一次打破了中国人"天圆地方"的传统观念，对于当时中国知识界来说，是闻所未闻的事。② 西学东渐，西方地图法传入中国自然成为民族地图表达技术手段的基础。

（四） 民族地图与地理

应该承认，民族地图与地理的联系不能截然分开，民族地图中含有丰富的地理内容。

首先，在民族地图中，我们不难看到，除了主要表示民族的符号外，图中民族地区和非民族地区还适当标有河流、山川等符号。这些符号实际上有两种功能：其一，对图中民族符号的方位起对照和定位作用，以便准确、快捷地帮助读者读图。如鄂伦春族有一大部分分布于内蒙古自治区鄂伦春自治旗内的甘河流域，标示这一部分鄂伦春族时，地图上必须先准确标出甘河的地理位置，这样才能准确地标出分布于该河

---

① 李绍明：《西南民族研究的回顾与前瞻》，《贵州民族研究》2004 年第 3 期。

② 参见戴逸、龚书铎主编《中国通史》第四卷，海燕出版社 2000 年版，第 82 页。

两岸的代表鄂伦春族的分布符号。其二，河流、山川等地理要素本身就是各民族赖以生存的地理环境，抛去这些环境而生存的民族是没有的。因此，民族地图在反映民族分布状况的同时，必须适当反映与之相伴的地理要素。

其次，任何一个民族的历史总是同其所处的地理环境有关，地理因素是民族形成、发展的重要因素之一。民族历史地图中的古代地名、山川、河流往往是研究民族的重要途径。如《俺答汗时期蒙古各部分布示意图》①，该图通过对古代一些地名、山川、河流的标示，帮助读者查找书中提及的蒙古各部的分布位置，可称为"左图右史"的范例。

再次，民族经济是任何民族的社会基础，民族地区的土地、山川、河流、交通线、居民点等地理因素对各民族的生产、生活起着十分重要的作用。如"在古代，我国西北草原、沙漠地带，必然是游牧民族；大兴安岭原始森林中就出现以狩猎为主的鄂伦春等民族；西南高原山区地势复杂，苗族多住山区，生产力水平较为落后；布依族、侗族多住水边，生产力水平稍高一些，这些都在一定程度上与地理环境有关"②。因此，民族地图在反映民族地区经济类型分布时，离不开地理要素的表示。另外，山川、河流等也是民族地图研究和表达的主体。通过对地理环境的标示，人们可以直观地了解民族地区地形、地貌类型。如北方民族地区多平原或大草原；西北民族地区多大沙漠；西南民族地区多高原、山区等。这对于我们深入研究和合理开发民族地区自然资源，根据地理条件制定适宜的方针政策，促进各民族经济生活不断地改善有着积极的意义。特别是在当前，以民族地图作为一种特有的手段来展示民族

① 杨绍猷：《俺达汗评传》"插页"，中国社会科学出版社1992年版。
② 张亚英：《试论民族学与地理学的关系》，《民族学研究》第一辑，民族出版社1981年版，第234页。

地区自然环境，将会在国内外经济合作中显示出日益重要的实际作用。

综上所述，笔者认为，一方面，民族地图中的地理要素作为表现形式，也是民族地图的要素之一，用以说明或陪衬民族地图表示"民族"的符号；另一方面，地理要素作为一种重要表现内容，也是民族地图本身，即以地理要素为符号，表达民族地区自然情况。因此可以说，地理与民族地图密不可分，离开地理要素的民族地图是没有的，亦是不可想象的。

二　民族地图的分类

文化人类学意义上民族地图的分类，就是其表现手法的具体体现。根据现有的材料可大致分为两大类型。

（一）民族社会经济类

（1）民族历史地图。如《中国历史地图集》① 中若干显示我国古代或近代民族分布、迁徙的地图。另外，有关论述古代民族、民族史方面的专著，论文中表示民族分布、迁徙的插图，如《百越分布图》② 等。

（2）民族分布图。民族分布图是一个泛称，它包括全国性的民族分布图，如《中华人民共和国民族分布图》③；还包括表示地区性的民族分布图（分省区民族分布图），如《云南省民族分布图》④；再有就是以突出某单一民族或几个相邻、相近民族，在相同或不同地域中分布状态的图，如《中国少数民族分布图集》⑤《甘宁青地区民族分布示意

---

① 谭其骧主编：《中国历史地图集》（1—8 册），中国地图出版社 1982 年版。
② 陈国强：《百越民族史》"附图"，中国社会科学出版社 1988 年版。
③ 见陈英初《中华人民共和国民族分布图》，福建地图出版社 1986 年版。
④ 参见《云南民族情况汇编（上）》"附图"，云南民族出版社 1986 年版。
⑤ 郝时远主编：《中国少数民族分布图集》，中国地图出版社 2002 年版。

图》① 等。

（3）民族人口密度图。主要是用"绝对描写法"表示民族地区人口数量与居住地域关系的比例，一般以每平方千米为单位计算人口密度。如《傣族人口分布图》②，即规定每一个点为一定数，按点的大小表示民族人口数量。

（4）民族自治地方分布图。主要反映我国各级民族自治地方管辖范围及民族自治地方内部的几种构建形式，如《中华人民共和国民族自治地方分布图》③。另外，"民族乡"作为少数民族聚居地区的基层行政单位，亦可拟编绘"中国民族乡分布图"。

（5）民族语言分布图。应该指出，民族语言分布图是民族地图重要的组成部分。表示语言的分布图主要有以下几种：

反映我国各种语言分布的总情况（包括汉语所有方言和几十种少数民族语言的分布），如《中国语言地图集》④；反映我国少数民族语言分布情况，如《中国少数民族语言分布图》⑤；反映某一区域或某一省区民族语言分布情况，如《中国南方少数民族语言图》⑥《广西壮族自治区语言分布图》⑦ 等；反映某一语系中某个语族的分布情况，如《蒙古语族语言图》⑧；反映某一民族方言土语的分布情况，如《苗语方言图》⑨。

（6）民族宗教分布图。主要标示民族宗教信仰及分布位置，如

---

① 秦永章：《甘青宁地区多民族格局形成史研究》"附图"，民族出版社2005年版。
② 曹成章：《傣族农奴制和宗教婚姻》"附图"，中国社会科学出版社1986年版。
③ 见陈英初《中华人民共和国民族自治地方分布图》，福建地图出版社1986年版。
④ 参见《中国语言地图集》A1，香港朗文公司1988年版。
⑤ 同上书A4。
⑥ 同上书C6。
⑦ 同上书A5。
⑧ 同上书A6。
⑨ 同上书C9。

《中国民族宗教分布图》①。

（7）民族地区文化古迹、考古遗迹分布图。把我国广大民族地区保存的极为丰富的历史文物标示成图，借以反映我国古代社会政治、经济发展过程和文化发展概貌。

（8）民族经济分布图。通过对民族地区工、农、林、牧、副、渔、水利设施、交通运输等生产部门的标示，可了解一定时期内民族地区社会经济发展情况，以衡量民族地区科学技术和社会生产力发展水平。属于此类地图的有：民族地区工业分布图、民族地区农作物分布图、民族地区牧业分布图、民族地区林业分布图、民族地区渔业分布图、民族地区经济动物分布图、民族地区土特产分布图、民族地区交通航运分布图。

此外，还有很多属于民族社会经济范畴的事项可以变成图来表示，这里就不赘述了。

（二）民族自然地理类

（1）民族地区土地资源分布图。土地是人类赖以生存和发展的最重要和最基本的资源。调查研究多种类型的土地资源及其质量、数量和分布位置，是我国经济建设所要求的一项基础任务。

我国土地资源特征之一是：西北干旱区面积约占国土总面积的30%；青藏高原区面积约占国土面积的25%，以上两大区域合计约占全国面积的55%。由此可见，虽然我国总体上国土面积辽阔，但大部分同时又是生产潜力低下的低等级土地占有量大的民族地区。民族地区土地资源分布图，可直观地标示民族地区土地的分布情况，以帮助人们评价该地区工农业的适宜性和利用上的限制。这对于民族地区合理开发和利

---

① 参见《中国少数民族艺术词典》"插页"，民族出版社 1991 年版。

用土地资源，提高劳动生产率，做到可持续发展，极具意义。

（2）民族地区气候分布图。我国大部分地区位于北半球中纬度地带，季风气候特征明显。此外，由于我国南北所跨纬度大，各地气候差异较大，如果以干湿条件划分，从东到西可分为湿润、亚湿润、亚干旱、干旱4种气候类型。我国民族地区气候资源丰富多彩，如内蒙古东北部、新疆的天山和昆仑山地区以及青藏高原大部分地区为冬长无夏、春秋相连；藏北高原为全年皆冬；海南省为长夏无冬；云贵高原中部则冬无严寒，夏无酷暑，四季如春。通过对民族地区气候的标示，可找出气候、气象规律。这样既能保障农作物在好的气候、气象条件下生长，也能尽量避免农作物在不好的气候、气象条件下受到损失。

（3）民族地区生态环境分布图。近年来，生态人类学不断探索不同地区生态事实的各种生态后果，并以此为研究基础，深入探讨人类社会存在的生态意义和生态运行规律，以便更好地维护民族地区人们赖以生存的生态系统。西部民族地区是我国重要的江河源头区、水土流失区、风沙源头区。南部民族地区，如素有"八山一水一分田"之称的广西壮族某些聚居区，由于一度推行"坡改梯"，炸石掏土，营建梯田，喀斯特石漠化现象严重，抗御自然灾害能力较差。脆弱的生态环境给上述民族地区的经济、文化的发展带来了严峻的挑战，所以，在加快民族地区经济发展过程中，应该处理好环境开发与生态环境保护的辩证关系，应该大力发展低碳经济，保持民族地区原始生态平衡。因此，民族地区生态环境分布图是人们认识和研究民族地区生态环境的重要工具。

（4）民族地区自然资源分布图。资源是生产资料或生活资料的天然来源。我国大多数民族地区属于资源富集区，但多数资源富集区的人口相对贫困。国家在宏观调控时，应该根据民族地区资源分布具体情况，对具有优势特色资源的贫困地区实行灵活的扶贫政策，尽量让贫困地区优势资源开发的产业链得到延长、产品的附加值得到提高，从而尽快改善贫困人口的生活状况。

（5）民族地区草场分布图。草场是用来放牧的大片草地。内蒙古高原上的草原地带是北方民族长期从事狩猎和游牧的地区，那里有大片的天然草场。科学利用草场是保护草场的重要手段，如蒙古族牧民四季游牧就是为了减少草场人为压力，确保牧草和水源生生不息，永不枯竭的一种文化生态样式。标示草场分布图，可帮助牧民了解草场面积和草种类，选择可利用草场，并为科学改造沙化、退化草场提供依据。

（6）民族地区水系流域分布图。通过水系流域分布图的标示，可掌握民族地区水系流域的分布状况，对于合理利用水利资源，发展民族地区水力发电、航运、农田灌溉具有现实意义。

（7）民族地区矿产资源分布图。矿产资源大致分为能源矿产、黑色金属矿产、有色金属矿产、非金属矿产等几大类。我国是世界上矿产资源比较丰富、矿产品种比较齐全的少数几个国家之一。"在已发现的163 种矿产中，有探明储量的矿产 149 种。"① 虽然我国很多矿种储量较多，但绝大部分矿种按人均占有量低于世界人均占有量水平。由于以往地质勘查工作大多集中在交通发达、工业基础雄厚、人口密集的东部地区，因此，目前已发现的矿产地的 80% 以上都集中在东经 105°线以东的地区。其实，我国民族地区，特别是西部、北部民族地区蕴藏着十分丰富的矿产资源，甚至有一些世界级的超大型矿床，如内蒙古自治区包头市的白云鄂博稀土开发，使我国登上稀土王国的宝座。另外，我国的盐湖矿产主要分布于青海、新疆、西藏、内蒙古等省区。有些矿产资源不仅是国内基础工业的原料，而且是出口创汇的来源。因此，合理开发、利用矿产资源是发展民族地区经济的重要途径。标示民族地区矿产

---

① 《中华人民共和国国家经济地图集》，中国地图出版社 1993 年版，第 318 页。

资源分布图具有重要意义。

（8）民族地区自然保护区分布图。我国自然保护区是人类共同的文化遗产，按其保护对象分为保护综合生态系统为主、保护珍稀动物为主、保护珍稀植物为主、保护特殊地质地貌为主、保护风景名胜为主等几个类型。民族地区自然保护区是开展民族地区自然保护工作的重要基地，通过民族地区自然保护区分布图对自然保护区内生态系统的完整性、物种的稳定性、环境的原始性的标示，可为许多学科的研究提供重要资料，同时也向人们普及自然知识和宣传自然保护的意识提供重要信息。

以上这些分布图在表达方法上可采用全部（全国各省）或区域（一个、数个省区、市县）标示。内容上可反映全部或几个、单一民族的自然地理情况。当然，民族自然地理类地图远不止这些，可根据资料或需要不断编绘。

笔者从文化人类学角度对民族地图的社会属性和分类做了粗浅研究。笔者认为：从历史发展阶段来看，地图大致可划分为古代地图和现代地图两个阶段，民族地图显然诞生于后一个阶段。然而，现代民族地图并非专指历史学上所划分的历史时期意义上的现代，而是专指民族地图"现代"阶段。也就是说，它表达的内容多是现代民族的现实状况。民族地图是一个较为宽泛的概念，是显示古今民族、民族文化和民族生存环境的各类地图的总称。民族性、地图性是它的本质特征。民族地图，形式上采用地图及其所属的符号系统作为自己的表达手段，内容上采用各学科的丰富材料作为自己的研究载体，并以形式和内容的统一形成一个独立的体系服务于社会。

感知地域文化的舞台符号[*]

——基于《云南映象》《印象丽江》与《四季周庄》的对比

张祖群

一 研究综述和切入

(一) 文化意象概念与内涵

文化意象大多凝聚着各个民族的智慧和历史文化的结晶,其中相当一部分的文化意象还与各个民族的传说及其初民时期的图腾崇拜有着密切的关系,从而慢慢形成一种文化符号,有的具有相对固定的、独特的文化含义,有的还带有丰富的、意义深远的联想。关于文化意象的定义,学术界存在很多大同小异的解读,概括后可总结为:文化意象实际上是凝聚着各个民族智慧和历史文化的一种文化符号(Culture symbol)。来自不同的民族由于其各自不同的生存环境、文化传统,往往会形成其独特的文化意象。文化意象有各种不同的形式,如动物意象、植物意象、

---

* 国家社会科学基金青年项目(12CJY088)、教育部人文社会科学研究项目(09YJCZH084)、2011 年度北京市属高等学校人才强教深化计划中青年骨干人才资助(PHR201108319)、北京市高等教育学会"十二五"高等教育科学研究规划课题(BG125YB012)、北京市教育科学"十二五"规划 2012 年课题"北京文化遗产的教育发掘与实施途径研究"科研成果之一。

成语典故、数字意象等。

第一，中国南方古村落在村落选址、溪流走向等方面具有自然环境的可意象性，在历史背景、宗教信仰、公共功能、精神崇拜等方面具有人文环境的可意象性。闽东木拱廊桥建筑是对古村落自然环境的强化，木拱廊桥已成为闽东村落的可识别性的文化意象和文化符号，表现出浓郁的地域文化特征。张玉、陈坚、李灵（2011）通过实地考察与文献研究相结合，提取福建武夷山的下梅村"一轴一边两中心"的空间格局。正是因为我国古民居"居中为尊、中轴对称""儒家礼乐文化""祈福纳吉""天人合一"等传统文化意象在下梅村古民居都得到体现，它还包容了多元的、外来的建筑文化内容，从而呈现"青砖白缝生土墙，黛瓦出檐长；卵石勒脚曲径幽，马头彩带扬"之外观特征。而在西安的大唐芙蓉园内，在植物配置方面采用了隐喻的表达手法。如在 19.77hm² 的芙蓉湖种植各式荷花，"接天莲叶无穷碧，映日荷花别样红"；在杏园内种植杏树，杏花过雨、渐残红零落；在湖边种植垂柳，"昔我往矣，杨柳依依；今我来思，雨雪霏霏"；在表现宗教文化的山坡种植一些有宗教文化内涵的植物等，"秋风落尽菩提树，暮雨悄洒明镜台"。园内一花一世界，一木一浮生，一草一天堂，一叶一如来，都反映其主题文化，对公园主题积极响应。

第二，通过《荷马史诗》中的"战场"意象和《圣经》中"园"意象相结合，探究希腊文化和希伯来文化的异同，古希腊人善武英勇、崇战拒降的民族性格展现了"战场"意象；希伯来民族对美好生活的热切期盼则凝结成"园"意象。开放性的战场与封闭性的园、二元对抗的战场与一元和谐的园、人欲呐喊的战场与神域向往的园强烈对比，显示出"战场"意象和"园"意象的特性差异，这反映出希腊文化和希伯来文化的根本差异。奈保尔（V. S. Naipaul，1932—　）非常注意学习现代派作家的经验，创作的民族文学传统，往往滋生准确而丰富的文学意象世界，例如印度代表着黑暗意象，非洲代表着丛林意象，拉美代表着荒诞意象，英国代表着衰败意象，其他的文学作品的典型人物具有分裂意象等。

第三，作为"当代中国唯一的一个用手工统计意象材料的人"，许兴宝（2000）在吸纳学界已有成果的基础上，对宋词进行了大量意象统计（手工统计）及篇章分析，最后看到，主体意象有五种，即春、江、花、月、夜。从宋词创作实际看，以春为首的四时意象约 12000 千次，以江为首端称呼的水意象约 19000 次，以花为主体的花草意象约 20000 次，以月为核心的日月意象约 7400 次，夜意象约 8000 次。主体意象之外，树木意象约 9000 次，楼意象约 2800 次，鸟类意象约 9400 次，马意象约 1800 次。意象有大小之别，不能全以具体字代表意象，这样手工统计数字与计算机统计结果不可能完全重合。鲁迅喜用夜作为文化意象，其中《鲁迅全集》中"夜"出现 4000 多次，几乎成为频率最高的词。在他的笔下，夜成为开掘青春的苦闷或人生的彷徨，乃至揭示北平的窒息与现代中国的曲致、徘徊现代母题的一个永恒意象，夜所连接的意象结构成为新文学语象的基本类型。

（二）印象系列

由著名舞蹈家杨丽萍任总编导并领衔主演的大型原生态歌舞集《云南映象》，2003 年在云南及浙江上演引起极大轰动，2004 年 3 月在上海角逐中国舞蹈"荷花奖"时曾获得过"舞蹈诗"的金奖。同年 4 月《云南映象》又在北京保利剧院隆重上演，赞誉如潮。今天，旅游学界、艺术学界已经将《云南映象》作为一个典型案例，从文化消费模式、原生态改造与文化悖论、旅游真实性、人文文化价值、市场需求和民族背景等角度进行解读。

（三）研究切入点

近些年，以《印象刘三姐》《印象丽江》《印象西湖》等为代表的印象系列，以及《长恨歌》等旅游实景大型演出都极具浓郁的地方特色。笔者从文化意象的角度，以《云南映象》《印象丽江》与《四季周庄》作为对比，重点是述评《云南映象》《印象丽江》。

二 从实景到模拟——感知地域文化的舞台符号

就目前我国西部省市的状况而言，云南省的文化产业发展是走在前列的，当然，这与其文艺演出业的成功尤其是《云南映象》《印象丽江》的成功上演及其带动有着密切的关联。这两台节目成功上演对当今文化产业的发展有着重要启示。我们将其与《四季周庄》对比，寻找其不同点。

第一，剧目和背景不一。

《云南映象》（见表 1）由序幕《混沌初开》和五场（即《太阳》《土地》《家园》《祭火》《朝圣》）及尾声《雀之灵》，合计七场歌舞组成。在第一场《太阳》中，融合了基诺族的太阳鼓、哈尼族的铓鼓、景颇族的象脚鼓、佤族的铜鼓、西双版纳爱尼人镲舞及彝族的神鼓。在《混沌初开》之后，便以鼓为主线，融合了当地少数民族特有的文化。因为鼓在云南，不仅仅是一种乐器，而且是民族的一种崇拜、一种图腾。第二、三、四、五场也如此，以歌舞、自然崇拜、朝觐等为主线把云南世居少数民族的典型文化现象进行整合（见表 2）。它展现了云南少数民族对自然的崇拜，对生命的热爱。舞蹈编排将云南原始乡村歌舞的精髓和民族舞蹈语汇进行了整合和重构，用新锐的艺术构思表现云南乡土社区多个少数民族的勤劳、朴素。

表1　　　　　　　　　　　**《云南映象》剧目**

场　次	剧　目	简　介
序　幕	"混沌初开"	浸透着原始气息与神秘色彩,拉开了整台演出的序幕
第一场	"太阳"	大鼓寓意着太阳,他们奋力敲击着大阳鼓,表现了对神的敬畏和人与天的对话
第二场	"月光"	由上场狂飙的场面忽转到静若水,给人以意想不到的感觉
第三场	"家园"	人们信奉着"万物有灵",山有山神,树有树神,水有水神,石有石神;每个山寨都有神树,每个民族每年都有祭祀山神、水神、寨神的活动,这种对于自然的敬畏客观上使自然生态得以保护
第四场	"祭火"	火是生命的象征,代表着光和热,代表着希望和温暖
第五场	"朝圣"	少数民族信仰藏传佛教时为表示对自然的崇拜,往往朝拜神山。朝圣者艰难地跋涉在朝圣路上,传经筒始终陪伴在身边,他们匍匐着亲吻大地,并用身体丈量通往神山的道路。每一次等身礼都充分地向大地展现出他们心中的虔诚
尾　声	"雀之灵"	傣族把象征爱情的孔雀叫太阳鸟,孔雀就是他们崇拜的图腾

资料来源：根据《大型原生态歌舞〈云南映象〉掠影》,《中国民族》2004年第5期；俞子龙《印象刘三姐》,《秘书》2007年第10期整理而成。

表 2　　　　　　　　　　印象系列对比分析

名称	正式公演时间	演出地点	主创人员	简　介
印象刘三姐	2004 年 3 月 20 日	阳朔漓江水域	导演：张艺谋、王潮歌、樊跃 总策划/制作人：梅帅元	著名导演张艺谋执导的《印象刘三姐》大型山水实景演出，以桂林漓江水域和 12 座山峰为背景。历时 6 年，109 次修改演示，600 多名演职人员上场，是世界上最大的山水实景演出，赛过美国"红石"、瑞士"高山"。2003 年演出至今，场场爆满，产生巨大的影响力和综合效益。该项目根植于当地"刘三姐文化"，用现代舞台艺术包装，不仅是其发展之源，也是其持续发展的不竭动力
印象丽江	2006 年 7 月 23 日	云南丽江玉龙雪山甘海子蓝月谷剧场	总导演张艺谋、王潮歌、樊跃	《印象丽江》是继《印象刘三姐》之后推出的又一部大型实景演出，总投资达 2.5 亿元，上篇为"雪山印象"，下篇为"古城印象"，主创人员由《印象刘三姐》的原班人马组成。"印象雪山"以雪山为背景，集天地之灵气，取自然之大成，以民俗文化为载体，用大手笔的写意，在海拔 3100 米的世界上最高的演出场地，让生命的真实与震撼，如此贴近每一个人
印象西湖	2007 年 3 月 30 日	西湖的岳湖景区	总导演张艺谋、王潮歌、樊跃	《印象西湖》以秀丽的自然风光为背景，深入发掘西湖浓厚的历史人文和民间传说神话等，在舞台重现有代表性的西湖人文历史元素。特别是借助高科技手段再造"西湖雨"，立体展示"雨中西湖"和"西湖之雨"的神韵。将杭州文化内涵和自然山水浓缩的《印象西湖》，作为动态演绎、实景再现的山水实景演出艺术盛宴，必将成为经典

续　表

名称	正式公演时间	演出地点	主创人员	简　介
印象海南岛	2009 年 4 月 14 日	海口西海岸中国首个仿生剧场——印象剧场	总导演张艺谋、王潮歌、樊跃	大型实景演出《印象海南岛》将时尚、休闲、浪漫的元素带给游客，通过新颖的艺术形式和丰富的艺术元素演绎出海南岛上真正的海岛风情、休闲文化和浪漫椰城，将大家带入一种新型的旅游文化体验之旅。不同于此前任何一部印象实景演出的是，《印象海南岛》的艺术演出表现形式更加新颖丰富，演出内容更注重娱乐性和时尚性，不拘泥于海南岛的民土民风。集中展现了导演意象梦中的"大海"。整台演出，时空交错，轻松愉悦，梦幻浪漫兼具

　　资料来源：根据和慧仙：《〈印象丽江〉大型实景演出》，《云南经济日报》2011 年 10 月 11 日 A07 版；李秀春：《〈印象丽江〉火爆玉龙雪山》，《云南日报》2006 年 5 月 9 日第 2 版；郦加清：《把〈印象西湖〉打造成杭州旅游的金名片》，《杭州通讯》（下半月）2007 年第 10 期；谭昕：《现代背景下的少数民族歌舞》，《民族艺术研究》2005 年第 4 期；王林：《印象西湖　江南之美——山水实景演出印象审美浅探》，《视听纵横》2011 年第 5 期；王磊磊：《从〈印象刘三姐〉来看文化在演艺活动中的作用》，《商业文化》（学术版）2010 年第 9 期；徐志伟：《印象西湖　西湖印象》，《杭州》（下半月）2009 年第 10 期；熊正贤、杨艳辉：《中国少数民族地区文化产业发展方式转变研究》，《民族学刊》2011 年第 1 期；整理而成。

　　由《古道马帮》《对酒雪山》《天上人间》《打跳组歌》《鼓舞祭天》《祈福仪式》六大部分组成的《印象丽江》极具震撼力，它以巍巍之玉龙雪山为背景，集天地之灵气，取自然之大成，在天作幕布、地做台的舞台上，再配以最先进的造水工程和烟雾效果，以民俗文化为载体，500 多个演员 100 多匹马的卖力演出，用大手笔的写意，荟萃了丽江奇山异水孕育的独特滇西北高原民族文化气象、亘古绝丽的古纳西王国文化宝藏，择取丽江各民族最具有代表性的文化意象，特别是拔高了的东巴文化（纳西文化），全方位地展现了丽江独特而博大的民族文化和民族精神。这种舞台化的真实把丽江这块神圣的土地表现到几近完美，唤起观众心中如当地土著民族一样对大自然的敬畏之情。当你在海拔3000多米的雪山剧场看这么一场演出，怎能不受到感染？笔者调研期间，和其他人一样，被现场那种震撼力感动得直喘气。很久没有这种感觉了，即使是这种捆绑门票的富有文化气息的商业演出，依然会让你感动得流泪。

有"中国第一水乡"之誉的周庄早已是著名的旅游胜地，以典型的江南水乡"小桥流水人家"的景致和保存完好的古镇风貌，吸引着大批海内外的游客。周庄位于江苏省昆山市，地处上海、苏州之间的江南水乡腹地，拥有900多年的悠久历史。经过多年发展，周庄古镇已经完成了从一般景点向品牌景点的升级转型，实现了观光旅游向休闲产业的转型，进入了水乡古镇向国际名镇转型的新阶段。周庄政府清醒地认识到，在江南古镇林立的竞争态势面前，如果缺少意蕴的表现和内涵的释量，游客在走马观花式的表象旅游中，不可能达到内心的交融与震撼，同时周庄也就不可能吸引更多的回头客。因此周庄二次腾飞与发展必须在休闲旅游上做文章，在中外游客享受"漫游周庄"的过程中延伸产业链，打破"有景无戏"的尴尬。挖掘文化资源，并将这些独特的资源化为魅力品牌，从表象旅游进入深层发展，以创新来拓宽空间，实现周庄的二次跨越，成为周庄的目标。从2007年开始，周庄在发出"限客令"的同时，精心打造了一台水乡实景的原生态大型歌舞——《四季周庄》，拉开了"休闲周庄"的序幕。《四季周庄》被誉为继《印象刘三姐》《云南映象》之后又一部让人驻足流连的原生态歌舞和"水乡动态景观"，同时也是中国第一部呈现江南原生态文化的水乡实景演出。60 分钟演出时间的《四季周庄》分为"水韵周庄""四季周庄""民俗周庄"三个篇章（见表 3），它是对江南水乡人民与水和谐相处生活画卷的描绘，是周庄向世界展示经典江南水乡传统文化的重要窗口。

表 3　　　　　　　　　　　《四季周庄》的三个篇章

篇　章	表　现	特　色
水韵周庄	渔歌、渔妇、渔灯、渔作	突出周庄美的原生态,特别是"出航"一章,融入杂技艺术,精彩演绎了当年沈万三凭借周庄便利的水路交通出海通番的传奇故事
四季周庄	春景"小镇雨巷"挑战"春晚版"舞蹈实景演出;秋景"丰收"再现了水乡秋收场景	再现周庄古时就有的美景,稻谷、耕牛、老农真实地点缀着整个舞台,热闹非凡
民俗周庄	"迎财神""打田财""水乡婚庆"等水乡习俗,配以真实的挑花篮、打连厢、荡湖船等民俗风情展示,表达了老百姓祈求五谷丰登、幸福安康的美好愿望	传统而又时尚,特别是"水乡婚庆"演绎了周庄古镇摇快船娶新娘的传统婚庆,通过观众与演员的互动,将整台演出推向了高潮

注：根据笔者调研材料整理。

第二，民族文化的原生态表现各有侧重。

杨丽萍的《云南映象》并不是突发的横空出世，而是对云南少数民族歌舞的"原生态"因素进行了深度挖掘和提炼，对民族魂、民族根的继承，并呈现给我们一场空前绝后的艺术盛宴。《云南映象》的舞者大部分是来自民族地区的村寨的彝、傣、白、佤、哈尼和布朗等少数民族非专业演员。这些舞者用土的身体、土的服饰、土的道具、土的音乐、土的舞姿，在舞台上生动地展示他们原始粗犷、充满绚丽色彩的生活因子。其道具如牛头、玛尼堆、转经筒等全是"真"的。正如杨丽萍对自己这出舞蹈的评价："农民跳舞是出于对自然万物、对上苍的感情，出于生命的需要。"而在《印象丽江》中，来自纳西族、彝族、普米族、藏族、苗族等 10 个少数民族的 500 名普通的农民成为《印象丽江》雪山篇的主角，丽江、大理等地的 16 个村庄的黝黑皮肤的农民，用他们最原生的动作，最质朴的歌声，最滚烫的汗水，与天地共舞，与自然同声，带给观众何止是心灵的震撼，那简直是滇西北高山峡谷的深情歌唱！将茶马古道、丽江古城、马帮、纳西人、玉龙雪山、打跳等丽江独特的历史文化因子表现得淋漓尽致，给观众带来极大的精神震撼。

《四季周庄》的编导不是张艺谋、杨丽萍这样的艺术界大腕，而是苏州的一家博物馆馆长。地方文化精英对当地文化的痴迷使得这台演出更能保存和再现中国水乡古镇文化原生态的艺术价值和文化价值，而不是通过二次解读和传递"他者"眼中的江南水乡。《四季周庄》通过大型旅游演出将"中国第一水乡"的迷人文化特质与诗画生活情韵通过动态画卷充分展示在游客眼前。《四季周庄》中 300 余位充溢着水乡特色的专业演员和当地农民、渔民等原住民，在一片独具匠心的水上舞台上，创造出一台贯通古今的文化周庄、生活周庄、历史周庄，整台演出富有社区生活气息和市井情趣。在"小桥、流水、人家"的经典环境中展开的演出，演艺精致、出奇。其地域性、民俗性、观赏性、草根性、艺术性堪称世界一流演艺之精品。规模虽然不及"印象"系列宏大，但是特有的原创表现手法和社区居民的原生态演出，内涵更加丰富，乡土色彩更加浓厚。

第三，传统与现代的融合程度不一。

　　《云南映象》歌舞集的内容是当地的原生态，表达的形式加入都市的现代因素，用入时的舞台技巧让古老的民间艺术呈现在现代人们的生活中，显现出伟大的艺术蕴含和重要的艺术价值，更符合当代大众的审美需要和审美欲求。它深掘古老文化的地方特色，将民间舞的学术内涵、古老的表现形式和艺术独特的魅力加以整合，为民俗民间艺术开创出一片新天地，为民族民间舞在中国舞蹈文化多元化格局中的振兴，做出了开创性的贡献。我们应通过许多动态的、易被人接受的文艺形式来宣传和保护的民族文化。《印象丽江》可以说是《云南映象》的一个部分和补充，但是却具有自身独具一格的吸引力，主创人员结合丽江本土纳西族文化习俗、历史文化、宗教信仰等特色文化意象，创造出结合歌舞演出的大型表演，用一种动态的、容易被人们接受的文艺形式在商业运作的同时，宣传和保护了自身的民族文化。

　　《四季周庄》演出采用江南水乡实景表演方式，吸收融入传统文化，采用情景表演、民俗风情表演、吴歌和渔歌等多样艺术方式表现；演出不设主持人，每个章节之间通过台上背景影像来转换。通过艺术叠加旅游实景、社区参与、游客互动的手法来再现周庄的人文历史、四季美景和民俗文化，展现江南水乡民俗风情与人文底蕴，从而将游客引导到了穿越时空的场所，在舞台真实中解读江南古镇千年的非物质文化密码。舞台上的女孩子很美，犹如天仙，让人"眼馋"；融合的昆曲《惊梦》让人记忆犹新，你不得不爱上周庄。

　　纵观三台实景演出，相同点表现在：（1）三者都是从当地的历史文化渊源（包括历史事件、神话传说、民俗等）中提取表现因子。《云南映象》中涉及的云南省是我国西南边疆的一个多民族省份，这里有深厚的文化底蕴，是人类发祥地之一，为人类文明留下宝贵的世界文化遗产、世界自然遗产，是人类遗产重要的共生宝库；这里有多彩的民族文化，26 个世居民族团结和睦，生生不息，形成了多民族群体、多文化形态共生的独特文化类型，在中华民族文化宝库中熠熠生辉，是一座文化艺术的百花园，是一个蕴含宝藏的文艺富矿，也是民族文化的瑰宝。杨丽萍和《云南映象》演员所表现出来的艺术张力，源于彩云之南的这片红土地，是对于云南民族民间文化的深刻表现和深情礼赞，并有着 21 世纪的时代特征。《印象丽江》的历史文化渊源在于与山的对话，与生活对话（攀登玉龙雪山，游历丽江古城），与祖先的对话，寻找古往今来在人们的内心深处的神圣王国。《四季周庄》的推出弥补了江南水乡大型旅游演出的空白，其他的水乡尽管可以模仿，但是周庄首创性无疑奠定了《四季周庄》在水乡大型旅游演出市场的较高地位和权威。其他非水乡地域，如若单纯靠模仿《四季周庄》肯定很难超越。只有深深发掘乡土社区特有的文化内涵、历史习俗进行创作，并将居民而非演员作为原生态演出的主体，才能兼具"推陈"与"出新"。

（2）三者表现内容都力求体现当地民族文化意象。从这两台节目的表现内容来看，民族文化是其中的一个重要载体。云南历史悠久、民族众多，源远流长的历史文化和民族文化构成了一个五彩斑斓的世界。例如白族的"绕三灵"、摩梭人的走婚制等风俗习惯闻名中外，编导们把它们巧妙地运用到节目中，既增加了节目的可视性、独特性、民族性，又实现了对民族文化的动态保护。《云南映象》《印象丽江》通过对已有民族文化资源整合而成为艺术精品，是文化及其因子本身发展的必然结果。它们均通过丰富多彩、扑朔迷离的文化表现，表达了一种动态的生命之美，把传统的与现代的、自然的与再生的民族文化资源巧妙结合，构造了一幅幅生动迷人的图画。

《四季周庄》完全打破周庄景区每晚上演的实景演出框架，充分利用 2010 上海世博园的舞台布景和实景造型，通过"雨巷""双桥"等原生态的水乡元素，展现了打田财、水乡婚庆等民间风俗，同时融入了时装表演、绘画、歌剧等多种表现手法，以实景演出的形式使观众如身临"江南第一水乡"。

（3）三者都跟随时代潮流，表现方式得力。早在 20 世纪中期，电影《五朵金花》《阿诗玛》就曾使云南边陲之地的文化名震中外，向世人宣扬了那是一块山美水美人更美的宝地。可随着时代的发展，人们的精神文化需求正在不断提高。昔日的电影，尽管在宣扬民族文化方面做出了不可磨灭的贡献，可如今，还有几个人能静下心来去观赏那种民族文化主题的电影呢？当下，人们的审美观、需求观正在随着网络的普及、快餐文化的流行而悄然变化，冗杂的影视剧、长篇小说等已越来越不能吸引广大的观众和读者。人们盼望和渴求的是旅游、电子游戏、观看文娱节目等感官或者视觉上的冲击，在轻松休闲又愉悦舒适中怎能有文化的感官刺激？《云南映象》《印象丽江》正是在这样一种条件下应运而生而迎合市场特别是旅游市场的。严格地说，《云南映象》《印象丽江》都没有明确的剧情。如果说有，那也只是抽象意义上的文化意象，这与传统的歌舞剧、话剧等有着明显区别。这两台节目都致力于把当地传统的民族文化有机地放置到现代的审美视野下，重新进行拆分、整合，而呈现出一种原生态的生活现象，表达着人与自然和谐、人与人和平、人与神和睦的思想观念。同时，这两台节目在自己要表达的文化意象上力求最大程度的抽象和简略，不给观众传达任何一种思想上的负担和压力。生活节奏的不断加快，大众化的平民百姓想到的只是怎样使自己获得一种心理快感。这两台剧情简单的歌舞节目给广大平民百姓提供了享受心理快感的机会，特别是演员们对众多少数民族的（从未发现或发掘得不完全的）、神秘文化现象的演绎满足了观众心灵的审美愉悦。为了给人一种强烈的视觉冲击，两台节目在舞美、灯光、设计方面以给观众亦真亦幻的视觉效果为目标，将最原生和最现代的、最人性和最神圣的原创乡土经典和新创的舞蹈艺术经典整合重构。在时空错位、视觉错位中强化某种亦真亦幻的感受，在原汁原味的民间歌舞与经典的民族舞表演组合中，构成一种与纯粹的民族文化和中国主流文化风格都截然不同的舞蹈行为艺术。

改革开放后，长三角地区民营经济快速发展，以大力发展小城镇、工业化的苏南模式被人们吹捧至极的时候，周庄逆潮流而上，不发展工业，秉承"保护古镇、建设新区、开辟旅游、发展经济"理念，争做"中国第一水乡"。并且借助水乡资源，以传统文化为核心，先后建设了富贵园、爱渡风情小镇、江南人家等大型休闲旅游综合配套项目。为吸引"自由行"和"休闲客"，还推出了环镇水上游、乡村单车游、自驾游等独特乡村休闲旅游线路，将旅游从古镇延伸到了乡村。知名经济型连锁酒店莫泰168等项目进驻周庄，一批咖啡吧、书吧、艺术家工作室项目相继签约，古镇的承载能力大大提升。正是在这种大旅游背景之下，追赶旅游大发展，文化繁荣的潮流，催生出的《四季周庄》是锦上添花。

（4）三者投资运作都紧贴国家政策。文化部在《文化产业发展第十个五年计划》中明确指出："要以国有艺术表演团体体制改革为契机，以积极鼓励社会资金投入文艺演出突破，改制、组建、新建各种形式的面向市场、适应市场的艺术表演团体、艺术表演场所和演出中介机构，以形成繁荣有序的市场为目标，积极引导演出中介服务向规范化、规模化方向发展，促进全国性和区域性演出市场网络的形成。"应该说，《云南映象》《印象丽江》《四季周庄》的策划制作者是抓住了这一契机取得成功的。每天数万游客将为这3台演出带来不间断的观众和票房收入，为休闲旅游找到了焊接点。例如，《印象丽江》的演出团队给当地农民带来经济上明显的实惠，2009年演员平均月工资为2500元，2012

年达 3100 元，主要角色能拿到 4500 元。《四季周庄》为和 2010 上海世博会对接，推出世博版《四季周庄》，在世博园演出三次，每月一场，月月有赞助收入，好评如潮。

三 结语

第一，继《云南映象》成为中外游客认识和感知云南的舞台形象之后，《印象丽江》让人们感知丽江，《四季周庄》让人们感知"江南第一水乡"，游客可以通过舞台近距离感知一个地域的乡土文脉。国内大型旅游演出市场，如印象系列——《印象刘三姐》《印象丽江》《印象西湖》《印象海南岛》等百花齐放，异彩纷呈。从实景到模拟，印象系列和《四季周庄》等成为地域文化的舞台化符号。

第二，结合这一系列文化意象影视策划运作的经验，我们不难发现，在发展和繁荣文化产业特别是大型旅游影视演出业方面应注意大力弘扬特有的民族文化和地域文化。在中国广袤的土地上，有着众多独特的民族文化、历史习俗，这些无疑都是中华民族的瑰宝。从这些方面去挖掘和弘扬民族文化，并与市场接轨，进行产业化运作，才是当务之急。"民族的就是世界的"，一个伟大的民族或者说族群总是善于从自己的历史文化渊源中寻找自己的发展动力。

参考文献

陈泽：《从〈云南映象〉看中国民间乐舞的文化价值》，《湖南工业大学学报》2005 年第 1 期。

《大型原生态歌舞〈云南映象〉掠影》，《中国民族》2004 年第 5 期。

付昌玲：《双希文化异同之渊源探析——以〈荷马史诗〉"战场"

与〈圣经〉"园"意象为例》，《宁夏社会科学》2011 年第 4 期。

高芳、欧阳佳佳：《〈云南映象〉旅游真实性要素分析》，《昆明冶金高等专科学校学报》2007 年第 4 期。

高芳：《国内游客观看民族歌舞的真实性体验研究——以〈云南映象〉为例》，《昆明大学学报》2008 年第 2 期。

高健生主编：《中国摄影艺术年鉴》，中国国际文化出版公司 2009 年版。

皇甫晓涛：《夜与鲁迅的意象》，《鲁迅研究月刊》1997 年第 9 期。

黄华：《〈云南映象〉——打造标志性艺术精品》，《云南日报》2006 年 10 月 14 日第 1 版。

和慧仙：《〈印象丽江〉大型实景演出》，《云南经济日报》2011 年 10 月 11 日 A07 版。

何海飞：《关于〈云南印象〉的解读》，《艺苑》2006 年第 5 期。

梅晓云：《文化无根——以奈保尔为个案的移民文化研究》，博士学位论文，西北大学，2003 年。

慕羽：《"原生态"改造了原生态——看〈云南映象〉》，《北京舞蹈学院学报》2004 年第 2 期。

李志强、王显明：《历史主题公园的文化表达初探——以西安大唐芙蓉园为例》，《广东园林》2009 年第 2 期。

林艺、王佳：《〈云南映象〉模式的思考》，《云南民族大学学报》2004 年第 6 期。

刘晓真：《〈云南映象〉的"原生态"悖论》，《艺术评论》2004 年第 6 期。

罗丽娜：《试论原生态舞蹈的人文价值》，《大舞台》2007 年第 1 期。

缪开和：《〈云南映象〉的艺术魅力和市场秘诀》，《民族艺术研究》

2005 年第 6 期。

　　李秀春：《〈印象丽江〉火爆玉龙雪山》，《云南日报》2006 年 5 月 9 日第 2 版。

　　郦加清：《把〈印象西湖〉打造成杭州旅游的金名片》，《杭州通讯》（下半月）2007 年第 10 期。

　　黎宏河：《〈四季周庄〉演绎原汁原味周庄》，《中国文化报》2007 年 7 月 23 日第 3 版。

　　谭昕：《现代背景下的少数民族歌舞》，《民族艺术研究》2005 年第 4 期。

　　唐快哉：《四季周庄新魅力》，《瞭望》2007 年第 32 期。

　　王佳：《现代文化消费模式下的民族歌舞艺术》，《民族艺术研究》2005 年第 3 期。

　　王建民：《"原始艺术"与市场需求——兼论〈云南映象〉的策划与推广》，《民族艺术研究》2010 年第 1 期。

　　王林：《印象西湖　江南之美——山水实景演出印象审美浅探》，《视听纵横》2011 年第 5 期。

　　王磊磊：《从〈印象刘三姐〉来看文化在演艺活动中的作用》，《商业文化》（学术版）2010 年第 9 期。

　　许兴宝：《文化视域中的宋词意象初论》，博士学位论文，陕西师范大学，2000 年。

　　许兴宝：《宋词主体意象的文化诠解》，中国文联出版社 2000 年版。

　　徐志伟：《印象西湖　西湖印象》，《杭州》（下半月）2009 年第 10 期。

　　熊正贤、杨艳辉：《中国少数民族地区文化产业发展方式转变研究》，《民族学刊》2011 年第 1 期。

俞子龙：《印象刘三姐》，《秘书》2007 年第 10 期。

张祖群：《在物象与寓意之间：长安桃溪堡"文化意象"分析》，《徐州师范大学学报》2011 年第 3 期。

张光英：《闽东木拱廊桥建筑与传统村落环境意象研究——以闽东寿宁尤溪古村落为例》，《安徽农业科学》2011 年第 29 期。

张玉、陈坚、李灵：《下梅古民居的文化意象和外观特征》，《厦门理工学院学报》2011 年第 1 期。

朱莎：《浅谈〈云南映象〉大型歌舞集的艺术文化价值》，《商业文化》（学术版）2009 年第 1 期。

《周庄，接力坚守后工业化"绿洲"》，《新昆山》2010 年 12 月 17 日第 4 版。

民族学田野调查与民族文物收集工作[*]

——以民族研究所馆藏文物为例

乌云格日勒

引　言

　　1956—1964 年，中国民族研究和民族工作中的一项重要任务就是开展全国性的少数民族社会历史大调查。1956 年春，彭真同志找张苏、刘格平及其他有关负责同志传达毛主席指示。他说，最近在中央开会的时候，毛主席说，中国有些少数民族也准备进行民主改革了，需要把少数民族社会历史情况搞清楚，以便采取相应的政策。毛主席还说，现在中国少数民族处于各种不同的社会发展阶段，有原始社会形态、奴隶制形态、封建制形态及这几种社会的过渡形态。现在世界上，还不知道其他哪个国家，都保留这几种社会形态。中国少数民族地区这几种社会形态都还有，是一部活的社会发展史，是研究社会发展和历史唯物主义的活的宝贵的科学资料。少数民族地区在进行民主改革和社会主义改造以后，社会面貌将会迅速变化。因此，现在要赶快组织调查，要"抢救"，

　　* 基金项目：国家社科基金重大项目"内蒙古蒙古族非物质文化遗产跨学科调查研究"，批准号：12&ZD131。

把少数民族地区这些社会历史状况如实记录下来。这些事情，早做比晚做好。早做能看到本来面目；晚做，有些东西就要没有了，只能靠回忆了。这件事就请彭真同志主持吧，由全国人大民委从全国范围内调集专家、干部进行调查。

1958 年 6 月，全国人民代表大会民族委员会和中国科学院民族研究所联合召开了一次民族研究工作科学讨论会，根据党的指示，研究制订了对全国各少数民族普遍地进行社会历史调查工作，并在此基础上编写各少数民族的"简史""简志"和各民族"自治地方概况"等三种民族问题丛书的具体规划。

在历时 8 年的少数民族社会历史调查过程中还收集了大量少数民族文物和民俗用品。民族文物作为历史和文明的载体，是伴随着各民族形成和发展的历史过程中留存的重要民族文化遗产。本文以中国社会科学院民族学与人类学研究所（以下简称民族研究所）馆藏民族文物为例，论述田野调查与民族文物收集工作的关系以及目前留存的部分民族文物的类型、功能、特点等相关问题。

一　"文化大革命"之前的民族文物收集简况

众所周知，民族文物作为历史和文明的载体，是伴随着各民族形成和发展的历史过程中留存的民族文化遗产，不仅是探索和研究人类社会发展的重要资料，还是进行民族优秀传统教育、爱国主义教育、民族团结教育的珍贵教材。[①] 通过对民族文物的深入研究，可以加深了解各民族文化演变发展的历史，进一步了解中华民族的传统文化和多元一体格

①　参见们发延《民族文物保护现状及其对策》，《民族文化宫博物馆》2006 年第 2 期。

局。① 民族文物是反映一个民族物质文化和精神文化的遗迹和遗物，具有本民族的特色。它们从不同侧面反映了一个民族的社会发展、文化变迁和民俗生活，是研究民族历史，特别是研究少数民族历史的实物资料。

关于"民族文物"的定义，《中国大百科全书·文物博物馆卷》认为："民族文物是反映一个民族物质文化和精神文化的遗迹和遗物，具有本民族的特色。它们从不同侧面反映了一个民族近现代的社会发展、社会生产和社会生活，是研究民族历史，特别是研究少数民族历史的实物资料。"②《中华人民共和国文物保护法》从法律角度指出，民族文物是"反映历史上各时代，各民族社会制度、社会生产、社会生活的代表性实物"③。由此可见，民族文物包罗范围十分广泛，从经济基础到上层建筑，从物质文化到精神文化，从科学技术到宗教信仰，涉及社会生活的各个方面。综上所述，从民族产生至今各民族在不同历史时期的社会活动中遗留下来的具有民族特色和历史、艺术、科学价值的实物资料皆为民族文物。目前学术界和民族文物工作者基本观点认为：民族文物是自民族产生以来，各民族所创造的，具有一定民族文化信息，又有一定历史阶段、学术价值和艺术价值的文化遗物。

回顾以往研究，20 世纪三四十年代，中国学者开始对民族文物进行调查、收集，保护、搜集及整理国内尚存的大量民族文物，从而为中国民族文物保护事业发展做出了不可磨灭的贡献，亦为中国民族理论研究奠定了坚实的实物基础。从 20 世纪 50 年代开始，民族文物保护工作发展进入了一个全新时期。民族文物不断大量涌现，民族文物收集整理

① 参见们发延《民族文物保护现状及其对策》，《民族文化宫博物馆》2006 年第 2 期。
② 《中国大百科全书·文物博物馆卷》，中国大百科全书出版社 1993 年版。
③ 们发延：《民族文物保护现状及其对策》，《民族文化宫博物馆》2006 年第 2 期。

工作硕果累累。中华人民共和国成立伊始，新型民族观的构建成为国家整合与法政的重要保障，因此，中国共产党高度重视中国的民族问题，制定了民族平等与民族团结的民族政策。为了正确执行这一政策，推动各少数民族的发展，中央人民政府组织大批学者和工作人员，在全国范围内开展了大规模的少数民族社会历史、民族语言调查工作，今统称"民族大调查"（指第一次民族大调查）。这项工作从 1956 年开始，至 1964 年结束，前后持续了 8 年。在这 8 年当中，先后有千余名学者和工作人员投入调查工作，对部分少数民族地区主要是西部地区少数民族开展了全面的、深入的、细致的社会调查，基本了解了各民族的政治状况、社会组织、所有制结构、经济发展及风俗习惯等。此次调查持续时间之长，涉及区域之广，投入人员之多，科研成果之丰硕，举世罕见。这个大规模民族调查及民族大调查的成果对为中国共产党发展马列主义民族理论、制定相关民族政策、实行民族区域自治、进行民族识别、推行民族区域自治制度和制定各项民族政策发挥了极其重要的决策依据和资料借鉴作用。

此外，本次民族大调查还要求考古、文献和民族调查三重证据①。文物工作部门和民族工作部门就密切协作，共同开展了大规模的文物征集活动。结合少数民族社会历史调查和民族识别工作，中央派往各族地区的慰问团、访问团和调查组，收集了大量价值很高的民族文物。仅 1949—1966 年的 17 年中就收集了 40 多个民族的文物 2300 多件，照片 1000 多幅。②

---

① 参见郝时远主编《民族调查回忆——田野调查实录》，社会科学文献出版社 1999 年版，第 323 页。

② 参见们发延《民族文物保护现状及其对策》，《民族文化宫博物馆》2006 年第 2 期。

二 民族研究所馆藏文物的类型及其功能

从民族所馆藏的民族文物种类和文物归属族别来看，文物种类与民族大调查主题符合，以西北、西南和东北少数民族的生产工具和生活用品为主，主要包括维吾尔族、黎族、瑶族、布依族、珞巴族、苗族、彝族、鄂伦春族、鄂温克族、赫哲族等 30 个少数民族或支系的生产工具和生活用品。文物类型上，主要有铜器、钱币、陶器、铁器、书法绘画、竹木漆器、织绣服装等。从功能上分类，有民族生活用具、生产工具、乐器、宗教器物、民族武器、刑具、印章、古籍、地方货币等。从搜集的时间跨度来看，是 1949—1989 年的 40 年间陆续收集的；从地域跨度上看，覆盖了广东、广西、贵州、云南、四川、西藏、新疆、内蒙古、黑龙江、海南等 10 个省区。各民族的文物和民俗器物藏品呈现出不平衡状态。其中，最引人注目的是藏族文物和民俗器物，其种类繁多，年代跨度大，制作精美，风格多样，很多藏品应属珍贵文物之列。具体参见表 1。

表 1　　　　　　　　　　　民族文物统计

序　号	民族名称	件　数	种　数
1	达斡尔族	1	1
2	赫哲族	1	1
3	珞巴族	1	1
4	南诏	1	1
5	畲族	1	1
6	傣族	2	2

续　表

序　号	民族名称	件　数	种　数
7	高山族	2	2
8	革人	2	2
9	门巴族	2	2
10	塔吉克族	3	3
11	佤族	2	2
12	侗族	5	5
13	水族	6	6
14	羌族	7	7
15	僜人	15	14
16	锡伯族	23	23
17	维吾尔族	31	31
18	鄂伦春族	50	44
19	彝族	54	54
20	藏族(照片)	60	60
21	纳西族	72	63
22	布依族	92	68
23	满族	125	77
24	瑶族	129	93

续　表

序　号	民族名称	件　数	种　数
25	新疆地区少数民族（合计）	109	109
26	羌族（照片）	184	184
27	苗族	230	194
28	黎族	328	233
29	藏族	437	381

　　从藏品用途或功能可分为：刑具、文具、乐器、民俗用品、武器、生产工具、货币、首饰、宗教用品、生活用品、老照片、服饰等十几种。其中生产工具、货币、首饰、宗教用品、生活用品、老照片、服饰等占比较高。详细数据参见表 2。

表 2　　　　　　　　　按用途分所得藏品统计

序　号	类　型	数　量
1	民族服饰	498
2	民族老照片	244
3	民族生活用品	231
4	民族宗教用品	158
5	民族首饰	157
6	民族地区货币	113
7	民族生产工具	104

续 表

序　号	类　型	数　量
8	民族民俗用品	43
9	民族武器	42
10	民族乐器	32
11	民族文具	27
12	民族刑具	12
13	民族军事用品	2
14	民族文件	1
各类合计		1664

（1）民族生活用具。生活用具是人类社会存在和发展的基础。可划分为炊具类、餐具类、贮藏具类、烟茶酒具类、洗涮具类等。如藏族小刀（见图1）。

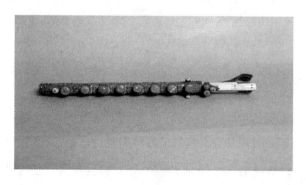

图1　藏族小刀

（2）民族传统生产工具。生产工具是人类社会生存与发展的基础，是生产力发展水平的标志。可划分为狩猎捕鱼类、农业类、畜牧业类、手工业类、运输类、度量衡类、加工类等。如纳西族的锄头（见图2）。

图 2　纳西族的锄头

（3）民族乐器。音乐是人类文化从原始走向文明的重要产物。民族乐器种类多，在用材、形制、制作、使用等方面都颇具特点。从形制上可分为月琴类、芦笙类、响篓类、号角类、笛类、锣类等；从演奏方法上可分为弹拨、吹奏（口弦、口琴）、打击、拉奏乐器；从质地上可分木质、黄泥质、葫芦质、竹质、铜质、牛角质、皮革质等。如黎族竹笛（见图 3）。

图 3　黎族竹笛

（4）民族宗教用品。与宗教信仰特别是与原始宗教信仰和佛教有关的实物资料。鄂伦春族、满族、锡伯族、鄂温克族、蒙古族信仰萨满教。萨满教是中国北方阿尔泰语系一些民族，包括生活在黑龙江地区的赫哲、满、达斡尔、鄂伦春等民族普遍信仰的一种原始宗教。作为上述这些民族的宗教文物，也深深打上了民族特征的烙印。如以渔猎经济为主的赫哲族，其早期萨满神衣面料即采用鱼皮或兽皮，神帽上多用鹿角作装饰。满族、蒙古族、鄂伦春族、鄂温克族均有类似。

以萨满教为信仰体系的文物有萨满鼓、萨满鼓槌、萨满帽子、萨满腰铃、萨满裙子、萨满服上衣、萨满神刀、萨满念珠项链、萨满披肩等；西南少数民族的图腾崇拜和藏族的佛教文物有袖符、神牌、神杖、木神雕、神坛、神符、木神尺、法器、法铃、佛像等。

藏族藏品有400多件，其中佛像占50%，最珍贵的也是佛像，从质地上可分为纸、泥、瓷、木、铜、金等。如藏族的佛像（见图4）。

（5）民族服饰。民族服饰是服饰发展的"活化石"，是写在身上的历史，穿在身上的艺术，为研究服饰发展史等提供了

图4　藏族佛像

重要实物资料。民族所收藏了瑶族、侗族、满族、黎族、鄂伦春族、赫哲族、维吾尔族、苗族等多个民族服饰。如藏袍（见图5）。

图5　藏袍

（6）民族武器。民族武器以铁制和木制为主，种类较多。有戳心刀、自卫刀、矛子、铁镰刀、刀鞘、刀矛、矛头、藏刀、盔甲、火药盒、箭袋、铁帽、红铁衣、神枪、土枪、地砲、枪弹带、枪套、扎枪等。如藏族戳心刀（见图6）。

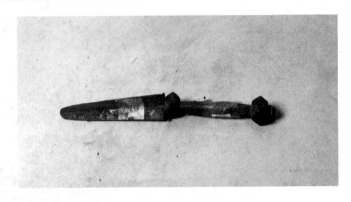

图6　藏族戳心刀

（7）民族刑具。刑具有脚镣、铁链、手铐、木棒、铁衣、棒子、铁棒、皮鞭、人腿骨鞭子等。如藏族鞭子（见图7）。

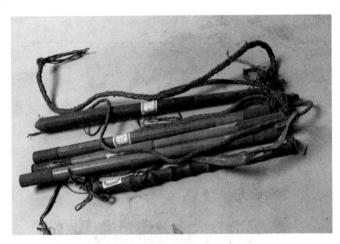

图7　藏族鞭子

（8）民族传统印章。有银印、木印、铜印等。如布依族印章（见图8）。

图8 布依族印章

（9）民族公文类。公文有各村纳粮清册、买卖契约抄本、买卖土地契约、桂林兴安县志、清代律法条规、军民剿匪条文、讼文、账本、酹世底簿、收支账本、历史叙昭、官军分布录、地主账本、诉讼文抄本、家谱、诉讼状文、官府告示、杨刚本、乡党本案、民国新年官府布告摘抄。

（10）民族古籍（见图9）。蒙古族、满族、维吾尔族、纳西族、彝族等具有自己的语言和起源时代古老且发展较完善的传统文字。民族古籍根据内容可分为宗教类、历史类、谱牒类、神话类、伦理类、天文类、地理类、医药类、文学类等9类。

这些民族古籍对研究古代民族历史、社会历史、政治变革、宗教伦理、科学知识以及古文字的起源、发展、演变都具有很高的价值。

图9 民族古籍

（11）民族地区货币。货币有：银锭、银块、墨西哥银圆、印度卢比、人头银镕、民国纸钞票等。如新疆地区货币（见图 10）。

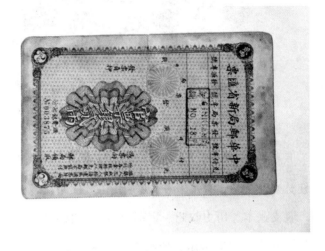

图 10　新疆地区货币

（12）民族特色老照片。有蒙古族、朝鲜族等民族的共几百张照片，拍照时间为 20 世纪 30 年代至 50 年代，主要选题内容为少数民族生活习惯及当时社会文化缩影。如 20 世纪 30 年代云南茂县街市照片（见图 11）。

图 11　20 世纪 30 年代的云南茂县街市

三　民族所馆藏文物的特点

中国社科院民族所受上述良好社会环境的影响，从 20 世纪 50 年代开始就比较注重民族文物研究，以此作为民族大调查的重要组成部分，主要是利用民族学田野调查期间征集相关民族文物。

从时间和地域范围上看，民族所收藏的大部分文物是从 1957 年到 1964 年由少数民族社会历史调查组在海南、广东、广西、贵州、云南、四川、西藏、新疆、内蒙古、黑龙江等民族地区进行少数民族社会历史大调查过程中收集的，这也是最科学的途径与方法征集的民族文物。此外，还有一部分文物是四川博物馆和民族文化宫赠送的，另有一少部分文物是从北京德胜厚门市部购置的。《文物保护法》第 37—38 条规定了文物收藏单位可以取得文物的方式，因此说，购买、接受捐赠、依法交换构成民族所文物的主要来源和渠道。

从文物分类角度看，民族所馆藏文物是应该属于近现代民族文物，并且以有形的民族文物为主，比较完整，信息量大，不但结构完整、功能明确，还有种种传说，绝大部分是田野考古工作结束后经过整理移交的，并且属于可移动文物。

通过多年对民族所收藏的民族文物进行整理、鉴别，总结出以下特点：

（1）地域性。民族文物处于或来源于不同的地理区域。任何民族都有自己的活动区域，都有自己的历史创造。从文物搜集地点来看搜集的文物范围较广。覆盖到华北地区的内蒙古、东北地区的黑龙江、西北地区的新疆及中南地区的广东、广西、海南和整个西南地区的四川、贵州、云南、西藏等少数民族地区。

（2）民族性。民族文物的民族性是指民族文物的所属族别。任何民族文物都有自己的所属民族。从文物的族别来看包含的民族较多，包括维吾尔族、瑶族、苗族、黎族、赫哲族、鄂伦春族、藏族、侗族、柯尔克孜族、满族、水族、塔吉克族、彝族、达斡尔族、三巴（珞巴族、门巴族、僜巴族）、纳西族、锡伯族、仫佬族、布依族等 21 个少数民族。同著名的民族文物专家宋兆麟先生讲的一样，"征集民族文物不仅要注意族属，还要重视各支系的文物制度"①。甚至说，民族所收藏的瑶族文物做到了支系制度，可以分为坳瑶、花兰瑶、茶山瑶、盘瑶等。

维吾尔族文物有铁制和木制农具、生活用具及服饰、钱币等。搜集的地点是新疆墨玉县夏合勒克乡。夏合勒克乡是完整保存农奴制度直至中华人民共和国成立时的一个标本②，土地肥沃，水草丰茂，宜农地区。"裕祥"源自西域早期袍服。瑶族文物有生产工具、武器、乐器、生活用品、文献、宗教用品、服饰较多。从这些文物能看出瑶族进行农耕以外还捕鱼，喜欢佩戴银饰，瑶族是男女都喜欢装饰的民族；有本民族宗教信仰，有自己特色的武器和乐器。

彝族文物有生产工具、生活用品、武器、乐器等，表明当时的彝族主要生产方式是以农耕、捕鱼为主，有自己特色的武器和乐器。赫哲族文物有独特服饰、生产工具、交通工具、乐器、生活用品、武器、宗教用品。黑龙江中下游、松花江下游和乌苏里江流域是赫哲族的发祥地和世代聚居地，江河湖泊中丰富的水产品为赫哲族提供了衣食之源，长期的捕捞生活，使他们创造了独具特色的渔网、鱼叉、鱼钩及桦皮船、快马子、木船等捕鱼和水上交通工具。③ 从历史上看，赫哲族是一个渔猎

---

① 宋兆麟:《世纪之交的民族文物》,《云南民族学院学报》1999 年第 5 期。
② 参见任一飞《新疆夏合勒克乡维吾尔族农奴制》, 中国百科网, 2007 年 7 月 1 日。
③ 参见尚衍斌《维吾尔族服饰形成及其特征的历史考察》,《喀什师范学院学报》1994 年第 1 期。

民族。长期的渔猎生活，使赫哲人形成了独特的生产、生活方式，因此，其独特的传统渔猎生产工具、生活用具等，都是十分珍贵的民族文物，这些民族文物也大都出自赫哲族聚居地，如鱼叉、鱼皮裤等。① 鄂伦春族文物有独特的生产工具、生活用品、服饰、宗教用品等。20 世纪 50 年代至 60 年代鄂伦春族"以渔猎为生，不知农作，住撮罗子，食肉衣皮，用桦树皮器皿，驾驶桦皮船，信奉萨满教，传统文化依旧。还随猎人在林海雪原中狩猎"。"鄂伦春族文物的可贵处，有两点：一是该族为一个狩猎民族，对研究狩猎文化经济类型有重要价值；二是该族在五十年代初尚处于原始社会晚期，以地缘组成的游牧公社是基本的社会组织，私有观念淡薄，这些对探讨文明时代前夜的历史有重要借鉴。"② 鄂伦春族文物如狍皮帽、花边皮袄、桦树皮船（鄂伦春水上运输和捕鱼工具）等较多。③ 藏族文物有独特生活用品、宗教用品、生产工具、服饰等。其中寺庙用品较多，具有浓浓的藏传佛教味道。侗族文物有文书、生产工具、服饰、官印等。从收藏文物看，侗族是保留账本多而完整，靠农耕为生，穿花衣服的民族。柯尔克孜族文物不多，几对辫梢等。满族文物有独特的服饰和武官用品等。水族文物有独特的银首饰等。塔吉克族文物有少量服饰等。达斡尔族文物有少量木制生活用品。珞巴族文物有少量木制生活用品。门巴族文物有少量木制或铁质、石质生活用品。僜巴族文物有少量服装和生产工具、生活用品、首饰等。纳西族文物有一些生产工具、生活用品、宗教用品、服饰、武器等。锡伯族文物不多，有少量的生产工具等。仫佬族文物有少量的银首饰。布依族文物有生产工具、生活用具、乐器、宗教用品、书籍等。西南少数民

---

① 参见郭孟秀《黑龙江地区近现代民族文物研究》，《北方文物》2004 年第 1 期。
② 同上。
③ 同上。

族地区有一套专门的灌溉制度，流行竹制干栏建筑，陶作、竹作、木作发达。

综上所述，民族文物不仅要注意族属，还要重视各支系的文物制度，搜集的瑶族文物达到这一点。严格地说，中国民族的划分，是政治性的，科学意义上说，还应该重视民族支系的研究，事实上，中国有许多民族，内部有很多支系，所以民族文物鉴定应按地区、按支系进行，因为民族文物有明显的地域性、族系性差异，不同民族有不同的文化制度，一个民族内部的不同支系也有不同的文物制度。[①] 其中藏族的唐卡、佛像、经典，具有多种社会价值，在世界艺术宝库中占有重要地位。[②]

（3）具象性。具象性是指其形态特征，即形状、质地、结构、艺术特点和实用功能等，是民族文化的物化形式，是看得见、摸得着的物质文化形态。从文物的类别来看较全。从宗教用具类到政治社会制度类、武器类、经济货币、生产工具、生活用具、服饰、工艺品、民族乐器、民族古籍、地图、家谱、老照片等涉及多个层面，少数民族文物具有民间性，散发着浓郁的乡土气息。以竹、木、棉麻制作的器物占绝大多数。

（4）时代性。民族文物都有一定的时代特点和时间跨度，即带有某个时代的历史特征，近现代民族文物，也是可移动的、有形民族文物。从文物搜集的时间来看可分为两批：第一批是从 1957—1964 年，第二批是从 1976—1989 年，年代跨度较大。民族古籍文献最早的有元刻本，清刻本较多，民族文物以 20 世纪 50 年代至 80 年代间使用或当时制作的为主。

---

① 参见宋兆麟《世纪之交的民族文物》，《云南民族学院学报》1999 年第 5 期。
② 同上。

近现代各民族所使用的具有民族特点的实物资料，包括各民族的传统生产生活用品、服装服饰、宗教用品、工艺美术品等。

近现代民族文物是指近代以来，各民族在社会生产活动中遗留下来的具有民族特色和历史、艺术、科学价值的遗迹和遗物。它包括清代、民国、中华人民共和国成立后三大历史阶段的遗迹和遗物等资料。近现代民族文物丰富多彩，从不同侧面反映了各民族的政治、经济、文化状况，是中华民族的宝贵文化遗产。①

可移动的民族文物是指各民族创造的具有本民族风格和特点的，反映其社会制度、社会生产、社会生活的各种器物，如生产工具、生活用品、工艺美术品、服装服饰等。②

有形民族文物以物化的形式存在，简单而言，就是指各民族的物质文化，即各民族创造的具有民族特色和历史、艺术、科学价值的实物。③

民族文物与其他文物一样，是历史的产物，是不能再生和不可替代的。消失的民族文物不能重返，也不能用其他文物或其他方式代替和弥补。所以民族文物的不可再生和不可替代性是非常明显的。

（5）学术性。从原始记录来看，在文物征集工作中，有两种倾向：一种是收购式，没有做深入调查，只记录什么文物在哪里收购的；另一种是以专题调查角度搜集的，记录来龙去脉，较详细记录其名称、结构、用法、源流、典故、评说其历史意义等资料，多数都是由专业人员亲自征集，并按照相关业务要求开展搜集工作。经过调查文物的来源、族属、结构、用途、制作与使用方法、流传情况以及文化内涵等，做详细记录，能够掌握大量文物信息。那些周密考察并登记记录，给民族文

---

① 参见们发延《民族文物保护现状及其对策》，《民族文化宫博物馆》2006 年第 2 期。
② 同上。
③ 参见叶剑《关于民族文物的几点认识》，《中原文物》2005 年第 4 期。

物工作者和民族文化研究者提供有效的宝贵的资料，它的学术价值非常之高。

与出土文物相比，从民间征集到的各族文物生活信息更突出、更全面，具有文化活化石的价值。民族文物是各民族的宝贵文化遗产，在再现民族历史、展现民族传统、开展学术研究、保护民族文化、陈列展览、宣传教育、产业开发等方面都具有重要的人文资源价值。

四　民族文物保存工作中存在的问题及改善对策

综上可知，馆藏民族文物具有重要价值，但保护和收藏过程中也存在诸多问题，其中最明显的困难有两点。

（1）保护难度大。馆藏民族文物中有机质文物居多，如布、竹、木、纸、皮、藤质、陶石、金银、铜铁、锑、锡、骨、角、牙、玉、贝、布锦、麻、丝绸、陶瓷、毛、发、漆器、泥塑、植物树叶等，如果预防不及时，就会引起文物的干裂、脱毛翘裂，生霉、生虫、变形的现象时有发生，难以长久保存，所以保护难度大。馆藏的棕叶衣、山草蓑衣、皮衣、皮鼓、经文等已经面临老化、虫蛀、受潮霉变、干裂变形等威胁。

（2）鉴定工作相当困难。当时搜集民族文物条件还是不够好，严格来说登记缺项不少，有的当时做了些标示和编码，但是经过 60 年之久，大部分编码模糊不清，各民族的藏品都混放在一起。不少的部分需要鉴定。民族文物的鉴定需要民族文物专家和民族学专家的参与，21 个民族的多类型的藏品，能鉴定藏族文物的，未必能鉴定东北民族文物，能鉴定云南民族文物的，到新疆不一定行得通。所以民族文物鉴定专家都有一定局限性，难以成为通才。如果不能够准确鉴定就无法使用，也不知其真正的价值，民族文物鉴定操作起来相当困难。

　　尽管如此，我们应该继承和发扬 20 世纪 50 年代民族调查的优良学风，在新时期顺前人的线索，攀登着前人铺垫好的学术阶梯，继续把民族事业发扬光大，有责任善待这些宝贵的文化遗产。笔者为了更好地了解这些民族文物搜集情况，特意仔细阅读了《民族调查回忆——田野调查实录》和《伟大的起点——新中国民族大调查纪念文集》两本书，通过参加大调查的先辈们的回忆录更深刻了解当时民族地区的生活条件（包括交通、通信、住宿、饮食、医疗、安全、语言沟通、调查工具和手段等）相当的艰苦，民族大调查工作人员实行"三同"，就是和少数民族地区农牧民同吃、同住、同劳动，跋山涉水、攀山越岭、风餐露宿，攀险崖、穿密林、跨深谷，徒步前行，出门就爬坡，运输靠背驮。[1]所以，我们现在看到的这每一件文物都是从那样偏僻环境、在那样艰苦条件下，老前辈们背着驮着拿回来的来之不易的宝物。

　　搜集民族文物的不是别人，就是民族所的耳熟面熟的那些老一辈学者们。比如詹承绪和他的妻子王承权，在云南参加过纳西族调查；孟朝吉、郑宗泽先生参加过金秀大瑶的盘瑶、茶山瑶、坳瑶、花篮瑶、山子瑶（蓝靛瑶）五个支系的瑶族调查；李干芬在龙胜县龙脊寨调查，发现大量的公文、状纸、契约、经书等[2]，到上林县调查，拓印《澄州无虞县六合坚固大宅颂》《智诚洞碑》[3]，除了采访搜集之外，还有照片的拍摄、文物的收集、图书资料的购置等[4]。"在龙胜龙脊寨，有位老太婆保存着清代古装百褶裙嫁服，说要留作死后陪葬，我们用了数百斤大米

----

　　[1]　参见郝时远、任一飞、华祖根《民族调查回忆——田野调查实录》，社会科学文献出版社 1999 年版，第 225 页。

　　[2]　同上书，第 222 页。

　　[3]　同上书，第 223 页。

　　[4]　同上。

的高价收购也不肯拿出来，经当地干部多方面说服才勉强卖给我们"①；樊登老师搜集侗族文物的地方正好在广西龙胜县龙脊乡；王绍武先生在广西、云南、西藏等地调查，搜集瑶族各支系的文物；陈衣先生参加过贵州黎平县龙额生产大队、天柱县、榕江县调查；1963 年 11 月广西少数民族社会历史调查组也正好在贵州榕江县搜集侗族文物；夏之乾先生在新疆西伯族、哈萨克族萨满教和贵州榕江县及松桃苗族自治县调查八开街；王景阳先生在凉山彝族社会调查；易谋远先生在海南、云南、西藏的黎族、藏族、彝族地区调查，1956 年 10 月，到海南岛黎族苗族自治州乐东县，在调查中发现 54 件石器，均属磨制的新石器。同时，据广东民族调查组组长岑家梧教授鉴定：这次发现的石斧、小型石斧、石楔、圆形石器等都是海南新石器时代的典型遗物。② "从我们发现的新石器看，当时人们居住在靠近河流的山冈和台地上，使用石斧、石锛、石铲等工具，进行'砍刀烧光'的原始火耕农业和狩猎、捕鱼、采集等"③，"仍使用黎族合亩地区的传统木质生产工具：尖棒、木耙"④。20世纪 50 年代末，中央民委下达了拍摄民族科学纪录电影任务。这个和 1964 年由刘忠波拍电影时从街津口搜集赫哲族文物吻合。郑贻青等老师在海南黎族苗族自治州保亭县通什、乐东县保定村、白沙等地方做过黎语调查。1959 年由广东海南调查组在这些地方搜集了 100 多件黎族文物；姚兆麟、郭冠忠等老师 1958 年在西藏调查珞巴族、门巴族、藏族；张江华老师也做过三巴调查"前后共收到石斧、石锛、石凿和石纺轮共十三件"⑤；1976 年王昭武老师参加西藏调查；1956 年刘锡淦老师参加

---

① 参见郝时远、任一飞、华祖根《民族调查回忆——田野调查实录》，社会科学文献出版社 1999 年版，第 224 页。
② 同上书，第 323 页。
③ 同上书，第 325 页。
④ 同上。
⑤ 同上书，第 445—446 页。

新疆调查；1950—1952 年在南疆的和田、莎车、喀什、阿克苏、焉耆等村调查，"他们常用的农具：坎土曼、镰刀、铁犁等"；1956 年满都尔图、赵复兴老师在内蒙古东北和黑龙江十八站的达斡尔族、鄂温克族、鄂伦春族地区做调查。民族所藏达斡尔族、鄂温克族、鄂伦春族文物正是在这些地方搜集的。

在阅读他们那一段艰苦而可贵经历的记述的同时，在读到回忆录里写的"我们收集完毕后，在室内进行分类排比，期间感到有些缺陷，又补充调查"① 一段时，深深地感受到他们的辛苦和他们负责任的态度，以及他们的奋斗精神、奉献精神。他们风华正茂的岁月都奉献给了民族事业，给后人留下无数的财富。就像郝时远先生等在《民族调查回忆——田野调查实录》前言里写的那样，"老一辈学人不仅给后人留下诸多献身事业的精神启示，而且也给后人留下诸多继续耕耘的工作线索"。他们的回忆录"充满思想感情、奋斗精神、治学态度和学术价值的无形财富，不仅应该留给后人，而且应该成为后人接续的阶梯。学人不仅应该为社会留下科学的成果，也应该为社会留下治学的经历"②。"那一代学人可贵的艰苦奋斗、吃苦耐劳的敬业精神就是后人攀登学术高峰的动力，他们丰厚的学术积累是后人攀登学术高峰的阶梯，他们艰辛的田野实践是后人攀登学术高峰的起点。"③

为了进一步提高文保工作的水平和质量，笔者建议，当前最重要的任务便是根据实际情况，对民族文物藏品进行登记、核对、定名、建档、编目、描写、定级、鉴定、分类和采取有效的保存和利用。

民族文物是中华民族遗留下来的珍贵财产，它不但记录了各个民族

---

① 参见郝时远、任一飞、华祖根《民族调查回忆——田野调查实录》，社会科学文献出版社 1999 年版，第 579 页。

② 同上书，第 4—5 页。

③ 同上书，第 6 页。

的历史，也是广大劳动人民的智慧结晶。可以说，中国各民族现存的民族文物都是一部人类社会发展史的"活教材"，它往往是我们研究其他学科问题的直接或间接的依据。所以研究民族文物，不仅对我们了解少数民族的风俗习惯、科技发展、物质精神文化等环节具有重大的意义，也对振奋民族精神、增强民族团结起着巨大的作用。

当时民族地区生态状况良好，传统生活习俗保留较为完整，民族文物丰富多彩。① 面对当代社会诸多问题，尤其是中国民族文物所赖以生存的自然环境和社会环境发生了翻天覆地的变化。不断向前发展着的生产力在改变着人们的生产生活方式，也改变着民族文物的环境，民族文物在快速消失。许多民族的能反映本民族历史文化特点的生产工具、生活用品已经被现代化的机械产品代替。棉、丝质衣服代替了赫哲族的鱼皮衣，鄂伦春族的袍皮衣等许多珍贵文物得不到很好的保护。如生产工具、生活用具、宗教用品、民族服饰、文献史料以及科学技术、手工艺品等，现已随着生产力的发展和人民生活水平的提高，正在迅速被淘汰或自然消失。因此，当前抢救和保护少数民族文物的重点是近现代少数民族文物。

民族文物赖以生存的自然环境及社会环境在不同程度地发生变化，大量负载着丰富历史文化信息的民族民俗实物在新农村建设和生产方式转型过程中被大量遗弃，使得民族文物正在快速消失。因此加强民族文物保护的工作十分紧迫。

首先，每一件文物都是第一手资料，经过 60 多年的发展，当时的社会文化发生了巨变，甚至有些当时搜集的文物和资料已经消失，所以具有弥足珍贵的民族文化遗产的意义：既有物质文化保存意义，也有非物质文化遗产的传承保护意义。这些文物到现在为止还没有系统整理，

---

① 参见宋兆麟《世纪之交的民族文物》，《云南民族学院学报》1999 年第 5 期。

由于条件有限，有些破损比较严重，需要抢救性整理，总结当时的具体做法对于目前的大调查有非常重要的参考价值和现实意义。

其次，每一件文物都是不同历史时期政治、经济、科技、文化、艺术、军事、民俗等方面的缩影，是反映各民族进步及社会发展的精神产品和物质产品，这些文物能够保存、传世实属不易，毕竟它们是不能再生产的产品（虽然可以仿照制作复制品，但已不是原来意义上的文物了），为此，妥善保护管理的意义就显得特别重要。

作为民族研究单位，我们应该把已经搜集到的民族地区的民族文化遗产和文博资源保护好、展示好、研究好、开发好，才对得起老一辈学者，对得起民族文化保护和研究事业。

对民族所馆藏民族文物保护工作的建议如下所述。

第一，扩大改造文物库房。

根据文物存放要求，需要扩大2—3倍空间。

所藏文物因为长期在狭小的空间内（在纸箱里）互相重叠或叠压码放，或互相挤压和碰撞，或搬动时裸手直接接触等造成文物损伤。

第二，适当改善库房基本环境。

文物库房要求相对安全、无害、无污染的环境。首先防盗、防火、防水；其次避免害虫、细菌、灰尘、空气污染等不利因素对文物产生损坏；再次避免温度、灰尘、光线、潮湿的影响。需要环境的改造，如安装防盗门、防盗窗、暖气的改造等。

第三，适当购置库房基本设备。

根据文物库房基本要求，需要购置空调、消防器、无死角探头、橱柜、包装盒、真空包装等基本设备。

文物储藏橱柜要根据文物材质分别定做。比如民族传统首饰为了避免挤压和碰撞、避免高温、避免与放射性物质接触、避免油污及酸碱和有机溶剂，用橱柜收藏首饰，以木柜为最好，木材应无害虫和虫卵并不易变形走样，橱门不能用玻璃；柜内应分层架板，各层的高度要比器物的高度稍高，摆放不能过多，以免取放时首饰相互碰撞，一些精美或细小的金银器，可以放置在内部衬有绒布的囊匣里，既可防震免损，又可防尘、防光、防潮，可以保护首饰；民族服饰应避免挤压、避免高温、避免与放射性物质接触、避免油污及酸碱和有机溶剂，用橱柜收藏服饰，以铁柜或木柜为最好，如果是铁柜的话，柜内应分层架板，必须是木材的，木材应无害虫和虫卵并不易变形走样。柜内架板的各层高度要比器物的高度稍高，摆放不能过多；陶瓷品的收藏使用有玻璃的橱柜是最佳选择，但是托板最好是木质的，这样不容易磕碰导致瓷器受损，另外，放在柔软的布垫上；青铜器要放置在密封的橱柜中或玻璃橱里，中小型器物要每件做一锦盒，再将盒放在橱中；铁器最容易被腐蚀，尤其是在稍带潮湿的环境中，所以铁器应在干燥的环境中以缺氧密封保存；在画像背面薄薄地涂上两层预先溶解在松节油中的天然蜂蜡，把油画用塑料布包起来，放在木箱里，防止硬伤，防止潮湿空气的浸入而造成损害；木印章与牛角印章是由天然的印章材料制作而成，最好的保养方法是用印章盒子装起来，避免暴露在外面，以防受天气的影响，造成收缩、裂损、变形；纸币等钱币保存主要就是要做到防折污、防虫蛀、防霉变，最好放在存放纸币的专业夹子中；牙骨角器等文物，首先去锈除霉，然后将器物放在玻璃器皿或塑料袋中，使器物缓慢均匀干燥，以免变形或开裂等。

第四，清洗和杀菌消毒，进行表面保护处理。

这些文物从采集到现在从未进行清洗和杀菌消毒，尘封半个世纪，因文物本身自然损耗和受虫害、细菌、灰尘、空气等外界各种污染，部分铜器和铁器已经生锈，藏族和彝族的部分漆器已变形、剥漆，或暴皮或发霉；纳西族的部分油画已褪色和变色，油彩脱落、画面受损；部分木印章与牛角印章暴露在外面，受天气的影响，导致收缩、裂损、变形；部分纸币已有折污、折痕或虫蛀、霉变；满族和藏族部分珍贵服饰已严重皱褶或轻度出现霉迹、霉斑；部分首饰已有污渍、褪色、锈蚀、变形；部分古籍已出现泛黄、字损、字迹模糊等现象。所以急需使用专业的、科学的手段和药物对所藏文物进行清洗和杀菌消毒处理。

第五，积极宣传和提高有效利用。

在基本保护条件具备的情况下适当举办文物陈列展示活动，给更多的民族学研究学者提供第一手资料。

科尔沁蒙古族萨满仪式音乐的
田野考察及个案描述[*]

周特古斯

一 "阿寅勒"：田野考察的文化社区及
主体人类学反思

（一）何谓"阿寅勒"

科尔沁蒙古族萨满仪式的举行，通常将"阿寅勒"作为实施仪式的空间单位，并把"阿寅勒"的"格日"（一户、一个家庭）作为仪式的场地。因此"阿寅勒"就是科尔沁萨满仪式音乐田野考察的一个"社区"。"阿寅勒"（aila），蒙古语为村落、村庄之意。虽然本文的田野考察的重点不是蒙古族村落的生产方式、亲属制度、婚姻状况等社会学和人类学意义上的内容，但还是有必要了解蒙古族村落的基本概貌及其人文意义，这将有助于我们清楚地认识"故乡研究"的困惑并获得启示。

从历时视角考察阿寅勒的形成以及含义，不难发现它与汉族村落有

———————————

* 基金项目：国家社科基金重大项目"内蒙古蒙古族非物质文化遗产跨学科调查研究"，批准号：12&ZD131。

着区别。① 早期的区别是两者分别属于游牧文明和农耕文明。自 11、12 世纪，蒙古人曾经有过"古列延"（kuryen）与"阿寅勒"两个最基本的社会组织，符拉基米尔佐夫对此做过这样论述："蒙古语'古列延'，意环营，由许多阿寅勒聚集而成，是结成集团游牧的人，列队移动并结成的环营驻屯。蒙古语的'阿寅勒'乃是若干个帐幕和幌车组成的牧营或牧户。古列延经济与阿寅勒经济结合，对 11—12 世纪的蒙古人来说，似乎是最理想的方式。"② 随着历史变迁，这种"古列延"分化为若干个"阿寅勒"。到了清代，阿寅勒的概念产生了变化，关于这一点，蒙古族学者色音认为：第一，阿寅勒只在旗内指定地区游牧，不再远距离游牧，生产相对稳定；第二，阿寅勒（个体家庭）单独放牧，不再是同族人集体游牧；第三，游牧方式开始改变，有部分牧区已牧而不常游，逐步向半游牧方式过渡，有的牧民转变为半农半牧的定居农民；第四，无计划游牧被两季或四季移场放牧代替。这表明，到了清代，阿寅勒从经营游牧的牧游小区逐渐转变为相对固定的游牧小区，而以阿寅勒

---

①　为了更加清晰考察此概念，简单回顾我国人类学社区研究的状况：中国人类学学科初创的时期，村庄社区的实地考察，曾经起过十分重要的作用。最早的对中国村庄社区进行实地考察的学者，是社会学家葛学溥，他曾带领学生到广东凤凰村做家庭社会学的调查，采用的方法基本上是社会学的统计法，成果发表于 1925 年。同一时期开始的"乡村建设运动"，也做了大量的关于村庄的社会调查工作。到 20 世纪三四十年代，随着社会人类学的发展，村庄研究逐步从泛泛而论的"社会调查"，转入一个规范的民族志研究与撰述时期。开创这个时期的，是一代本土人类学家。国内形成了华东、华南、北方三大人类学区域性学术传统。提出研究方法的，主要是吴文藻先生。吴先生在论述社区法时兼顾到了村庄，他提倡的"社区研究"涉及面很广，包含农村社区、都市社区、文化共同体，村庄只是其中的一环。当时海内外知名的村庄研究，大多由他的学生费孝通、林耀华、许烺光、田汝康等完成。也有其他群体的学者对于村庄研究有兴趣，但是，这批早期本土人类学家的成就被国际人类学界广泛承认，他们都用英、汉两种语言写作，并具有浓厚的本土特色，在学理和方法上能与国际人类学理论构成对话。（主要参考王铭铭《乡村研究与文明史的想象》，收录于《走在乡土上》，中国人民大学出版社 2003 年版；王建民、张海洋、胡鸿保《中国民族学史》，云南教育出版社 1998 年版，第 123—160 页。）

②　[苏] 符拉基米尔佐夫：《蒙古社会制度史》，刘荣焌译，中国社会科学院出版社 1990 年版，第 60 页。

组成的小型游牧社会也就相应地由经常游动转变为相对固定。① 阿寅勒的含义在当下不同蒙古部落中都发生了变化。例如，内蒙古西部（锡林郭勒地区）游牧地区，将一个牧户认为一个阿寅勒；而科尔沁半农半牧蒙古人则认为阿寅勒指的是一个村落。因此，阿寅勒的含义在不同地区有着不同含义。

图1　远眺"阿寅勒"（科左中旗宝龙山镇努日木嘎查）②

　　然而，从共时视角观察，科尔沁地区的蒙古族阿寅勒基本接近汉族的村落（见图1）之概念。村庄是一个社区，其特征是"农户聚集在一个紧凑的居住区内，与其他相似的单位隔开相当一段距离，它是一个由各种形式的社会活动组成的群体，具有其特定的名称，而且是一个为人们所公认的事实上的社会单位"③。尽管科尔沁蒙古人的阿寅勒显现出上述特征，但阿寅勒仍属于文化单位，而不是行政单位。在人类学语境中观照阿寅勒，它就是完全可以从地理学上，将一个居住的地方描述成是一个分散的或一个集中的"聚落"。但首先要把它看成是单独的"一个聚落"。也就是说，"一个地方的辨别通常需要一个名字和一种历史。

---

　　① 参见色音《蒙古游牧社会的变迁》，内蒙古人民出版社 1998 年版，第 130 页。
　　② 这是科尔沁蒙古族半农半牧村落的典型坐落形态。本文图片除注明外，均来自笔者田野资料。
　　③ 费孝通：《江村经济——中国农民的生活》，商务印书馆 2001 年版，第 25 页。

它们与描述一个地方的地理特征联系在一起。使得这个地方成为一个有限制的区域，一个共同居住但又细分为亲属与邻里的'内部'。这样一种'内部'本又将被包括在一个更大的有限空间之内。这是一种包容性的等级式秩序。简言之，一个村落就是一个地域归属的界定"①。那么，阿寅勒作为蒙古族传统文化的空间，它所蕴含的民间智慧与其现代城市文化相比是独立存在的。然而，在田野考察者来说，这样的结构，即便它们相对独立，很难在被田野考察中发现，它不是我们所想象的封闭的村落样态。就如，"我们所面对的经常是不可捉摸、千变万化的'喧声'，一片乡土与民间、都市与科技彼此交融的'杂语'"②。因为，阿寅勒历来不是一个封闭的文化空间，而是形成了阿寅勒与阿寅勒之间、阿寅勒与城镇之间流动的关系。唯独萨满文化及其仪式，在阿寅勒蒙古人的文化空间里，以独特的宗教信仰形式显现。正因如此，阿寅勒是科尔沁萨满仪式音乐考察的一个文化空间，也是成为故乡研究的一个文化社区。

（二）科尔沁萨满仪式音乐的"阿寅勒"分布情况

科左中旗位于内蒙古、辽宁、吉林三省区交会的三角地区，地处东经 $121°08'—123°32'$，北纬 $43°32'—44°32'$。包括 18 个乡镇（2008 年，部分苏木编制为镇），据 1997 年的统计，中旗总人口 54 万人，其中蒙古族人口 39.5 万人，是全国县级行政区域中蒙古族人口最多的地方。如今，科左中旗的蒙古人中，萨满数量比其他各旗的萨满数量相对多一些。根据田野考察，笔者对科左中旗的萨满在阿寅勒分布情况的归纳如图 2 所示（见图 2）。

---

① 王斯福（Stephan Feuchtwang）：《什么是村落》，《中国农业大学学报》（社会科学版）2007 年第 1 期。

② 纳日碧力戈：《现代视野中的乡土知识与民间智慧》，《民族艺术》2008 年第 2 期。

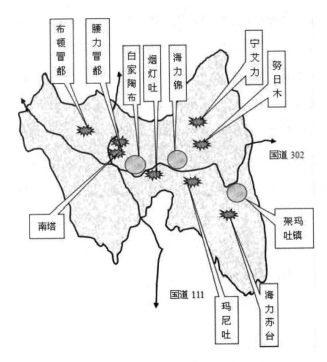

图 2　科尔沁左翼中旗萨满阿寅勒分布

说明：

图中 ◄► 示意国道

图中 ✸ 示意萨满在阿寅勒（村落）分布情况

图中 ● 示意笔者居住式考察的阿寅勒

在考察中，笔者重点观察萨满仪式，访谈萨满师、萨满助手以及了解萨满文化的当地老人和民间艺人等。居住式考察的主要萨满村落是：（1）哈日干吐镇（以前是苏木，现在改为镇）白家陶布嘎查；（2）宝龙山镇海力锦嘎查；（3）架玛吐镇。

笔者田野考察始于 2002 年，并在 2010 年 10 月至 2011 年 5 月，深入科尔沁左翼中旗大小多个村落（图中标示的村落是笔者所考察的主要村落），尤其 2011 年的 2 月至 5 月，笔者以"居住式"在科左中旗的架玛吐、白家陶布（三棵树）以及海力锦三个村落做田野调查，在深度访谈萨满和观察萨满仪式的基础上，拍摄了 10 余场完整的萨满仪式音乐资料。主要包括架玛吐钱玉兰萨满师和徒弟萨满仪式 10 场；哈日干吐镇白家陶布嘎查李福荣萨满的萨满仪式 2 场。10 余场萨满仪式的个案考察的田野信息见表 1。

表 1　　　　　　　　　萨满仪式个案考察的田野信息

姓　名	时　间	村　落	备　注
包　泉	2011 年 3 月 11 日;3 月 19 日;4 月 15 日	架玛吐	男(1973—　)，共收集 3 场仪式
塔　娜	2011 年 3 月 19 日;4 月 15 日	架玛吐	女(1987—　)，共收集 2 场仪式
常　顺	2011 年 3 月 19 日;4 月 15 日	架玛吐	男(1986—　)，共收集 2 场仪式
太　平	2011 年 3 月 19 日;4 月 15 日	架玛吐	男(1984—　)，共收集 2 场仪式
玉　鸽	2011 年 4 月 23 日	架玛吐	女(1980—　)，共收集 1 场仪式
李福荣	2011 年 3 月 3 日	白家陶布	女(1975—　)，共收集 1 场仪式
玉　成	2011 年 3 月 3 日	白家陶布	男(1982—　)，共收集 1 场仪式

（三）科尔沁蒙古族萨满仪式音乐田野考察的主体人类学反思

故乡的人类学研究，被称之为本土人类学、主体人类学、原居民人类学或家乡人类学等。然而，目前人类学界经常讨论的故乡研究的困惑有三点："他者何在"；参与观察度的把握；"我"的书写，谁的"声音"。①笔者个人在田野工作中也曾遇到过类似的身份、书写角色以及书写的目的、意义等问题。诚然，我们在田野中，不能把"他者"与"自我"对立起来看待，而是视为整体。如果我们一味地，在西方人类学的研究者和被调查者的角色问题上继续缠绕下去，则会陷入一种无尽的身份认定的旋涡之中。对本土研究者来说，学术研究既是一种超越自我的机会，也是洞察异乡的人生体验；既给予了研究者异乡与故乡相互间折射的洞察视角，也赋予了研究者鸟瞰故乡历史和文化的视野。因此，笔者非常赞同有的学者的描述，书让自我变成异己，阅读让自我变为陌生人，所以追求知识的道路是超脱自我的过程。正因为这样，人类学家苦苦追寻的"远方文化的谜"，不仅仅是在异乡，更是存在于故乡。从这个意义来讲，故乡仍隐含未解开的"文化的谜"等待着我们阐释。换言之，"人类学者，穿梭于彼处与此处之间，从彼处得到对此处有启发的洞见，将这些洞见'翻译'成人们谙熟的文字和语言，说给此处的人听，使此处的人省悟到自己的文化的局限"②。

文化和群体之间的距离被主体人类学者研究与解读的过程，不仅仅是简单的单向过程，而是动态的、互动的关系。就如"他者"和"自我"之间的关系而言，随着田野和书写语境的不同，而隐含变化的两面性。这就取决于研究者个人的经验以及对家乡文化和群体的认知能力

---

① 参见毛伟《身份、参与、书写：家乡人类学研究的三个困惑》，《云南社会科学》2009 年第 3 期。

② 王铭铭：《由彼及此，由此及彼——家乡人类学自白》（上），《西北民族研究》2008 年第 1 期。

了。就如家乡人类学家潘年英所言："相对于远距离研究而言，我的研究是更为直接的进入，如果我们把远距离研究视若是'由外及内'的话，那么我的研究则可以说是'由内及外'的。虽然从学理上讲远距离研究和近距离研究都可以通达事理的真相，但在具体的研究过程中，远距离研究更容易为现象所迷惑，甚至走入捕风捉影的迷途，最终可能彻底远离事理的本相；而近距离研究，由于对研究对象的认识和把握是全方位的，其步入'误读'歧途的可能性显然要小得多。"① 其实，人类学的研究最终能否做到相对客观，其实也不在于什么近距离和远距离，而在于研究者本人的观察视角、调查深度和理论视野。其所以如此，是因为"自我"融入"他者"的过程，就是更好地阐释"他者"的意义所在。换言之，在故乡的研究中，研究者可以有与故乡人同样的文化感受，因为故乡是"我"生于斯长于斯的地方，而阐释故乡情状时，就能建构西方人类学意义上的"他者"所没有的洞察视角和解释体系。所以对故乡研究而言，"他者"与"自我"乃是一个立体之两面，而不是对立面。这也是故乡的文化语境中的"自我"与"他者"存在的得天独厚的意义所在。当然，仅仅有这种主位的内在的眼光还不够，毕竟我们作为研究者，不能只停留在故乡人和自己原有的认识的层面，而是要跳出主位，回到客位，先入乎其内，然后再出乎其外。无论怎样，对于主体人类学而言：鸟瞰故乡的文化时，发现故乡的人们和"我"都属于"他者"而存在，因而阐释"他者"的过程也就是阐释"自我"的过程，这就可以解释"自我的他者"和"他者的自我"为何共存于此。

目前，人文科学和社会科学对田野的理解在认识论上存在分歧。这种分歧的焦点主要集中于，"田野是实验场"还是我们"生活的本身"等看法。对于民俗学家而言："在'田野'（民间）世代流传的风俗、

---

① 潘年英：《本土人类学：重新发现的知识》，《贵州师范大学学报》2001 年第 2 期。

歌谣、故事，年复一年再现的节日、仪式和典礼，总归是他已经似曾相识的、有所了解的，他的田野，他的研究对象，就是他的故乡。他之所以把他的故乡当成田野或者研究对象，并不是想探讨一个未知世界以满足自己的求知欲，也不是想对之进行一番客观的、精细的描述，更不是为了在自己的故土验证一个比如说来自学院甚或是西方的学院的理论，而是为了对于那些他一直耳熟能详的故事、身体力行的习俗，做出更透彻的了解和解释，弄清它们的来龙去脉和内在意蕴，从而增进对家乡和自己的理解。"①

暂且不论这两种观点的合理与科学性，但两种认识论给予我们的信息与启发是：田野工作是一种深度文化的体验过程。对音乐人类学的田野考察来讲，它是包含了音乐的文本、本文，还有音乐语境、意义及亲临体验等诸多内容。然而，笔者以为，准备阶段、实地调查、案头工作、完成一次个案调查（田野）、反思田野工作，是进行一个田野工作的循环步骤。当然，"我们为了追求乡土知识和民间智慧，就跨越空间距离，到田野的社区中去。可是，我们不能忘记，'社区'有两种，一种是学者群体内在的想象或联想的社区，一种是在一定的空间距离以外，要经过一定的'位移'才能达到的可以触摸的社区。这两种社区的相互作用，在文本化之后，就变成了人类学的'田野'。'田野'不在田野，在于'身体的位移'，在于写作，在于'对话'、解读和'相信'"②。

坦率地讲，没有一个人的田野工作的书写能完全体现其调查文化事项的全部景观，因此可以这样说，田野工作是反复、连续地进行才能形

---

① 刘宗迪：《从书面范式到口头范式：论民间文艺学的范式转换与学科独立》，《民族文学研究》2004 年第 2 期。

② 纳日碧力戈：《现代视野中的乡土知识与民间智慧》，《民族艺术》2008 年第 2 期。

成更深层的意义。这种反思的益处，恰恰在于下一次田野工作更好地弥补或增添上一次田野工作的不足，并发现新的观察视角之关键所在。在田野考察中（见图3），我们严格要求田野工作的学术自律和田野的真实性问题，避免"看到的，是我们想看到的"这种把田野作为填满理论设想和主观意愿的"实验场"式的思维模式。总而言之，无论走向故乡研究的田野路途，还是踏入陌生的异乡田野，既要有人文科学的宽容、淡泊、宁静的态度，也要保持社会科学的敏锐的、异己的、超脱"自我"的洞察力。

田野不仅仅是一种学理思考，更应该是一种身体劳作、行动和体验。

图3　"阿寅勒"全景（中旗宝龙山镇海力锦嘎查）

二　田野资料与其他资料的互证：仪式基本要素的描述与阐释

（一）"孛额"："萨满其人"

蒙古语称萨满为"孛额"（或"博"bogə），就是萨满学中的"萨满其人"。探究"萨满其人"这一话题，也是掌握萨满教概念的关键环节，从某种意义上讲，没有"萨满其人"就不会有萨满教的存在。"在萨满教研究史上，有关'萨满其人'的话题历久弥新，几乎与萨满教研究的历史相始终。与'何为萨满教'一样，这是每一位萨满教研究者都必须回答的问题，因而成为萨满教研究中超越民族、地域、语言和学派畛域的经常而固定的主体。"① 研究表明，在汉文文献当中，"萨满"（saman）一词最早出现在南宋徐梦莘《三朝北盟会编》，把当时契丹人的萨满记载为"珊蛮"；到了清代，文献中关于满族人的萨满记载和描述的次数频繁，如《清史稿·礼志》记载为"萨莫"，另外在其他文献中有"沙曼""撒牟"等不同写法。然而，最先使用"萨满"一词的是《大清会典事例》，这二字被后来的研究人所沿用。记录关于蒙古族萨满较早的文献是《蒙古秘史》，其中，记载了两个很有名的萨满，分别叫"豁儿赤"和"帖卜腾格里"，当时称为"孛额"；蒙古史研究的重要文献《多桑蒙古史》中有关于"珊蛮"的记载："珊蛮者，其幼稚宗教之教师也。兼幻人、解梦人、卜人、星者、医生于一身。"② 另外，《史集》《世界征服者史》《元史》《黑鞑事略》《蒙鞑备录》等古籍中都记载了有关蒙古族萨满的情况，本文不再赘述。

为了更加清晰地掌握"萨满其人"这一概念，本文梳理了学界对萨满及萨满教的不同定义及相关观点，并在此基础上，重新思考了蒙古族萨满——"孛额"的文化本质。

1. 从"原始宗教"概念出发的相关观点

任继愈编写的《宗教词典》认为，萨满是"原始宗教的一种晚期形式。因满—通古斯语族各部落的巫师称'萨满'而得名。形成于原始社会后期。具有明显的氏族部落宗教特点。各族间虽无共同经典，神明

---

① 郭淑云：《中国北方萨满出神现象研究》，民族出版社 2007 年版，第 4 页。
② ［瑞典］多桑：《多桑蒙古史》（上册），冯承钧译，上海书店出版社 2001 年版，第 29 页。

（近亲部落之外）和统一组织，但彼此有一致相同的基本特征，相信万物有灵论和灵魂不死"①。日本学者赤松智城认为，"萨满是指称西伯利亚北方民族的原始宗教；是其他地区没有的宗教类型"②。

　　2. 从仪式行为特征和词义出发的相关概念及观点

　　1978 年版的《苏联大百科全书》："职业萨满是一些喜怒无常的人，他们善于使自己达到昏迷和幻觉状态。这种状态是以自我控制的歇斯底里发作形式进行的。"③ 迪木拉提·奥买尔在不同语境中解释了萨满这一概念："'萨满'一词为通古斯语。阿尔泰语系满—通古斯语族的满族、鄂温克族、鄂伦春族、赫哲族、锡伯族都将他们的巫师称为'萨满'，其意为'激动不安的人'，蒙古语族的人称'奥都根'（女巫）或'勃额'（男巫）；突厥语族的民族历史上称萨满为'喀木'（Qam），后称'巴克西'（bahxi）或'皮尔洪'（perhon）。"④ 乌丙安认为，"萨满这种称呼，是古代女真族对巫的称谓。最早用汉文记载这种称呼的文献，据考是十二世纪中叶南宋徐梦莘的《三朝北盟会编》，当时写作'珊蛮'。事实上，萨满的名称主要流行于阿尔泰语系满—通古斯语族的满族、鄂温克族、鄂伦春族、赫哲族和锡伯族中。阿尔泰语系的蒙古语族和突厥语族并没有'萨满'这个名称"⑤。

　　3. 从文化整体论出发的相关概念及观点

　　秋浦在他的著作《萨满教研究》中认为："萨满是集许多民族原始

---

　　① 任继愈主编：《宗教词典》，上海辞书出版社 1985 年版，第 930 页。
　　② ［日］赤松智城：《萨满教的意义与起源》，《萨满教文化研究》（第二辑），天津古籍出版社 1990 年版，第 35 页。
　　③ ［苏］瓦因什捷因：《苏联大百科全书·萨满教》，李鹏增译，《世界宗教资料》1983 年第 3 期。
　　④ 迪木拉提·奥买尔：《阿尔泰语系诸民族萨满教研究》，新疆人民出版社 1995 年版，第 3 页。
　　⑤ 乌丙安：《萨满世界的"真神"——萨满》，《满族研究》1989 年第 1 期。

宗教的大成。他被认为是能保有人们平安生活免除灾难的祖先神灵的代表，是进行宗教活动的巫师，是一切传统习惯的坚决维护者。萨满作为人和神之间的使者，在人们的心目中，享有崇高的威望。"① 郭淑云在综合考察的基础上，并从氏族性、世界观、职能、出神现象等基本要素出发，认为"萨满是以所属的血缘和地缘群体的利益出发点，被相信在人间与超自然界沟通时充当媒介，并凭借出神术直接神灵接通，利用神灵帮助他们完成各种神事活动的宗教职业者"②；赵塔里木认为，"萨满教的原始因素往往以变异的形态残存下来，并且不同程度地为新的宗教汲取和融合，对民间的思想观念和行为方式仍然具有一定的影响力"③。

4. 从"与神灵沟通"文化现象出发的相关概念及观点

《不列颠百科全书》给"萨满"下的定义为："萨满教是一种萨满为中心的宗教现象，萨满是一个心醉神迷的人，被相信能治病、能与超世界交往。"④《大英百科全书·萨满教》："萨满教所固有的要素，并非是依靠萨满而进行的神灵附体，而是指依靠上天入地所带来的昏迷术。"⑤《中国大百科全书·宗教》："萨满：萨满教巫师……作为巫师，被认为是人和神的中介，传递神灵意旨，沟通人间和鬼神世界。往昔萨满多是氏族或部落的酋长，有很高的社会威望。"⑥ 匈牙利宗教学者霍

① 秋浦主编：《萨满教研究》，上海人民出版社 1985 年版，第 55 页。

② 郭淑云：《中国北方萨满教出神现象研究》，民族出版社 2007 年版，第 15 页。

③ 赵塔里木：《新疆少数民族宗教仪式中的音乐行为》，曹本冶主编《中国民间仪式音乐研究》（西北卷），云南人民出版社 2003 年版。

④ ［匈］迪欧塞吉：《不列颠百科全书·萨满教》，《世界宗教资料》1983 年第 3 期。

⑤ ［美］M. 埃利亚德：《大英百科全书·萨满教》，周国黎、崔祖珂译，《世界宗教资料》1983 年第 3 期。

⑥ 《中国大百科全书·宗教》，中国大百科全书出版社 1988 年版，第 325—326 页。

帕尔认为，"萨满是人身沟通的中介"①；小松和颜在著作《灵魂附体型萨满教的危机》中指出："我所理解的'萨满'的含义指的是'在某种特殊意识状态下能够直接控制神灵的人'，在此所说的'控制'一词，不仅包含'自由地操纵神灵'之一，而且还包含能够'打退恶灵'的意思。"②

5. 从族群文化表征出发的相关概念及观点

刘厚生提出"萨满教是历史上东北亚通古斯人为核心的原始信仰，后来逐渐发展成北亚、北欧、北美诸民族的自发宗教，除此之外，其他原始信仰均不宜作萨满教"③的观点；乌兰杰认为，"萨满巫师是萨满教的唯一载体。一个身穿法服，手持神鼓的萨满巫师，堪称是萨满教的全部存在。从某种意义上说，没有萨满巫师也就没有萨满教。蒙古人把萨满巫师与萨满教视为同一事物，用一个'博'字加以概括，是萨满教本质特征的深刻理解"④。苏鲁格认为，"蒙古族萨满教产生于母系氏族社会，并且随着氏族社会的解体，由自发性的原始宗教转变成'人为的宗教'，继而经过漫长的积累和发展，至元代已经形成了一整套自成体系的宗教世界观"⑤。

除此之外，凌纯声、满杜尔图、富光育、满都夫、宝音巴图、色音、孟慧英、白翠英、呼日勒沙等诸多学者提出了自己的观点，并从自

---

① 霍帕尔《西伯利亚萨满教的宇宙象征》。此文原著是霍帕尔，由萨满教研究学者孟慧英来完成汉文的译文工作，发表于《民族文学研究》2002 年第 2 期（第 94—96 页）。作者霍帕尔是匈牙利的宗教学学者，他长期研究萨满教文化。代表性著作有：专著《萨满：精灵和象征》（1994 年，当年被汉斯·斯基列茨基德译成德语《萨满和萨满教》，1998 年日本人村井翔译成日文《图说萨满教世界》，2001 年有中文译本名为《图说萨满教世界》）以及诸多有关萨满教论文。

② ［日］小松和彦：《灵魂附体型萨满教的危机》，苏日嘎拉图译，《萨满文化解读》，民族出版社 2010 年版，第 280 页。

③ 刘厚生：《关于萨满教的界定、起源与传播》，《世界宗教研究》1995 年第 1 期。

④ 乌兰杰：《蒙古萨满教歌舞概述》，《中国音乐学》1992 年第 3 期。

⑤ 苏鲁格：《蒙古族宗教史》，辽宁民族出版社 2006 年版，第 26 页。

已不同学科和研究角度进行了探讨。

综观对"萨满"的定义，可谓仁者见仁，智者见智。这主要是由于研究者观察的视角以及关注的焦点不同，因而得出结论也有所差别。关于萨满的词源问题，大部分学者认为，"萨满"一词源于满—通古斯语族，本意为"激动、不安和疯狂的人"。但有的学者认为，"saman"这个词语是从满语 sambi 派生出来的术语，满语 sambi 是"知道""知之""知晓"之意。动词 sambi 由词干 sam 和词尾 bi 组成，去 bi 而代以 an 即成 saman，萨满的基本含义未变，即可译为"通达之人""晓事之人"。与此观点基本接近的是，语言学学者赵志忠认为，古代女真语，意为"智者"。① 另外，蒙古族学者宝音巴图认为，"萨满"一词是源于蒙古语的"Samarahü"（萨木拉呼）一词。"Samarahü"意思就是人来回狂舞地动作，近似模仿动物狂欢、狂舞的一个动作。蒙古族学者波·少布有"'勃额'是由'别乞'一词演化而来。'别乞'是古阿尔泰语，意为官员、头领之意。所以'萨满'是指行为而言，'勃额'是职能而言"② 的推论。关于这一点，蒙古族学者乌兰杰认为："蒙古帝国掌管萨满教的官员，则称之为'别乞'。"③

通过对不同概念和文献资料的梳理、对比，以及与蒙古族"孛额"（萨满）的长期接触，笔者认为，将萨满简单地解释为"激动、不安和疯狂的人"不够准确。因为萨满是只有在仪式过程中（附体）才会有超常态的激动和所谓的"癫狂"表现，这只是一个表象，而不是它的本质。萨满代表、象征着蒙古族最古老的智慧和宗教信仰，对它的界定不

---

① 赵志忠：《萨满词考》，《中央民族大学学报》2002 年第 3 期。

② 波·少布：《东蒙萨满的派系及其职能》，《黑龙江民族丛刊》1989 年第 3 期。

③ 蒙古族音乐理论家乌兰杰《蒙古族萨满教歌舞概述》（《中国音乐学》1992 年第 3 期）一文中认为"别乞"就是"孛额"的最早称呼。德国蒙古学者在《蒙古的宗教》一书中也认为"别乞"是蒙古族萨满教的最早的称呼。

能仅仅局限于词源，而应该综合地在其民族的文化语境中考察，才能够合理地解释。这种观点并不忽视或远离国际萨满学的通用规则，而是更加深化萨满学研究的领域。

值得一提的是，围绕"萨满其人"，关于"萨满身心健康论"和"昏迷术"（ecstasy 或 trance）的讨论始终没有中断过。关于"萨满身心健康论"的探讨，在学界有截然不同的观点。以苏联萨满教学者博格拉慈等为代表的一方，"主要从生理学、精神病学的角度认为萨满是生理和心理上有病的人，或患有歇斯底里症，或是精神病患者，或癫狂病患者，并据此批判萨满现象，认为神经病症是萨满现象的生理基础，萨满的行为表现了'神经病患者'甚至'神经病患者'的症状"。另一方是以俄国史禄国为代表的文化人类学者，他们对"萨满身心疾病说"提出质疑，将萨满的生理、心理现象与文化现象相联系，"由此引发了不同萨满观的学术争议，促进了对'萨满其人'问题的探讨"①。关于"萨满其人"的"昏迷术"或"脱魂"现象的讨论焦点是分类问题。简言之，较早有过研究的是芝加哥大学的教授、萨满学学者埃利亚德，其著作《萨满教——古老的昏迷方术》把萨满分为两大类型，即脱魂型萨满和凭灵型萨满②。之后，刘易斯认为对于通古斯族和北极的因纽特人所信仰的萨满也属于此类。在此基础上，日本学者佐佐木宏干，根据

---

① 郭淑云：《中国北方萨满教出神现象研究》，民族出版社 2007 年版，第 5—7 页。

② 郑天星在《国外萨满研究概况》一文中，介绍了埃利亚德的萨满教经典著作 *Shamanism：Archaic Techniques of Ecstasy*，并将其译为《萨满教和古老的昏迷方术》，也将"ecstasy"译作"昏迷"。学者于锦绣在翻译《不列颠百科全书》"萨满教"词条时将"ecstasy"译作"昏迷"，并做了如下注释：昏迷（ecstasy）——萨满教术语。根据语言环境，可有三方面的含义：（1）指萨满作巫时精神异常变化的表现，意为昏迷。所谓昏迷实包含一个过程，即先是癫狂，逐步进入催眠状态，到高潮时陷于昏迷（往往昏倒）。严格意义的昏迷状态（失去知觉）一般只是短暂现象或不存在，实际上多是半昏迷或状似昏迷；（2）萨满巫术观念之一，意为"精灵附体"或"灵魂出窍"（"灵魂出游"），认为此时萨满以其灵魂与精灵会晤交涉，为通神的手段之一；（3）指萨满巫术仪式步骤之一，相当汉族地区巫师作法时的所谓"下神"（"请神""降神"）、"过阴"（"下阴""游阴"）等。

萨满的凭灵形态将其分为三个类型，即灵媒型、预言者型、灵感型。[①]
后来的分类研究成果几乎都是在这两位研究者的观点基础上形成的。

（二）"孛额"及其职能

科尔沁蒙古族萨满教有的是固有的萨满教的称谓，有的则是萨满教
与佛教交融以及变迁的过程形成的，大致包括：孛额、伊都干
（aodugən）、查干额勒（chagan el）、幻顿（hondün）、莱青（læqiŋ）、
呼尔都木（hürdumə）、达古齐（dagüqi）等。因此，宽泛地说，"孛额"
是指包括以上分类的萨满；具体来讲，它的职能是主持祭祖仪式、秋
雨、驱鬼、降灾、占卜、治病、葬礼等仪式。本文扼要地梳理了科尔沁
萨满的种类及其相关信息（见表2）。

表2 科尔沁萨满教角色类别及职能

角色类别	性　别	主要职能	相关信息
孛　额	男、女均有	主持祭祖仪式、求雨、驱鬼、降灾、占卜、治病、主持葬礼	孛额分为黑白两路，"黑路孛额"（也称黑萨满教派）是传统的萨满，只信奉东方四十九天；"白路孛额"（白萨满教派）是接受佛教教义的萨满，信奉西天五十五天。有世袭传承和非世袭传承两种[②]
伊都干	女	接生、治病	近代的伊都干也从事接生的工作
查干额勒	女	治病、主持祭祀	意为"白色的鹰"，她们崇拜鹰
幻　顿	男	主要从事与祭天、祭祀有关的活动	世袭传承的萨满的一种，大部分幻顿在库伦旗一带

---

① 参见［日］佐佐木宏干《凭灵とシャ-マン》，东京大学出版会1983年版，第
192页。

② 近代科尔沁萨满基本传袭方式分为："世袭孛额"和"非世袭孛额"。许多孛额常以世
袭为荣耀，也有的因之自称为"幻顿"。"非世袭博"，蒙语称"陶目勒"（tomule），即"被神灵相
中了"的当地人，是常年生病久治不愈，便成了孛额。

续　表

角色类别	性　别	主要职能	相关信息
莱　青	男性多、女性少	主持祭祖仪式、驱鬼、降灾、占卜、治病、主持葬礼	莱青既崇拜萨满教的神灵又崇拜喇嘛教的神灵
呼尔都木	男	驱鬼除魔	呼尔都木是喇嘛教接受萨满教文化之后产生的，一般都由有名望的喇嘛担任
达古齐	男性多、女性少	主要充当萨满活动的助手，进行帮腔歌唱	意为"歌者"或"歌手"，所以他充当萨满仪式的歌唱者的角色，一般由喜欢萨满活动的出色的民间艺人来担任

　　宗教人类学认为，所谓人性之"第五维度"，就是人的宗教向度。[①]因此就孛额的文化属性而言，他是科尔沁蒙古族传统文化中的人，他以超自然的感知的方式与灵界沟通，并且他的宗教向度被放大。人类从"轴心时期"[②] 以来，一直追寻宗教信仰的力量。如果说基督教是以犹太教为前提的，而伊斯兰教是以犹太教和基督教为前提的，那么当前世界上的主要宗教都可以追溯到"轴心时期"。他们都用不同教义和智慧

----

　　①　学者何光沪在《第五维度——灵性领域的探索》的前言中，关于"第五维度"有过这样的论述："所谓人性之第五维度，即人性之精神的或灵性的维度，是与世界各大宗教所指向的'终极实在'相对应的，终极实在不论是被称为上帝还是安拉，被称为佛性还是大道，都是指奠定一切、渗透一切、超越一切的世界本源，本书作者称之为宇宙的'第五维度'。正因为终极实在既超越于人又内在于人，所以人性的第五维度能够对宇宙的第五维度作为回应。按作者的说法，世界各大宗教就是这种回应的不同方式。"［英］约翰·希克：《第五维度——灵性领域的探索》，王志成、思竹译，四川人民出版社2000年版，第3页。
　　②　雅斯贝尔斯（1883—1969）提出的观点，主要指公元前8世纪至前2世纪，中世纪前的人类历史。大约从公元前800年到公元前200年，全世界出现了些非凡人物，各自从他们的社会中凸显出来，并各有重要的新洞见。在中国有孔子、孟子、老子（或者《道德经》的匿名著作者）和墨子；在印度有佛陀、创始人大雄、《奥义书》以及后来《薄伽梵歌》的作者；在波斯有琐岁亚斯德；巴勒斯坦有希伯来先知，如阿摩司、何西阿、耶利米、以赛亚和以西结；在希腊有毕达哥拉斯、苏格拉底、柏拉图和亚里士多德。

解读人的宗教向度和存在的"多种空间"。正如，"与欧几里得空间相对的，有非欧空间，与'我—它'关系的空间相对，也有'我—拟'关系的空间，人是处于这几种空间中的。在一种空间里不可能的事情，在另一种揭示了新的维度的空间里也许就可能。信仰的生活可以为人打开未知的存在之维度"①。其实，另一种空间的存在或想象都是以现实族群文化为前提的。

孛额在科尔沁蒙古族萨满教仪式过程中占据着核心地位。因此，孛额在仪式过程中显现的"超自然"力量的文化表征，仪式过程中，拥有能够与神灵或另一个"灵界"沟通的能力，并把"灵界"的信息传达给他的信众。他们穿越在无形的萨满世界和有形的现实世界，并把两个空间紧密结合在一起。对于文化的田野考察者来说，关于这方面（灵界的出现）的认知和阐释不能站在绝对的唯物主义的立场，应该以阐释地方性知识的视角来观察他们所展现出来的仪式结构和过程。因为孛额承载的是科尔沁蒙古族群的文化，准确地说，他们是科尔沁蒙古族文化中的人。

（三）仪式的时间、场地、人员构成

1. 时间、场地

科尔沁蒙古族对萨满仪式举行的时间有规定，大型"闯关"仪式的时间，一般选择在农历九月初九、十月十一日或十一月十一日。② 一般来讲，举行仪式的时间，没有绝对的规定时间，而是根据情况来定。

---

① ［英］约翰·希克：《第五维度——灵性领域的探索》，王志成、思竹译，四川人民出版社 2000 年版，第 6 页。

② 科尔沁蒙古族萨满教的"敖包·塔贺呼"（aobao tæhihü，"祭祀敖包"）、"达巴·达巴呼"（daba dabahü，闯关仪）等几种仪式活动的时间选择："闯关"仪式，一般举行在农历的九月初九、十月十一日、十一月十一日；笔者 2004 年，农历九月初九，调查过科左中旗腰力毛都镇南塔村举行的闯关仪式。关于萨满"祭敖包"仪式的举行，有时根据民俗活动或特殊情况而定。如以前科尔沁地区夏季发生旱灾时候，请萨满举行祭敖包、求雨仪式等。

根据调查情况来看，科尔沁蒙古族萨满仪式举行的时间，一般选择农历的"乌若笋·额度如"（uresun edur），即选择偶数日。如举行时间较长的仪式（2—3 天），开始的时间也会选择偶数日。科尔沁萨满教仪式举行的时间，一般在太阳落山后、天色变黑的时候。萨满认为，天黑后才能与神灵沟通。

　　关于举行仪式的场地，除大型的求雨和祭祀敖包之外，基本都在室内。科尔沁蒙古人将场地称之为"格日"（gəri），意为家或屋（见图4）。因阿寅勒的人口和村落的规模大小不一致，所以一个阿寅勒所包含的"格日"数量和坐落的位置都有所不同，或聚集，或散落。

图4　科尔沁蒙古族房屋基本形貌①

　　科尔沁蒙古族房屋的结构，类似于汉族农村民居，坐北朝南，大部分为三间屋子，面积80—100平方米，每一间叫作"塔苏拉嘎"，中间为厨房，东、西两个屋为卧室，每间面积为 20～30 平方米。仪式准备阶段中的小萨满向神灵敬酒、叩拜等行为，则基本都在院落（见图5）中完成。仪式的主要过程，主要在"格日"（见图6）中完成，场地面积不是很大。

---

① 科左中旗架玛吐镇钱玉兰萨满师家。

图 5　院落：准备仪式的萨满李福荣

图 6　"塔苏拉嘎"（"格日"的一间）：仪式室内场地①

2. 参与人员构成

参加仪式的人员主要包括：萨满师（巴克西）、小萨满、达古齐以及助手，另外还有观看仪式的当地民众。参与仪式人员与仪式音乐的关系，基本可以概括如下：首先，仪式最核心的人是萨满师，蒙古语称巴克西、大字额，她（他）主宰整个仪式的开始和结束，并决定仪式演唱

---

① 科左中旗哈日根图镇百家陶布嘎查的萨满李福荣，举行仪式的室内场地基本结构。

的曲目和乐器（法器）的节奏及音量的控制，成了仪式绝对核心人物；其次，众多小萨满也是直接参与仪式的每个步骤的仪式核心人；再次，直接参与仪式进行帮腔和作为助手的有达古齐和助手；最后，观看仪式的群众，属于仪式外围层的人物，主要目的是观看仪式的表演，但他们还会参与仪式的演唱部分（见图7）。当然，他们的这种演唱是自发的、自愿的、自然状态中发生的，因此围观群众也顺理成章地成了仪式的"音乐发言人"。

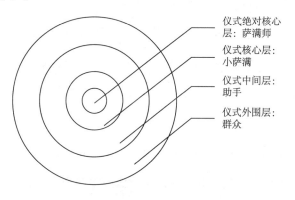

仪式绝对核心
层：萨满师

仪式核心层：
小萨满

仪式中间层：
助手

仪式外围层：
群众

图7　仪式音乐发言人的次序

（四）萨满法器及象征意义

通过田野考察，笔者发现蒙古族萨满仪式是一个充满象征意义的文化空间①。无论是仪式的法器（乐器），还是萨满的服饰；无论是仪式的声音，还是萨满的身体动作，都充满了象征意义。由于它们所蕴含的象征意义是非物质的表征，且它们作为表达方式承载着蒙古族萨满仪式的文化，所以我们应该解读它们。而这种象征已经成为萨满的宗教（文化）情感的固定模式，从而影响着他们仪式的行为。他们几乎将每一个仪式因素赋予了象征意义和情感依托，所以我们有必要解读那些作为象

---

① 学界认为，"象征"（"symbol"）这一词来源于希腊语"symbolon"，字面意思是"比喻""符号""标志"等指意。

征意义的仪式基本要素。

科尔沁萨满教仪式过程中，带有音响的法器包括"亨格日咯"（henggerge）、"扎西古如"（zhaxigur）、"呼日勒·陶力"（hurel toil）、呛（qiang）等几种。从科尔沁蒙古族萨满的局内视角看，这些都是与神灵沟通的法器，但从客位视角观察，这些与仪式音乐密切相关的发生音响的物体可以当作乐器来描述。因此，笔者把它们作为仪式中的重要声音因素，继而对它们加以描述和阐释。

1. "亨格日咯"和"扎西古如"（萨满鼓和鼓槌）

"亨格日咯"（henggerge），或称"塔拉·亨格日咯"，"塔拉"在蒙语里包含两种含义，即"草原"或"半边"的意思。"亨格日咯"蒙古语为鼓的意思，合起来即单边鼓的意思（见图 8）。"亨格日咯"一般用羊皮制成，以前多为萨满师（见图 9）自己制作，现在科尔沁左翼中旗也有专门制作萨满鼓的工匠。科尔沁萨满鼓由鼓面、鼓柄、鼓环等三个部分构成。

图 8　萨满鼓　　　　　　　图 9　手持萨满鼓的萨满包泉

笔者通过田野考察发现，萨满鼓的制作不是以绝对规定、完全详细的尺寸为标准，但垂直线的直径要稍稍小于水平线的直径，最小的直径大约30厘米。因为当地人对制作萨满鼓的审美，不在于具体数字，但是存在当地人和萨满师可以接受的尺寸范围，可以说这也是约定俗成中形成的地方知识。① 根据研究，近代科尔沁单边鼓有两种颜色，巴克西（萨满师）使用的是红色，徒弟使用的是白色，但笔者在田野中没有发现红色单边鼓，萨满师和徒弟基本都使用白色单边鼓。

"塔拉·亨格日咯"相互形成一体的法器叫作"扎西古如"（zhaxigur），即鼓槌（或称鼓鞭）。它的作用是在仪式中敲击鼓，有鼓槌的用途。制作方法是将把竹片用红布或薄皮来缠绕，带上一个小铁环，外加五种颜色的飘带。"扎西古如"，如以上所说，很可能是古老词汇，关于它的词义，在学界有几种说法。一种说法，普遍地认为它指的就是"鼓鞭"，因为蒙古语把鞭子统称为"塔西古如"（texügür），并且它具有敲打萨满鼓的作用。另一种解释认为，鄂伦春族的萨满把萨满鼓的鼓槌称为"基西古日"（jixigüri）（在鄂伦春语"基西"意为蛇），与蒙古语的"texügür"相近。② 持此观点的有乌兰杰和德国蒙古学学者海西希，他们认为"扎西古如"也就蒙古语"赤蛇"或"花斑蛇"。乌兰杰在《科尔沁萨满教诗歌译注》中，将"扎西古如"译为"赤蛇"③；海西希根据察哈尔地区蒙古族萨满师曾使用的鼓槌进行了说明（见图10）。当

---

① 萨满教研究学者刘桂腾，曾对科尔沁萨满师色·仁钦使用的其中一个鼓进行过描述："鼓形：圆形，其横径约略大于纵经。鼓面：以羊皮制，垂直直径为32.5厘米，水平直径为34厘米。鼓柄：铁制，以红色布条缠裹，直径为2.5厘米，长度为12厘米。鼓环：圆形，铁质，外径为3.5厘米，内径为3厘米，每3个一组套在鼓尾。鼓尾：外径为8厘米，内径为6.5厘米；为3个焊接在一起的用铁条拧成麻花状弯成的圆圈，每个圆圈里串联3个鼓环。"参考刘桂腾《早期蒙古族萨满乐器》，《乐府新声》2007年第2期。

② 参见白翠英等《科尔沁萨满教音乐初探》，哲里木盟文化局内部出版，1985年，第39页。

③ 乌兰杰：《蒙古族古代音乐舞蹈初探》，内蒙古人民出版社1985年版，第110页。

然，该词语很可能是古蒙古语汇"蛇"之意，因为从形状来讲，"扎西古如"非常像一条蛇的形状，更重要的是，早期萨满崇拜中，蛇也是很重要的图腾的类型之一，所以将"扎西古如"理解为"蛇"，也是很自然的事情。

图 10　海西希绘图的蒙古萨满鼓①

然而，笔者在萨满音乐的记录过程中发现，在请神灵的歌曲中，多次出现过关于鼓槌的内容，例如，"拥有着神奇的榆树制成的鞭子"（baomleən hailasün texügür）的唱段。并且在治病仪式过程中，"扎西古如"被当作驱鬼的道具（拟抽打动作）来使用。从这些口述资料和驱赶鬼魂的象征来看，它的意义基本上延伸了蒙古语的"texügür"（鞭子）一词的原意。因此，该词的原意也包含了"鞭子"之意，而更重要的是，它是一种法器和力量的象征。科尔沁蒙古族萨满的这种认识，与西伯利亚萨满教中的将鼓槌当作驱鬼、镇压邪恶力量的象征，是一致的。② 这种文化观念在科尔沁萨满观念中仍在延续，萨满不仅把单边萨

---

① ［德］海西希：《蒙古的宗教》（蒙古文），阿拉坦巴根译，内蒙古人民出版社 1998 年版，第 36 页。

② 阿·伊南：《萨满教今昔》，中国社会科学院民族研究所，1987 年。

满鼓和鼓鞭作为发生声响的乐器（法器），更是把它视为一种文化的象征。如科尔沁萨满这样唱道：

《希图根·扎拉呼》（请神灵）①

孛额祖先是豁布格台（bo yin dətai baog tæi）

啊尼呀 额尼吣（a ni ya əni yə）

拥有着一千两百年的历史（mæghoir ʤune on næ tühtai）

啊尼呀 额尼吣（a ni ya əni yə）

拥有着圆圆的黑鼓（bomlən har həŋgərg tæi）

啊尼呀 额尼吣（a ni ya əni yə）

拥有着神奇榆树制成的鞭子（baomleən hailasün texügür tæ da）

啊尼呀 额尼吣（a ni ya əni yə）

再例如科尔沁萨满歌曲《恩师》②，这样唱道：

铃鼓是我们的经卷啊，恩师；（həŋgərg mandan sodur yumə）

您的口传是经书啊，恩师；（həlezh zasan qin nmandann nöm jümə）

鼓鞭是我们的文字啊，恩师；（zhaxigüri mandan uzgə jümə）

您的祷辞是经书啊，恩师。（zalbərhə mandan nöm jümə）

显然，萨满鼓和鼓槌（鼓鞭）在科尔沁蒙古族萨满教传承中有着重要意义。鼓和鼓槌是"传递信息和储存信息。萨满巫师敲击法鼓，向神明传递信息，借以沟通神，祈求保佑"，"圆形长柄鼓则象征着普

---

① 引自科左中旗白家陶布嘎查的萨满的口述资料。此萨满曲调在民间根据衬词也叫作《阿尼亚》。

② 包玉林、吕宏久等记录整理：《中国民间歌曲集成·内蒙古卷》，内蒙古人民出版社1992年版，第1167页。

照万物的太阳，乃是萨满教崇拜太阳的产物"。① 把鼓和鼓槌，分别解释为女性和男性生殖器的象征，与母系社会的生殖器崇拜联系了起来。②

　　另外，值得注意的是，根据蒙古族萨满教考古和相关资料研究，蒙古族萨满曾经使用过"椭圆形抓鼓"。在我国音乐学研究领域，音乐理论家杨荫浏先生把此类鼓与北魏时期的北方民族的音乐历史联系了起来（见图 11），对萨满鼓进行了解释："椭圆形抓鼓无柄，鼓面涂以红、蓝、白三种颜色，木制鼓鞭约四指宽、一尺长，上面钉有带毛的兽皮。蒙古萨满教中，椭圆形抓鼓已经失传。但在大兴安岭原始森林中生活的鄂温克人中，萨满巫师仍在使用椭圆形抓鼓。"③（见图 12）通过田野考察，笔者发现现在科尔沁蒙古族萨满基本不使用"椭圆形抓鼓"。……

图 11　敦煌壁画中的北魏萨满单边鼓④　　**图 12　布里亚特蒙古萨满单边鼓⑤**

　　"鼓语"：科尔沁萨满认为，单边萨满鼓及其不同节奏，代表和象征着不同含义。萨满称它为"亨格日咯·因·乌戈"（həŋgərg in ügə），

---

①　乌兰杰：《蒙古族萨满教研究》，远方出版社 2010 年版，第 93—94 页。
②　参见乌兰杰《蒙古族萨满文化的生殖崇拜观念》，《民间文学研究》1995 年第 1 期。
③　乌兰杰：《蒙古族萨满教研究》，远方出版社 2010 年版，第 91 页。
④　杨荫浏：《中国古代音乐史稿》（上册），人民音乐出版社 1981 年版，图 65。
⑤　［苏］伊万诺夫：《19 世纪末至 20 世纪初西伯利亚民族造型艺术资料集》（俄文），图 63。

即"鼓语"。萨满认为，击鼓不只是出声，更重要的是给"神灵传达信号"以及跟他们交流。从考察中发现，现在科尔沁每个萨满师都有自己的"鼓语"。如钱玉兰萨满师的鼓语大致分为"请神灵"、"敖如希呼"（附体）、"送神灵"以及"收鼓"四种。描述为如下：

A."开鼓"：【xx　xx　xx　xx　xx　xx】（"咚咚 咚咚 咚咚 咚咚 咚咚 咚咚"）；

B."请神灵"：【xx　x·x　xx　x·x】（"咚大　大·大 ｜ 咚大 大·大"）；

C."附体阶段"：【xx　xo　xx xo】（"咚大 咚o　｜ 咚大 咚o"）；

D."送神"：【xxxx　xo xxxx　xo】（"大大大大 咚o｜ 大大大大 咚o"）；

E."收鼓"：所有的节奏完成之后，晃动鼓环并将鼓翻过来。

关于科尔沁萨满鼓的节奏型，乌兰杰先生归纳为三种类型①（见表3）。

表3　　　　　　　　　乌兰杰归纳科尔沁萨满鼓的三种节奏型

第一种节奏型	
第二种节奏型	
第三种节奏型	

福宝琳在《科尔沁博艺术初探》中对萨满鼓节奏型的记录②（见表4）。

---

① 乌兰杰：《蒙古族萨满教研究》，远方出版社2010年版，第92页。
② 白翠英等：《科尔沁萨满教音乐初探》，哲里木盟文化局内部出版，1985年，第71—72页。

表 4　　　　　　　　　　　福宝琳记录的萨满鼓节奏型

第一种 节奏型	
第二种 节奏型	
第三种 节奏型	
第四种 节奏型	
第五种 节奏型	
第六种 节奏型	
第七种 节奏型	
第八种 节奏型	
第九种 节奏型	

2. "呼日勒·陶力"（铜镜）

科尔沁蒙古族萨满，把铜镜称为"呼日勒·陶力"（hurel toil）。蒙古语"呼日勒"意为铜，"陶力"意为镜子。铜镜，基本上由九个大小不等的小镜子构成。据已故去的科尔沁萨满师讲，以前（中华人民共和国成立前）巴克西萨满和徒弟佩戴的铜镜的数量不一样，巴克西佩戴的是九面铜镜，徒弟佩戴的是八面铜镜。这种说法与蒙古国萨满教研究学者策·达赖在《蒙古族萨满教简史》中的记录是一致的："两边腰带上系有九块青铜镜。而徒巫系八块，因为在未取得正式巫师称号以前，不能系九块青铜镜。"① 也许在蒙古族古老的萨满传统中，一直保持着这样的规矩。然而，根据田野考察情况来看，在科尔沁关于铜镜的佩戴萨满师和徒弟并没有区别，佩戴的都是九面铜镜。

科尔沁萨满教铜镜，包括"素镜"和"花镜"两种类型。"素镜"比较薄，没有花纹。据20世纪80年代学者做的田野考察，"与东北满族、鄂伦春族萨满教的铜镜一样，直径三厘米、五厘米、十几甚至二三十厘米，大小不等"②。"花镜"附有不同形态的图案，能够看得清楚的是鱼的形状。关于铜镜的图案的具体内容，学界一直在探讨，但没能形成统一的观点。因此，笔者只能把局内人（主要是萨满师的说法）的说法作为一种解释的参照。"包金山说，博的铜镜上刻的是博的咒语，别人不认识，只有自己懂得。西日莫老人也说，镜子上有文字，是藏文，还有画蛤蟆、天上的十三个敖包，还有别的不认识的东西。李青博还说，镜上的图案有十二生肖、四大金刚。色仁钦博说得比较复杂。他说图案中众神神像，如弥勒宝格达、赫伯格泰，天神、龙、鱼、佛爷、昂个德、吉雅其、宝木勒、奶奶神，还有白雪山、铜钱等。门德巴乙尔博说镜上有经，有神仙的故事。"③ 在仪式举行过程中，铜镜的不同面随着萨满的动作，有节奏地发出声音，构成了萨满仪式音乐中的独特的声音景观。科尔沁蒙古族萨满把铜镜当作观看神灵世界的一面镜子。因此，铜镜是看到另一个世界的法器，通过铜镜可以看到很多祖灵和神灵，并且与"灵界"进行沟通。关于这方面，萨满教研究学者埃利亚德认为："在满洲北部的不同群体（通古斯人、兴安人、毕拉尔人）中

---

① 蒙古国学者策·达赖《蒙古族萨满教简史》，收录于满都尔图、周锡银、佟德富主编《中国各民族原始宗教资料集成》（蒙古族卷）。

② 白翠英等：《科尔沁萨满教音乐初探》，哲里木盟文化局内部出版，1985年，第39页。

③ 同上。

间，铜镜有着重要作用。它们显然来自中国——满洲，但他们巫术意义随着部落不同，据说铜镜可以见'萨满世界'……萨满通过镜子可以看到死者灵魂。有些蒙古萨满从镜子里看到'萨满的白马'。"① 显然，科尔沁萨满在举行仪式过程中佩戴铜镜（见图 13），表明或象征着他能够在现实世界和"另一个"世界之间穿梭，表明他是另一个世界的"使者"。根据科尔沁萨满钱玉兰讲："佩戴铜镜有两个作用，一是戴上铜镜后在舞蹈和附体过程中不会摔倒；二是佩戴铜镜主要是镇压恶灵和鬼魂的作用。"

图 13　"呼日勒·陶力"（铜镜）②

3. "呛"（铜锣）

前文曾说过，在科尔沁萨满教与佛教的漫长斗争中，产生了萨满教的一个角色种类叫作"莱青"。他既可以信奉萨满教，也可以信奉佛教，并且在仪式举行的过程中，莱青使用的法器除了萨满单边鼓以外还有"呛"（qiang）（有时写作"锠"）。"呛"，蒙古语意为铜锣（见图 14），根据田野考察来看，部分仪式中萨满鼓和呛同时使用。呛的直径约 10 厘米，用

① ［美］米尔西亚·埃利亚德：《萨满服饰的象征意义》，纳日碧力戈译，《世界民族研究》1993 年第 2 期。
② 萨满师钱玉兰的九面铜镜。

铜制成的小锣组成,每个小锣都带着不同颜色的飘带。呛的声音稍有尖锐,使得莱青很快进入附体状态。科左中旗莱青包泉(毛伊罕)① 认为,呛对他来说,是一种与神灵沟通的法器,而且是请莱青的神灵时候才用此法器(见图15)。

图14 单独使用呛　　　　　图15 呛和鼓同时使用

除此之外,科尔沁萨满教仪式中使用的还有"吉达"(jæda),即神剑(见图16)。目前,关于"吉达",使用的非常少,偶尔在治病仪式中把它拿出来使用。以前关于"吉达"的民间传说很多。因为法力高的萨满师把"吉达"捅入腹部之后,念萨满咒语便拔出来,见不到任何伤疤,萨满师完好无损。当然,这也是民间的一种传说罢了,从当下田野资料来看,使用"吉达"的萨满师越来越少。

图16 吉达(神剑)②

① 包泉(毛伊罕)信奉的神灵中,"字额"和"莱青"的神灵都存在。因此请莱青神灵时候主要使用的法器就是"呛"。
② 萨满师钱玉兰的萨满神剑。

（五）萨满服饰及象征意义

"服饰作为能够被文化实践者理解和认识的重要符号，族群的认同在不同条件下，可能会以此为基础，进而通过民族服饰对空间和景观的占有，在与他者互动的过程中呈现出丰富多彩的象征意义。"[①] 然而，科尔沁蒙古族萨满仪式中，服饰虽没有直接成为仪式音乐的一种声音景观，但对仪式实践者——萨满提供一种文化的象征力量和心理动力，并称为独特的文化象征符号。在《蒙古秘史》《元史·祭祀志》等史料文献中，零散地出现过关于蒙古族萨满教服装和佩饰的记载，但都没有细致地描述蒙古族萨满服饰的情况，但这足以说明在古代蒙古族萨满教举行仪式时已经有了专门的服饰[②]。科尔沁萨满仪式中的萨满服饰，主要包括"哆拉嘎"和"阿拉嘎·德博勒"两种。

1. "哆拉嘎"（神帽）

"哆拉嘎"（dolaga）（见图 17），蒙古语意为"神冠""盔""神帽"（见图 18）等意。蒙古族习惯把帽子分为两种，一是叫作"麻拉盖"（malagai），另一种叫作"哆拉嘎"（dolaga），前者是普通老百姓戴的帽子，后者则是民间传说或说书故事中对战场上将军或战士戴的帽子称呼。显然，"哆拉嘎"是一种在庄严的场合时使用的称呼。

科左中旗萨满师钱玉兰所佩戴的"哆拉嘎"的基本构造：在五个带有图案的铜片上（也可以形容铜柱）装饰犹如飞翔的鹰形状的饰品，并且每个铜柱上面附有"哄哈"（hoŋha，意为铃），后面配五种颜色的绸缎制成的飘带。铜柱上都画着图案，中间的铜柱上刻画着一个人像，其他铜柱图案分别为（从左到右描述，不包括中间铜柱）：

[①] 王建民：《艺术人类学新论》，民族出版社 2008 年版，第 262 页。

[②] 《蒙古秘史》，巴雅尔校勘，内蒙古人民出版社 1981 年版，第 1018 页；（明）宋濂等：《元史·祭祀志》，中华书局 1976 年版。

图 17　哆拉嘎　　　　　　　图 18　正在佩戴哆拉嘎的萨满

第一铜柱上刻画着太阳下生长着的一棵树；第二个铜柱刻画着一朵花瓣（有的学者认为它是莲花瓣）；第四个铜柱上刻画着一只小鸟；第五个铜柱上刻画着一枚钱币。科尔沁萨满认为，中间铜柱上的人像是科尔沁萨满教祖先豁布格台字额；太阳是表示蒙古族萨满对太阳的崇拜，树则是代表着白雪山参丹树；小鸟代表着鹰，钱币则代表着萨满教的富有。

　　科尔沁萨满师色仁钦字额解释："神树即博传说中白雪山上参丹树，铜钱是象征着博神的富有。"科尔沁萨满将神帽看作一种鹰或神鸟，其整个上面部分代表着鸟头，飘带则代表着鸟尾，小铃铛代表着鸟的鸣叫声。然而，学术界关于这一点，有着不同见解。一种说法把局内人对自己服饰文化的理解当作解释的依据；而另一种说法则是把这些符号（尤其是铜柱上的图案）解释为科尔沁萨满教早期图腾崇拜的遗留。认为"近代科尔沁博，盔上的动物性装饰，无论'二龙'也好，'鹰'也好，都应当是'图腾'的象征。再往后随着多种文化、宗教的影响，如元代僧释、喇嘛教的大规模传入，便形成了蒙古族服饰的复杂性。我们认为，近代科尔沁博的白色服装，红包头，以及动物性装饰，反映了蒙古萨满早期的宗教观念"①。笔者认为,科尔沁萨满教的"哆拉嘎"上的图案,不仅仅象征着萨满教图腾,更重要的,它是科尔沁蒙古族萨满口述历史的符号化显现。因为,科尔沁萨满教中,流传过一种文本"都尔本·德布特日"(durben debutr)②,蒙语意为"四本经书",是专门歌颂科尔沁萨满教历史、教义的诗歌形式的文本。可惜"文化大革命"之后,在科尔沁很难找到这一重要的资料了。据说有些年岁已高的老萨满见过或读过"都尔本·德布特日",遗憾的是笔者在田野考察中,始终没能考证这一点。但学界基本肯定其中的大致内容,其主要叙述的是科尔沁蒙古族萨满历史。关于这方面,从科尔沁蒙古族萨满仪式开始部分都会提到"神树""豁布格台""白雪山"等诸多信息来看,这些图案很有可能与科尔沁萨满历史有联系。

2. "阿拉嘎·德博勒"(法裙)

"阿拉嘎·德博勒"(alaga debele),蒙古语意为"法裙",有的萨满也称"达拉巴奇"(dalabaqi),蒙古语意为"翅膀"。这种称呼与布里亚特蒙古萨满的称呼一致。关于布里亚特蒙古萨满法裙,美国学者埃利亚德有过这样的描述,"在一块衣领镶边,一扎半块的棉布上缀有各种蛇形和猎狗皮称为'翅膀'(dalabaqi)"③。从田野考察情况来看,大部分萨满称"阿拉嘎·德博勒",因为现在科尔沁萨满,在仪式中基本使用腰上佩戴的"法裙",而近代科尔沁萨满则使用肩上佩戴的"衬

---

① 白笑元:《科尔沁"博"(萨满)的分类及其服饰、法器初探》,《内蒙古民族师范学院学报》1986 年第 2 期。

② 在蒙古语中,把此文本拼读为"都尔本·德布特日"(durben debutr),部分学者拼读为"都尔本·德格特日"(durben degeter),意为"四个阶梯"。乌兰杰先生沿用了"四个阶梯"之意,并从"独立支撑的神树""白色燧石山""居庸关四字""白雪山"四个方面论述了科尔沁萨满教历史变迁。

③ [美] 米尔西亚·埃利亚德:《萨满服饰的象征意义》,纳日碧力戈译,《世界民族研究》1993 年第 2 期。

裙”和腰上佩戴的“腰裙”两种。并且“古代的萨满教法裙与近现代的萨满法裙有所不同；古代的法裙的做法是，先用五色花布拧成许多手指粗细的长条，再连缀制成法裙”①。显然，古代的制作法裙方法与现代（主要与笔者田野资料相比较）的制作方式存在一些差别。

图19　“阿拉嘎·德博勒”（法裙）

科尔沁萨满“法裙”（见图19）宽腰围，并缝有很多飘带，一般21、22、23 根不等。关于飘带的不同颜色，乌兰杰先生认为：“在古代蒙古人的观念中，花色即象征着尊贵和自由。例如蒙古人以五色美布装饰其神马之鬃，以此作为获得自由的标志。而萨满巫师们用五色美布制作花法裙，则是以此显示其沟通人神的尊贵身份。”② 法裙上面绣着很多不同图案，没有具体的寓意。因为，刺绣图案是由很多手工巧妙的女孩制成，所以这些图案没有严格意义上的象征意义，只是民间的一种刺绣手工而已。据科尔沁萨满师钱玉兰讲，要制作这种萨满“法裙”，必须融合百家（不一定

---

① 乌兰杰：《蒙古族古代音乐舞蹈初探》，内蒙古人民出版社1985 年版，第76 页。
② 乌兰杰：《蒙古族古代音乐舞蹈初探》，内蒙古人民出版社1985 年版，第78—79 页。

一百家，表明多户人家）的布条，通过手巧的女孩子或小媳妇的手工制成。法裙是科尔沁萨满祖先豁布格台的翅膀，穿着它能飞。科尔沁萨满的"法裙"不仅是一种着装类型，穿着它象征着能够在现实和"灵界"之间自由穿梭。

在科尔沁萨满教服饰中，除上述例子外，还有"哈拉巴布奇"（halhboqi），意为"遮挡"之意。它由若干黑线条制成，形似穗子，佩戴在神帽里层，以便半遮挡脸，象征着与神灵世界沟通的时候，阻挡其他恶灵的纠缠。

（六）身体语言及象征意义

科尔沁蒙古族萨满仪式中，萨满将身体本身看作"神灵的坐骑"。因而，仪式中的不同身体动作和行为大多象征着与神灵沟通的一种方式。身体人类学和象征人类学认为，"社会性的身体制约着生物的身体被感知的方式。由于身体的生理经验总是被社会的范畴所调节修饰，因此它确认着一种特殊的社会观点。在这两类身体经验之间的持续的意义交换，使得每一方都会强化对方的范畴。作为这种相互作用的结果，身体本身就成为某种高度限定的表现媒介"[①]。正因如此，萨满身体及其身体动作，在仪式空间中充满象征意义就是很容易理解的。

蒙古人将"身体"叫作"贝叶"（beye），其包含"人""躯体"等意思，如果与其他词合起来，也有其他含义。如蒙古语中"塔拉·贝叶"（tala beye），意为"半边"（此处指边的意思）之意。在蒙古族传统文化中，身体（或身体部位）的不同象征的例子到处可见。如"乌伊"（uyi，关节）象征"时代"，"尼格·乌伊"意指"一个时代"等。仪式中的身体动作和行为可视为一种舞动或舞蹈形式。历史上的文献对

---

① 叶舒宪：《身体人类学随想》，《民族艺术》2002 年第 2 期。

蒙古族萨满教仪式动作语言（舞蹈）有过这样的记录："以为灾祸乃因恶鬼之为厉，或以供品，或求珊蛮（cames）禳之。珊蛮者，其幼稚宗教之教师也。兼幻人、解梦人、卜人、星者、医师于一身击鼓诵咒，逐渐激昂，以至迷惘，及神灵之附身也，则舞跃瞑眩，妄言吉凶，人生大事皆询此辈巫师，信之甚切。"① 因此可以得知在古代蒙古族萨满仪式中，身体语言的重要性，并身体动作与音乐是密不可分的。

正所谓，"蒙古萨满教的存在和传播，是以其歌舞表演为主要媒介的。神秘的巫术和狂烈的舞蹈，以及二者的巧妙结合，素来是蒙古萨满文化的主流。巫术和舞蹈，像一对孪生兄弟，是构成萨满教的两个基本要素"②。学界对科尔沁蒙古萨满教仪式的身体动作的研究，主要体现在萨满舞蹈的步法、舞蹈种类以及表演形式等方面。如蒙古族萨满教研究学者白翠英等，根据调查的结果，将科尔沁萨满舞蹈动作与表演形式分为"步法七种、旋转三种、鼓技十三套、精灵舞七个；表演形式包括独舞、双人舞、四人舞、群舞"③ 等。乌兰杰根据仪式过程中所体现的特点，将其分为"敬神歌舞""娱神歌舞""精灵歌舞""巫术歌舞""祭祀仪式歌舞与酬神歌舞" 等五种类型④。从笔者田野考察的情况来看，现在科尔沁萨满仪式中主要留存的是单人和双人的舞蹈形式。

除此之外，仪式的重要元素还要包括被称为"翁贡"（ongud）的小神偶。"翁贡"一般用铜、毡子或木头制成，象征着每位萨满所供奉的不同神灵。从目前的科尔沁萨满仪式来看，只有在"闯关仪式"等大型仪式中，才对"翁贡"进行特定的血祭仪式。

---

① ［瑞典］多桑：《多桑蒙古史》（上册），冯承均译，上海书店出版社 2001 年版，第29—30 页。

② 乌兰杰：《蒙古萨满教歌舞概述》，《中国音乐学》1992 年第 3 期。

③ 步法：走步、上退、十字步、跟步、移动步、小跳等；旋转：不甩头辗转、不甩头上步转、不甩头走转等；跳跃：前后甩头双腿蹲跳、双腿蹦跳、并退侧身冲跳等。

④ 参见乌兰杰《蒙古萨满教歌舞概述》，《中国音乐学》1992 年第 3 期。

三　仪式过程的个案描述

时间：2011 年 3 月 19 日晚（农历二月十五）

地点：科左中旗架玛吐镇

场地：萨满师钱玉兰家

人员：萨满师（1 人）、萨满徒弟（4 人）、助手（2 人）共 7 人

目的："希图根·扎拉呼"（请神灵）。用萨满师的话来说，"查嘎日古勒呼"（cgaragülahü）。一方面，增强小萨满与神灵沟通的能力；另一方面，通过这样的仪式活动治好一直困扰小萨满的病①。此次仪式的具体目的，是小萨满希望加强与自己"希图根"（神灵）的沟通能力，从而恢复身体。因为，"我常年生病，看过很多大夫，但一直没有效果，后来找到我'巴克西'才明白，我们氏族很久以前的'希图根'将要附到我身体。我需要请很多次神（神灵），身体才能完全恢复"②。

图 20　萨满钱玉兰和徒弟常顺

---

① 蒙古语"查嘎日古勒呼"意为"熟练"或"熟悉"。其目的是加强或熟练小萨满与自己的神灵的沟通能力。

② 萨满徒弟是科左后旗人，以上描述是小萨满与笔者访谈时的叙述。

（一）仪式的准备

大约七点过一刻钟的时候，天色渐暗，仪式开始准备了。萨满师在徒弟们的帮助下，佩戴神帽和法裙（见图20）。向西墙上的神台叩拜三次、烧香、嘴里念念有词（大概意思是保佑你的"坐骑"、让他赶快熟练起来吧）。神台上的供奉对象中，既包括萨满祖先，也包括释迦牟尼和观音菩萨像（见图21）。从这些信息中不难发现，当代科尔沁萨满教与佛教融合的现象及萨满对其接受的态度。

图21　供奉的神台①

小萨满给神台叩拜、烧香之后，向萨满师磕头三次。

小萨满在小酒盅中斟满酒之后，到院落中间，向他的神灵敬酒、祈祷、磕头（见图22）。

仪式准备步骤进行了5分钟左右，进入了"敖如希呼"（附体）阶段，即神灵附体阶段。

---

① 萨满师钱玉兰的供奉神台。

图 22　向神灵敬酒祈祷①

（二）仪式过程

小萨满站在里屋的门口，闭上双眼开始祈祷（见图 23）。此次仪式中使用了两个萨满单边鼓，一个是萨满师自己击打，另一个是她的徒弟进行击打。小萨满后面站着"帮腔"的四人。两个是助手，他们

图 23　小萨满在祈祷（1）

---

① 小萨满常顺在院落中祈祷。

是萨满师的家族成员，在举行仪式的时候经常过来帮忙。因为，附体
后的萨满动作幅度较大，没有这些人的保护就会容易受伤（因为萨满
在附体阶段意识恍惚，所以萨满仪式活动中，有些助手就是负责保护
萨满、防止他们摔倒之类的安全问题）。"帮腔"的还有两位是萨满
徒弟。

　　萨满师和徒弟击打萨满单边鼓，两个鼓的节奏基本一致，徒弟以萨
满师的节奏和音量的控制为"标准"。另外伴随的是嘎日哈的声音（鼓
环）。双鼓开始的基本节奏型是："xx x·x ｜ xx x·x"（咚大　大·大
｜咚大　大·大）。

　　鼓声持续2分钟左右，萨满师开始唱《希图根扎拉呼》（请神灵）
的曲调（见图24）。后面站着的萨满和助手，也跟着一起唱。曲调的旋
律重复，歌词不重复进行。

图24　《希图根扎拉呼》图谱

唱词：（蒙古语）

zhergeiye a ya hu hui

debesizhu baigd dulaya

tanban zhalazhi baina

durigen baogad irerai

（歌词大意：嘛日咯耶 啊呀呼咳，用歌声等着您，我的神灵，请快
快降临吧）

zhergeiye a ya hu hui

debesizhu baigd dulaya

enrnggui tanban zhalazhi baina

ernten baogad irerai

（歌词大意：嘛日咯耶 啊呀呼咳，用歌声等着您，邀请慈祥的您，
请早点降临吧）

zhergeiye a ya hu hui

debesizhu baigd dulaya

urxiyiletai tanban zhalazhi baina

urimandan baogad irerai

（歌词大意：嘛日咯耶 啊呀呼咳，用歌声等着您，邀请恩赐的您，
请降临在孩子身上吧）

zhergeiye a ya hu hui

debesizhu baigd dulaya

nisuged baogad irerai

niha uri qini huliyezhu baina

（歌词大意：嘛日咯耶 啊呀呼咳，用歌声等着您，请您飞翔着过
来，请降临在幼子身上吧）

小萨满在歌声中，一直紧闭双目祈祷（见图25）。歌唱和击鼓一直
持续。

击鼓和歌唱持续6分钟左右，小萨满有了明显的反应，从站立姿势
开始慢慢地前后摇摆（见图26）。此时，人声变得轻弱暗淡，几乎是停
止的状态，只听得到击鼓的声音。小萨满在原地前后摇摆的幅度越来越
大，双手始终保持合拢的状态（见图27）。

图25 小萨满在祈祷（2）

图26 进入附体状态的初步反应（1）

图 27　进入附体状态的初步反应（2）

单边鼓的节奏有了明显的变化，并且音量上比前部分明显加强。小萨满跟着节奏，移到场地中央。此时的单边鼓的节奏型是："xx　xo ｜ xx xo"（咚大 咚 o ｜　咚大 咚 o）；小萨满的身体语言：一会儿前后移动；一会儿原地旋转；一会儿围绕场地边缘"碎步"移动（见图28）。虽然是紧闭双眼，但他的脚步轻快。助手和"帮腔"的小萨满时刻防备他撞上墙或碰到其他东西。他的移动方向与萨满师的移动方向几乎一致。

在这种鼓声中，"敖如希呼"状态大约持续 4 分钟，萨满和"帮腔"人开始唱《请上座》的歌曲（见图29）。此时击鼓的声音明显变小，单边鼓的节奏几乎与请神阶段的节奏型一致，只不过音量上渐渐变弱（见图30）。

图 28　附体后的舞蹈状态

图 29　《请上座》的曲谱

图 30　附体后舞蹈基本结束时的状态

唱词：

agari nishu ni hu hi

aqitu ta min hu hi

asi in man danbugad

ari in hanzhend sogarai hu hi

（歌词大意：天上飞翔的是，功德的您，为孩儿降临了，请到炕上坐吧）

horimusita ber nishu ni hu hi

hundute ta mini hu hi

hulug mandan bugad

hutai dere niso sogarai hu hi

（歌词大意：在神的世界飞翔的是，尊敬的您，降临在坐骑上，请到炕中间坐吧）

此声音持续了不久，小萨满坐在了炕上。仪式音乐停止，小萨满的姐夫（这位也是小萨满，他与被附体的小萨满情况一样，因此都成了钱玉兰萨满师的徒弟），跪在他前面，给神灵已附体的小萨满敬了三杯酒（见图 31）。萨满师说："对你的子孙们有什么要求？"已附体的小萨满，直摇头，没有说话。只是一个劲往外"噗噗"地大喘气。在蒙古族萨满教来说，这叫"阿木·呐呼"（amnehu），意为"开口"。但小萨满这次没有用"开口"。神灵附体后，有的萨满能够"开口"说话，有的某些时候"开"不了"口"，不能说话，只能用身体语言进行交流。并且，神灵附体的小萨满为萨满师敬了一杯酒，但还是没有"说话"。

附体后的萨满表情较为"痛苦"，甚至可以观察得到他的白眼（所谓的"翻白眼"的表情）。

图31　神灵附体后的小萨满与萨满师在交流

　　"如果没什么教海和要求，快到了您回去的时刻了。"萨满师边说边击打单边鼓，击打两次后晃一下鼓，并把鼓从正面向背面翻过来收了起来。萨满鼓节奏是："xxxx　　xo xxxx　　xo"（大大大大　咚 o丨　大大大大　咚 o）。

　　这也预示着今天的仪式基本结束。但小萨满意识还没有清醒（见图32），萨满师说："就像飞快一般起来，就像醒来一般清醒。"萨满大徒弟向小萨满喷了三次酒，小萨满就像刚睡醒一样清醒了过来。

图32　附体后的小萨满的异常表情

　　清醒后的小萨满，到院落又向神灵敬了酒，后回到屋里，脱掉自己的"法裙"，收起了仪式所用的东西，顺便与其他人正常交流了起来（见图 33）。但是看他的样子还是很"虚弱"。

图 33　送走神灵后的萨满

结　语

　　科尔沁蒙古族萨满仪式音乐是萨满与信众在特定的仪式空间和时间之内建构起来的与神灵沟通（神灵对歌）的重要媒介。仪式音乐作为人与神灵之间的媒介或纽带，主要由"观念—行为—乐音"等诸多文化要素构成。在仪式结构和过程中，音乐为文化局内人提供了一种情绪支持，成了仪式中与神灵沟通之时不可或缺的因素。因此科尔沁蒙古族萨满仪式音乐，既有传统文化中的世俗形态特征，也具有仪式文化的象征意义。

　　萨满文化作为科尔沁蒙古族原始民间宗教信仰，不属于进化论观念下的"原始宗教"概念。因为进化论对"原始"一词的意思包含"野蛮""落后"等进化论的贬义，而蒙古族萨满教蕴含的是蒙古族宗教信仰的"最初存在""原初存在""固有的"等旨意，并且在漫长的历史长河中，活态地在科尔沁蒙古族的宗教和民俗生活内保存、延续至今。科尔沁蒙古族萨满仪式音乐及其文化的象征意义通过信仰的力量深入民众的现实生活中，并且在仪式过程中，既稳固了人们的情感，也认识了传统价值的存在；既满足了现实需求，也创造了与神灵沟通的宗教文化。

坦率地讲，研究故乡并非是想象中的那样一件轻松的事情，尤其研究故乡民众的信仰更是如此。从笔者的感受和体验来讲，萨满音乐的田野工作与其他民间音乐的田野工作是截然不同的。因为，在民间音乐的考察中，你可以在音乐发生的时间和空间内，一同感受和体验他们的音乐，从某种意义来讲，那是一个"文化的表演"，你始终在可以接受的感受和体验范围之中。然而，萨满音乐则完全不同，因为萨满仪式的过程不是一个"文化的表演"，而是与他们的疾病、健康，甚至与他们的生死息息相关的生活的真实写照。作为考察者，笔者不能打扰他们的生活本身，只有观察这种现象并思考现象背后的一切。然而，笔者虽然是以考察者的身份参与仪式的过程，但他们在仪式中表现出来的真实感受，确确实实地冲击着自己的心灵深处。

苗族非物质文化遗产保护与传承现状 *

——以贵州省台江县为例

彭雪芳

根据联合国教科文组织颁布的《保护非物质文化遗产公约》，所谓"非物质文化遗产"，指的是"被各群体、团体、有时为个人视为其文化遗产的各种实践、表演、表现形式、知识和技能及其有关的工具、实物、工艺品和文化场所"。具体包括：（1）口头传说和表述，包括作为非物质文化遗产媒介的语言；（2）表演艺术；（3）社会风俗、礼仪、节庆；（4）有关自然界和宇宙的知识和实践；（5）传统的手工艺技能。中国是世界上非物质文化遗产项目最多的国家之一，少数民族丰富多彩的非物质文化遗产是我国非遗宝库重要的组成部分。然而，在世界经济一体化迅速发展的今天，在少数民族地区现代化建设的过程中，如何保护非物质文化遗产成为一个不容忽视的问题。贵州省是苗族大本营，苗族人口大约有 430 万人，占全国苗族总人口的 48%。随着全省工业化与城镇化建设步伐的加快、人口的频繁流动、外来文化的影响，苗族非物质文化遗产赖以生长的生态环境在迅速变化，苗族一些传统文化已出现断

＊ 本文属于色音研究员主持的中国社科院创新工程项目"中国少数民族非物质文化遗

产调查研究"子课题的阶段性成果之一。

层现象，有的面临消亡的危险。为了了解苗族非物质文化遗产保护与传承状况，笔者于 2013 年 4—7 月在台江县台拱镇、施洞镇、老屯乡、排羊乡、反排乡等地开展田野调查。亲历了苗族姊妹节及独木龙舟的整个活动过程，拜访了多名非物质文化遗产传承人及其他民众。在调查过程中，得到了台江县政府部门及许多受访者的大力支持与配合。在此，对他们给予的帮助表示衷心的感谢！

台江县位于黔东南中部，总面积 1108 平方千米，总人口 15 万人，其中苗族人口占 97%，是世界上苗族聚居最集中的县份，被誉为"天下苗族第一县"。台江苗族历史文化底蕴深厚，拥有众多的非物质文化遗产资源。苗族古歌、反排木鼓舞、苗族姊妹节、苗族多声部民歌、苗族服饰技艺、苗族刺绣、苗族织锦技艺、苗族银饰锻制技艺、苗族独木龙舟节先后被列为国家级非物质文化遗产保护名录项目。此外，还有嘎百福、苗族鼓藏节、苗族祭桥节、苗族剪纸被列为省级非物质文化遗产项目。本文涉及的内容以国家级非物质文化遗产（简称"非遗"）项目为主。

一　台江"非遗"项目的主要内容

台江县的经济与社会发展水平相对滞后，但非物质文化遗产资源十分丰富。县级以上的"非遗"保护项目有 52 项。其中，国家级 9 项，省级 4 项，包括歌舞类、民间工艺类、节日类。

（一）歌舞类

台江是歌舞之乡。台江苗族歌舞历史悠久、文化底蕴厚重、地方色彩浓烈。

1. 苗族古歌

苗族古歌是一部反映苗族先民艰苦创业的长篇史诗。苗族古歌由《金银歌》《古枫歌》《蝴蝶歌》《洪水滔天》《溯河西迁》五大部分组成，涉及宇宙的诞生、人类和物种的起源、苗族的大迁徙、苗族的社会制度和日常生产生活等内容。苗族古歌是一部苗族古代社会的百科全书，是苗族口传文学的典型代表。它在苗族社会历史发展中具有重要的地位。除了重大的学术价值外，还具有教育、审美和娱乐的功能。苗族古歌大多在鼓社祭、婚丧活动、亲友聚会、节庆日等场合演唱，演唱者多为中老年人、巫师或歌手。

2. 苗族多声部民歌

台江苗族多声部情歌是一种原生态民歌，主要流传于方召乡方召村、反排村、巫梭村，南宫乡白帮村及革一乡的几个苗族村寨。多声部情歌内容丰富，反映了青年男女从相识、相恋、相爱到成婚的完整过程。有"见面歌""赞美歌""单身歌""青春歌""求爱歌""相恋歌""成婚歌""逃婚歌"等不同内容的歌曲。曲调优美动听，情感细腻感人，声乐技巧要求高，演唱难度大。被誉为天籁之音。

3. 反排木鼓舞

反排木鼓舞是流传于台江县方召乡反排村的传统祭祀性舞蹈。内容反映了苗族先民不畏艰难险阻，长途迁徙，开辟疆土，寻找乐土的过程。反排木鼓舞由五个鼓点章节组成，采用单击、合击、交错敲击等演奏手法，鼓点错落有致，节奏明快，与舞蹈有机地结合在一起。舞蹈有踏步、腾越、翻越、甩同边手等基本动作。反排木鼓舞自 20 世纪 50 年代被搬上舞台以来，多次在国内外重要场合演出，获得广大观众好评。反排木鼓舞源于祭鼓节，过去只能在 13 年一次的庄严肃穆的祭祖仪式中出现，现在已演变为一种健身性的民族舞蹈。

（二）民间工艺类

1. 苗族服饰技艺

苗族服饰是苗族人民在不断的历史迁徙过程中形成和发展的，不同的生活环境形成了不同的着装方式，体现了不同支系的苗族的生活习惯和生活方式。

台江苗族服饰包括了苗族长裙、中裙和短裙三大系列的绝大部分亚系列。大致可分为方你型、方纠型、方南型、方翁型、方黎型、方白型、方秀型、翁芒型、后哨型等九大类型。这九种服饰分布在台江县境内 8 个乡镇 180 多个苗寨及周边地区。苗族服饰的针法多样，主要有平绣、锦上绣、破线绣、辫绣、盘绣、绉绣、锁绣、缠绣、堆绣、打籽绣、锡绣、贴布绣、挑花等 30 余种。[①] 苗族妇女制作一套精美的传统服装，耗时至少一年以上。苗族服饰是苗族文化的载体，苗族服饰蕴含独特的审美价值及深厚的文化积淀，被称为"穿在身上的史书"。

2. 苗绣

刺绣是苗族服饰主要的装饰手段。台江苗绣具有鲜明的民族性与地域性，最具代表性的三种类型为施洞型、台拱型、革一型。施洞型的破线绣工艺堪称一绝，即将一根丝线剖成四根或六根，用皂角仁加工打光，按平绣针法刺绣，以纹针锁边。这种绣法绣出的纹饰雍容华贵，以平整、细密、匀顺、光亮为特色。台拱型的绉绣是苗族刺绣针法的又一高招，即将 8～12 根线等编织成辫带，再根据造型纹样绣成具有浮雕感的古朴、粗犷、厚重、结实的绣面。革一型的打籽绣以梗边打籽绣为代表。梗边打籽绣由两种工艺结合，即以"梗线"为外轮廓线，内以锁线绣法形成若干绿豆大的颗粒点填充满。通常不同类型的苗绣以一种或一

---

① 参见熊克武编著《台江非物质文化遗产》，沈阳出版社 2012 年版。

种以上的技法为主，各种技法交叉使用。苗绣纹样以动物和人物为中心，辅以植物花草、果实等。其中以龙、鱼、蝴蝶、蜈蚣、蝙蝠等图案最为广泛。刺绣纹样造型多夸张得体、风格独特。苗族刺绣代表了中国少数民族刺绣的最高水平。

3. 苗族织锦

台江县境内8个乡镇各苗族支系均流行织锦，织锦分为机织和编织两大类。织锦多作头帕、裹腿、围腰、衣袖、背饰、肩饰和床上用品。台江苗锦总体布局均衡，结构严谨。纹饰题材广泛，飞禽走兽、花草鱼虫、山川日月无所不有。表现形式丰富多彩，既有规律性的几何纹，也有菱形、四方形，还有介于几何纹与自然纹之间的装饰纹样。

4. 苗族剪纸

苗族剪纸的主要用途是作为苗族服饰刺绣的花纹底样。苗族刺绣有多种绣法，挑花是直接在布上绣出图案，有正面挑与反面挑；平绣、辫绣则需先在绣面绘出底图后再刺绣。大多数苗族绣娘都以剪纸作为刺绣的花纹底样，以衣袖花、围腰花、帽花等刺绣底样为多。剪纸艺术是台江苗族刺绣的重要组成部分。苗族剪纸因地区不同，呈现出不同的风格类型。台江苗族剪纸图案丰富多彩，内容反映了苗族图腾崇拜与自然崇拜的宗教文化。手法主要采用剪、刻、扎等方式。变形与夸张是台江苗族剪纸的风格。台江苗族剪纸现在属于省级"非遗"保护项目，但剪纸工艺水平相当高。

5. 苗族银饰锻制技艺

苗族银饰主要用于苗族女性的审美装饰及财富的象征。苗族银饰也是苗族支系相互区别的特征之一。台江汇集了苗族银饰的精华。台江苗族银饰分为施洞型、巴拉河型和黄平型。施洞型分布于施洞镇和老屯乡；巴拉河型主要分布在整个台拱镇和排羊乡、南宫乡及台盘乡的部分村寨，在台江境内又称台拱型或排羊型；黄平型分布于革一乡及台盘乡的几个村寨。台江苗族银饰品种多样，工艺精湛。苗族银饰的图案多以蝴蝶、牛角、锦鸡、花草为主。饰品主要有银角、银雀、银簪、银梳、银头圈、头围、银头花、银羽、耳柱、项圈、银链、胸锁宝、手圈、手镯、银片及银泡等。主要工艺有铸造、压花、镂花、拉丝、绕丝、錾花、焊花等。台江施洞镇的塘龙村、排羊乡的九摆村都是著名的"银匠村"。

（三）节日类

民族传统节日是重要的非物质文化遗产内容。苗族多姿多彩的节日习俗蕴藏着博大精深的历史文化内涵。台江苗族有：姊妹节、独木龙舟节、鼓藏节、祭桥节、六月六、龙须节、苗年等传统节日。其中，姊妹节、独木龙舟节最为著名。

1. 苗族姊妹节

姊妹节是流行于黔东南清水江流域的苗族传统节日。具体时间因地而异，过法大同小异。以台江县施洞、老屯为中心的"姊妹节"于每年农历三月十五至十七举行。其规模最大、文化积淀最深厚、活动内容最丰富。"姊妹节"苗语称为"Nongx Gad Liangl"（弄嘎良，意译为"吃了心饭"）。"姊妹节"是现代意译。它有其特定对象及活动过程。姊妹节是以青年女性为主体，以展示服饰、游方、吃姊妹饭、踩鼓、对歌、互赠信物、订立婚约为主要内容的社交性节日。过程包括为姑娘准备银饰盛装、采摘姊妹花、蒸煮五彩糯米饭、捉鱼捞虾、讨姊妹饭、集体踩鼓等环节。姊妹节是苗族民族情感认同的黏合剂，是传承苗族民族文化的载体，是年轻一代习得与传承民族文化的最佳场所。

2. 苗族独木龙舟节

独木龙舟节是居住在清水江中游沿岸的苗族特有的以男子为主体，以划龙舟为媒介，融苗族的祭祀文化、婚姻文化、服饰文化、歌舞文化、饮食文化为一体的传统节日。每年农历五月二十四至二十七分别在施秉的平寨、台江的施洞举行龙舟比赛。龙舟是由三只独木船组成，中间母船大约长 20 米，两边子船各约长 13 米。船头置龙头，其角为水牛角状，船后无龙尾。龙舟上的人员有鼓头 1 人，锣手 1 人，撑篙 1 人，理事（又称"管账"）1 人，分别或站或坐在母舟上，每只子舟则站 16 名桡手，共 36 人。鼓头是龙舟上的主角，鼓头是由全寨人推选出来的最有威望的长者担任，有的寨子是轮流担任。

龙舟节属于祭祀性节日，具有特定的仪式和程序。龙舟节的过程包括出龙、接龙、吃龙肉、收龙等环节。出龙及接龙是龙舟节的主要仪式。出龙仪式：龙舟下水以前，备好酒、肉、香、纸等祭品，请巫师到河边祭祀祖先、龙神和河神，祈愿风调雨顺、五谷丰登，祈求神灵护佑龙舟竞渡安全。接龙仪式：在龙舟前往竞赛途中，村里各家出嫁的妇女见龙舟前来，献上猪、牛、鸭、鹅、鸡及现金等礼物，并向龙舟敬酒及挂彩。龙头上彩绸和礼物越多，龙舟所属的村寨越显得光彩。龙舟节是当地苗族群众参与度最高、最为隆重的节日。通过龙舟节活动加强了村民之间、村寨之间的紧密联系，增强了团结互助的精神，也活跃了城乡物资交流，丰富了群众的文化娱乐生活。

二　台江"非遗"传承人与传承状况

人是物质文化及精神文化的创造者、拥有者及传承者，因此在保护"非遗"的过程中，坚持以人为本的原则最为重要。2006 年台江县公布县级以上的保护项目有 52 项，传承人共计 398 人。其中，国家级传承人 6 人（其中 2 人已故），省级 7 人，州级 13 人。

（一）歌舞类传承人与传承状况

（1）苗族古歌拥有国家级传承人 3 名（其中 2 人分别于 2010 年、

2013 年相继去世）、省级传承人 2 名。苗族多声部情歌目前只有州级传承人 1 名。苗歌传承人多次参加国内重要的歌唱比赛并名列前茅，他们积极参加当地的群众文化活动，每年台江大型活动都登台演唱，在保护与传承苗歌的工作中发挥了传帮带的作用。

随着村里外出务工的年轻人日益增多及外来文化的冲击，破坏了苗歌的文化生态环境。大量现代流行歌曲的传入，转移了年轻一代的兴趣。尤其是苗族古歌相对于其他苗歌来说，学习难度更大，耗时更长，传承难度大。学习者只能在农闲时节和节庆期间拜师学习，所学缓慢。目前，全县会唱古歌的人为数不多，能完整传唱古歌的人更是寥寥无几，且年龄偏大。苗歌的传承面临后继无人的濒危状态。为此，有关部门正采取多项措施，例如：节庆期间举办苗歌表演、比赛等方式使年轻人对苗歌产生兴趣。

（2）反排木鼓舞目前该项目有国家级、省级及州级传承人各 1 个，他们都现居反排村，以务农为主，业余时间开展传承工作。每个传承人都带徒弟，但传承对象年龄偏大，年轻人不多。反排村开展乡村旅游，时常有游客来参观。当游客要求观看木鼓舞时，由村民组成的舞蹈团就表演著名的反排木鼓舞，演出通常收取一些费用。国家级传承人万政文现为反排村舞蹈团团长兼反排小学木鼓舞老师。他说：村里跳的反排木鼓舞比较忠实于原味，但现在人们在外面看到的木鼓舞大都经过了加工。反排村的民族文化资源十分丰富，经济发展却相对滞后。改革开放以来，村里不少青壮年外出打工挣钱，一部分打工者以跳舞为谋生的手段，在全国各地表演反排木鼓舞，他们原本就没有完全掌握好反排木鼓舞的艺术技巧，对反排木鼓舞断章取义，加以改造。同时，由于舞台艺术的需要，一些表演团体也对反排木鼓舞进行大量的艺术加工，与传统的反排木鼓舞已有区别。反排木鼓舞作为台江苗族"非遗"及苗族舞

蹈的典型代表，在苗族姊妹节、苗年、鼓藏节、祭桥节、吃新节等传统
节日及其他节庆日都是必不可少的节目，也是台江县对外宣传的一张名
片。反排木鼓舞被改编为课间操在全县校园普及推广。虽然，反排木鼓
舞有一定规模的传承群体，但现在能系统地、完整地掌握原有的鼓点、
跳法的人为数不多。

（二）民间工艺类传承人与传承情况

2006 年台江县公布的 398 名有代表性的民间艺人中，剪纸有 21 人，
女性 12 人，男性 9 人；年龄 50 岁以上有 19 人。刺绣有 82 人，皆为女
性。其中，年龄 30~40 岁有 5 人，40~50 岁有 40 人，50~60 岁有 12
人，60 岁以上有 25 人。服装制作有 5 人，皆为女性，年龄都在 40 岁以
上。有的妇女既会剪纸也会刺绣，属于双技型艺人。银匠有 46 人，皆
为男性。年龄 40 岁以下有 10 人，40~50 岁有 22 人，50 岁以上有 14
人。织锦有 4 人，皆为女性，年龄都在 60 岁以上。苗族刺绣、织锦、
剪纸、银饰的性别分工比较明显。从事刺绣、织锦的艺人皆为女性；剪
纸以女性为主，男性占 1/3；银匠传统上皆为男性，但现在少数女性也
参与银饰锻造。施洞镇有数十家银匠，每家都有自己的接班人。当地打
破了传男不传女的习俗，好几户人家的女儿或儿媳也继承了银饰锻制技
艺的手艺。

苗族刺绣、织锦、剪纸及银饰分别有省级传承人 1 人，州、县级传
承人人数不等。这些传承人都精通传承项目。有的成立了自己的工作
室，培养新的接班人，也收藏有部分作品和创作新作品。

苗族服饰工艺成为国家级“非遗”的广泛宣传，提高了当地人的
保护意识，一些苗族妇女知道了原来自己身上的刺绣挑花服饰是件大宝
贝。尤其是近年来，苗族服饰刺绣挑花工艺品的艺术价值和收藏价值获
得了社会的广泛认可，很多人都开始重金收购苗绣工艺品，因此，一些

苗族妇女开始重拾刺绣技艺。笔者在乡村、在县城看到了苗族妇女飞针走线的、专注刺绣的身影，苗族刺绣、剪纸工艺重新出现后继有人的可喜局面。

然而，影响苗族服饰银饰文化的保护与传承的问题普遍存在。例如：（1）机绣代替手绣，服饰的差异性逐渐消失。如今，越来越多的苗族妇女在日常生活中少穿或不穿作为支系标志的民族服饰，而穿从市场上购买的大众化成衣，妇女服饰有的地方只保存了头饰。苗族男子服饰已经差不多消失。苗族服饰仅仅出现在节庆、婚礼、祭祀、丧葬、社交等场合。（2）后继乏人。随着时代变迁和价值观念的转变，擅长纺纱织布、挑花绣朵不再是衡量苗家姑娘是否能干的标准，学习苗绣的年轻人不多，尤其是掌握织锦技艺的人更少。能制作苗族服饰的基本上是在家务农的妇女。她们制作的苗族服饰工艺普遍不如老一辈制作的那样精美。（3）苗族刺绣、织锦、剪纸、银饰精品外流情况严重，本地机构及个人的收藏能力有限。（4）银饰的民族文化内涵减弱。台江旅游业的发展给银饰行业带来了机遇与挑战，一些银匠为满足人们的现代审美心理，在传统银饰上增加了现代元素或新打造迎合流行趋势的银饰品，银饰的苗族传统文化内涵减弱。同时，由于银饰锻造手艺主要以家传为主，外人拜师学艺难以学到师傅的看家本领。传承方式较为脆弱。

（三）节日类传承人及传承情况

苗族姊妹节与独木龙舟节都是具有浓郁的民族性与地方性的传统节日，都属于节庆活动的群众性保护项目，目前都没有任何级别的传承人。两个节日活动传承情况较好，但也存在一些差异与问题。姊妹节官方与民间的举办方式并存。民间举办的活动更为传统与淳朴。龙舟节以民间举办为主，由龙舟协会出面主办，协会成员由各村村干部组成。

姊妹节作为当地民族文化旅游的载体，台江县对姊妹节文化给予极大的重视。自从 1998 年以来，政府每年都积极筹备节日活动，大力挖掘和宣传姊妹节，使之做大做强。政府的介入给姊妹节带来一定的社会效益与经济效益。借助姊妹节，政府招商引资，开展经贸洽谈，村民开办农家乐，出售民间民族手工品，都获得了一定的经济效益。姊妹节促进了台江旅游业的发展，对当地经济社会的发展提供了机遇。

苗族姊妹节在长期的发展演变过程中，既有基本的积淀，也有不断的变异。随着社会环境的变化，姊妹节活动从形式到内容不断发生变化。游方是姊妹节的重要活动内容。随着游方场的衰落，传统的游方场上谈情说爱的方式，已被电话、网络、书信等现代通信方式所代替；过去用送姊妹饭中的信物标记含蓄地传递情感的"无文字的情书"已消失了。如今，我们看到的姊妹节中民俗文化展演的成分占了相当的比重。随着时代的变迁，姊妹节的真实性、淳朴性和神秘性发生了变化。姊妹节经文化重构、功能整合后，形成一项融苗族的婚姻文化、服饰文化、歌舞文化、饮食文化、商贸活动为一体的节日集会。

相对于官方操办的姊妹节，民间举办的独木龙舟节充分体现了苗族对保护民族文化的强烈意识及文化主体所发挥的巨大能量。笔者通过亲历两个节日的活动过程对此深有体会！

2013 年龙舟节期间，笔者在巴拉河村进行田野调查。为了召集外出打工的青壮年男子返回家乡参与划船，为村子争取荣誉，施洞镇的苗族村寨制定了乡规民约：如不能回来参与集体活动的人家，要罚款 2000 元。采取罚款的方式是受市场经济的影响，但主要目的是希望外出打工的人们都返回家乡，参与龙舟节活动。若谁不参与，以后他家遇到红白喜事，大家都不去帮忙。据说，有个别不参与集体活动的人受到惩罚。当他家里有人去世，村里没人去帮忙处理后事。这对村民来说既是很丢面子的事，也是最严厉的惩罚。因此，外出打工的人们都尽量赶回来。

龙舟节之前，巴拉河村几十个在全国各地打工的青壮年男子携妻带子返回村里。2013 年，巴拉河村里喜事连连，一座连接外面世界的大桥竣工，村里又打造了一艘新龙舟。出嫁到外村外地的 20 位妇女集资 5 万元作为贺礼献给村里。巴拉河村的龙舟在前往目的地的比赛途中，沿途前来接龙的人太多，献上的猪、鸭、鹅等礼物装满了船。龙头上挂满了彩绸。龙舟比赛结果，巴拉河村夺冠，村寨连续几天一片欢腾。

龙舟节与姊妹节构成台江苗族村寨社会生产的一个节日体系，以姻亲为纽带。姊妹节中的踩鼓活动是家族、村里向外界输送姑娘，寻找佳婿的时机；龙舟节中热闹非凡的接龙仪式呈现了出嫁的妇女回报娘家的场景。

独木龙舟节作为节日活动，每年如期举办，但由于诸多原因也存在一些问题：（1）每年下水的龙舟数量减少。一些村寨的龙舟和龙舟棚经过长年累月的日晒雨淋已腐朽破损。然而，制作一只龙舟，需要耗费大量的人力、物力与财力。此外，现在很难找到粗大的树木来制作独木龙舟。（2）近年来，青壮年大量外出务工，村里留下老的老、小的小，导致竞舟者年龄向两极分化。（3）通晓龙舟节仪式的传承人老龄化，仪式趋于简单化，活动内容功利化、竞赛表演化的现象明显。

三　当地政府采取保护"非遗"的措施及成效

台江丰富的非物质文化遗产是不可多得的宝贵资源。保护好这些"非遗"对台江的经济社会发展、文化软实力的提升作用非同小可。政府部门作为"非遗"保护的主要责任人，制定相关的政策与保障措施对"非遗"的保护无疑发挥着重要的推动作用。这些年来，台江县高度重视"非遗"的发掘与保护工作，取得了明显成效。采取的具体措施如下所述。

（1）成立专职机构，制定保护办法。2001 年台江成立非物质文化遗产保护工作委员会，抽调机关人员具体负责此项工作。2003 年就把台江刺绣、剪纸、银饰、织锦的保护与传承工作列入每年的政府计划，并将保护资金列入地方财政预算，成立了"非物质文化遗产保护领导小组"，建立了有效的领导与资金保障机制。后来，相继出台保护文化遗产的相关措施。2011 年正式成立县"非遗办"，明确工作职责，推进"非遗"保护与申报工作。

（2）广泛开展"非遗"的调查与普查工作。在县决策部门的高度重视下，有关工作人员对县境内的"非遗"进行普查、搜集、整理，并运用文字、录音、录像、多媒体等手段建立了档案和数据库。目前已调查、普查到的项（点）有 200 个，其中已收集、整理、记录在案的 130 个项（点），尚未调查普查的有 70 个项（点）。已成书出版的有王安江版的《苗族古歌》《台江苗族文化空间》《台江民间故事集成》《台江非物质文化》等书籍。对 9 项国家级及 4 项省级"非遗"名录等重点项目进行挖掘整理，拍摄了专题片。将主要的"非遗"项目制作成挂历发给村民，使广大群众意识到苗族传统文化的珍贵价值，营造全民参与"非遗"保护的良好氛围。

（3）积极推动民族文化走进校园。自 2002 年以来，台江开展了苗族文化进课堂的活动。苗族文化相继走进县职校、民族中学、城关三所小学及其他数十所中小学校。把民族文化纳入全县中小学教育课程，聘请专家、学者、民间艺人进入课堂去传授苗族历史、语言、歌舞及民间工艺等知识。结合现代学校教育，加强对年轻一代的培养，已成为最佳的"非遗"保护形式之一。

（4）成立"非遗"展示馆及传承基地。台江县苗族刺绣博物馆展示了方你型、方纠型、方南型、方翁型、方黎型、方白型、方秀型、翁芒型、后哨型等九个支系的苗绣、织锦和剪纸的工艺品。博物馆无偿长期对外开放，对宣传和保护苗族服饰文化起到了重要作用。苗族刺绣、银饰、歌舞传承基地的建立增强了台江县"非遗"保护的专业力量，对抢救保护和传承发展苗族文化发挥了积极作用。

（5）近年来，台江县加大资金投入力度，给予优惠政策，大力发展民族文化产业。在发展银饰、刺绣产业方面，台江县主要以贷款贴息扶持、创建规模市场、加强技能培训、培育龙头企业和巩固产业基地等方式组织实施。采取公司＋协会＋农户的方式进行运作，开始实现了从自产、自销、自用逐步走向市场导向、企业带动、订单生产的产业化发展路子。据县产业办 2012 年统计：全县银饰刺绣企业有 50 家，从业人员约 1.2 万人。2012 年年底，全县银饰和刺绣产业实现产值 1.3 亿元以上。银饰、刺绣工艺品远销国内许多城市和东南亚及欧美各国。银饰、刺绣生产经营成了许多农村群众重要的致富门路之一。施洞镇塘坝村从事银饰、刺绣加工的有 106 户，农民人均年收入超过 5000 元，一些经营大户的资产达几十万上百万元。①

（6）做好对外宣传交流工作。通过"走出去，请进来"的方式，加大了台江县文化底蕴深厚的"非遗"项目的宣传力度。这些年来，台江县组织了刺绣、银饰锻造技艺、织锦等传承人到北京、港台及其他省市进行展示比赛活动，并取得优异成绩。组织多声部情歌、反排木鼓舞等民间艺人到国内外参加展演活动，载誉而归。同时，也邀请一些知名媒体到台江拍摄"非遗"电视片和文字报道进行宣传，扩大台江县"非遗"的社会影响。

（7）经常保持与代表性传承人的沟通和联系。建立国家、省、州、

---

① 资料来源于台江县文产办简报，2012 年 12 月 28 日。

县四级文化传承人命名与管理制度，不断提高传承人的社会地位，并配套制定相关的奖励政策，鼓励更多的人努力成为"非遗"传承人。为了使传承人更好地做好传帮带的工作，"非遗办"每年都与传承人签订责任书，明确传承人的责任，定期举办传承人座谈会和培训班，了解他们的传承情况和交流经验。对 70 岁以上的老艺人进行不定时监测保护，发现困难及时解决。①

四　台江"非遗"保护中存在的困难

尽管台江"非遗"保护工作取得了令人瞩目的成果，但由于许多原因，此项工作还是受到一定的制约。主要表现在以下这些方面。

（1）机构不健全，队伍建设薄弱。台江县"非遗办"肩负着全县非物质文化遗产的挖掘、整理、保护和申报工作。本县"非遗"项目多，工作任务重，但目前"非遗"保护的队伍小，力量薄弱，人才匮乏，未形成全社会共同参与的格局。多项工作无法有效开展。保护机制还不够完善。

（2）"非遗"申报和保护经费欠缺，是"非遗"保护工作普遍遇到的困难。

（3）后继传承人逐步减少。由于社会的巨大变迁，苗族的传统文化受到外来文化的强烈冲击。尤其是改革开放以来，台江外出打工人员不断增多，外面精彩的世界不仅使他们开阔了眼界，也使他们的观念发生了改变。现在大部分年轻人不愿意学习本民族的技艺，这就造成苗族"非遗"的传承断层与断代。大多数项目传承人年岁偏大，传承后继乏人。

（4）苗族文化进课堂陷入困境。台江通过一系列措施推行苗族文化走进课堂，取得了一定的成果，但仍存在很多困难和问题。一方面，大

---

① 资料来源于台江县"非遗办"的《自查工作报告》。

部分学校缺乏苗族文化的教师、教材及教具；另一方面，由于各种限制，身为农民的民间艺人难以得到教师职位。教学内容以简单学唱苗歌、跳苗舞为主，缺少博大精深的民族文化内涵。由于应试教育带来的升学压力，一些家长及学生失去了学习本民族传统文化的热情。剪纸美术课还比较受欢迎，可刺绣工艺难以在学校开展，双语教学的开展范围逐渐缩小，苗族文化进校园的活动放缓了脚步。当地一些教育工作者认为：要做好这项工作，必须采取保障经费、编写教材、培训合格的教师及制定合理的教学考核制度等措施。

五　进一步做好"非遗"保护与传承工作的几点建议

（1）关于非物质文化遗产的保护工作，要坚持"保护为主、抢救第一、合理利用、传承发展"的指导方针。台江苗族"非遗"不仅是一种文化资源，也是一种经济资源。合理利用这项资源有利于当地经济社会的可持续发展。随着时代变迁和价值观念的转变，擅长挑花绣朵不再是衡量苗家姑娘是否能干的标准，而是转向获得经济收入的能力。因此，苗族刺绣、织锦及银饰的功能也应该相应转向经济功能。开发台江独具特色的苗绣银饰文化产业既能传承苗族文化，也能带动农村富余劳动力就业，引领群众脱贫致富奔小康。苗族的民间手工艺技艺可以引入适当的商业化，但是在商业化和保护"非遗"之间还需要进一步提高保留民族文化内涵的意识。

（2）民族文化传承与教育有着密切的关系。教育传承是少数民族非物质文化遗产重要的保护形式。学校教育、社会教育及家庭教育的有机结合是"非遗"保护与传承的有效途径。继续开展苗族文化进校园的活动。采取灵活的政策，聘请民间艺人当民族文化老师。组织专家、传承人和教育工作者编写适合学校素质教育的方案，使苗族文化进校园的工作持之以恒。

（3）保护传承人，调动积极性。非物质文化遗产是以人为载体的，如果当地百姓不珍惜自己的民族文化，传承就只能是句空话。为此，调动文化主体的积极性的前提是保护传承人。只有传承人自觉地、主动地承担起传承责任，非物质文化遗产就得以延续。要关心支持传承人的生活和工作，让他们从繁重的劳动中解放出来，有更多的时间来传承和创新本民族的非物质文化遗产。通过鼓励老艺人带徒授艺等方式，加强对民间文化传承人的培养。

（4）加大宣传力度，提高"非遗"保护意识。利用传统节日和重大节庆活动，开展内容丰富、形式多样的宣传活动，向社会各界宣传"非遗"的保护理念和保护成果，让"非遗"保护深入人心，形成全社会共同参与保护的格局。"非遗"的保护需要真正靠广大创造者、普通大众参与其中。

（5）坚持"政府主导、社会参与"的原则。政府财政投入与社会资金相结合。充分发挥民间力量，鼓励成立私人博物馆，并将其纳入文化遗产的管理范围。

（6）加强人才队伍建设，认真开展发掘和整理工作。选拔一批懂业务、肯钻研、对传统文化感兴趣的年轻人充实到"非遗"保护队伍中来，加强业务培训。

结束语

总体来说，台江苗族姊妹节、独木龙舟节、苗绣、苗族服饰技艺、苗族银饰锻制技艺等项目的存续状态良好，传承人及传承群体较多，项目核心内容得到较完整的保留和继承，具有较好的传承和发展能力。然而，反排木鼓舞、苗族多声部民歌、苗族织锦技艺、苗族剪纸等项目的存续状态一般，有一定数量的传承人及一定规模的传承群体，项目核心内容大部分得到保留和继承。

台江苗族文化所具有的民族性和地域性是比较典型的，保存状况相对较好。然而，在经济全球化的当今社会，人口流动、城镇化建设的步伐加快，生产生活方式的改变，外来文化的影响，台江苗族非物质文化遗产也面临巨大的冲击，有的已处于濒危状态。如何保护苗族的优秀文化，在吸收外来文化形式的同时保留自己独特的文化魅力，成为台江"非遗"保卫战一个焦点。"非遗"保护是一项庞大而复杂的系统工程，需要大家的共同努力。在此过程中，正确处理继承和发展的辩证关系，遵循"保护与传承，传承与创新，创新与调适"的原则并把握好尺度是很关键的。

论蒙古族萨满文化的价值*

——民间信仰研究的学术反思

色 音

蒙古族萨满教信仰历史悠久，在古代社会，生产力水平低下，人们对天、地、日、月、星辰、山川、湖泊等自然物和风、雨、雷、电等自然现象缺乏科学的理解和解释，认为这些都是某种神秘力量在暗中主宰，对这些物体和现象产生了崇拜。萨满教信仰是在万物有灵论基础上产生的自然宗教形态。信仰萨满教的民族之观念中，认为宇宙万物、人世祸福都是由鬼神来主宰的。自然界并不是一个客观的、自在的体系，而是由某种超自然的东西在支配它，它是神灵的创造物，依神灵的主观意志而发展、变化的。自然的每个部分都是由某个特定的神灵所管理的。

蒙古族萨满教中的祖先崇拜传统有着悠久的历史。忽必烈汗建立元朝，登基皇位后，在北京举行大规模祭祀祖先的盛典。《元史》卷七十七载，元朝每年八月二十日在大都（北京）举行祭典，跪拜呼唤成吉思汗名。祭祖活动是蒙古萨满教祭祀仪式的重要内容。据古代文献记载，

　　* 基金项目：国家社科基金重大项目"内蒙古蒙古族非物质文化遗产跨学科调查研究"，批准号：12&ZD131。

祭祖"由珊蛮（即萨满）一人面向北大声呼成吉思汗及诸故汗名，洒马乳于地以祭"。这一古老的信仰习俗，在今天的内蒙古地区祖先崇拜活动中仍有遗踪可寻。传至今天的蒙古族祭祖活动中，成吉思汗祭典是比较完整地保存古老传统的祭祖形态。成吉思汗祭典自窝阔台汗时代即已开始。到了忽必烈建立元朝，登基继承皇位以后，在大都（今北京）举行大规模的祭祀祖先盛典，并规定了祭祀成吉思汗的"四时大祭"。《元史》等古代文献中都记有成吉思汗祭典的内容。成吉思汗祭典包括平时的瞻仰性祭祀，每月的礼祭、正月（春节）大祭以及四季祭典等祭祀仪式。举行祭典的主要场所是成吉思汗陵。成吉思汗陵位于内蒙古伊克昭盟伊金霍洛旗阿拉腾甘德尔地方。除了成吉思汗祭典之外，内蒙古西部地区的祭祖活动还有托雷祭典。托雷是成吉思汗第四子。以前在内蒙古杭锦和鄂托克两旗之间的道伦湖都克地方长期祭祀着托雷的像。1955 年把它搬到新建的成吉思汗陵，从此就和成吉思汗陵的其他祭典合在一起来祭祀。据考察，托雷祭典中出现的祭苏勒德仪式属较晚期。托雷的朝木朝克宫最初是双的，后来逐渐变成单朝木朝克。托雷祭典有月祭和季祭两种形式，月祭一般每月初三举行。古老的萨满教以各种形式渗透到蒙古族民俗文化中，至今已成为蒙古族非常重要的民族文化遗产。

在我国，经历了几次政治运动之后，人们几乎在萨满教和迷信之间画上了等号。不仅在一般民众的观念中是这样，就是在政界官员甚至一些老一辈学者的头脑中也把萨满教看作一种愚昧、落后、需要破除的迷信。然而，根据我们调查研究的结果，萨满教和蒙古族的文化艺术、道德法律、政治哲学、民俗风情、医药卫生之关系很密切。甚至蒙古族的一些文化传统就建立在萨满教宇宙观和哲学观念基础之上。如果将萨满教定位于需要破除的封建迷信，那么我们有可能将蒙古民族代代传承下来的一些传统民俗文化看作封建迷信来消除掉。

　　蒙古族的萨满教哲学是在蒙古族先民们认识自然、改造自然、适应自然的生活实践中自发产生的带有直观性、混沌性、类比性等特征的综合思维体系。正是在这一点上萨满教哲学有别于佛教等高级形态的宗教哲学。然而作为一种萌芽状态的哲学形态，萨满教哲学自有它的文化意义和思想价值。正如黑格尔在《哲学史讲演录》中所讲的："在文明初启的时代，我们更常会碰见哲学与一般文化生活混杂在一起的情形。但是一个民族会进入一个时代在这时精神指向着普遍的对象，用普遍的理智概念去理解自然事物，譬如说，去要求认识事物的原因。于是我们可以说，这个民族开始作哲学思考了。"① 由于萨满教综合体系中"哲学与一般文化生活混杂在一起"，所以我们要研究萨满教与蒙古族民族文化间的关系时必须以对其哲学思想的探讨作为切入口或敲门砖。

　　有人曾提出："在宗教意识控制人们思想和行为的时代，文化的综合凝聚体是宗教。人类的一切文化表现，如社会组织、生活方式、艺术、世界观、观察自然现象的眼光，力图征服环境的巫术活动等，都与宗教意识、宗教活动发生有机联系。"② 在萨满教得以产生的那个历史时代，信仰萨满教的民族集团的思维模式和世界观遵循着宗教和神话合二为一的混沌律规则。在这种世界中，自然知识、宗教观、艺术形象、道德法律规范、民俗惯制、文学创作、政治理想以及医学知识的萌芽以奇特的方式交织在一起。它建立在对世界感性的形象的认识基础上，建立在把人和社会关系的特性挪用到自然界、把人本身与自然事物相类比这样的基础上。它是人对周围世界的关系的前理论形式。如果没有这种文化内核及哲学探求精神的话，萨满教不会在历史上发挥如此巨大的作

---

　　① ［德］黑格尔：《哲学史讲演录》第三卷，商务印书馆 1981 年版，第 258 页。
　　② 谢选骏：《神话与民族精神》，山东文艺出版社 1986 年版，第 350 页。

用，也不会那样深刻地影响如此众多的民族。哲学是萨满教的重要基础，萨满教也可以说是一种独特的哲学思想体系，是对宇宙人生所持的一种独特态度和观念。在萨满教哲学世界观的意识形态背景下，信仰萨满教的各少数民族都创造出一整套与其生存环境相适应的物质和精神文化体系，并从中细分出文学、艺术、医学等具体的文化形态。由于萨满教的综合思想体系中隐藏着生命力较强的一套哲学思想，所以它和信仰该宗教的各少数民族的政治、经济、文化等各种社会文化体系发生了紧密的联系。

日本著名学者大间知笃三先生针对达斡尔族萨满的传承问题曾指出："一提到巫教，人们马上只想到迷信、邪教，一提起巫人们马上想起弄作诈骗术、说谎言的卑贱之徒……我认为，在民族固有传承中发现将来应该发展的诸种要素的态度是可行的。当然在治病巫中有许多迷信，这是应该纠正的。作为弊害需要清除的东西也不少。就治病巫术而言，这是朴素的，使宗教、文学、音乐、舞蹈融为一体的综合体。各种氏族祭祀是包含优秀而美丽的艺术的宗教仪礼。如果达斡尔族将来发展其固有文化，要忽视这些要素，到哪里去寻找其发展的基础呢？"[1]

我们研究萨满教必须要一分为二地看待它，否则很容易得出一些极端而片面的结论。萨满教中既有封建迷信的糟粕，又有民族文化，甚至民间科学的精华。取其精华，去其糟粕才是我们对待萨满教的正确态度。在萨满教的庞杂体系中确实蕴含不少值得挖掘的民间民俗文化财富。有些国家的学者和科学技术人员已经开始从萨满教中挖掘出一些值得现代人所借鉴的合理因素。美国及其他西方国家的人类学者、心理学者、宗教学者、医生等，抓住了萨满医疗中的某些有效手段，并利用它们进行现代萨满培训和医疗实验，一时声名大振。

---

[1] 《建国大学研究院学报》第41卷，1944年。

在国内，挖掘萨满医术，使其和现代医学相结合方面，内蒙古哲盟整骨医院的包金山先生做出了很大的贡献。他将具有 200 多年历史的包氏萨满整骨术和现代医学相结合，根据自己的临床实践对祖传萨满整骨术进行了科学的剖析与研究，并写出了《整骨知识》《祖传整骨》《包氏祖传蒙医整骨学》等医学专著。这是民俗知识和科学知识相结合的很好的尝试。包金山从其曾祖母——女萨满娜仁·阿柏那里继承了一些传统的萨满整骨医术，并根据自己的临床经验使其和现代医学接上了轨。女萨满娜仁·阿柏的整骨术的神奇在蒙古民间广泛流传，人们都称她为"神医太太"。她的整骨术不仅奇妙，而且别具一格。她采用视伤肢功能、听骨折擦音、问发病经过、思疼痛程度、摸伤肢变化等方法进行诊断治疗。她治疗骨折的方法很奇特，对开放型粉碎性骨折者，采用挤取死碎骨片的方法使其治愈；用蛇蛋花宝石按压方法止血镇痛，再用青铜镜和银杯按摩接骨；对颅骨等凹陷骨折、肋骨等踏型骨折者，采用拔罐提骨复平法。她还应用一些医学上的原理，"以震治震""震静结合""先震后静"，用人工震动治疗脑震荡，并辅之以蒙药治疗，堪称"蒙医整骨"。娜仁·阿柏的曾孙包金山将她的一些萨满医术运用到现代医学的临床经验中取得一定的疗效。据包金山介绍，过去萨满接骨治病时往往运用气功或跳神等。在科学技术不发达的时代，由于对疾病缺乏仔细的观察，对自然现象缺乏必要的了解，同时也无相应的治疗措施，因而用自然现象解释疾病的理论是较难被人们所接受的，而用鬼怪作祟等神秘原因来解释更容易被人们的民俗心理所接受。随着人们对神秘治疗的日益依赖，在实践活动中也产生了一系列的精神和气功等疗法。如蒙古萨满治疗骨折之前，用手指将马奶酒弹指朝上敬天、朝下敬地，然后食指蘸满酒不断洒向病人，再进行治疗。还有的萨满在治疗期间，口中喃喃地念着咒语，同时双手迅速按摩治疗病人。这些实际上都是一种精神上加以分散患者注意力和思维的方法。病人陶醉在萨满的虔诚的自语中，便忘了自己患处，消除了紧张，浑身肌肉放松，有助于治疗骨折。

据包金山介绍，在接骨时，医生首先呷一口酒喷于患处，连续三次，喷出的"吱"的强烈、短暂、暴发性很强的声音，顿时分散患者的注意力，各种杂念在瞬间消失，消除了紧张情绪，肌肉也便放松，医生乘机迅速复位，而患者在那复位瞬间思维还在那喷酒声中回旋，减少了其痛觉，待回过神来，伤肢已复位，于是患者更是产生了良好的心境、康复的希望、信任的目光、如意的感觉，很好地配合了医生的治疗，能自觉地树立意志和控制自己的体位，这样病情就会迎刃而解了。这就是喷酒整骨法的精神疗效。那么，喷酒的声音为何具有如此大的吸引力呢？这就是因为声音在空中传播时为纵波，称之为声波。其特点是具有穿透性，除了噪声以外对人体有益的声音之一就是超声波。它具有良好的方向性、穿透性、折射性和频率高等特点。喷酒的口哨声正是利用声波的穿透性、折射性达到意到、声到、气到的效果，也就是以声带气，气随意走，是一种特殊的疗法。

可见，来源于萨满医术的整骨术中蕴含许多被神秘的宗教伪装所掩盖的科学道理。这种运用气将酒喷出，治疗骨折法中具有一定的物理学道理：任何物体的静止都是体现排斥力的能量的某种转化结果，所以相对静止物质一旦得到外力改变吸引和排斥之间的关系，运动状态即发生变化，患者相对静止的伤肢与缓慢的血液循环一旦得到了用气喷出的酒的作用，这种特殊的外力，顿时改变机体吸收和排斥二者的关系，患处周围的各个毛细血管、毛孔都舒展开来"血随气流"，改善血液循环、补气养血、温经通络，使复位之后无肿胀、无血管堵塞现象发生。类似这种萨满医术中隐藏的潜在的科学因素比较丰富，在此不一一细述，留待日后进行专门之探讨。

萨满教作为一种古朴的自然宗教，毫无疑问蕴含一定的合理因素。笔者觉得萨满巫术虽然对神秘领域一见倾心，但这却是对人类有限认识的补充。它诱导着人们寻找神秘背后的规律，这种探求精神是值得肯定的。在千百年来的人类生产和生活实践中产生的萨满文化中的一些古老科学因素对今日的现代科学也有借鉴作用。如萨满医术中固有的心理疗法完全和现代西方医学中的心理咨询、心理热线等文化精神医学进行跨时代的世纪对话。有些精神性疾病，如被称之为"巫病"的疾病现象，用现代医疗手段无法治疗，而萨满医术却对其起到控制或治愈作用。这一点上，萨满医术可以补充一些现代医学的不足。所以，我们应正确地对待萨满医术的消极性和积极性，不能够只看到它的消极性而以偏概全地全盘否定萨满医术。用"一分为二"观点分析和评价萨满巫术才是我们所应该采取的科学态度。

肯定萨满文化的合理性的同时，我们也要弄清"假萨满"和"真萨满"的区别，不能够以少数假萨满的骗术为例，完全否定萨满所具备的巫术本领。在萨满队伍中也存在鱼龙混杂的局面，所以必须要分别对待真假萨满。这也是我们评价萨满教是否"迷信"时需要弄清的重要问题。

包括萨满巫术在内的宗教巫术并非是各种迷信的拙劣聚集。萨满文化是一个值得去探险开发的人类文化"大陆"，它所蕴含的科学、文化、艺术要素实际上不低于其迷信的要素。由于萨满教中蕴含一定的科学要素和合理成分，所以具有很强的生命力，它经过历代的竞争至今仍被保留下来了。萨满教的世界观是经过时间的考验才被接受并获得恒久性、稳定性和生命力的，而非靠骗术幸存下来的低级迷信。如果将萨满教仅仅看作一种迷信，那么我们有可能将祖先所创造的一些具有较高文化价值的民俗知识和精神财富当作糟粕抛弃掉，这是一种既对不起祖先，又对不起后代的不负责任的态度。

我们对传统文化的保护与继承的意识，体现了我们对传统文化的重视程度，但是对传统文化的保护不应该只局限于保护历史文物等有形文化遗产及一些精英的文化，对于各种民间文化及无形的非物质文化遗产也应给予关注与保护。2005 年 3 月，国务院办公厅公布的《关于加强我国非物质文化遗产保护工作的意见》的附件《国家级非物质文化遗产代表作申报评定暂行办法》中，界定非物质文化遗产是"指各族人民世代相承、与群众生活密切相关的各种传统文化表现形式（如民俗活动、表演艺术、传统知识和技能，以及与之相关的器具、实物、手工制品等）和文化空间"①。蒙古族萨满文化作为人类文明进程中的一种精神文化表现形式，它不仅反映着人们对客观物质世界的认识，它还反映着人们早期时代的审美意识和审美追求，是我们探索蒙古族先民及后代审美心理和艺术特征的线索之一。在当今社会中，这种由民众传承的各种古老文化表现形式会随着时代的变迁而淹没在文化的记忆里，需要我们加倍珍视它。联合国教科文组织《保护非物质文化遗产公约》突出强调了非物质文化遗产具有这样的重要价值："第一，非物质文化遗产是世界文化多样性的生动体现；第二，非物质文化遗产是人类创造力的表征，对于非物质文化遗产的保护，体现了对人类创造力的尊重；第三，非物质文化遗产是人类社会可持续发展的重要保证；第四，非物质文化遗产是密切人与人之间的关系以及他们之间进行交流和相互了解的重要渠道。"② 保护蒙古族萨满文化，对于保护我国多民族的人类文化多样性，对于发挥民众想象力和创造力，对于人类的可持续发展都具有重要意义。

---

① 王文章主编：《非物质文化遗产概论》，文化艺术出版社 2006 版，第 10—11 页。
② 同上书，第 13—14 页。

目前，我们把非物质文化遗产分为民间文学、民间音乐、民间舞蹈、传统戏剧、曲艺、杂技与竞技、民间美术、传统手工技艺、传统医药、民俗等 10 个部分。在民俗一项中必然要包括一些信仰民俗。大凡民间习俗无不有信仰的成分，因此信仰民俗实可算一个大类。但这里所说的信仰民俗，是侧重于具有信仰观念且有崇拜心理和祭祀活动的部分民俗。信仰民俗是"在长期的历史发展过程中，在民众中自发产生的一套神灵崇拜观念、行为习惯和相应的仪式制度"①。原始信仰与崇拜密切联系着，原始阶段的人类信仰很广，他们信仰各种天神、社稷神，信仰图腾，信仰山川、日月、风雨、雷电，信仰各种精灵、鬼魂，并且加以崇拜。后世信仰的佛教、道教、城隍土地神、门神、灶神、财神、喜神、龙王、马王、药王、关帝、鲁班、河神、海神、窑神等也都属信仰民俗。它们的形成历史很复杂。这些信仰民俗贯穿在各种民俗活动中。有的是全民信仰，有的局限于某一地区某一民族，还有的局限于某一种行业和集团。此外，崇信巫鬼、迷信前兆，以及在婚丧礼俗中的命相、风水、择吉、祭魂、驱煞、禁忌、烧纸、诵经及相信天堂、地狱等也都是信仰民俗之表现。

信仰民俗属于心理民俗，是以信仰为核心的反映在心理上的习俗。② 信仰民俗是在民众中自发产生并始终保持着自然形态的神灵崇拜。它没有完整、系统的哲学、伦理体系，但却有着与民众世俗生活联系密切的形形色色的信仰观念，这些信仰观念往往借助于神话、传说、故事、史诗、谚语以及习俗等而得以世代传承；它没有系统的神灵谱系，但却有着涉及天地万物、宽广无边的崇拜对象，如自然神、图腾、祖先神、行业神以及万物之灵等；它没有严格的教规教仪，但却有着与

---

① 钟敬文主编：《民俗学概论》，上海文艺出版社 1998 年版，第 187 页。
② 参见张紫晨《中国民俗与民俗学》，浙江人民出版社 1990 年版，第 123 页。

崇拜对象相配套的民俗行为与仪式制度。每一种信仰民俗都有其特定的信仰对象，亦有信仰该对象的相对固定的群体。钟敬文先生在《民俗学概论》中指出，精神民俗是指在物质文化与制度文化基础上形成的有关意识形态方面的民俗。它是人类在认识和改造自然与社会过程中形成的心理经验，这种经验一旦成为集体的心理习惯，并表现为特定的行为方式并世代传承，就成为精神民俗。①

在信仰民俗中，萨满教是一种具有原始宗教性的信仰，它曾盛行于我国北方鄂温克、鄂伦春、达斡尔、蒙古族以至满族中，它是以万物有灵观念为基础的，并与狩猎、捕鱼经济的巫术活动相结合，它的发生发展和消亡与原始公社向阶级社会过渡的经济基础的变化息息相关。蒙古族的萨满教信仰具有悠久的历史，成吉思汗祭奠就是在萨满教灵魂信仰和祖灵观念基础上产生的信仰民俗。通过祭祀成吉思汗的活动，表达了"蒙古民族的一种寄托、希望和祈求的心理，最具民族个性"②。萨满教和成吉思汗祭奠是蒙古民族非物质文化遗产的重要载体，是蒙古民族传统信仰民俗的集中体现。

建立在萨满教观念基础上的成吉思汗祭奠已登上第一批国家级非物质文化遗产名录。成吉思汗祭奠作为一种古老的祭祀文化就是一种对过去的场景和情境的展示和传承，而这个过程中的人，作为一个文化载体成为一种活态的民俗文化资源。费孝通先生指出："在经济落后时期，人们不可能会认为人文活动留下的各种遗迹和文化艺术是一种资源。这就是说，是经济的发展促进了人们对人文资源的认识，反过来，对人文资源的认识也将促进人们对经济发展的更深一步的认识。人们将认识到经济的发展并不是我们的唯一经济目的，经济的发展只能解决我们生存

---

① 参见钟敬文《民俗学概论》，上海文艺出版社 2005 年版，第 5 页。
② 陈育宁：《再说鄂尔多斯学》，《鄂尔多斯研究》2004 年第 4 期，第 21 页。

的基本问题，但如何才能生存得更好、更有价值，使自我价值的发挥得到更宽阔的拓展，并从中发展出一种新的人文精神，是需要在原有的人文资源的基础上，用文化和艺术的发展来解决的。这里面不仅有一个物质的问题，还有一个精神的问题，这就是人文资源的价值所在。"①　由于文化资源的这种内涵深厚的文化价值，从而使其成为旅游业等文化产业开发的首选资源。在这样的背景下，成吉思汗陵的核心文化——成吉思汗祭奠及传承和守护群体——达尔扈特人，成为整个成吉思汗陵文化的核心，受到国家的重视和保护。

蒙古族萨满文化的保护和传承是世界文化多样性保护工作中的重要组成部分。人们越来越认识到保护文化多样性具有十分重要的意义。文化多样性是人类文化发展、繁荣的基础。联合国教科文组织于 1972 年制定了《保护世界文化和自然遗产公约》，把文化遗产和自然遗产纳入保护的范围；1989 年又提出了《保护传统文化和民俗的建议》，建议各国把民族传统和民俗文化也纳入保护的范围。2001 年提出了《世界文化多样性宣言》，2003 年在联合国教科文组织第 23 届会议上通过了《保护非物质文化遗产国际公约》。

任何民族对待自己传统文化和文化遗产的态度往往是较复杂的。既想保存传统文化，又想发展传统文化是各民族中普遍存在的矛盾心理。然而所谓的"传统"都是在社会历史发展的过程中逐渐形成的，任何民族的传统文化都是在不断创新的过程中逐步地累积而形成的。把传统文化看作停滞不前、一成不变的观念本身就是一种错误的观念，在文化遗产保护的实践中应不断克服这种牢固观念，用发展的观念来对待"活态人文遗产"，不能够以"保存""保护"的名义来阻挡或阻碍一些民

---

① 费孝通：《论西部开发中的文化产业》，《费孝通民族研究文集新编》，中央民族大学出版社 2006 年版，第 541 页。

族和相关族群的传统文化的合理发展。所以在今后包括萨满文化在内的"活态人文遗产"保护工作中各地各级政府以及有关部门应根据不同的情况和条件，采取灵活多样的方式和政策，将传统的保存方式和新型的开发式保存方式有机地结合在一起，并在实际的运作过程和工作实践中根据具体情况不断地调整和改进保存方式和保护模式，这样才能够达到既要保存和保护，又要开发和发展的"一举多得"的最终目的。

中蒙两国马头琴音乐文化交流史与现状调查分析[*]

张劲盛

中蒙两国是世代友好的睦邻友邦，两国边界线长达 4710 千米。蒙古国是最早承认中华人民共和国的国家之一，两国早在 1949 年 10 月 16 日就建立了外交关系。中蒙两国建交 60 余年来，睦邻友好始终是两国关系的主流，尤其是近 10 年来，两国关系发展迅速，成果显著。中蒙两国建交以来，两国之间的文化交流始终占据着不可替代的重要作用，特别是音乐文化的交流在其中显得尤为突出。

马头琴是蒙古族代表性的传统民间乐器，广泛流传于蒙古国全境、中国内蒙古自治区全境及辽宁、吉林、黑龙江、新疆、甘肃等地区的部分蒙古族聚集区。由于马头琴在蒙古族内部具有部族化传承特点及跨境分布的特点，因此中蒙两国之间的马头琴音乐文化交流更加具有代表性，也必将对各自境内的马头琴音乐文化内部多样性的继承和发展产生重要的影响，但就目前的研究状况表明，这种影响体现为对中国境内马头琴音乐文化传统的影响和冲击。

———————————

 * 基金项目：国家社科基金重大项目"内蒙古蒙古族非物质文化遗产跨学科调查研究"，批准号：12&ZD131。

本文试图通过对中蒙两国马头琴音乐文化交流史的梳理和研究，结合对近 10 年来内蒙古地区马头琴音乐文化受蒙古国马头琴音乐文化影响和冲击的社会学调查分析，准确反映当前中国境内（特别是内蒙古自治区）马头琴音乐文化传承的现状和存在的问题，并深入挖掘表象背后深层的社会动因，提出解决当前存在问题的应对策略和有效方案。

中蒙两国马头琴音乐文化交流史的梳理，本文将其通过三个历史节点进行论述，分别是，第一发展期：中华人民共和国成立初期——以桑都仍访蒙求学为例；第二发展期：20 世纪 80 年代后期——以齐·宝力高访蒙音乐会为例；第三发展期：20 世纪 90 年代末至今——以中蒙两国马头琴人才交流为例。蒙古国马头琴音乐文化对内蒙古地区马头琴音乐文化的影响和冲击，笔者将以内蒙古自治区首府呼和浩特市为试点，选取若干所以培养马头琴演奏专业学生为主的大中专艺术院校，对马头琴教师和学生进行社会学问卷调查和统计学分析。在第三部分中，笔者主要论述了我国马头琴音乐文化传统遭受冲击和影响的原因分析以及应对策略的研究。

一　马头琴音乐文化交流史

在中蒙两国 60 余年（注：中蒙两国于 1951 年起建立文化联系）的文化交流中，马头琴音乐文化的交流成为其中最具代表性的特色之一。这种文化艺术交流的意义，笔者将其放置在当时国际局势和国内形势双重语境的中国文化艺术背景下进行探讨，以期充分还原当时的历史真相和揭示其所产生的深远影响。

通过对中蒙两国马头琴音乐文化交流史的梳理，笔者发现其明显呈现出三个发展高峰，其中，有些体现为某些个体音乐活动所展现出的，在历史进程中的标志性文化意义（如中华人民共和国成立初期桑都仍访蒙求学和 20 世纪 80 年代后期齐·宝力高访蒙音乐会），有些则体现为大量的民间性人才交流对双方本土音乐文化传统的影响、涵化和冲击。

（一）第一发展期：中华人民共和国成立初期——以桑都仍访蒙求学为例

中华人民共和国成立初期，特别是于 1951 年起中蒙两国建立文化联系后，两国文化交流迅速进入高速发展期。这得益于两国政府间的外交努力和高层领导人之间的频繁互访。[①] 这一时期文化交流的特征表现为两国在平等互利的前提下进行的全面、开放的文化交流，特别是当时两国均在经济基础薄弱、百废待兴的情况下，这些文化交流显得更加弥足珍贵，甚至有些活动成为当今中蒙文化交流的有益经验。如 1952 年 9 月 30 日—10 月 10 日，蒙古人民共和国政府在首都乌兰巴托和全国 18 个省省会举办的"蒙中友好旬"活动，成为中蒙文化交流的标志性活动之一。当时中国应邀派出以周立波为团长的中国文艺代表团和中国歌舞团赴蒙古人民共和国参加了"蒙中友好旬"活动。随着文化交流的深入，马头琴音乐文化的交流成为其中的一部分。我国著名的马头琴演奏家桑都仍先生便是在这个时期随团出访蒙古国，进行了中华人民共和国成立后中蒙两国首次马头琴音乐文化交流。

[①]　这一时期中蒙两国之间高层互访十分频繁，如中华人民共和国成立初期正式访问中国的蒙古国领导人有：蒙古国总理泽登巴尔（1952、1959、1962 年）、蒙古国大人民呼拉尔主席团主席桑布（1954 年）、蒙古国蒙古人民革命党中央第一书记丹巴（1956 年）、蒙古国大人民呼拉尔主席贾尔卡赛汗（1960 年）等；而这一时期访问蒙古国的我国领导人有：中国国务院总理周恩来（1954、1960 年）、中国国家副主席朱德（1956 年）等。双方还于 1960 年签订了《中蒙友好互助条约》。

　　桑都仍是中华人民共和国成立后我国培养的第一代马头琴演奏家，1926 年出生于内蒙古兴安盟科右前旗，1947 年参加内蒙古文工团，先是师从科尔沁潮尔大师色拉西学习演奏传统的潮尔演奏法，后又师从巴拉贡等多位民间马头琴手学习马头琴传统泛音演奏法，成绩斐然。其代表作为《蒙古小调》《红旗竞赛》《珍宝》《走马》《鄂尔多斯的春天》等多个马头琴独奏曲；论文《马头琴的传说——苏和的小白马》《关于马头琴及其民间乐曲》等。特别是桑都仍和阿拉坦桑共同在《内蒙古日报》（1962 年 5 月 20 日蒙古文版）上发表的《关于马头琴及其民间乐曲》这篇文章，虽然篇幅短小，但它是桑都仍先生对传统的马头琴演奏法进行梳理和改革过程当中的总结性文献，其中对马头琴三种定弦四种演奏法的经典概括，成为此后其他众多马头琴教程演奏系统和表述方式的范本和基础，在马头琴史上具有里程碑式的意义。

　　在我国流传的马头琴传统演奏法，可根据其定弦法与演奏特点概括性总结为三种定弦五种演奏法，分别是：

　　（1）反四度定弦实音演奏法；

　　（2）反四度定弦泛音演奏法；

　　（3）正五度定弦泛音演奏法；

　　（4）正四度定弦潮尔演奏法；

　　（5）正四度定弦额鲁特演奏法。

　　其中前两种是构成我国当前马头琴演奏系统的基础和蓝本。

　　传统的反四度定弦马头琴，主要流传在我国内蒙古锡林郭勒盟的苏尼特左旗、苏尼特右旗北部、阿巴嘎旗和巴彦淖尔盟地区。其琴体结构形制同当前我国所广泛流传的马头琴是相同的。在内蒙古民间将这种定弦法称之为"索勒盖呼格"或"博尔只斤呼格"。在这种定弦法上主要使用两种演奏法，即泛音演奏法和实音演奏法。内蒙古自治区成立以前，锡林郭勒当地的民间艺人，主要是用泛音演奏，而实音演奏法①据传曾在锡林郭勒盟的个别地区流传过，后来由于各种原因，演奏渐少。但是从老一辈马头琴演奏艺人们那里可以得到证实：这种演奏法在民间马头琴艺人们那里有着它的历史地位。它是马头琴演奏中独特一派，有着它自己的风格。② 这种实音演奏法在蒙古国也十分普及，成为喀尔喀地区主要的演奏法之一。而桑都仍先生赴蒙古国学习的正是这种在我国近乎失传的实音演奏法。

桑都仍先生于 20 世纪 20 年代赴当时的蒙古人民共和国，师从于蒙古马头琴大师级人物扎米彦先生学习这种实音演奏法。扎米彦先生是当时蒙古人民共和国著名的马头琴演奏家，同时也是大提琴演奏家。蒙古国的马头琴演奏法是扎米彦先生通过总结和梳理流传于蒙古国当地的传统实音演奏法，并以大提琴的指法体系为模板进行改革的成果。这种演奏法有两大特点：一是其使用五线谱为记谱方式，并以固定唱名法作为指法体系的理论支撑。二是其承袭传统演奏法中低音把位不用中指的指法禁忌习惯，并结合大提琴的指法规律，在低音一、二把位的演奏中避免使用中指。

桑都仍先生系统掌握了这种演奏法后，与内蒙古地区传统的实音演奏法相结合，根据内蒙古地区音乐发展和音乐风格的实际情况，对这种实音演奏法进行了大胆的创新和改革。首先，在马头琴演奏体系中，通过使用简谱，推行首调唱名指法体系，突出了内蒙古地区的音乐风格特点。其次，突破指法禁忌，在低把位中加入中指演奏，使得马头琴各把位指法的规律性、灵活性增强，便于学习和演奏。

---

① 实音演奏法在我国锡林郭勒当地民间被称为"图伯尔达日勒嘎"，"图伯尔"一词在蒙古语中是指"拾、捡、挑"的意思，"达日勒嘎"意为演奏法。整句的大意为"在琴弦上一个音一个音地捡着演奏"。

② 参见白·达瓦《马头琴演奏法》，内蒙古人民出版社 1983 年版，第 15 页。

这一时期中蒙两国的马头琴音乐文化交流，呈现出以下特点。

（1）这一时期的中蒙两国马头琴音乐文化交流，对于我方来讲更多的是一种技术层面的文化引进，而非文化输出。随着这一时期的马头琴音乐文化交流，反四度定弦实音演奏法——这种当时在我国并不主流的马头琴演奏法很快成为我国建立现代马头琴演奏体系的核心要素，在一定程度上影响了我国后来进行的一系列马头琴演奏法、乐器形制等方面的改革和创新。

（2）在这一时期的中蒙两国马头琴音乐文化交流当中，虽然我方进行了技术层面的文化引进，但只是在乐器文化的表层和中层显现出了一定程度的影响，但并未影响我国传统马头琴音乐文化的深层内涵①。以上特征表现为：第一，在双方当时的交流当中，由于蒙古国同样处于马头琴现代化改革的初期阶段，因此并没有过多的音乐作品传入我国。就目前的研究表明，只有两首乐曲（扎米彦先生改编的民歌《窗蝇》和创作的独奏小品《干杯》）在当时传入我国，并成为必修的马头琴音乐小品。第二，我方虽然在演奏技术层面进行了一定的借鉴和学习，但并非照搬照学、生搬硬套，而是对其进行了适合本土音乐文化传统的改革和创新。因此，我国的马头琴演奏技术技巧系统、演奏曲目及编创手法一直拥有独立的风格特点和音乐内涵。

（二）第二发展期：20世纪80年代后期——以齐·宝力高访蒙音乐会为例

20世纪80年代后期，中蒙两国的外交取得骄人的成绩，两国文化、

---

①　关于乐器文化内涵的研究，本文根据内蒙古大学杨玉成教授前期研究成果将乐器附载的文化内涵分为表层、中层和深层等三个层面，分别是：表层，包括乐器形制、定弦法等外显形式；中层，包括演奏法、技巧技艺等非物质文化层面的内容；深层，风格，即其独立体裁，或与其他体裁的关系中彰显的文化内涵。

科技交流再次进入了快车道。① 这一时期，我国马头琴音乐事业取得了飞速的发展，涌现出了以齐·宝力高、巴依尔、布林、达日玛等为代表的著名马头琴演奏家，及以布和那生、陈·巴雅尔、纳·呼和、仟·巴依尔、张全胜等为代表的青年马头琴演奏家团体；以《草原音诗》《万马奔腾》《回想曲》《初升的太阳》《成吉思汗的两匹骏马》等为代表的大批优秀的马头琴音乐作品；以"中国马头琴学会"和"野马马头琴乐团"等为代表的马头琴社会团体和演出组织。我国的马头琴音乐文化呈现出一片欣欣向荣、蓬勃发展的傲人景象。

齐·宝力高是我国享誉世界的马头琴演奏大师，蒙古族，1944 年出生于内蒙古通辽市科左中旗。1958 年进入内蒙古实验剧团，师从于马头琴演奏家桑都仍先生，1975 年调入内蒙古歌舞团。现任中国马头琴学会会长、蒙古国马头琴艺术中心名誉主席、日本国际交流马头琴协会名誉会长等社会职务，创建中国"野马马头琴乐团"。代表作有《草原连着北京》《大草原》《万马奔腾》《回想曲》《苏和的白马》《初升的太阳》《成吉思汗的两匹骏马》等近百部；出版我国第一部《马头琴演奏法》（汉文版，1974 年）、《马头琴演奏教程》（蒙文版，1980 年）。

1988 年，应蒙古国邀请，齐·宝力高以私人名义出访蒙古国，在蒙古国首都乌兰巴托市成功地举办了个人马头琴独奏音乐会，也是第一位在蒙古国举办马头琴独奏音乐会的中国人，这次音乐会获得了极大的成功，充分展示了当时我国在马头琴音乐创作、马头琴演奏技法创新以

---

① 1987 年开始，中蒙两国恢复中断了 20 多年的科学技术交流，双方签署了两国政府《1987—1988 年度科技合作计划》。1988 年，蒙古国大人民呼拉尔主席林钦访华，1989 年两国关系和两国执政党——中国共产党与蒙古人民革命党相互关系实现正常化。1990 年，蒙古国大人民呼拉尔主席团主席彭·奥其尔巴特访华；1991 年，中国国家主席杨尚昆访问蒙古国。此后，两国友好交流与合作在政治、经济、文化、教育、军事等各个领域不断得到巩固和发展。

及马头琴乐器改革等方面取得的巨大成就。本场独奏音乐会演奏了《东山哥哥》《大草原》《回想曲》《成吉思汗的两匹骏马》《万马奔腾》等优秀的音乐作品，这些音乐作品中丰富的音乐语言，直接刺激了蒙古国音乐同行的耳朵。音乐作品中所展示的马头琴演奏技巧也成为吸引蒙古国音乐同行的一个亮点，我国的马头琴演奏技术技巧系统是桑都仍、巴依尔、齐·宝力高、布林等几代人数十年的研究成果的综合体现，是以多种马头琴传统演奏法为基础内核，结合和借鉴了小提琴、二胡等其他弦乐器的演奏技巧而产生的新的技术技巧系统，不但保留了传统马头琴演奏法的诸多特点，还融入了很多小提琴、二胡的弓法技巧，丰富了音乐表现力。我国马头琴乐器改革的成果，也在这次音乐会上得以展示。我国的马头琴乐器改革从20世纪50年代开始，经历了几代人的艰辛努力，获得了令人瞩目的成绩。单就共鸣箱面板材料的改革就经历了皮面→膜面→膜板共振→蟒皮→木面等几个阶段，此外还包括琴弓形制、琴弦材料、琴轴等多方面的改革成就。

相对于当时我国在马头琴领域获得的成就，蒙古国当时在很多方面显得相对落后。如在马头琴音乐创作方面，并没有结构庞大、表现力丰富的马头琴独奏、重奏、协奏音乐作品，而大多是篇幅短小的旋律小品；由于音乐创作的缺位，马头琴演奏技术技巧没能得到补充和提高，同时乐器改革和制作也同样处于停滞状态。

齐·宝力高的访蒙马头琴音乐会直接促进了蒙古国马头琴音乐创作和乐器改革等方面的全面启动和快速反应。蒙古国的作曲家敏锐地捕捉到了这一历史契机，扎堆般地在短时间内创作出了多首结构庞大、音响丰富，且具有一定演奏技术技巧难度的大型马头琴协奏曲。如此众多以马头琴为独奏乐器的大型器乐曲的扎堆出现，不得不说是受了齐·宝力高访蒙马头琴音乐会的影响和启示。（见表1）

表 1　　　　　　　　　蒙古国部分马头琴协奏曲创作年代①

作品名称	创作年代	作曲家	备　注
《第一马头琴协奏曲》	1988 年	纳·赞钦诺日布	蒙古国第一首马头琴协奏曲
《马头琴与室内管弦乐协奏曲》	1989 年	尊丁·杭格乐	
《第一马头琴协奏曲》	1989 年	那楚克道尔吉	
《马头琴与管弦乐队协奏曲》	1990 年	布·西日布	

此后，中蒙两国马头琴音乐文化交流渐趋频繁。1989 年，蒙古国音乐家协会主席纳·赞钦诺日布、人民功勋演员扎米彦、青年马头琴演奏家巴图楚伦等人受邀来到中国，参加在内蒙古呼和浩特市举办的"中国马头琴学会"成立仪式暨马头琴专场音乐会，再次感受到中国马头琴音乐的感染力和表现力，并受到"野马马头琴乐团"群体化合奏音乐的启发，回国后于 1992 年成立蒙古国国立马头琴乐团。与此同时，蒙古国马头琴艺术中心成立后，齐·宝力高被聘为名誉主席，这也是对他为促进中蒙两国之间的马头琴音乐文化交流所做贡献的一种褒奖。

这一时期中蒙两国的马头琴音乐文化交流，呈现出以下特点：

（1）这一时期的中蒙两国马头琴音乐文化交流，由于我国在马头琴音乐文化的多个领域取得了举世瞩目的成果，而蒙古国在某些方面的相对落后，所以呈现出强烈的文化输出的意味。这种成功的文化输出，源自我国在马头琴领域积极的开拓进取、勇于创新所取得的远远领先于世界平均水平的实质性成果；也源自在进行马头琴演奏法、乐器形制改革的过程中，在勇于汲取其他先进文化中具有科学性、规律性的成果的同时，更加

---

① 齐琴：《那策格道尔基"呼麦、马头琴与管弦乐协奏曲"的研究与分析》，硕士学位论文，中央民族大学，2012 年。

注重从民族传统文化中吸取养分，以突显自身的文化特质和内涵。

（2）在这一时期的中蒙两国马头琴音乐文化交流当中，虽然我方在马头琴领域取得的成绩令蒙古国的同行们惊诧，但蒙古国作曲家、演奏家们做出的快速而强烈的反应也显示出了蒙古国深厚的音乐文化底蕴和惊人的"后发之力"。短短的两年时间内产生四部大型协奏曲，显示出蒙古国作曲家们的民族使命感和同时驾驭民族音乐和西方音乐的能力。这也从侧面反映出我国在马头琴音乐创作方面所存在的问题：自从 1983 年辛沪光创作的马头琴协奏曲《草原音诗》诞生后，便鲜有大型马头琴音乐作品产出，鲜有作曲家为马头琴创作乐曲，而多为马头琴演奏者自行编创的中小型音乐小品。这种音乐人才的短缺所留下的隐患，逐渐拉开了中蒙两国之间马头琴音乐作品创作水准的距离，为第三发展期我国马头琴音乐文化所产生的危机埋下了伏笔。

（三）第三发展期：20 世纪 90 年代末至今——以中蒙两国马头琴人才交流为例

20 世纪 90 年代末至今，中蒙两国关系在原有的基础上更进一步，高层互访愈加频繁，外交成果显著。[①] 随着两国文化交流的深入，马头琴音乐文化人才的交流成为这一时期最为显要的特征之一。这一时期两国之间马头琴人才交流非常频繁，更趋于常态化。以内蒙古自治区赴蒙古国求学的马头琴学子为例，自 2002 年至 2013 年，每年都不间断地有

---

① 以 20 世纪 90 年代末为例，中蒙两国高层互访频繁。当时应邀访问我国的蒙古国领导人有：蒙古国总统那·巴嘎班迪（1998 年、2004 年）、总理林·阿玛尔扎尔嘎勒（1999 年）。我国受邀访问蒙古国的党和国家领导人有：中国全国人大常务委员会委员长乔石（1997 年）、国务院副总理兼外交部部长钱其琛（1997 年）、国家主席江泽民（1999 年）等。1998 年 12 月，应中国国家主席江泽民邀请，蒙古总统那·巴嘎班迪对中国进行了国事访问，双方发表"中蒙联合声明"，确定建立两国面向 21 世纪长期稳定、健康互信的睦邻友好合作关系，为两国关系的未来发展指明了方向。1999 年 7 月，中国国家主席江泽民应邀对蒙古进行国事访问，充实和丰富了两国睦邻友好合作关系的内涵。

若干名内蒙古地区马头琴学子赴蒙古国求学。（见表 2）

表 2　2002 年至 2013 年内蒙古地区赴蒙求学的部分马头琴学子统计

姓名	时间	交流目的	工作单位
萨切荣贵	2002—2003 2007—2009	赴蒙古国获本科双学位 赴蒙古国获硕士学位	内蒙古大学艺术学院音乐系
纳·呼和	2005—2007	赴蒙古国获硕士学位	内蒙古大学艺术学院（附属艺术中专）
额尔顿布和	2005—2007	赴蒙古国获硕士学位	内蒙古大学艺术学院音乐系
金龙	2007—2009	赴蒙古国获硕士学位	呼和浩特民族歌舞团
苏都	2007—2009	赴蒙古国获硕士学位	呼和浩特民族学院
存布乐	2009—2011	赴蒙古国获硕士学位	内蒙古大学艺术学院音乐系
白萨日娜	2009—2011	赴蒙古国获硕士学位	内蒙古大学艺术学院（附属艺术中专）
苏尔格	2009—2011	赴蒙古国获硕士学位	内蒙古歌舞剧院
沃德乐夫	2009—2011	赴蒙古国获硕士学位	内蒙古大学艺术学院音乐系
额尔德尼	2009—2011	赴蒙古国获硕士学位	鄂尔多斯学院
那萨	2009—2011	赴蒙古国获硕士学位	呼伦贝尔艺术学校
朝克纳仁	2010—2012	赴蒙古国获硕士学位	内蒙古大学艺术学院（附属艺术中专）
敖日格乐	2010—2012	赴蒙古国获硕士学位	内蒙古民族大学音乐学院
麦拉苏	2011—2013	赴蒙古国获硕士学位	内蒙古大学艺术学院（附属艺术中专）

从表2中可分析出以下信息：（1）内蒙古地区赴蒙古国的青年马头琴人才，全部都是在蒙古国留学并获得硕士（或学士）文凭，暂时没有信息显示有中国籍马头琴演奏员在蒙古国任教或任演奏员的记录；（2）由内蒙古地区赴蒙古国的青年马头琴人才，几乎全部是内蒙古自治区各大艺术类高校或演出团体的青年骨干，他们的求学经历必将在他们的工作、教学及演奏环节中产生一定程度的影响；（3）以内蒙古大学艺术学院为例：全校（包括附属中专）共有10位马头琴专业授课教师，除其中1位马头琴教师为外聘的蒙古国外教以外，其余9位马头琴教师中有8位是在蒙古国留学获得的硕士学位。唯一1位没有去过蒙古国留学的马头琴教师在大学时期也是跟随蒙古国外教学习的马头琴演奏。这种学习、进修经历，势必在整个马头琴教学过程及理念、方法中产生一定的影响。下面我们通过表格来梳理一下从蒙古国来到内蒙古呼和浩特市各大艺术院校任马头琴授课教师的部分人员名单（见表3）。

表3　　　　1999年至今蒙古国马头琴人员来华任教的部分名单

姓名	时间	年限	交流目的	供职学校
巴图额日顿	1999—2000	1	马头琴教学	内蒙古大学艺术学院
朝克图赛罕	2001—2003	2	马头琴教学	内蒙古大学艺术学院
巴图奥其尔	2006—2007	1	马头琴教学	内蒙古马头琴艺术学院
乌兰图嘎	2006—2007	1	马头琴教学	内蒙古马头琴艺术学院
巴图巴雅尔	2007—2008	1	马头琴教学	内蒙古马头琴艺术学院
浩斯巴雅尔	2008—至今	5	马头琴教学	内蒙古大学艺术学院（附属中专）

从表 3 中可分析出以下信息：（1）从蒙古国来到内蒙古呼和浩特市的马头琴交流人才均在各大艺术院校担任马头琴授课教师一职，暂时没有信息显示有蒙古国籍的马头琴演奏员来中国求学或担任演奏员的记录；（2）从时间上来说，从 1999 年至今，内蒙古呼和浩特市从未中断有蒙古国马头琴教师在此任教。

这一时期中蒙两国的马头琴音乐文化交流，呈现出以下特点。

（1）这一时期的中蒙两国马头琴音乐文化交流，呈现出强烈的、一边倒式的来自蒙古国的文化输出，而就我方来说是被动的文化引进或输入，表现出极不平衡的文化产业的"贸易逆差"。这种"贸易逆差"体现为中蒙双方马头琴人才交流内容的差异：我方全部为赴蒙求学，蒙方全部为来华任教。产生这种现状的根源，是中蒙双方在马头琴音乐创作、教学资源等多方面存在的实际差距。

（2）蒙古国的马头琴音乐文化的核心力量，来自一大批作曲家、演奏家、指挥家、演奏团体及教学团队的协力合作，呈现出社会分工详细、社会组织严密的特点，再由国家的文化态度为主导，形成了一种不可忽视的"强势文化"；我国的马头琴音乐文化，在国家文化当中属于"少数民族文化"，在民族文化当中属于"边缘文化"范畴。再由于人才断层、社会分工不完善等问题，相对处于"弱势文化"地位。在中蒙两国马头琴音乐文化全面交流、碰撞时，受到冲击和影响是不可避免的。

二　马头琴音乐文化交流现状分析

现阶段中蒙两国马头琴音乐文化交流，对我国的马头琴音乐文化传统具体有哪些冲击和影响？体现在哪些方面？影响和冲击的程度有多深？这些问题将在这一部分内容中进行叙述和分析。调查问卷内容包括蒙古国马头琴定弦法、乐器形制、演奏曲目等方面对我方的影响，研究方法为社会学问卷调查法。

笔者从 2007 年开始对内蒙古呼和浩特市几个艺术类大中专院校的马头琴学生进行了不间断的社会学问卷调查，这些学校包括内蒙古大学艺术学院（包括附属中专）、内蒙古呼和马头琴艺术专修学院、呼和浩特民族学院等。下面将就蒙古国马头琴定弦法、乐器形制、演奏曲目等方面问题分别进行调查结果分析。

（一）蒙古国马头琴定弦在内蒙古地区的流传及影响

正如前文所述，传统马头琴可分为三种定弦方法，而如今在中蒙两国都普遍流传的是以反四度定弦为基础的马头琴演奏系统。在反四度定弦方法的基础上，关于定弦的具体音高，中蒙两国经历了不同的改革、变迁过程，确定了不同音高的马头琴定弦，而不同的定弦音高，直接影响了中蒙两国马头琴的音乐风格、表现特性及其音乐作品的旋法和与其他乐器的协奏、合奏风格等。这其中也关系到马头琴的乐器形制和制作材料的改革，以及多种型号马头琴的开发研制。

蒙古国的马头琴定弦音高，在 20 世纪 50 年代便确定为小字组的 f、bb，并获得了全国业内人士的认可，很快便在国内得到推广和普及，如今已经与蒙古国音乐创作、表演的调式调性选择、风格旋法特征等紧密结合，带有浓厚的喀尔喀风格烙印。

我国的马头琴定弦音高的变迁，经历了漫长而又曲折的过程。我国传统马头琴反四度定弦，在民间的定弦音高基本为小字组的"e"和"a"。

通过从 20 世纪 20 年代开始的马头琴乐器改革，马头琴的琴弦、面板和弦轴等的可承受压力增大后，我国研制出与传统马头琴相对应的、当时称为"高音马头琴"的反四度定弦马头琴，其定弦音高在这一时期确定为小字组的"a"和小字一组的"d1"。这一定弦音高在我国从 20 世纪 60 年代至 80 年代末一直都在沿用。马头琴这种定弦音高与蒙古族传统乐器四胡、三弦、蒙古筝等在音调方面特别的融洽，马头琴的空弦音与蒙古四胡的空弦音一致，因此在演奏时可以与四胡等乐器保持同一个"认弦标准"，在更多利用空弦音与泛音的情况下选用最合适的把位。这种定弦高度的缺点是，由于定弦音高较高，对乐器制作工艺和材料有很高的要求，在上述问题没有得到彻底解决的情况下，乐器声音高而尖，杂音过多，失去了传统马头琴原有的深沉、浑厚的音色特点。

在 20 世纪 80 年代初期，内蒙古地区马头琴的定弦音高普遍从小字组的"a"和小字一组的"d1"下调大二度，变为小字组的"g"和小字一组的"c1"。关于这种定弦高度，在 1983 年出版的《马头琴演奏法》一书中有明确的记载。[1] 在该书中将这种定弦法称之为"特殊定弦法"，证明这种定弦高度在当时已经存在，但是还不很普及，只在有特殊调式要求的时候才会使用。此书中还附有这种定弦高度的调性两弦唱名列表（见表4）。

表4　　　　　　　　　　　调性及两弦首调唱名

调性	唱名		调性	唱名		调性	唱名	
	外弦	内弦		外弦	内弦		外弦	内弦
1 = C	5	1	1 = D	4	b7	1 = bD	#4	7
1 = bB	6	2	1 = F	2	5			
1 = bA	7	3	1 = bE	3	6			

20 世纪 90 年代末开始，随着中蒙两国马头琴人才交流的日益频繁和深入，大量的蒙古国马头琴音乐作品在我国开始流传，蒙古国马头琴

---

[1]　参见白·达瓦《马头琴演奏法》，内蒙古人民出版社 1983 年版，第 20 页。

深沉、浑厚的音色也瞬间抓住了我国青年马头琴演奏者的耳朵。其原因有二：首先，蒙古国马头琴定弦音高为小字组的 f 、bb，由于较之我国的马头琴定弦音高要低一个大二度，加之乐器制作方面的特点，所以音色柔和、音调低沉，在表现深沉、内敛的音乐情绪时更加贴切，使听惯了我国激昂、明亮的马头琴音色的青年马头琴演奏者在听觉上感到放松且有新鲜感；其次，这一时期我国的马头琴音乐创作缺位，没有专业作曲家为马头琴创作新作品，主要流传的马头琴音乐作品依然是 20 世纪七八十年代创作的具有时代烙印的音乐作品，当蒙古国的马头琴协奏曲、四重奏作品传入后，这些由专业作曲家创作的音响丰富、结构合理且具有一定演奏技术技巧难度的作品成为我国青年马头琴演奏者的唯一选择。

　　关于这一点，笔者近几年对呼和浩特市几所大中专艺术院校的马头琴学生进行了问卷调查。在问卷中对受访者给出了四个选项。即：你最喜欢演奏哪个马头琴的定弦音高？

　　A：小字组的 a 和小字一组的 d

　　B：小字组的 g 和小字一组的 c

　　C：小字组的 f 、bb

　　D：比小字组的 f 、bb 定弦更低

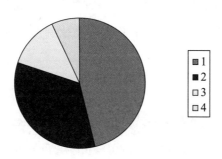

图 1　马头琴的定弦音高选择问卷结果

图 1 中 1 代表的是选择 B 选项定弦的人数，占受访总人数的 46%；图 1 中 2 代表的是选择 C 选项定弦的人数，占 34%；图 1 中 3 代表的是选择 A 选项定弦的人数，占 13%；图 1 中 4 代表的是选择 D 选项定弦的人数，只占受访总人数的 7%。

从以上数据中可以看出，在受访的马头琴学生当中，虽然选择喜欢小字组的 g 和小字一组的 c 定弦音高，即我国现在普遍流传马头琴定弦音高的人占到近一半，但是选择蒙古国马头琴定弦音高小字组的 f、bb 定弦的人数也接近此人数。说明如今蒙古国的定弦高度在内蒙古地区所拥有的庞大的接受人群和所具有的影响力。

（二）蒙古国马头琴在内蒙古地区的流传及乐器形制的影响

中蒙两国马头琴的乐器形制、外观和制作材料等，不存在标志性的明显区别，只在个别细节和尺寸、比例上存在一定区别。其中最为明显的区别在于马头琴共鸣箱的厚度。蒙古国的马头琴共鸣箱厚度为 9 厘米，在 20 世纪 50 年代便基本确定并获得了业内人士的认可，很快便在国内推广和普及，至今依然沿用此标准。我国的马头琴乐器形制的变迁，却经历了漫长而又曲折的过程。单就共鸣箱面板材料的改革就经历了皮面→膜面→膜板共振→蟒皮→木面等几个阶段，此外还包括琴弓形制、琴弦材料、琴轴等多方面改革，经过几十年的研制，最终确定了马头琴各个部件的制作材料及比例尺寸，其中共鸣箱厚度确定为 7 厘米。

受声学共振原理的决定，乐器共鸣体积越大，所产生的音响越浑厚、低沉。中蒙两国的马头琴共鸣箱厚度虽然只相差 2 厘米，但是结合定弦音高等其他因素，决定了蒙古国马头琴音色低沉、浑厚，我国马头琴的音色相对高亢、明亮、有穿透力的特点。

从 20 世纪 90 年代末开始，随着中蒙两国马头琴人才交流的日益频繁和深入，大量的蒙古国马头琴出口到我国，逐渐开始有大量的内蒙古青年马头琴演奏者成为蒙古国马头琴的忠实消费者。2005 年前后，在发现这一商机后，中国马头琴制作、经销商家开始为适应马头琴市场的这一变化而转变制作和营销策略。其中有一部分经销商开始在国内代理销售蒙古国马头琴厂家生产的马头琴；也有一部分厂家干脆从蒙古国招聘马头琴制作技师，直接在国内生产蒙古国马头琴；大部分马头琴厂家选择开始对我国现有马头琴形制进行改革，模仿和学习蒙古国马头琴的一些制作工艺和特点，生产出共鸣箱厚度为 9 厘米，既有蒙古国马头琴特点，又保留了一定的中国马头琴制作特点的马头琴，这种马头琴投产后深受国内消费者和青年马头琴演奏者们的喜爱。

关于这一点，笔者近几年对呼和浩特市几所大中专艺术院校的马头琴学生进行了问卷调查。在问卷中对受访者给出了三个选项，即：你最喜欢演奏哪种马头琴？

A：蒙古国进口的马头琴

B：国产的马头琴（琴箱 7 厘米厚）

C：国内生产的结合两国马头琴特点的马头琴（琴箱 9 厘米厚）

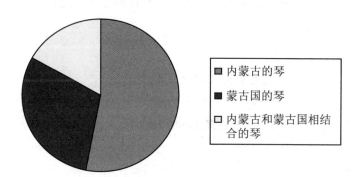

图 2　受访者对马头琴乐器形制特点选择问卷结果

正如图 2 所示，虽然在受访者当中选择 B（国产的马头琴，琴箱 7 厘米厚）的人数依然占到大多数，约占总人数的 53%，但是选择 A（蒙古国进口的马头琴）的人数也占到了总人数的 30%。这个比重是近几年通过中蒙文化交流不断加深而在几年当中迅速崛起的一部分国内消费群体。此外还有 17% 的人选择了 C（国内生产的结合两国马头琴特点、琴箱 9 厘米厚的马头琴），这种琴是近几年国内几大马头琴厂家开发研制的新样式，这种琴在制作工艺上将内蒙古地区传统的马头琴制作方法与蒙古国的马头琴制作方法相结合，在互补长短的基础上，既有内蒙古马头琴音色结实、音量大的特点，又有蒙古国马头琴音色纯正、浑厚的优点，近年越来越受到马头琴演奏者的喜爱。

（三）蒙古国马头琴音乐作品在内蒙古地区的流传及影响

中蒙两国的马头琴音乐作品无论风格特征还是表现方式、题材内容等都区别较大。两国在马头琴音乐作品的交流方面，表现出极不均衡的特点。我国一些优秀的马头琴音乐作品并没能够通过文化交流在蒙古国得以传播。据目前搜集到的资料表明，我国的马头琴音乐作品在蒙古国得到承认和传播的，只有区区"四首半"而已。之所以称作"四首半"，是因为除了四首独奏作品外，还有一首乐曲的主题被运用在四重奏作品当中，勉强算作"半首"音乐作品（见表 5）。

表 5　　　　　　　　在蒙古国流传并上演的中国马头琴作品

作品名称	曲作者	在蒙古国的传播方式	备注
《万马奔腾》	齐·宝力高	音乐会演奏及唱片录音	
《初升的太阳》	齐·宝力高	音乐会演奏及入选教材出版	

续　表

作品名称	曲作者	在蒙古国的传播方式	备注
《叙事曲》	齐·宝力高	音乐会演奏及唱片录音（稍作改编）	旅日蒙古国马头琴演奏家音乐会及唱片
《遥远的敖特尔》	李　波	音乐会演奏及唱片录音	
《送你一支玫瑰花》	齐·宝力高	音乐主题在马头琴四重奏作品中选用	该曲为齐·宝力高改编移植

　　以上这些曲目在蒙古国进行传播时，均将原调移低一个大二度进行移调演奏，这样在不改变演奏把位的情况下，用蒙古国马头琴定弦进行演奏。

　　蒙古国马头琴音乐作品在我国的具体流传数量，笔者没有进行过统计，但就目前掌握的内蒙古呼和浩特市几所艺术类大中专院校各类马头琴专场音乐会中演奏的曲目分析来看，数目将会是惊人的。这其中《窗蝇》《干杯》两首乐曲是中华人民共和国成立初期桑都仍访蒙求学时所带回来的曲目；1999 年蒙古国马头琴学会会长巴图额尔顿先生来华，在内蒙古大学艺术学院任教期间，向学生们传授的有《马蹄声声》《伊克勒故乡》《赞钦诺尔布第一马头琴协奏曲》等几首曲目。从 2003 年开始，随着内蒙古自治区赴蒙古国求学的青年马头琴教师们陆续回国，大量的蒙古国马头琴独奏、协奏和四重奏音乐作品开始传入内蒙古地区，先是在呼和浩特地区的几所艺术类高校的马头琴师生中广泛传播，继而传遍了全区乃至全国。这些作品多数由蒙古国著名的专业作曲家创作，不但在演奏技术技巧和合作意识上对演奏者有很高的要求，还在音乐风格和表现手法上突破传统，除了以民歌等素材进行创作外，还由主题内容丰富的音乐动机发展，结合多种音乐元素创作而成的各种马头琴音乐作品。现将部分在内蒙古地区广为流传、马头琴演奏家耳熟能详的蒙古国马头琴音乐作品列表展示（见表6）。

表6　　部分在我国流传的蒙古国马头琴音乐作品（不完全统计）①

马头琴协奏曲			马头琴四重奏	
赞钦诺日布《第一马头琴协奏曲》			赞钦诺日布《马头琴四重奏》	
杭格乐《马头琴与室内管弦乐协奏曲》			赞钦诺日布《蒙古骏马》（四重奏）	
西日布《马头琴与管弦乐协奏曲》			赞钦诺日布《其乐贡》（四重奏）	
阿拉坦胡亚格《马头琴小协奏曲》			西日布马头琴四重奏《约定》	
那楚克道尔吉《第一马头琴协奏曲》			马头琴四重奏《圆舞曲》	
孟克宝力道《马头琴协奏曲》			阿拉坦格日乐《马头琴四重奏》	
马头琴独奏曲	《窗蝇》	《干杯》	《心中的戈壁》	《心之圆》
	《马蹄声声》	《伊克勒故乡》	《蒙古小夜曲》	《云青马》
	《肯特山》	《故乡》	《轻快的白马》	《黑骏马》
	《黄膘马》	《四部卫拉特》		

以上列出的曲目，并不是在内蒙古地区流传的蒙古国马头琴乐曲的全部，只是这些乐曲在音乐会及演出中最受欢迎。还有更多的蒙古国马头琴小品、浪漫曲、民间乐曲和重奏、合奏乐曲没有列出来，由此可见数量之可观。而这些乐曲在我国流传的过程中，我国马头琴演奏者并没

---

① 其中不包括大量的由蒙古国马头琴演奏家、作曲家移植的西方经典乐曲。

有对其进行移调或改编，而是用原调、原指法，甚至大部分人用蒙古国进口的马头琴进行演奏，演奏的风格韵味与蒙古国的马头琴演奏者无二，可见流传程度之广、影响程度之深。

关于这一点，笔者近几年对呼和浩特市几所大中专艺术院校的马头琴学生进行了问卷调查。在问卷中对受访者给出了四个选项，即：你最喜欢演奏哪种马头琴乐曲？

A：蒙古族民歌

B：内蒙古的马头琴音乐作品

C：蒙古国的马头琴音乐作品

D：西方经典音乐作品

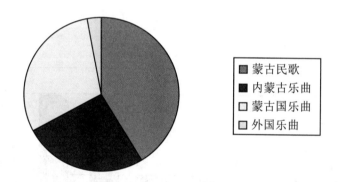

蒙古民歌
内蒙古乐曲
蒙古国乐曲
外国乐曲

图3 受访者对马头琴音乐作品的选择问卷结果

在受访者中，选择喜欢演奏 A（蒙古族民歌）的人在其中占多数，约为41%；喜欢演奏 B（内蒙古的马头琴音乐作品）的人数为26%；喜欢演奏 C（蒙古国的马头琴音乐作品）的占30%；选择 D（西方经典音乐作品）的只占3%。由图3中可以看出，仍然有大部分演奏者认识到演奏蒙古族民歌的重要性，同时了解马头琴作为民族乐器只有扎根在民族音乐文化的土壤中才能立于世界民族文化之林。此外，选择蒙古国马头琴音乐作品的人数已经略超出选择内蒙古马头琴音乐作品的人数，表明蒙古国的马头琴音乐作品如今在内蒙古地区马头琴演奏者心中的受认同程度，也警醒着我们应及早应对当前的"文化危机"，以缓解目前蒙古国马头琴音乐作品对于我国马头琴音乐文化传统的冲击和影响。

目前蒙古国马头琴音乐作品对于我国马头琴音乐文化传统的冲击和影响，使内蒙古地区从马头琴教学到音乐会演出，甚至艺术类高校的专业考试中蒙古国马头琴音乐作品的比重逐渐超过了我国本土马头琴作品的数量。

在图 4 中显示的，是笔者对 2002 年至 2008 年间，内蒙古地区几所艺术类高校部分马头琴专场音乐会节目中蒙古国马头琴作品所占的比重变化的总结，根据图 4 可知，从 2002 年开始，蒙古国马头琴作品所占的比重逐年增加，特别是从 2006 年开始比重大幅度增加，至 2008 年时形成顶峰，达 80% 左右。

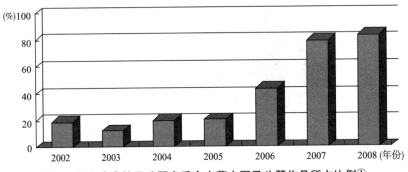

图 4　艺术类高校马头琴音乐会中蒙古国马头琴作品所占比例①

2008 年至 2012 年之间的数据，笔者没有进行细致的统计学分析，但就目前掌握的研究数据观察，这几年中，蒙古国作品所占比重较之 2008 年的最高峰虽略有下降，但是仍在高位徘徊，占 50% ~ 60%。

---

① 具体数据来源请参见《呼和浩特市各艺术类高校部分马头琴音乐会中蒙古国曲目所占节目比例列表》（2002—2012 年）。

三　当前现状的成因分析及对策研究

（一）我国马头琴音乐文化传统遭受冲击和影响的原因分析

中蒙两国马头琴音乐文化交流的现状，显示出极度不平衡的"文化贸易逆差"，对于我方来讲，从文化内部多样性保护的角度已经出现一定程度的文化危机，目前的发展态势已经危及我国国家和地区的部分文化安全。[①] 国与国之间的文化交流，通常被认为是促进国与国之间外交关系的最佳方法。而在具体的文化交流过程中，双方都全力向对方展示本国优秀的文化资源，通过文化交流表达一种文化主张、展现国家的文化政策、进行文化输出。这种文化输出应在国与国双方平等、互利的原则下进行，体现一种文化上的"互利双赢"。

马头琴作为在中蒙两国跨境存在的一种音乐文化形式，以此为内容的文化交流更应该体现双方"取长补短、互通有无"的态度，在积极保存地区（民族）文化多样性的前提下，谋求共同发展。然而在当下，蒙古国马头琴音乐文化对我国马头琴音乐文化传统的冲击和影响，已经渗透到我国马头琴乐器文化内涵的表层（包括乐器形制、定弦法等外显形式）、中层（包括演奏法、技巧技艺等非物质文化层面的内容），甚至深层（风格，即其独立体裁，或与其他体裁的关系中彰显的文化内涵）层面，隐有超越乐器文化内涵范围，向内蒙古整个音乐文化层面蔓延，威胁到蒙古族音乐文化内部多样性的趋势。

造成当前这种被动而尴尬局面的原因，通过前文中梳理和分析中蒙两国马头琴音乐文化的交流史可以理出一些头绪。（1）中华人民共和国

---

① 文化安全是指一个国家或者是民族区域内，自身发展及传承下来的民族特色、民族文化（包括语言、文字、民间艺术、文化景观等）的独立性特征。

成立初期的中蒙两国马头琴音乐文化交流，体现了一定程度的双方平等、互利的交流态势。在当时特殊的国际外交环境中，同为社会主义阵营的中蒙两国，在文化交流中真正做到了"互帮互助、互通有无"。而这一时期我国进行的马头琴演奏法、乐器形制的改革，缺乏对本民族、本地区音乐文化的全面认识和了解，从众多种传统演奏法中只突出选择了一种（反四度定弦）进行推广和普及，对其他的传统演奏法继承和保护不够，使一些重要的文化信息和风格特点没能得到保存，使后来我国马头琴音乐体系逐渐形成，以及当下马头琴音乐文化的发展显得"底蕴不厚、内涵不足、后力不济"，在对外进行文化交流时对自身的文化特质认识不足、挖掘不深、继承不到位。（2）20 世纪 80 年代中后期，我国在与蒙古国的马头琴音乐文化交流当中，显示出强势的"文化输出"态势，展现了我国在马头琴乐器制作、音乐创作、演奏系统完善等方面取得的突出的改革成绩。但是对于蒙古国方面在之后两年内创作出四部大型马头琴协奏曲所体现出的深厚的音乐基础和合理的社会分工没有做出积极的反应，既没有在交流中学习蒙古国在此方面的突出优点和先进经验，也没有对自身所存在的人才资源配置不合理、社会分工不明确等隐患进行反思，造成之后我国马头琴的音乐创作后继乏力、音乐团体发展难以为继的困难局面。（3）20 世纪 90 年代末开始的中蒙两国大量的马头琴人才交流中，由于我方各级文化工作者和教育工作者在此领域国家文化安全意识的缺失，对于本地区文化（及风格流派）多样性的保护、继承、传播、挖掘的认识不足，造成我国马头琴音乐文化传统受到冲击和影响的不良后果。

（二）应对当前现状的对策研究

应对当前我国马头琴音乐文化传统所受到的冲击和影响、文化内部多样性的保护受到威胁的现状，笔者认为首先在于如何重新认识、厘清和挖掘自身文化中的文化特质。在国与国之间的文化交流中，如何保持和延续自身文化的问题，是保护文化安全的本质所在。也可以说，文化安全就是文化特质的保持与延续。而在这个问题上，如何认识文化特质显得尤为重要，笔者认为文化特质是文化特殊性中具有本质性的方面，而不是指文化的所有特殊性或所有具有特殊性的文化。只有从本质上理解文化特质，才能真正把握文化安全的本质。

具体就我国的马头琴音乐文化而言，从本民族、本地区的音乐文化传统中挖掘和学习，是认识自身文化特质的不二法门。风格多样的传统马头琴演奏系统体现的正是我国各个蒙古族聚集区、各个部落的音乐文化审美差异。如科尔沁音乐文化区中的潮尔演奏、阿尔泰卫拉特音乐文化区中的叶克勒演奏及锡林郭勒音乐文化区中的黑勒琴演奏，无不承载着我国古老的马头琴音乐文化传统中的神奇密码，而这些文化元素也是我们区别于蒙古国马头琴音乐文化中喀尔喀风格的最根本特征。如何继承、保护、开发好这些优秀的文化财富是目前所面临的最大问题。

其次，国家层面的文化政策应当成为对外文化交流的主导，这其中国家、地区文化安全意识的培养、文化安全危机的预警机制和文化对策等成为迫在眉睫需要解决的问题。此外国家层面对民族文化的文化关照以及文化宣传中的文化导向问题也不容忽视。如各地盛行的"晚会文化"所体现出来的资源浪费，对群众文化的导向性、引领性差等问题，现已引起部分学者和业界人士的反思。内蒙古党委宣传部 2012 年和 2013 年在呼和浩特和北京分别举办的两次《聆听草原——马头琴精品音乐会》是一次有益的尝试。希望这种宣传本土音乐文化的音乐会能够常态化、普及化，逐步取代各类"明星串烧"式的晚会，为本土音乐文化培育内需市场，引领民众的艺术审美情趣，逐渐培养我国马头琴音乐文化的核心竞争力。

通过对中蒙两国的马头琴音乐文化交流过程的梳理和分析，总结和归纳出有利于我国马头琴音乐文化发展的经验和教训，研究出应对现阶段中蒙两国马头琴音乐文化交流中存在问题的对策，是本文的主旨。无奈笔者心高才疏，狂言匡世，力有不逮，望拙作能对我国马头琴音乐文化的继承和保护有所裨益。纰漏之处，望请海涵，但有点滴之功，不胜荣幸！

参考文献

白·达瓦：《马头琴演奏法》，内蒙古人民出版社 1983 年版。

博特乐图：《非物质文化遗产学视野下的潮尔与英雄史诗》，内蒙古自治区首届潮尔艺术传承人培训班系列讲座，2009 年 3 月。

刘跃进主编：《国家安全学》，中国政法大学出版社 2004 年版。

潘一禾：《文化安全》，浙江大学出版社 2007 年版。齐·宝力高：《马头琴与我》，内蒙古人民出版社 2001 年版。

齐琴：《那策格道尔基"呼麦、马头琴与管弦乐协奏曲"的研究与分析》，硕士学位论文，中央民族大学，2012 年。

张劲盛：《变迁中的马头琴——内蒙古地区马头琴传承与变迁研究》，硕士学位论文，内蒙古师范大学，2009 年。

第三部分

国外研究与翻译

对匈奴人的人类学研究

[蒙古国] 德·图门 著　宝花 译

历史与考古学背景

匈奴（公元前3世纪至公元2世纪）是第一个统一的游牧部落联盟（或国家），占领了北边贝加尔湖到南边中国长城，西边阿尔泰山脉到东边朝鲜半岛的广阔土地。

匈奴在欧亚大陆扮演了民族和政治、历史、文化等多方面的重要角色。就蒙古历史和考古学而言，匈奴时期是学者们最全面、最深入研究的历史阶段之一，尽管民族身份和匈奴的起源等问题有待进一步确定。

有关匈奴的民族身份（ethnic identity），基本上有三种不同观点。第一种观点认为匈奴就等于突厥部落联盟，是当今中亚和南西伯利亚突厥人的祖先。第二种观点认为匈奴等于蒙古部落联盟，是当今蒙古人的祖先。第三种观点认为匈奴呈现着蒙古、突厥、通古斯—满洲部落的混合型特征。匈奴酋长国灭亡后有些部落向西和向东迁移，而绝大部分人群留在了故土。

在过去的几十年，我们在蒙古国对匈奴遗迹进行了严密的考古学研究并有重大发现。至今，在蒙古国、贯穿贝加尔湖地域共发现 4000 处墓葬，10 多个人居废墟。根据这一事实，绝大多数蒙古历史学家和考古学家认为匈奴的家乡乃是当今蒙古国的疆土。不过，在周围领域也曾居住过突厥及其他部落。

考古学研究表明，匈奴文物或坟墓在尺寸、坟墓的内外结构及陪葬物品等方面都有相当大的差异。这些差异被学者们解释为不同社会地位的体现（社会高层与平民的区别）。

蒙古国的绝大多数考古学家和历史学家们一致认为匈奴是远古、中世纪、当今蒙古人的直系祖先。

对匈奴人的人类学研究

有关匈奴的第一部人类学研究成果由 Tal'ko Grynchevch 于 1898 年发表。作者主要根据 Il'movaya Padi 地区的考古发现展开研究，那里挖掘了 33 处匈奴墓，其中 30 处坟墓中发现了 33 具尸体。他的研究结论认为这里埋葬的人群具有蒙古人和高加索人相混合的人类学特征（Tal'ko Grynchevch，1898）。

俄罗斯人类学家 G. F. Debets（1948）对贝加尔湖周围的匈奴遗址进行分析、研究，认为该地区的匈奴人与北部蒙古人种的人类学特征相一致。

捷克斯洛伐克人类学家 E. Vlchek（1965）根据科兹洛夫（P. K. Kozlov）于 1924 年在诺彦乌拉山地区发掘的遗址，断言说这些残骸与中国北部地区人群的特征相一致，均属黄种人。

匈牙利人类学家 T. Toth（1962）分析和研究了蒙古国中部地区阿鲁杭盖省额尔登满都拉苏木奈玛陶鲁盖遗址，认为这是高加索人的残骸，与哈萨克斯坦 Usunian 人相类似。

俄—蒙两国历史学、文化学联合探险队在蒙古国不同地区进行考古挖掘，由图门（1985，2002，2003，2006，2007，2009）和毕力格图（1989）进行了详细报道和深入研究。两位作者一致认为曾居住于当今蒙古国境内的匈奴人具有亚洲北部地区的人类学特征（Anthropological features）。

此篇论文主要从头盖学、骨学、古病理学和骨 DNA 研究的角度，对蒙古国发现的匈奴遗址进行分析，并与同时期及随后历史时期的东北亚考古发现展开比较研究。

此项研究的主要目的为：（1）对蒙古国境内发现的匈奴遗体进行头盖学、骨学、古病理学和骨 DNA 研究；（2）对匈奴遗迹和东北亚考古发现进行头盖学、骨学、古病理学和骨 DNA 的对比研究，分析它们之间的文化、历史关系，并解决历史时期亚洲跨地区迁移方面的一些争议。

资料与研究方法

此项研究运用 22 具匈奴人体的头骨学分析数据，对匈奴及随后历史时期中国、中亚、贝加尔湖地区、阿尔泰山、图瓦、南西伯利亚（Tumen，1985，2006，2007）；中亚、南西伯利亚、俄罗斯远东地区、中国（Alexseev，1980；Alexseev and Gohman，1984；Chikisheva，2003；Ginzburg and Trofimova，1972；Ismagulov，1970；Pozdnyakov，2001；Zhu Hong and et al.，2007）的考古发现进行比较研究。

对不同人群进行头骨学比较研究时，我们采用欧几里得几何学的距离分析法，以此提高其精确度。我们也运用距离矩阵（distance matrix）、群组分析（cluster analysis）和系统树图（dendrogramma）展示不同人群之间的亲属关系（Knusmann，1992），用 SPSS 软件（第 15 版）进行比较分析。

结果与讨论

匈奴及随后历史时期亚洲居民的头骨学欧几里得距离分析结果表明，该历史时期亚洲人可被分为两大支（如图 2 所示）。

第一支包括来自中亚、阿尔泰和新疆（中国）地区的 Usunian 人，匈奴—萨尔玛提亚人（xiongnu - sarmats）和匈奴人，也包括随后时期图瓦、南西伯利亚地区的突厥、回纥人。令人惊奇的是，蒙古国中部和西部地区的匈奴人属于该第一支，地理位置上却略显独立（见图 2）。

然而，第一支也被分成几个子群。吉尔吉斯斯坦、图瓦中部和东部地区的匈奴人，吉尔吉斯斯坦楚河（Chu）、塔拉斯（Talas）河流域的匈奴—萨尔玛提亚人，哈萨克斯坦西部的萨尔玛提亚人，哈萨克斯坦北部的 Usunian 人，南西伯利亚的突厥人属于第一子群。来自阿尔泰、图瓦、吉尔吉斯斯坦的所有匈奴、匈奴—萨尔玛提亚人、回纥和突厥人属于同一个子群（见图 2）。第三子群包括哈萨克斯坦、吉尔吉斯斯坦的萨尔玛提亚人，Usunian 人，匈奴—萨尔玛提亚人。但是，天山的 Usunian 人、新疆的匈奴人和哈萨克斯坦北部的 Usunian 人分散居住于第一子群领域。来自蒙古国中部和西部的匈奴虽然也属于第一个主要分支，却单独分开居住（见图 2）。

根据人类学研究结果（Ismagulav，1970；Girzburg and Trofimova，1972；Alekseev and Gokhman，1983）属于第三子群的哈萨克斯坦、吉尔吉斯斯坦地域匈奴、匈奴—萨尔玛提亚人从人类学特征上都是高加索人。来自阿尔泰、图瓦和新疆地区的匈奴、突厥和回纥人则表现出高加索和蒙古人种二者之间的特征（Pozdnyakov and Komissarov，2007；Alekseev and Gokhman，1983；Debets，1948）。

　　根据前辈学者们的研究，新疆 Chaukou 挖掘的匈奴人头盖骨具有高加索和蒙古人种的混合性特征。高加索人形态学特征类似于历史最古时期居住于此地的高加索人；蒙古人种则遗传了北亚大陆移民的特征（Pozdnyakov and Komissarov，2007）。研究阿尔泰山脉地区匈奴—萨尔玛提亚人颅骨的俄罗斯人类学家 B. A. Dremov（1990）、B. P. Alekseev（1984）及 T. A. Chikisheva（2003）认为该地区的匈奴具有高加索人和蒙古人种的混合性特征，其中女性颅骨呈现的蒙古人种特点比男性的更多一些。根据上述学者的研究，蒙古人种特性发源于青铜时期、铁器时代初期的人口，以及蒙古国和贝加尔湖地区的匈奴人。

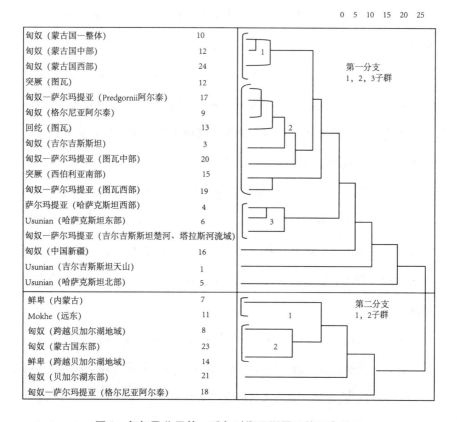

图 1　匈奴及公元第一千年时期亚洲居民的历史关系

蒙古国中部和西部的匈奴人，属于第一分支，他们的地理位置可能会让人们觉得该地区匈奴人的生理特征中很少有高加索因素，而事实表明他们具有高加索人和蒙古人种的混合性特征。

第二分支包括蒙古国中部地区的匈奴，Primor'e 的 Mokhe 人，内蒙古及跨贝加尔湖一带的鲜卑，东 Gornogo 阿尔泰和跨贝加尔湖及 Cis 贝加尔湖地区的匈奴人。来自 Gornii 阿尔泰、贝加尔湖、内蒙古地区的所有匈奴人都呈现出蒙古人种特征（Alekseev，Alekseev and Gokhman，1987；Tumen，2007）。

如图 2 所示，来自内蒙古地区的鲜卑人和远东地区的 Mokhe 人同属一个子群，这说明二者具有相同的人类学特征。贝加尔湖地区的鲜卑和匈奴人，蒙古国东部的匈奴人同属于第二个子群（见图 2）。俄罗斯人类学家 G. F. Debets（1948，1951）和 B. P. Alekseev（1984）曾发表论文，指出贝加尔湖地区的匈奴人具有亚洲北部蒙古人种的人类学特征。中国人类学家朱泓和张全超对内蒙古不同地区出土的匈奴人头盖骨进行分析后，发现这些匈奴人颅骨的人类学类型（anthropological type of the skulls）与当今亚洲北部地区蒙古人种的特征非常相似，这些颅骨的有些体质特征（physical characteristics）与当今蒙古人和中国北部地区远古人类很接近。与这些结论相一致，我们的研究也表明蒙古国东部、贝加尔湖地区和内蒙古地区出土的匈奴人从形态学特征上属于北亚蒙古人种的中亚分支。

内亚大陆匈奴人头盖骨特征的差异明显说明（亚洲）匈奴人在人类学特征上并非完全一致，最起码属于以下三种人类学变体（anthropological variants）：高加索、蒙古人种以及二者的混合。正如 V. P. Alekseev 和 I. I. Gokhman 所提出，匈奴从当今蒙古国通过阿尔泰、图瓦地区向西的迁移，对该地域的民族基因变化（ethnogenetical process）及人类学结构

（anthropological structure）等方面起到了非常重要的作用（1983）。
V. P. Alekseev 和 I. I. Gokhman 也注意到高加索原住民中蒙古人种的特征逐
渐增加。这一现象与青铜时期晚期，也就是蒙古、贝加尔湖地区匈奴联盟
的形成时期，和匈奴势力向南、向西扩张时期，蒙古人种从蒙古地区向外
移民的历史事件有关（1984）。俄罗斯人类学家 G. F. Debets（1948）、
I. I. Gokhman（1960、1967）对贝加尔湖、远东地区匈奴人的头盖骨进行
分析时发现了很突出的高加索和蒙古人种混合的人类学特征。这两个事实
与考古发现及中文文献中的记载完全吻合、互为表里。

根据晚近历史学和考古学研究（Konovalov，1999；Tsybektarov，
1998），无论从民族学或语言学角度而言，匈奴都不是均质（完全一
致）的。根据蒙古国地区匈奴遗址的考古学研究，Ts. Turbat 得出结论
说，匈奴文化是在铁器时代平板坟墓文化和中国北方早期游牧民族文化
的混合和组合。该进程发生在公元前 4—3 世纪（Ts. Turbat，2004）。

Z. Batsaikhan 对匈奴遗址碑文进行考古学调查后发现，公元前 3 世
纪初，印欧语系民族分几个不同阶段迁入内亚地区。一方面，这些移民
进程不仅影响了蒙古地区民族文化的发展，而且对整个中亚民族产生了
重要影响，确实呈现了当时全球化发展的一个重要特征。另一方面，中
国北方民族有一部分向东北亚迁移。根据考古学发现，是这一部分移民
创建了蒙古和南西伯利亚地区发现的平板坟墓文化（Batsaikhan，
2002）。

躯体特征

我们从蒙古国不同地区发现的匈奴墓中采取 60 个遗体，对身高、
体重、肩宽、手臂和腿长等进行了分析研究。

根据样本，匈奴男性身高 166.63 厘米，坐着时的身高为 85.75 厘米，臂长 55.94 厘米，腿长 80.88 厘米，肩宽 38.41 厘米，体重 67.28 千克。匈奴女性身高 155.15 厘米，坐着时的身高为 71.30 厘米，臂长 51.93 厘米，腿长 74.4 厘米，肩宽 35.42 厘米，体重 49.13 千克。

我们将蒙古地区生活过的其他人种与匈奴人的躯体特征进行了比较研究（如图 3 所示）。

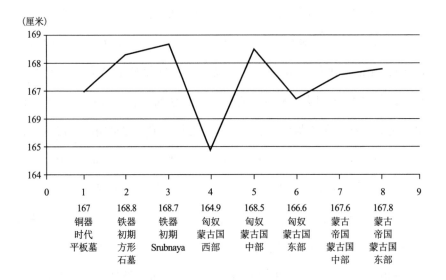

图 2　蒙古地区考古人类身高比较

根据图 3，蒙古国西部和东部的匈奴以及铜器时代平板坟墓文化人群是被研究对象中最矮的，最高的则是蒙古国西部 Chandman 文化中 Srubnaya 坟墓出土的人群。

居住于北亚地区（铜器时代到突厥帝国时期）的人群中，蒙古国西部的匈奴人是最矮的。（见图 4）

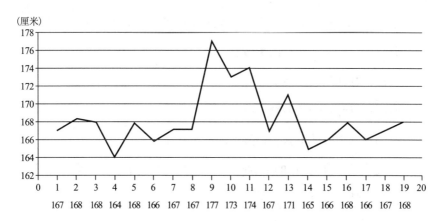

（厘米）

图3　北亚考古人类身高比较

　　1. 铜器时代，平板坟墓，如今蒙古国。2. 铁器时代早期，石器方形坟墓，Candman 遗址，蒙古国西部。3. 铁器时代早期，Chandman 遗址，Srubnaya 坟墓，蒙古国西部。4. 蒙古国西部的匈奴人。5. 蒙古国中部地区的匈奴人。6. 蒙古国东部的匈奴人。7. 蒙古帝国时期（蒙古国中部地区）。8. 蒙古帝国时期（蒙古国东部地区）。9. Afanasev，铜器时代，阿尔泰地区。10. Afanasev，铜器时代，Minusin 盆地。11. Okunev，铁器时代早期，南西伯利亚。12. Karasuk，铁器时代早期，南西伯利亚。13. Tagar，铜器时代晚期和铁器时代早期，Minusin 盆地，南西伯利亚。14. Tashtyk，铁器时代，Minusin 盆地，南西伯利亚。15. 鲜卑，内蒙古地区。16. 突厥，阿尔泰山脉。17. 匈奴，贝加尔湖地区。18. 中世纪游牧民，贯穿贝加尔湖地区。19. 中世纪游牧民，贝加尔湖畔。

古病理学研究

　　我们对蒙古国立大学考古学与人类学系展列的 73 具匈奴骨骼的关节特征进行了生物考古学研究。关节炎的病因有多种，其中一个原因就是功能性（机械）压力引起的骨关节退化性变（DJD），它很可能表现为骨质增生和（或）骨头坏死。骨骼关节的发病率，因不同社会以及社会角色（性别、职业）而各异。匈奴标本的性别分布见表1。

研究中我们主要考察的关节有：

脊椎：脊柱的骨关节炎

肩部：肩胛骨的关节窝，肱骨头

肘部：末梢的肱上膊，最接近的半径和尺骨

腕关节/手（因挖掘的手骨头有限，将二者合为一项去考察）：末梢的半径和尺骨，腕骨，手骨头

臀部：髋臼，股骨头

膝部：末梢的股骨，膝盖骨，最接近的胫骨

表1 匈奴标本的性别分布

年龄层	男 性	女 性	性别不易发现的	百分比（%）
接近成年的	—	—	9	11
青年	15	16	1	39
中年	14	2	—	20
中老年	10	5	—	18
老年	7	2	—	12
合计	46/91	25/91	10/91	100

匈奴样本中背部、肩部、腕关节/手的骨关节退化性变化最大，尤其在男性中更为突出（见表2）。同样的情况也存在于匈奴女性中，但骨头损伤的概率比男性要少。匈奴人中高发的背部、肩部、腕关节/手部的骨关节退化性病变，可能与骑马民族的日常生活习惯有直接关联。匈奴人是马背上的武士。这说明马背上的生活习俗，对匈奴人的背部、肩部、腕关节/手产生了机械性压力。

表2　　　　　　　　匈奴人中关节病变的发病率分析

	脊椎炎	脊椎骨质增生	肩部	肘部	腕关节/手	臀	膝部	踝骨
男性	6/34	17/33	17/38	14/39	14/32	9/43	12/38	7/36
比率(%)	18	52	45	36	44	21	32	19
女性	2/21	6/21	5/25	4/23	3/20	4/22	2/21	0/21
比率(%)	12	29	20	17	15	18	10	0
总比率(%)	14	42	34	28	32	20	23	12

匈奴人的基因研究

法国专家（Keyser Tracqui and et al., 2003）对蒙古国北部 Egiin gol 挖掘的62具匈奴遗体进行 mtDNA（母系的）, y chromosom DNA（父系的）和 autosomal DNA（双亲的）基因分析的结果表明，绝大部分匈奴人（89%）属于亚洲单模族群（haplogroup）（A，B4b，C，D4，D5 或 D5a，或 F1b），而大概11%的匈奴人属于欧洲单模族群（U2，U5a1a 和 J1）。该发现表明欧洲和亚洲人之间的交流早在匈奴文化之前，这证实了有关公元前3世纪赛西亚—西伯利亚（Scytho - Siberian）人群两个样本的报道（Clisson et al., 2003）。法国专家也对 Egiin Gol 遗址发现的匈奴人和如今生活在该地区蒙古人和雅库特人的基因进行了比较研究，结果发现历经2400多基因上的连续性，完全符合蒙古人是独立、同质性地在原地进化而来的人群这一观点。该结果还暗示匈奴人的后裔有可能至今仍然生活在这一地带（Keyser Tracqui, et al., 2006）。

国际研究组对蒙古国东北部肯特省巴音阿达日嘎（Bayan - Adraga）

苏木都日拉嘎那日斯（Durilag Nars）发现的 2000 多年前匈奴公墓中的三具尸体进行了 mtDNA，Y‑SNP 和 Autosomal STR 分析。根据父系、母系和双亲的基因分析，研究者总结说父系 R1a1 和母系 U2e1 的印欧人群在古代匈奴帝国（如今蒙古国境内）生活过。同时，双亲 STR 分析还发现了非东亚身份，他的血统类似于如今印度世袭制度中的高层（high caste），但也不完全一致。有关他族源的另一种可能性就是贝加尔湖地区和赛西亚一带（Kijeong Kim, et al., 2010）。

自 2008 年以来，韩国和蒙古国展开了"阐明亚洲人的族源和移民"为主题的联合调查项目，对遍布蒙古国地区的考古遗址发现的匈奴遗体进行了 DNA 分析（父系、母系和双亲的）。研究的所有遗体现收藏于蒙古国立大学考古学与人类学系。该篇论文参考了该研究 mtDNA 分析的主要成果。采用 mtDNA 分析的匈奴样本从地理位置上遍布蒙古国西部、中部和东部匈奴，对其进行比较研究的结果如图 5 所示。

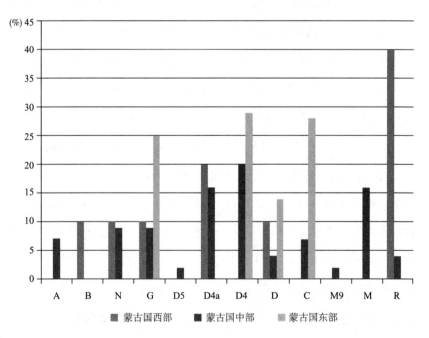

图 4　蒙古国境内发现的匈奴遗体进行 mtDNA 分析的结果

在研究的匈奴遗体中，我们发现 12 个母系单模族群：A，B，N，G，D5，D4a，D4，D，C，M9，M 和 R 单模族群（见图 5）。这些单模族群因蒙古国西、中、东部的地理位置而呈现出不同特征。

西亚和欧洲单模族群 N（10%）、R（40%），东亚和西伯利亚单模族群 B（10%）、G（10%），D4a（20%）和 D（10%）单模族群主要集中在蒙古国西部地区的匈奴人群中。与中、东部匈奴相比较的结果表明，只有在蒙古国西部地区生活的匈奴人中有 B 单模族群。

蒙古国中部地区的匈奴遗体呈现 11 个（A，N，G，D5，D4a，D4，D，C，M9，M 和 R）单模族群。然而单模族群 A，D5，M9 和 M 是蒙古国中部地区匈奴特有的（如图 5 所示）。

蒙古国东部地区匈奴中只发现了 4 个（G，D4，D 和 C）单模族群。

所研究的蒙古国不同地区匈奴遗址中共同存在的单模族群只有两个（G 和 D）。N，D4a 和 R 单模族群在蒙古国西部和中部匈奴中较普遍存在。但是我们也必须注意到，西、中、东部匈奴中母系 DNA 单模族群相互一致的概率都不同。单模族群 N 和 R（西亚和欧洲单模族群）的高发率限定在西部匈奴中。与此同时，东部匈奴中 G，D4，C（东亚和西伯利亚）单模族群最多（见表 3）。

蒙古国东北部 Egiin Gol 匈奴、贝加尔湖匈奴与当今蒙古人母系 DNA 的比较研究，给我们呈现了非常有趣的图表。被研究的所有匈奴人都有 G，D 和 C，但是 C 在西部匈奴中却没有被发现。另外，F 只有在蒙古国北部 Egiin Gol 和贝加尔湖地区的匈奴人当中才有。D5 和 M 只有在蒙古国中部地区的匈奴人中才被发现。

表 3　蒙古地区、贝加尔湖一带发现的匈奴人、当今蒙古人 mtDNA 频率分析

mtDNA	蒙古国西部匈奴	蒙古国中部匈奴	蒙古国东部匈奴	蒙古国北部 Egiin Gol 匈奴	贝加尔湖匈奴	当今蒙古国
A		7		17.4	25.9	3.5
B	10			2.2		5.8
N	10	9				12.8
N9a						2.3
G	10	9	25	2	7.4	
D5		2				4.7
D4a	20	16				
D4		20	29			16.3
D	10	4	14	41.3	14.8	
C		7	28	13	14.8	17.4
M9		9				
R	40	4				19.8
M		16				16.3
M7						1.2
F				8.7	7.4	
Z						
其　他				15.2	29.6	

该比较分析表明，蒙古国各地区发现的匈奴人和如今蒙古人的母系基因基本一致，但 G，D4a，D，M9 和 F 除外。匈奴骨头 DNA 分析清楚地表明居住于现蒙古国境内的匈奴人和当今蒙古人在基因方面有着较亲密的联系。

结　论

匈奴及相继历史时期人群颅骨的人类学比较研究显示，上述历史时期我们所考察的人群具有混合性的形态学和人类学特征。阿尔泰山脉、中国新疆、蒙古国西部地区曾居住高加索人，或高加索人和蒙古人种的混合；贝加尔湖、蒙古国东部和中国内蒙古地区居住的人群则具备较明显的蒙古人种特征。

蒙古国不同地区匈奴遗址的骨头 DNA 分析发现，匈奴人和如今蒙古国人民在基因特征上具有相连性。

匈奴时期内亚地区不同民族间颅骨的比较研究表明，蒙古人种第一次从东向西、高加索人从内亚西部向东的移民发生在新石器时代晚期。相继的历史时期，类似的移民一直发生并持续到中古或蒙古帝国时期。历史上内亚大陆这种跨地区的移民在亚洲历史、文化、人种形成、人口组成等方面发挥了很重要的作用。

参考文献

Alexseev V. P. , 1980. Craniological material of Mokhe, Paleoanthropology USSR, Moscow, Press "Science", pp. 106 – 131. （in Russian）

Alexseev V. P. , Gokhman I. I. , 1984. Anthropology of Asian Region of USSR. Press "Science" M. pp. 44 – 70. （in Russian）

Alexseev V. P. , Gokhman I. I. , Tumen D. , 1987. Paleoanthropology of Central

Asia："Archaeology, Ethnography and Anthropology of Mongolia", Press "Science" Novosibirsk. Russia. , pp. 208 – 241. （in Russian）

Alexseev V. P. , 1984. Brief Introduction to Paleoanthropology of Tuva, Anthropological and Ethnographic Investigation. , Press Science, pp. 6 – 75.

Batsaikhan Z. 2002. Historical Issue of East Xiongnu, Study of History, T – XXVII – XXVIII, Fasc. 1. , Ulaanbaatar. pp. 25 – 35. （in Mongolian）

Batsaikhan Z. 2002. Hunnu （Xiongnu）. Ulaanbaatar：Printing House of the National University of Mongolia. （in Mongolian）

Batsaikhan, Z. , 2003. Historical Problems of Social Structure of Nomads, Proceedings of National University of Mongolia. Serial – II：History, No – 211 （20）, pp. 30 – 39. （in Mongolian）

Batsaikhan Z. , 2005. Ancient and Medieval History of East Mongolia, Mongolian Journal of Anthropology, Archeology and Ethnology, Vol. 1. , No – 1 （242）, pp. 1 – 14. （in Mongolian）

Bilegt L. , 1989. Some Paleoanthropological Data on Xiongnu from Mongolia, Study of History. T – XXIII, Fasc. 11, pp. 101 – 109. （in Mongolian）

Bernshtein A. N. , 1950. Historical Essay on Xiongnu. Leningrad, USSR. （in Russian）

Chikisheva T. A. , 2003. Anthropological Data on Populations from Early Iron Age of Altai, Ethnocultural Phenomenon of Populations from Altai in Early Iron Age：The Origin, Genesis and Historical Destiny, Novosibirsk, pp. 139 – 148. （in Russian）

ChristineKeyser – Travqui, Eric Crubezy, Isabelle Clisson, Isabelle Gemmerich, Bertrand Ludes and Pierre – Henri Giscard, 2003. Megaplex Analysis of Mongolian Population from the Egiin Gol Site （300BC – 300AD）, International Congress Series 1239, pp. 581 – 584.

ChristineKeyser – Travqui, Eric Crubezy, Bertrand Ludes, 2003. Nuclear and Mitochondrial DNA Analysis of a 2000 – year – old Necropolis in the Egiin Gol Valey of

Mongolia.

ChristineKeyser – Travqui, Eric Crubezy, Horolma Pazmzsav, Tibor Varga and Bertrand Ludes, 2006. Population Origin in Mongolia: Genetic Structure Analysis of Ancient and Modern DNA, American Journal of Physical Anthropology, 131, pp. 272 – 281.

Davydova A. B. , 1996. Archeological Complex in Ivol' gi, Saint Peterburg.

Debets G. F. , 1948. Paleoanthropologiya USSR, Moscow. (in Russian)

Delgerjargal P. 2004. Historical Issue of the State Origin on Territory of Mongolia, Study of History, Tom. XXXV, Fasc. 2, Ulaanbaatar, Press of Mongolian Academy of Sciences, pp. 12 – 27. (in Mongolian)

Delgerjargal P. 2005. The Ethnogenesis of Mongols, Ulaanbaatar. (in Mongolian)

Dorjsuren Ts. , 1961. North Xiongnu, Study of Archaeology, Ulaanbaatar. (in Mongolian)

Ginzburg B. B. andTrofimova T. A. 1972. Paleoanthropology of Middle Asia, Moscow, Press Science. (in Russian)

Gumelev. , 1960. Hunnu (Xiongnu), Moscow, USSR. (in Russian)

Haijing Wang, Binwen Ge, Victor H. Mair, Dawei Cai, Chenzhi Xie, Quanchao Zhang, Hui Zhou and Hong Zhu, 2007. Molecular Genetic Analysis of Remains from Lamadong Cemetery, Liaoning, China, Americal Journal of Physical Anthropology, 132, pp. 404 – 411.

Ismagulov. O. 1970. Ancient Populations from Kazakhstan: from Bronze Age up to Modern Era. Alma – Ata. (in Russian)

Kijeong Kim, Charles H. Victor H. Mair, Kwang – Ho Lee, Jae – Hyun Kim, Eregzen Gereldorji, Natsag Batbold, Yi – Chung Song, Hyeung – Won Yun, Eun – Jeong Chang, Gavaachimed Lkhagvasuren, Munkhtsetseg Bazarragchaa, Ae – Ja Park, Inja Lim, Yun – Pyo Hong, Wonyong Kim, Sang – In Chung, Dae – Jin Kim, Yoon – Hee Chung, Sung – Su Kim, Won – Bok Lee, and Kyung – Yong Kim, 2010. A

Western Eurasian Make is Found in 2000 – year – old Elite Xiongnu Cemetery in Northeast Mongolia, American Journal of Physical Anthropology.

Konovalov P. B. , 1974. Excavation of Xiongnu Elite Tomb in Il' Movii Padi, Ulaan – Ude (in Russian) .

Konovalov P. B. , 1976. Xiongnu Transbaikalia, Ulaan – Ude, Buryatia. (in Russian)

Konovalov P. B. , 1999. Ethnic Aspects of Central Asian History: from Ancient up to Medieval Period. Ulaan – Ude. (in Russian)

Konovalov P. B. , 2008. Xiongnu Elite Tomb in Sud' ji, Ulaan – Ude, Buryatia. (in Russian)

Minyaev C. C. , 1998. Archaeological Site, Saints Petersburg, Russia. (in Russian)

Minyaev C. C. , Aakhorovskaya L. M. , 2007. Elitnii Kompleks Zakhoronenii Xiongnu v Padi Tsaram, Rossiskaya Archaeologiya, No. 1.

Nicola Di Cosmo, 2002. Ancient China and Its Enemies: The Rise of Nomadic Power in East Asian History, University of Canterbury and Christchurch, New Zealand.

Pozdnyakov D. V. , 2001. Formation of Turkic Population from Altai, Anthropological Approaches, Archaeology, Ethnography and Anthropology, No. 3, C. 142 – 154. (in Russian)

Sukhbaatar G. 1970. Materials Related to Xiongnu History, Printing House of Mongolian Academy of Science, No. 3, Ulaanbaatar, pp. 15 – 21. (in Mongolian)

Sukhbaatar G. 1974. The Ethnogenesis of Xiongnu, Study of History, T – X, Fasc, 11, Ulaanbaatar, pp. 145 – 195. (in Mongolian)

Sukhbaatar G. 1980. Ancient Ancestor of Mongols: Economy, Social Organization, Culture and Ethnogenesis of Xiongnu 4th c. BC – 2nd c. AD, Ulaanbaatar. (in Mongolian)

Toth T. 1967. Some Problems in the Paleoanthropology of Northern Mongolia, Acta Archaeological Academiae Scientiarum, Hungaricae, Budapest, pp. 377 – 389.

Tseveendorj. D. 1987. Archaeology of Xiongnu, Mongolian Archaeology: Study of Archaeology, Serial T. XII, Ulaanbaatar, pp. 58 – 81. (in Mongolian)

Tseveendorj D., Bayar D., Tserendagva YA., Ochirkhuyag Ts., 2002. Mongolian Archaeology, Ulaanbaatar. (in Mongolian)

Tumen D., 1985. Anthropological Characteristics of Xiongnu, Ancient Culture of Mongolia, pp. 87 – 96, Novosibirsk. (in Russian)

Tumen D., Oyungerel B., Uuriintsolmon Ts., 2002. Paleoanthropological Study of Hunnu from Mongolia, Scientific Journal of National University of Mongolia, Series: Archaeology, *Anthropology and Ethnology*, Vol. 187 (13), pp. 39 – 54. (in Mongolian)

Tumen D., 2003. Craniofacial Morphology of Human Remains from Ancient Burials of Tsuvraa Mountain in Uguumur Area, Khulenbuir Sum, DornodAimag, Mongolia, Scientific Journal of National University of Mongolia. Series: Archaeology, *Anthropology and Ethnology*, Vol. 210 (19), pp. 3 – 10. (in Mongolian)

Tumen D., 2006. Paleoanthropology of Ancient Populations of Mongolia, Mongolian Journal of Anthropology, *Archaeology and Ethnology*, Vol. 2, pp. 90 – 108.

Tumen D., 2007. Ancient Populations of Mongolia. Toronto Studies in Central and Inner Asia, University of Toronto, Asian Institute, Canada, No. 8, pp. 151 – 176.

Tumen D., 2009. Anthropology of Archaeological Populations from Inner Asia, Esse Homo: His Biological and Social History, RAS, Moscow, pp. 159 – 176.

Turbat Ts., 2004. Xiongnu Common People Graves, Ulaanbaatar. (in Mongolian)

Vlchek E., 1965. Skull of a Prince from a Hunn = Gruvemaund in Northern Mongolia (Material of P. K. Kozlov's Expedition, 1924), Acta Facultatis Rerum Naturalium Universitatis Comeniannae., T – X. Fasc. 1, pp. 189 – 199. Bratislava.

Yu Changchun, Xie Li, ZhangXiaolei, Zhou Hui, Zhu Hong, 2006. Genetic

Analysis on Touba Xianbei Remains Excavated from Qilang Mountain Cemetery in Qahar Right Wing Middle Banner of Inner Mongolia. FEBS Letter 580, pp. 6242 – 6246.

Zhu Hong and ZhangQuanchao. , 2007. A Research on the Ancient Human Bones Unearthed from the Jinggouzi Cemetery in Linxi County, Inner Mongolia, Acta Anthropologica Sinica. 26（2）: 97 – 106.

蒙古国非物质文化遗产在联合国教科文组织非物质文化遗产保护条约框架下的保护现状

[日] 松山直子　梅野爱子　著

齐金国　译

前　言

作为世界遗产条约而被人们广为熟知的保护物质文化遗产的国际条约是于 1975 年颁布的。与之相对，以非物质文化遗产为保护对象的国际条约则颁布于 2006 年。《关于物质文化遗产的条约》（以下称物质文化遗产保护条约）颁布 5 年以来，缔约国已达 137 个国家（作者撰文时间为 2011 年 8 月），从 1992 年日本成为第 125 个缔结世界遗产条约国以及在这短短 5 年期间缔约国数量增长势头，可以看出各国对国际非物质文化遗产的关心度在迅速增长。另外，也可以看出非物质文化遗产也已经陷入了危机。事实上，由口承传承至今的技术、技能或惯习、知识等很多非物质文化遗产并没有出现在文献资料或影视记录中，甚至很多地方的文化遗产正在被忘记。鉴于这种情况，联合国教科文组织于 1989 年作为《关于传统文化及民间传承保护的倡导》第一次以保护非物质文化遗产为中心进行了文章的国际交流。为 1996 年人间国宝制度（Living Human Treasure System，相当于人间国宝制度）的创立提出了框架，

1998 年《关于人类口承及非物质遗产杰作的条约》得到通过，并且经过 2001 年、2003 年和 2005 年 3 次杰作宣言后，于 2006 年颁布了非物质文化遗产保护条约。

关于把文化遗产分为物质文化遗产和非物质文化遗产的观点在此不加以讨论。本文笔者于 2010 年 7 月访问了蒙古国，对其在非物质文化遗产保护条约框架下将什么作为其非物质文化遗产及其保护措施和现状调查的同时，一并介绍关于对传承者所做的调查内容。不过事先声明，此次访问是根据联合国教科文组织条约的保护体制调查的名义对各相关机构和传承者进行的接触，并不是深入各个艺术与技能的调查。

一　何谓非物质文化遗产

在阐述何谓蒙古国非物质文化遗产之前，首先对非物质文化遗产保护条约下的"非物质文化遗产"定义及其条约目的进行说明。

首先，在条约中所定义的非物质文化遗产为：惯习、描写、表现、知识及技术和与之相关联的工具、物品、加工品及文化空间，根据共同体、集团及场合，个人将其认为自己文化遗产的一部分。非物质文化遗产世代相传，是共同体及集团对自己的环境、自然之间的相互作用及历史的不断再现。并且根据给予该共同体及集团的同一性及持续性的认识，促进对文化的多样性及人类创造性的尊重（非物质文化遗产保护条约第 2 条第 1 款）。尤其是，（1）口承的传统及表现（包括非物质文化遗产传达手段的语言），（2）艺术及技能，（3）社会性惯习，仪礼及祭祀仪式活动，（4）与自然及万物相关的知识及惯习，（5）传统工艺技术各领域所明示的具体记述（非物质文化遗产保护条约第 2 条第 2 款）。并且其目的为，（1）保护非物质文化遗产，（2）确保尊重相关的共同体、集团及个人的非物质文化遗产，（3）把非物质文化遗产的重要性及确保相互评价非物质文化遗产的重要性的相关意识提高到地域、全国及国际性的高度，（4）规定关于国际合作及援助（非物质文化遗产保护条约第1条）。条约原文刊载在联合国教科文组织网站。①

二 蒙古国非物质文化遗产

在蒙古历史上，可称为非物质文化遗产的人类遗产不计其数。可是由于革命后急速的市场经济化、气候变动等原因，众多的国民从游牧生活转变为定居生活，传承至今与游牧生活相关的非物质文化遗产发生了变化并出现了消失的危机。另外，在社会主义时代作为文化政策一环的艺术与技能也给传统的存在方式带来了极大的利与弊。② 在蒙古的非物质文化遗产中有8项于2010年12月已申报为非物质文化遗产。已经申报的非物质文化遗产为，2008年申报③的"Morin Khuur（马头琴）传统音乐"④ "Urtiin Duu：传统长调歌曲"⑤，2009年申报的"Mongol：Biye·Biyelgee蒙古民俗舞蹈伯依乐"⑥ "Mongol Tuuli：蒙古叙事诗"⑦

---

① Convention for the Safeguarding of Intangible Cultural Heritage, http：//www. unesco. org/gulture/ich/index. php？lg = en&g = 00006.

② 关于艺能政策的详细说明，参照上村的论考。[日] 上村明：《蒙古国西部英雄叙事诗说唱和艺能政策——没有讲的声音和语言的歌》，《口承文艺研究》第24号，第102—107页。

③ 这两件在《人类口承及非物质遗产相关杰作的宣言》，《马头琴传统音乐》于2003年，《长调歌曲》于2005年宣言的案件，在第3回政府间委员会上与非物质文化遗产保护条约的代表性一览表合并。

④ 代表性一览表记载案件名原文为 "The Traditional Music of te Morin Khuur"。

⑤ 代表性一览表记载案件名原文为 "Urtiin Duu – Traditional Folk Long Song"。

⑥ 紧急保护一览表记载案件名原文为 "Monglo Biyelgee：Mongolian Traditional Folk Dnce"。

⑦ 紧急保护一览表记载案件名原文为 "Mongol Tuuli：Mongolian Epic"。

"潮尔传统音乐"①，还有 2010 年申报的"鹰猎、绝妙的人类遗产"②
"蒙古传统艺术呼麦"③　"那达慕、蒙古传统节日"④。保护条约中有
"需要紧急保护的非物质文化遗产一览表"（下面称为紧急保护一览表）
和"人类非物质文化遗产代表性一览表"（下面称为代表性一览表）这
两种一览表，在这些非物质文化当中列为紧急保护一览表中的有"Mon-
gol Biye·伯依乐""蒙古史诗""潮尔传统音乐"这三种，其他的非物
质文化遗产被列为代表性一览表。其中，"Morin Khuur 马头琴传统音
乐"是和中国共同提交申报的，"鹰猎"是和以阿拉伯联合酋长国、捷
克共和国为首的众多国家共同提交申报的，除此以外的非物质文化遗产
则是由蒙古国单独推荐提交申报的。这些非物质文化遗产是什么样的遗
产呢？其理解方法并不是每个民族都相同，还有其传统的现场表演的存
在方式和现在舞台上表演的内容很难理解为是同一个内容，并非只言片
语就能说清楚。如果在保护条约的框架内理解的话，蒙古国的非物质文
化遗产的信息，现在都集中在以蒙古国立文化遗产中心非物质文化遗产
科为中心的各个相关机构，通过蒙古国教科文组织国内委员会推荐到联
合国教科文组织。当然其推荐书，在紧急保护一览表和代表性一览表中
应记述的项目内容也是不同的。具体来说，都是确保紧急保护的必要
性、非遗的存续相关的述词和可视性及意识等内容。无论登记在哪一个
一览表，都能在提高国际性保护意识的联合国教科文组织非物质文化遗
产网站上阅览到所有的非遗项目⑤。

　　在本文中，是在非物质文化遗产保护条约框架内介绍蒙古国非物质

---

①　紧急保护一览表记载案件名原文为"Traditional Music of te Tsuur"。

②　代表性一览表记载案件名原文为"Falconry, a Living Human Heritage"。

③　代表性一览表记载案件名原文为"The Mongolian Traditional Art of Khöömei"。

④　代表性一览表记载案件名原文为"Naadam, Mongolian Traditionl Fextival"。

⑤　Inangible Heritage Lists（http: //www. unesco. org/culture/ich/index. php? lg = en&pg
=00011）点击各案件名称。

文化遗产和保护现状为目的，所以将此概说译成日文，把蒙古国如何将各非遗项目进行对外宣传也介绍给大家。

（一）马头琴传统音乐①

由两根琴弦构成的弦乐器马头琴，在蒙古的游牧文化中起着重要的作用。有马头装饰的弦乐器见于13—14世纪元代的文献资料。此种弦乐器的重要性在于传统的蒙古游牧民族是仪式和日常生活中所不可缺少的存在，其作用超越了作为乐器本身的机能。

马头琴的形状是将马与宝贵的文化紧密联系起来。中间为有空洞的梯形部分，顶部与雕有马头延伸下来的长杆连接起来。在马头正下方有调弦的弦轴从杆子的左右穿出如耳朵一般。柱子部分用动物的皮革包起来，弦和弓用马的毛制作而成。这种乐器的特征是把弓放在二根琴弦上滑动或拉动而发出声音。一般的演奏方法是，右手来回拉弓，左手可灵活使用，可放在琴弦上使之发出不同音乐。主要是由单人演奏，但有时也可伴之以舞蹈、长调歌曲、与马相关的仪礼及日常工作。马头琴音乐中主要的音与倍音同时并存，所以很难用标准的记谱法表示。历经世代，由口承方式师父传弟子传承至今。

在过去的40年里，蒙古人绝大多数居住在远离马头琴的历史和精神背景的城市。马头琴的调弦屡屡由于舞台演奏技术的需要，其结果变成消除了微妙音质的高音和大音量的演奏。幸运的是仅在蒙古国南部地区尚存一小部分蒙古人，由于在相关仪式、传统习惯等场合演奏马头琴，所以仍然在传承着马头琴的诸多特征。

---

① 原文来自 http：//unesco. org/culture/ich/index. php？ lg ＝ en&pg ＝ 00011&RL ＝ 00068。

（二）Urtiin Duu：传统长调歌曲①

传统长调歌曲为蒙古歌曲两大形式之一，另一种形式为短调歌曲。作为重要喜庆、节日等关系密切的仪礼性表现形式，长调歌曲在蒙古社会中具有特殊的地位。在结婚典礼、房子的竣工仪式、孩子的降生、给马驹烙印记等场合，在蒙古游牧民社会中庆祝社会性的庆祝仪式时演唱长调歌曲。在进行摔跤、射箭、赛马运动的节日庆典仪式的那达慕大会时也会演唱长调歌曲。长调歌曲有丰富的装饰、假声，极为宽广的音域和自由的构成形式的特征。升调的旋律有舒缓、稳定特征的同时，降调的旋律则屡屡有生动的三连音。长调歌曲和乐曲与世代相传的草原悠闲的游牧生活有着密切的联系。

长调歌曲的历史可以追溯到 2000 年前，可以从 13 世纪的文学作品中看到。由不同的地域而形成的不同形式传承至今，长调歌曲的歌唱、现代的乐曲对蒙古国和中华人民共和国北部的内蒙古自治区游牧的蒙古族社会文化生活至今仍起着重要的作用。

1950 年以来，城市化和工业化不断取代传统游牧民的生活方式，众多的传统表演和表现正在消失。游牧民传统的承担主体曾经居住的草原，有一部分开始沙漠化，众多的家庭被强制进行定居生活，据此提高典型游牧民美德和经验的长调歌曲的古典主题有很多在现实中变得乏味了。

（三）伯依乐：蒙古传统民俗舞蹈②

生活在蒙古国科布多省和乌布素县的众多民族传承着蒙古传统民俗舞蹈伯依乐。一般认为伯依乐是蒙古国民舞蹈的起源，表现游牧生活，

---

① 原文来自 http：//unesco. org/culture/ich/index. php? lg ＝ en&pg ＝ 00011&RL ＝ 00115。

② http：//unesco. org/culture/ich/index. php? lg ＝ en&pg ＝ 00011&USL ＝ 00311.

根植于游牧生活的。伯依乐这种舞蹈通常在蒙古包内狭小的空间内进行，以支起一条腿坐的姿势或交差双腿的姿势表演。手、肩、脚的动作在从侧面表现家务、习俗、传统等蒙古的生活方式的同时，也表现出多种多样民族精神的特征。

伯依乐舞蹈者身着展现各自民族、共同者特有的颜色搭配、艺术式样、刺绣、编织、短褶裙、皮革加工技术、金银装饰的衣服和首饰及饰品。家庭或群体进行与宴会、祝贺宴会、结婚仪式、劳动有关的惯例活动时，舞蹈在表现民族共同意识的同时，也起着促进家族团结和蒙古国内各民族相互理解的作用。在传统上，伯依乐是由师徒制、家族、亲戚，还有邻居在家里进行指导传授给年轻一代的。如今，伯依乐的指导者大多数都已经高龄，其数量也在日益减少。由于伯依乐内涵多样性的大为减少，并且表演具有各民族特征形态的伯依乐的人数也变得极少了，所以伯依乐也处于生存危机中。

（四）Mongol Tuuli：蒙古叙事诗①

蒙古叙事诗，从几百行乃至几千行，是由祈祷、祝词、咒语、惯用说法、神话、民谣组合而成的英雄史诗的蒙古口承传统史诗。史诗被认为是由蒙古口承传统而形成的百科活辞典，使蒙古人的英雄历史成为永恒。史诗的演唱者们都有着惊人的记忆力和表演力，在这一点上，史诗的演唱者们都是相同的，配合着演剧的要素，组合歌唱、即兴发挥说词和音乐。史诗的歌词有马头琴和弦乐器来伴奏。史诗多在社会性的公共的活动场合表演，包括国家事业、结婚仪式、孩子第一次剪发、那达慕大会（举行蒙古摔跤、射箭、赛马的节日）及对圣地崇拜等场合。史诗历经几个世纪发展而来，反映着游牧生活的方式、社会的行为、宗教、

---

① http：//unesco. org/culture/ich/index. php？lg = en&pg = 00011&USL = 00310.

精神和想象。演唱者们在亲戚间、父子间进行技术的习得、表演、继承的同时，也在世代间传承着史诗并使之日益精练。蒙古人用史诗向年轻人传递着历史的知识和价值，提高作为国民的共同意识、自豪感和团结意识。现在，从事史诗创造和习得的人数正在减少。随着蒙古史诗渐渐消失，继承历史和文化睿智的系统在不断弱化之中。

（五）潮尔传统音乐①

潮尔音乐，是乐器与发声的演奏组合，乐器与演奏者的喉咙二者同时发声而产生的，以两种不同声音的混合为基本构成的音乐。潮尔与阿尔泰地区蒙古支系的乌梁海族有着密切的联系。对他们的日常生活占有重要地位。潮尔起源于模仿自然和崇拜自然及守护自然的精灵的古代习俗。潮尔是竖笛状的木制管乐器，有三个孔。用前齿抵住笛子吹口的同时，在喉咙处发力就会发出清脆优雅的高音和低音的音色。在传统上，潮尔是为了祈祷狩猎成功或风调雨顺，为了祈祷旅途平安，或者在婚礼及其他祭祀仪式上演奏。潮尔音乐能够反映出单人孤旅时的内心，把人类和自然紧密联系起来，并且也有着艺术和技能的作用。对民俗性的惯例和宗教信仰的不关心、强烈的反对使得很多地方的潮尔演奏者、有潮尔的家庭几乎为零。其结果是在最近几十年里，潮尔音乐的传统在迅速消失。在乌梁海族当中仅保存有 40 曲潮尔音乐，这些曲子只通过后代的记忆才得以继承。所以潮尔音乐这种艺术已经非常脆弱，濒临灭绝了。

（六）鹰猎，绝妙的人类遗产②

所谓鹰猎，是指驯养鹰等猛禽类加以训练，以自然状态捕捉野禽和小型兽类的传统狩猎方式。鹰猎原本是获得粮食的一种手段，但在今日与其把鹰猎作为一种谋生手段，不如当成因为友情和共有性变成相互认

---

① http://unesco.org/culture/ich/index.php? lg = en&pg = 00011&USL = 00312.

② http://unesco.org/culture/ich/index.php? lg = en&pg = 00011&RL = 00442.

识的媒介了。鹰猎主要见之于候鸟飞行经过的沿途地区，不分年龄、性别、专业和非专业，谁都可以进行鹰猎活动。驾驭鹰需要与自己的鹰培养感情，以极大的奉献精神来驯养鹰并使之飞行。鹰猎作为传统文化，是通过经验者的指导或亲戚内部的学习或在俱乐部训练等多种方式，把鹰猎文化传给下一代。例如，在蒙古国、摩洛哥、卡塔尔、沙特阿拉伯、阿拉伯联合酋长国，练习驾驭鹰的时候，大人把孩子带到沙漠里，进行操控鹰及与鸟建立相互依赖关系的训练。虽然各自驾驭鹰的背景是多样的，但驯养鸟的方法、使用的工具、鸟与驾驭鹰的关系等方面却有着共同的价值观、传统和实践。鹰猎行为有比包括传统服装、饮食文化、歌谣、音乐、诗歌、舞蹈更为广泛的文化遗产的基础，无论其哪一种文化都是由经营鹰猎文化的共同体或俱乐部来维持的。

（七）蒙古的传统艺术呼麦①

呼麦是源于西部蒙古阿尔泰山脉的歌唱形式。歌手在模仿自然声音的同时发出具有两种特征的声音和声音的旋律。呼麦按字意是表示喉头，人们相信其精神是学习了成为萨满惯习中心的鸟。蒙古多数的呼麦演唱技术可分为两大样式，分为深喉呼麦（kharkhiraa）和口哨呼麦（isgeree Khöömei）。演唱歌手发出类似喉咙被卡住或低八度的显著声音。演唱口哨呼麦（isgeree Khöömei）时，高八度音非常显著，形成高音口哨。无论在唱哪一种呼麦时，旋律是由唇的开闭、舌头的动作等调节口腔而发出声音的。呼麦由蒙古游牧民在举行国家典礼乃至家庭庆祝时在不同的场合进行现场表演。还有，在游牧中或毡房中哄婴儿睡觉时也唱呼麦。在传统上，呼麦的传承是由呼麦的保持者向学习者口授传承，或者是由师父向弟子口授传承的。

---

① http：//unesco. org/culture/ich/index. php？ lg = en&pg = 00011&RL = 00396.

（八）那达慕大会，蒙古的传统节日①

那达慕，在每年的 7 月 11 日到 13 日在全蒙古举行，是以赛马、射箭、摔跤三大传统比赛为中心的全国性的节日。蒙古的那达慕，与长年在中亚进行游牧的蒙古人所创造的游牧文明有着密切的关系。传说、艺术、蒙餐、艺人的技艺、蒙古长调、呼麦的高音歌唱、蒙古民俗舞蹈伯依乐、马头琴等文化形式在那达慕大会上非常引人注目。在祭祀期间，蒙古人身着独特服装，使用具有特征的道具和体育用品举行特别的仪式。祭祀的参加者尊重参加比赛的男女和小孩，对比赛的获胜者授予对应名次。向相关参赛者献赞颂其仪礼的赞歌或赞颂诗。那达慕比赛大会谁都可以参加，而且参加比赛是受到鼓励的，所以有利于培养团体的凝聚力。这三种体育运动与蒙古人的生活环境和生活方式有着直接的联系，最近对蒙古摔跤和射箭开发出了一定的训练方法。在传统上，这些是在家族中学习而得到传承的。还有，那达慕的仪式和惯习是在强调对环境怀有敬意。

以上是对蒙古国各非物质文化遗产的说明。对其各非遗项目相关的共同体、其地理位置、最近采取的保护措施等详细情况，在"非物质文化遗产保护活动"中有所涉及，但关于其基本信息请见联合国教科文组织非物质文化遗产网站对各项非遗项目的推荐书②。

三　非物质文化遗产保护相关的法规制度与保护体系

蒙古国制定文化财产保护法是在 1970 年，内容包括文化财产分类、保护、利用、调查研究、普及开发、继承、处罚规定等，还有对文化财产

---

① http：//unesco. org/culture/ich/index. php？lg = en&pg = 00011&RL = 00395.

② 要领，打开案件网页，参照 Nomination form。

的修复等。在市场经济化不久的 1990 年年初，在国民生活水平下降的背景下，传统文化财富的转卖、非法出口、贵重资料的非法复印和映像化及墓地遗址被盗掘等情况多有发生。于是这些文化财产的保护、调查研究的加强、制度的完备等成为当务之急。1992 年在蒙古国宪法中规定了"蒙古国历史文化财产、科学与睿智遗产受到国家保护"①。现在包括非物质文化财产的"关于文化遗产的保护"的法律是于 2001 年制定的，在第 4 条非物质文化遗产中，把国民的才能、知识、经验、学识、能力的显著者及作为非物质遗产而传承下来的历史、民族研究、风俗习惯、惯习、熟练的技艺、方法、教训、艺术、有科学意义的知识性的文化财富定义为非物质文化遗产，其具体的保护对象如下②。

4.1.1. 母语、文书及与之相关的文化。

4.1.2. 口承文艺。

4.1.3. 传统长调歌曲、短调歌曲、叙事诗及其唱法。

4.1.4. 与劳动、风俗习惯相关的双关语、词汇。

4.1.5. 呼麦、口哨、惯用语、咋舌等由发声器官发声形成的艺术及其方法。

4.1.6. 精巧制作民族乐器、演奏、记录旋律的方法。

4.1.7. 民族舞蹈、伯依乐（译注：蒙古民族舞蹈）。

4.1.8. 具有熟练表演软体艺术及杂技才能的表演者的能力与方法。

4.1.9. 传统手工艺经验。

4.1.10. 民间风俗习惯、惯例的传统。

---

① Z. Oyunbileg:《与文化遗产保存保护相关法律制度、其实施状况》,《第 3 回蒙古日本文化论坛》, 2008 年, 第 32—34 页。
② 文化财产保护相关法令资料基础第 4 条。

4.1.11. 学问传统。

4.1.12. 传统的祝词的祝颂礼仪、方法。

该法律第 18 条"非物质文化遗产的继承、传承"中规定，"18.1. 具有管辖文化、科学的政府主管中央组织及有相应地位的行政单位的指导者，可依据本法律之 5.5 规定的把收录在一览表中的才能者所继承的遗产，使之与该民族的历史、传统、习惯、生活相适合的基础上，就调查、宣传、传承、保护进行调整。18.2. 管辖文化、科学的政府所管的中央组织，要以提高非物质文化遗产继承者的才能、出成果、宣传、认定具有才能者为目的，举办五年一度的全国性民间艺术比赛（本条款根据 2005 年 6 月 2 日所附的法律进行了变更）"[1]。此处所记述的五年举办一次的全国性的民间艺术比赛称为绿色那达慕，比每年举办一次的那达慕大会的规模要大。

存在这些法令的同时，蒙古国在不断地构筑着应该确立非物质文化遗产保护的国家、地方行政系统，强化研究非物质文化遗产各领域的国内机构和合作关系。在非物质文化遗产各个领域有各个专门的研究机构，但致力于非物质文化遗产的国内总抓主体是国立文化遗产中心非物质文化遗产科。

在非物质文化遗产保护条约中，为确保缔约国真正以保护为目的的认定，根据适合各国状况，制定了将本国范围内存在的非物质文化遗产制成一个目录的方法（条约第 12 条）。在蒙古国第 414 次教育科学大臣决议上规定了设置非物质文化遗产及继承者为目的的国家委员会。在条约方面，涉及的内容是从本国范围内存在的非物质文化遗产目录的制定到国家指定非物质文化遗产认定的顺序。首先，各苏木收集各自范围内

---

① 文化财产保护相关法令资料基础。

的非物质文化遗产信息，向爱玛克提出推荐书，然后由爱玛克汇总全部信息向国立文化口哨呼麦提出推荐。非物质文化遗产科汇总全国所有的信息并制成一览表，向教育科学省提出推荐。一览表中的各申请项目由苏木级或是爱玛克级或是国家级的委员会审议，分别认定各自级别的非遗项目。具体认定流程如图1所示。

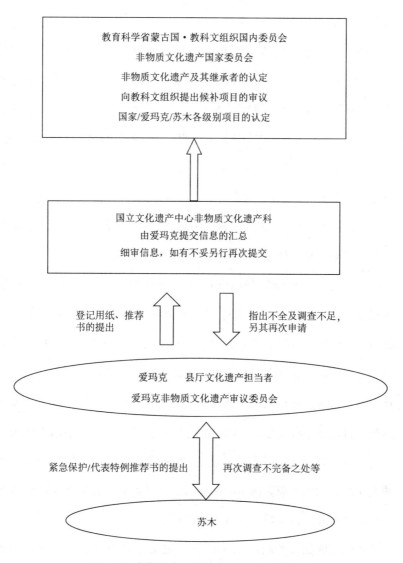

图1　国家指定非物质文化遗产的认定流程

在此产生了各苏木是否熟悉各自范围内的非物质文化遗产的疑问，由于非物质文化遗产的概念还没有渗透到各个苏木，据说所期待的非遗项目没有被苏木推荐提交的情况也是常见的。在这种情况下，由国家或爱玛克对其具体项目要求再次调查并提出推荐书的工作。经过这种顺序，收集国内非物质文化遗产信息，被收录在蒙古国非物质文化遗产登记书上，由文化遗产中心来管理。

在蒙古国非物质文化遗产登记书上的记录信息为，认定级别、登记号码及非遗分类、保护的形态、非遗栏（极其重要的价值、重要的、普通的三种）、记录的保管场所、继承者信息、与该非遗相关的信息/调查和其他附加信息等内容。由爱玛克整理汇总上报给国家的资料是关于继承者的详细信息和汇总爱玛克所有继承者的一览表。所以，国家委员会不仅审议非物质文化遗产及其继承者，也负责审议向联合国教科文组织推荐的候补项目。另外，从各苏木推荐阶段向联合国教科文组织推荐的项目被分别汇总为"紧急保护"和"代表"这两种信息同时进行申请推荐工作。

但是，由于这个系统是刚被构建的，所以实际认定的工作中存在试行错误的情况。2010 年夏确认时，21 个爱玛克中的 19 个爱玛克和乌兰巴托的 8 个地区进行了非物质文化遗产和继承者的确认工作。据文化遗产中心介绍，此项确认登记操作由文化遗产信息和登记负责人在内的爱玛克、苏木及地方选出来的补助委员成员进行，所认定的全部非物质文化遗产项目的继承者人数为 2455 名。然而这 2455 名非遗继承者还未获得指定。下一阶段是由国家委员会对 25 名非遗继承者选定为国宝，将其纳入津贴体制内。成为国宝的继承者，在政府和文化遗产中心的领导下，承担向年轻人传承技术和知识的责任。

蒙古国采取如上的顺序来进行非物质文化遗产继承者的确认和指定，文化遗产中心将研究者、有识者、继承者、政府、NGO 等的成员

组成准团队，由准团队制作向联合国教科文组织推荐项目的推荐书和
DVD 等。文化遗产中心的非物质文化遗产科的业务，从 NGO 时代的活
动经验来看，本该由苏木提出的项目没有提出时，由其向爱玛克提出催
促等工作和从专业知识角度担当顾问的角色。

以确认苏木内非物质文化遗产为中心的组织各苏木文化中心在发挥
着作用。自 1921 年的君主制人民政府成立以来，各苏木举行比赛和文
化教育的组织而设立的俱乐部，其数量在国内约有 300 个，对各地各种
非物质文化的继承、普及启发等方面起到了重要的作用。可是，社会主
义时期俱乐部的文化活动，是专门为了向牧民宣传社会主义思想和进步
思想为目的的。其中，草原游牧生活中代代传承下来的传统文化也被看
作逆时代的陈旧落后的东西，在今天被列为非物质文化遗产名录的艺术
当中有些在当时消声了。还有在国家艺术政策下进行了艺术普及活动。
在现在的文化中心，可以看到传统艺术活动的传承宣讲会在各地开展，
传统艺术活动成了盛行的普及对象。

社会主义时期，文化省、教育省、科学省及在各自领域管理的中央政
府，在如今已经成为一个部门即教育科学省了。新设立的文化艺术厅，管
辖非物质文化遗产的行政动向也由于时代不同而发生了较大的变化。

如前所述，现阶段，应该继续构建确立非物质文化遗产保护体制的
国家和地方行政体系，由于处于强化各领域相关机构和合作关系的阶
段，所以上述流程和体制等很可能会发生变更，本文整理了和文化财产
保护相关的历史及现状的信息。

四　非物质文化遗产的保护活动

不同角色的人在对于非物质文化遗产的保护上都发挥着作用。例
如，某个项目是艺术、技能的时候，表演的人和演奏的人就是直接关系

到非物质文化遗产的人，制作演奏所需乐器的人、制作服装的人等就是
间接关系到非物质文化的人。多数情况下，把这种直接相关的人称之为
表演家。在日本当今，这种表演家和间接关系到非物质文化遗产的人为
非同一人的情况是非常多见的。但是，在蒙古国这些人均为同一人，或
者是在家庭中完成的情况在当今常见，也是特征之一。例如，在蒙古
国，制作潮尔的时候，首先要从寻找适合自身的西伯利亚杉木开始，演
奏者本人边请教家人和师傅边制作自己的潮尔，然后自己演奏。还有，
马头琴和陶布肖尔（TOPSHOR）等乐器也有从自己的家畜得到材料而
制作的历史。关于这一点，还是从在游牧生活中所有的一切都按传统在
日常生活中得到体现，并且可以理解曾经的蒙古传统非物质文化遗产是
按一连串完整的流程完成的性质。与此相反，在日本从材料的供给到乐
器的制作、演奏，多数情况下各个阶段都是由不同的人来完成的。日本
的文化财产保护法是重要非物质文化财产和文化财产保存所不可欠缺
的，将选定传统的技术和技能等的选定保存技术分工完成保护非物质文
化遗产的法定措施。但其成为保护，无论在世界任何地方，随着时代的
变化，人类、生活、社会的各个方面都在发生着变化，所以仅由与非物
质文化遗产主体性相关的人是不能做到保护的。即与保护相关的人，不
仅是主体性相关的人员，也有从各种不同立场和侧面等对非遗进行保护
的人员。

　　下面在介绍与非物质文化遗产相关的表演家、群体、机构等的同
时，也想了解一下它们是如何发挥保护机能的。访问地点为与 2009 年
10 月新登记到非物质文化遗产一览表的伯依乐、史诗、潮尔这三个非
遗项目保护相关的地点。除了乌兰巴托的中心机构之外，从前三项所叙
述的省一级的作用，以科布多省为例进行介绍。作为保护的机能，把条
约中第 2 条第 3 款所述具体保护措施"认定、记录的完成、研究、保

存、保护、促进、扩充、传承、再恢复"与其区别开来。

（一）乌兰巴托的机构

1. 蒙古国文化遗产中心非物质文化遗产科（乌兰巴托）

保护方面的主要作用：认定、记录的完成、研究及与传承相关的活动。

沿革：文化遗产中心于 40 年前设立。现在有物质文化遗产保护、非物质文化遗产保护、文化遗产的修复、总务这四个科，非物质文化遗产科于 2009 年在本中心内设置。在此之前，非物质文化遗产科作为 NGO（非政府组织）非物质文化遗产中心主要进行了如下活动。

1997 年"中亚叙事诗"国家专题研讨会（联合举办：文化部）。

2000 年完成"关于文化继承与发展的法律"草案。

2000 年、2001 年"人类学题材的纪录片制作方法论"训练会（资金提供方：联合国教科文组织）。

2001—2008 年由（联合举办：文部科学省）"民族传统艺术继承程序"及"马头琴、蒙古长调歌曲"程序在乌兰巴托之外的中戈壁、巴彦乌力盖、乌布素、科布多省举办了各种艺术节和大会。

2004 年 5—6 月，巴彦乌力盖、科布多、乌兰巴托后继者培养训练会（资金提供方：瑞士共同事业厅），参加人数：20 名。

2004—2007 年在 14 县 36 郡举办马头琴训练班（资金提供方：联合国教科文组织、日本信托基金），参加人数：402 名。

2008 年 6 月，乌兰巴托训练班中的 60 名学生和教师参加"马头琴大会"。

2009 年 5 月，蒙古文化遗产中心设置非物质文化遗产。

2009 年 5 月，乌兰巴托举办"蒙古呼麦"国际专题研讨会（联合举办：文科省）。

2009 年 9 月，乌兰巴托举办"蒙古 ICH 保护与传承问题"专题研讨会、"人类使用谋生知识系统的方法"研究班。（联合举办：教科文国内委员会、韩国"亚洲—太平洋 ICH 中心"）

2009 年 10 月，哈拉和林在"蒙古国关于世界遗产的教育与发展"研修讨论班上，非物质文化遗产科职员做了报告。

除此之外，也进行了有关联合国教科文组织非物质文化登记相关的各种资料、映像、声音记录制作的工作，还收集了由日本信托基金支援的 550 小时的摄影记录、210 小时的声音记录、制作了公文书等。① 在首都和地方举办了多种艺术节和大会，举办关于非物质文化遗产的研修等，起着国内保护体制的主体功能。

2. 蒙古国科学研究所语言文学研究所（ILL）口承文艺·方言研究室（乌兰巴托）

保护方面的主要作用：调查、研究、记录的完成。

沿革：1921 年设立。自 1950 年致力于蒙古语方言、口承文艺的研究活动，研究蒙古语方言录的完成和民族艺术。从 1955 年开始，扩充了声音记录的机器，1966 年设立实验语音学研究室，除了用当时高性能的机器研究蒙古语和方言发音特征外，还出版了各方言的专门书籍。还有自 1952 年开始，每年举行 1—3 次地方口承文艺、方言调查，收集了大量的资料，并且为了研究进行了资料的整理工作。口承文艺与地方方言收藏库中有记录与录音磁带达到 3 万本。至此，整理了《蒙古人民共和国蒙古语地方方言辞书》1 卷（喀尔喀方言）、《卫拉特方言》2 卷、《布里雅特方言》3 卷，登记整理了口承文艺、地方方言收藏资料，并完成目录。对收藏资料的保管状况进行了改善和对 1950 年之前的声

---

① С. Юндзнбат Утгасоёлын θв，2008. 1，С. Юндзнбат Бизт бус Соёлын хамгаалал. "Соёлын θв мзбзззллийн сзмзУУл" 2009. 2（Соёлын θвийн тθв）．

音记录进行了再恢复等工作①。将蒙古史诗推荐到联合国教科文组织的中心机构。

3. 艺术发展中心（乌兰巴托）

保护方面的主要作用：促进、扩充。

沿革：2002 年作为非政府机构设立。目的为促进关于艺术和文化遗产保护做可持续开发的活动。在艺术教育、资助金的交付、文化遗产这三个事业领域展开活动，也为了可持续发展向其他组织进行资金募集工作。把国内外艺术相关的信息汇编成 Art News 每月发行，在 Mongolian Messenger 报纸上刊载报道。关于具体的非物质文化遗产，那达慕文化事业：作为蒙古传统文化体验，在那达慕文化节上召开蒙古书法、射技、颜绘等文化性节目，赞助传统舞蹈、呼麦、马头琴等国外演出，积极进行传统文化的普及和宣传活动。还有，联合国教科文组织事务所进行的 Award of Excellence for Andicrafts 蒙古国内事务局也在发挥作用，作为本事业联合国教科文组织国内委员会辅助性机构在工艺领域内发挥作用。对国外询问蒙古艺术介绍国内相关机构，起着联络调整的窗口作用。

4. 居住在乌兰巴托的表演家（史诗、潮尔、伯依乐）

（1）乌力吉（74 岁），喀尔喀族。

叙事诗说唱者。叙事诗者说："从占蒙古国民大多数的喀尔喀族来看，乌梁海族人们在说唱者中绝对是王者。可是，除喀尔喀族以外没有史诗说唱者，革命以后（1921 年），女性说唱者减少了，在约 1940 年至 1992 年间则完全没有了。1992 年前后，在巴彦洪古尔县、中戈壁县、中央县等地找到了曾经的女性史诗说唱者。喀尔喀族的史诗与乌梁海族的史诗完全不同，由女性像唱歌般来说。特别想找到年长的正在逝去的

---

① ILL 册子。

说唱者。我也是年纪大了，考虑关于传承的问题，全部自费出版了 CD 和书（记载着与乌梁海的史诗不同之处等），但很不容易。与西方不同，我很想保存住喀尔喀优美的旋律。"

（2）巴雅尔毛耐（56 岁）。

叙事诗、祝词、赞颂诗的说唱者。

能讲三大叙事诗的江格尔、格斯尔。江格尔根据说唱者的不同其说法也不同。叙事诗讲的内容是古代历史中的惯习和民族独特的文化。西方人讲的内容东方人听不懂，反过来东方人讲的内容西方人也不理解。达木殿色楞说："史诗的说唱者一个人好比就是一个剧场。"笔者也是这么认为的。

（3）宝音德力格尔（49 岁），乌梁海族（查干图嘎"白旗"氏族）。

潮尔演奏者。那仁朝克图（向现存查干图嘎氏族传承者们学习潮尔的技能，2003 年去世）的长子。居住在乌兰巴托，出生于科布多省。

"学习潮尔非常花费时间，所以有很多人开始学习不久就放弃了。还有潮尔易坏，制作也需要技术。如今已经作为蒙古国非物质文化遗产开始采取了保护措施，不久的将来，不仅向蒙古国的人们教授潮尔，也会教授世界许多国家的人们。以前演奏潮尔的人被人看不起，甚至也有过被人投掷石块的时代。而如今演奏时，则被鼓掌欢迎。直到 1984 年为止演奏潮尔被看作是反社会主义的，白天把潮尔藏起来，夜里悄悄地演奏潮尔。被政府发现会被处罚的。其他乐器演奏和艺术等有的在当时也有过类似情况。马头琴的演奏被再次允许也不过是经历了 20 年而已。"

（4）那仁巴图（25 岁），乌梁海族（查干图嘎"白旗"氏族）。

潮尔演奏者。居住在乌兰巴托，出生于科布多省。

成立了政府认定的 NGO 潮尔民俗音乐协会，在人文大学选考文化研究，写了关于潮尔的毕业论文。是宝音德力格尔的儿子、那仁朝克图的孙子。

（5）巴尔坦道尔吉（33 岁），乌梁海族。

叙事诗说唱者，潮尔演奏者，呼麦表演者。出生于科布多省，居住在乌兰巴托。

以发展史诗，并向下一代传承和普及传统为目的的政府认定的 NGO Mongolian Tuuli 于 2004 年设立。几年前在瑞典的支援下，在科布多省举办的史诗传承活动中担任讲师一职。"当时 10 名学生都是阿毕尔米德的儿子，连续 7 代人都是以说唱史诗为生计，是巴特尔阿毕尔米德的子孙们。于 1998 年去世的父亲阿毕尔米德在生前获得了国家奖。在 ILL 中有父亲的故事的记录。父亲于 1998 年去世了。父亲的叙事诗有大半已经继承下来了。阿尔泰、乌梁海的叙事诗在冬天的夜里，河水冰冻的时候才演奏。关于潮尔，那仁朝克图即使是对故乡的乌海梁族人中，也仅是教授给那些有才能的人。我也是其中之一。也有那仁朝克图的影像记录，有一部分是从那里学习到的。"

（6）沁陶日格（21 岁）。

叙事诗说唱者，潮尔演奏者。乌梁海族。现在是大学文化学部学生。文化遗产中心云丹巴图的弟子。阿毕尔米德长男之子。巴尔坦道尔吉之侄。现在正在练习呼麦。

（7）额尔登巴图。

潮尔演奏者。那仁朝克图长女之子。"从很小就开始向那仁朝克图学习潮尔。在非物质文化遗产中心举办的传承活动中，向那仁巴图老师学习潮尔的五名学生中就有我作为其中之一学习技术。"

5. 民俗舞蹈伯依乐——继承协会的成员

2009 年，伯依乐的舞蹈者们，在民俗舞蹈的衰退中成立了协会。会员约有 40 名，几乎都是经历几代能够继承伯依乐的人们。其目的是，跳伯依乐并加以继承、教育与发展。同时也是为了放弃游牧定居在乌兰巴托的人们不忘记故乡的伯依乐而进行的活动。基本上是想学伯依乐的人不论国籍都可以接收，向各个民族传授的基本动作由各自民族或相同地域出身的人来教。虽说是协会，但没有一个正式的事务局。蒙古国交响乐团的代表者本身就是伯依乐的舞蹈者、协会的成员，作为活动场地交响乐团被利用着。也正在向国家请求支援。他说："伯依乐的趣味性是以家庭为单位来跳舞的。随着蒙古包的生活移动跳着伯依乐。每一个跳舞的动作都是和牧民生活密切相关的动作。西部地区舞蹈的特征是快马（比马腿的熟练、骑马男子的优雅骑乘姿态的马术），木日古勒（磕头）等祈祷的艺术形态、撒出啦（向天地捧献家畜乳汁的传统习惯），把这三种类型的动作用于舞蹈中。会跳各种舞蹈而闻名的是土尔扈特族。"

6. 图古托尔映像中心

位于科布多省的机构。保护的主要作用：调查、研究、记录的完成。

沿革：作为记录声音映像的工作室，作曲家呼日勒巴特和音乐家敖云其木格于 2008 年个人出资设立。现在与文化遗产中心非物质文化遗产科合作，进行研究性的非物质文化遗产的记录制作活动。虽然不及文化遗产中心的分部，但是以西部蒙古音乐为中心制作声音映像记录为志愿基础工作正在进行。主要工作内容是在当地的收录以及使用专门软件进行编辑。

（二）科布多省的机构

1. 科布多省儿童部/青少年宫

保护的主要作用：传承、促进。

沿革：1924 年最初把札撒克图汗县策册格湖胡硕之旁的二个蒙古

包作为"讲堂"设立了最早的学校。1927 年迁至科布多省，1930 年，县革命青年同盟（以下称为 HZE）委员会指导现在的巴彦乌力盖、乌布苏、科布多省小学的活动。伴随着国家政府的改革革新，自 1990 年成了会计与活动相独立的组织。2008 年利用青少年宫，从 2009 年成了儿童活动的场所，进行着多种多样旨在促进年轻人发展的活动。

目的：伴随蒙古国社会、政治体系的改革革新，保护承担蒙古国未来发展的儿童，关注儿童的发展和成长。增加教育和就职的机会等，进行与国家政策、国际条约相关联的活动。

活动内容：进行关于儿童权利状况的调查研究，进行电话咨询受理和向市民宣传通知等。还有，为了青年一代的发展和发现其才能，开设各种不同的课堂，提供顾问服务等。在上述目的的基础下组织儿童艺术、体育的专门方法和手段，开设有舞蹈、大鼓、蒙古象棋、围棋、蒙古长调、琴、三弦琴、马头琴、扬琴（弦乐器）等科目的辅导班。①

2. 科布多省政府

保护的主要作用：本区域内的认定、促进、扩充。

由省政府主办马头琴音乐会和民俗舞蹈等，有各种各样的比赛和节日。自 2009 年开始了省内非物质文化遗产信息的汇总工作，也设置了向国家推荐项目的审议委员会。委员会成员由剧场长、图书馆长、美术馆长、科布多大学校长、所有的苏木达、省社会开发科、教育文化科、文化专家（省政府职员）等构成。虽然省政府负责文化遗产的职员有 2 名，但对非物质文化遗产保护由于职员自身的知识和业务内容的渗透等还比较薄弱，关于推荐到国家也是借助蒙古国文化遗产中心的力量来推进的。

---

① 科布多省儿童部/青少年宫册子。

3. 居住在科布多省的表演家（史诗、潮尔、伯依乐、呼麦）

（1）斯斯尔（58 岁）。

史诗说唱者。乌梁海族。条约的推荐书上明确记载是史诗传承人。现在居住在科布多省的中心地区。曾经生活在多特苏木，1999 年搬至现在的住址。有 2 名弟子。关于他的老师：师从阿毕尔米德和乌日图那顺等人，最初是向锡林提布学习的。刚过 10 岁就开始听史诗，听了约 10 年的时间，之后便和老师商量弹奏陶布肖尔（TOPSHOR，一种乐器）了。

关于说唱史诗时的感觉："我感觉到山的主人和河的主人等真的来倾听史诗了。在说唱的时候，相信阿尔泰山的主人来到这里，过年时说唱的时候我亲身感觉到他们来了。具有这种感觉的时间是我学习史诗约 10 年的时候。和老师一起去山上的时候，在想到我真的是在信仰这座山的时候感觉强烈了。在我相信山的主人已经到来之后，说唱时雨就下起来了。和总统登上阿尔泰山的时候正在下雪，心里祈祷'快晴天吧'，于是天真的就晴了，所以我感觉我的心情已经传达给山的主人了。那种感觉无法用言语表达，但也不像萨满那样。我认为从内心相信是非常重要的。据此我认为自然给人们带来恩惠，我也感觉到我的工作非常有利于他人。很早以前，史诗的说唱者是被人们所尊敬的。所以一般的人也给陶布肖尔和马头琴的演奏者奉献围巾，崇拜之后才开始说唱的。"

关于国内保护、条约记载的前后变化："援助和保护相当好。不好的是和早先的陶布肖尔不同，按个人喜好随意制作表演的人增多了。本来是在那种土壤中生长出来的素材制作陶布肖尔的曲子演奏的。所以向国家申请的是希望理解乐器本身所具有的含义。以前外国的 NGO 说过，史诗的传承出现了危机，我们支付您 2 个月的工资，您向年轻人教史诗吧。可是，那一时的教授史诗没有什么意义。要做的话那个土地的人应该把一个一个的叙事诗教给关心那个土地的人，如果不能很好地继承从那个土地生长出来的史诗的话，就没有史诗的意义了，我不希望只是形式上的继承。比如教 30 人，到后来继续坚持的人只有 1 个或 2 个。在乡下教 15 人剩下了 1 个人。留下来的孩子马上能明白，他是发自内心的喜欢，与只是表示对老师尊重完全不同，老师教完了，他也不想离开教授场所。如果父母喜欢史诗，其孩子也喜欢史诗的情况多一些。把叙事诗认为是思想传授给别人也传授不了。要理解了史诗背景所蕴含的大的宇宙观之后再学习史诗才能懂得史诗本来的意义。理解叙事诗的哲学是非常重要的，不能把叙事诗认为是文学读物。所以也没有必要按照记住的那样讲史诗。只有在不同场合用那种心境的诗作为史诗讲出来才是史诗的本来意味。还有因为讲的是感受到的东西，所以在这种意义上来说就是诗人。一般讲 3 小时就完成的叙事诗，如果把发自内心的感情作为诗来讲的话有时会需要 3 天。在山前、在蒙古包里、在本民族人们面前讲史诗和在建筑物里讲史诗是极不相同的。"

（2）僧格道尔吉。

呼麦、潮尔、阿尔泰山赞颂，沁德木尼村出身。

科布多省国立科布多歌剧院的在籍人员。通过自学掌握了所有的呼麦技法。在国内外的比赛中多次获奖。获得蒙古国文化艺术功勋奖。用潮尔也能演奏呼麦的技法。出演电影《沁德木尼，蒙古呼麦之源流》，也出过 CD，活跃于世界。

（3）孟根朝吉（姐 25 岁）、孟乎朝吉（妹 24 岁）

潮尔演奏者。那仁朝克图之孙（第七个儿子的孩子们），乌梁海族（白旗氏族）。姐妹二人住在离科布多省中心稍有一点距离的蒙古包内。姐姐是银行职员，妹妹是科布多大学的学生。姐姐吹潮尔有 10 年时间。有过比赛经历。

（4）道尔吉巴木（52 岁）。

史诗说唱者。乌梁海族。阿毕尔米德的长子。最小的是巴尔坦道尔吉。乌兰巴托沁陶日格之父。居住在科布多省中心区。

关于史诗："能完整记住的史诗有 1 篇或 2 篇。讲到祝颂，其中有一段信仰的缘由。那是我在去往阿尔泰山的途中，在我每次靠近蒙古包的时候说到我是以这种目的去阿尔泰山，就会被人家说给我讲史诗吧。就像喇嘛念经那样的感觉给我讲史诗吧。有时候去山上要进行祈祷的时候，萨满就跟来了。到了山上，首先进行萨满仪式，但还是不能进入恍惚状态，因此我从说唱史诗之前举行祝颂仪式后再进行史诗的话，萨满就说：'现在诸神正在汇集而来。'结果，我明白了如果不进行史诗这项自古以来的仪式的话，意思是不会传达到山的主人。"

以上是 2010 年 7 月笔者访问对非物质文化遗产持各种立场的人那里得到的信息。

五　结语

本文的目的是介绍非物质文化遗产条约框架下蒙古国的保护措施与现状，对于没有得到其具体确认的机构，由于篇幅的限制不做介绍。

上文中曾论及，一方面，由于开放后快速的市场经济化和气候变化等，在传统生活中代代相传、存在于日常生活中与游牧生活相关的非物质文化已经濒于消失。把非物质文化遗产的精神按原本的样态体现在生活中的人们已经并不多见了，虽然他们人数很少却也是真实存在的。另一方面，由于在生活中是自然继承而来的——特别是关于传统工艺技术领域——非物质文化遗产的认识也存在淡薄情况。在传承保护的名义下进行保护、非物质文化遗产的形式化，即作为生活中活生生的文化不能完全保留，在其他国家也有这种状况。但蒙古国还仍然在生活中或多或少保留着这些文化。对那些文化进行记录再指定、再认定制度，或者实施具体的保护措施等，通过各种形式保留遗产的国家、地方政府，在构筑保护体系的同时，从传承者方面发现继承存在的问题反映到国家计划活动①，共同体的传承者、各级行政密切交换意见等，行政方面与各机构和共同体、传承者之间的良好合作是关键所在。

社会主义时期，由国家艺术政策统率的民族艺术在联合国教科文组织的条约框架中，就开始采取了登记和保护措施，可以说新的艺术复兴时代已经到来。传承者、共同体、国家、地方行政、国际机构相互合作共同探索保护的形式，重新审视自古以来的惯习的同时，已经开始了对各项艺能进行重新定义的工作。

---

① 　Sonon‐Ish Yundenbat：《需要紧急保护的蒙古国非物质文化遗产》，《非物质文化遗产国际研究会　亚太诸国的保护措施现状与课题　报告书》，第30—35页。

人类学中的"文化"和组织研究[*]

[英] Susan Wright 著 殷鹏 译

　　20 世纪八九十年代风云变幻，各行各业的组织都处于变化之中：现代化在西方国家被当作国内政策，而在第三世界被当作发展的基础——对此批评的声音随着国际资本重组^①不断加剧；随着第一世界与第三世界的竞争加剧和新管理体系的引入，生产也被纳入国际分工；第三世界的结构调整和西方的"新右派"（New Right）^②政策，削弱了国家的角色，部分国家的职能转移到私营部门，并更多地依靠自愿社团和非政府组织。这些变化引起人们对不同组织（organizing）方式的思考。事实已经证明西方的科层制存在弊端，于是在第三世界出现了这样的声音：本土的组织方式是否可行？然而，尽管制度环境引发了上述这些广

---

　　* 本文主要内容曾在 2011 年 11 月由中国社会科学院民族学与人类学研究所主办、社会文化人类学研究室承办的"人类学民族学理论创新与学科建设"学术研讨会上宣读过。嗣后，笔者做了修改和补充。

　　① Berman 认为，现代化的主要特征就是不断尝试建立秩序，获得控制权，并扩大这些秩序和控制权覆盖的范围，同时抹杀"传统"并祛除对新秩序可能会瓦解的担忧。这些思想支持了西方和第三世界国家中的工业资本扩张和支持服务的发展。M. Berman. All That is Solid Melts into Air：The Experience of Modernity. London：Verso，1982.

　　② 其主要观点是，公民不能完全控制政府，国家虽然希望将福利最大化，但由于国家也是参与者，基于自利心的原因，市场失灵不但不能矫正，反而有政府失灵的状况产生。其理论基础以 F. Hayek、Milton Friedman 的思想为基本。——译者注

泛的变化，但组织的某些方面，特别是与性别有关的方面依然难以改变。公共部门（public sector）的组织最早开始关注弱势群体，特别是女性，现在更多的私营部门的组织也加入其中，帮助她们在劳动力市场中发挥自己的潜能。但是，为什么组织变革如此困难？谁会从组织变革中受益？这其中一个主题就是"赋权"（empowerment）。但是权力赋予何人？是目标受益人，是第三世界的居民，是女性还是委托人（client）？这些问题涉及组织方式的改变。

在变革中寻求管理组织的新方式，"文化概念"十分重要。组织研究的文献都将文化的概念归于人类学。① 然而，人类学者在阅读这些文献时发现：这个概念本身很熟悉，但它的使用方式却很陌生。本文将探寻其中的原因，厘清"文化"概念在组织研究中的使用方式。

在组织研究中，"文化概念"有四种使用方式。一是指某公司的生产和服务在跨越不同"国家文化"（national culture）时，管理中遇到的困难；二是指工厂中将不同民族的工人凝聚在一起的合力；三是指工人中的非正式"概念、态度和价值"；四是指"公司文化"，它是正式组织的价值和实践，被视为管理的"黏合剂"，将工人组合成为一个整体，应对快速变化和全球竞争。②

通常认为，"强有力的企业文化"是私营部门成功的必要条件。现在，公共组织或自愿组织要想成功，也必须形成自己的使命宣言（mission statement）。企业文化也有不同的类型：一种是强化的福特主义③，

---

① C. Geertz. *The Interpretation of Cultures.* New York：Basic Books，1973，V. Turner. Dramas，Fields and Metaphors. Ithaca，NY：Cornell University Press，1974，G. Bateson. Steps to an Ecology of Mind. New York：Chandler Publishing Company，1972，M. Douglas. How Institutions Think. London：Routledge & Kegan Paul，1987.

② T. Deal and A. Kennedy. Corporate Cultures. *The Rites and Rituals of Corporate Life.* Harmondsworth：Penguin，1982，pp. 178，193.

③ "福特主义"起源于 A. Gramsci，它是指以市场为导向，以分工和专业化为基础，以较低产品价格作为竞争手段的刚性生产模式。——译者注

另一种则截然相反。对于前者而言，组织"文化"从使命宣言转化而来，又被划分成具体的实践。它将每一项任务分解为具体的步骤，详细规定每个步骤应该如何操作。工人们通过培训，在严密的监督下按部就班地执行每一个步骤。这种方式强化了现代化时期的福特式管理模式。这种模式把管理和劳动互相分离，劳动又被划分为具体而清晰的重复工作。一些国际公司使用这种模式，设立了标准化的工作流程（最常被提及的是麦当劳）。与此相反，后者引入了一种比较灵活的组织"文化"。管理者和工人之间的福特主义式区分不那么明显，中层管理者减少，工人组成团队，每个成员能够从事全部工种。工人们不必束缚于机器或者预设的书面工作流程，他们被"赋予权力"，能够发挥主动性，与领导直接交流，不断改进工作。通过这种方式，工人们的知识可以用来灵活应对快速变化的环境和客户的更高要求。以上可以看出，"文化"指的是各种的问题、思想和组织方式。

这些观点怎样才能与人类学的文化研究路径相结合？将人类学的文化观引入组织研究的原因之一是出于方法论上的考虑。组织研究从一开始就与管理者紧密联系，Calas 和 Smircich 指出组织研究者在"造就"（making）组织中起到了重要作用。[①] 而上文提到的那些制度变化呼吁新的研究方法。目前的组织研究被现代主义范式主导，它认为组织是理性的、充满客观事实，而人类学研究则提供了一个更加解释性的方法，将组织作为一个构建意义的场所。

然而，这种范式转移在组织研究中并没有完全完成。比如，Schein 以一种看似与人类学相悖的方式，同时使用解释学和实证主义方法研究

---

① M. B. Calas and L. Smircich. Using the "F" word: Feminist Theories and the Social Consequences of Organizational Research. In *Gendering Organizational Analysis*, eds. A. J. Mills and P. Tancred. London: Sage, 1992, p. 223.

组织。① 一方面，他吸取了人类学的观点，认为文化存在于概念范畴和心智模式之中，并正确地指出仅仅通过对表面现象的"浅描"或者问卷调查都无法研究。前者会丢失文化的整体性和系统性，而后者的出发点是脱离情境的预设。另一方面，他又渴望通过追求"真实"的实证主义来抓住那些看不见、摸不着的东西，将文化构建为一种独立于情境的客观实体。"要想构筑一个概念，我们必须就如何描述、'测量'、研究这一概念以及将其应用于现实组织世界达成一致，否则我们就无法构造这样的概念。"②

Deal 和 Kennedy 关注符号的展示、仪式和关于起源的传说。③ Schein 认为，文化比这些"更深"，并转向解释学的方法对其给出解释。他指出这种"更深"的文化是能够辨认出来的：它具有系统性，存在于日常生活之中，经久不衰并且为群体共享。然而，他在结论部分对文化下的定义，却将人类学的文化概念转换为另外一种形式：

> 一个群体如果没有共识（consensus），或者存在冲突，或者存在含糊不清的东西，那么依照定义，这个群体就没有文化……共享（sharing）或共识的概念是这个定义核心，这在经验上不是我们可以选择的东西。④

"文化"是一个"群体"（既是有边界的，也是统一的）的属性，它是群体成员达成的共识，其中不存在模糊的东西。因此能够长时间保

① E. H. Schein. What is culture? In *Reframing Organizational Culture*, eds. P. Frost, L. F. Moore, M. R. Louis, C. Lundberg and J. Martin. London：Sage, 1991.

② Ibid. , p. 243.

③ T. Deal and A. Kennedy. Corporate Cultures：*The Rites and Rituals of Corporate Life*. Harmondsworth：Penguin, 1982.

④ E. H. Schein. What is culture? In *Reframing Organizational Culture*, eds. P. Frost, L. F. Moore, M. R. Louis, C. Lundberg and J. Martin. London：Sage, 1991, p. 248.

持稳定、经久不衰。

对群体共识的关注是组织研究和人类学的关键差别。起初，这两门学科都关注共识。但这个概念却有不足之处，正是在其影响下，霍桑接线观察室实验认为只有管理者才具有"理性"。鉴于此，曼彻斯特工厂研究关注的是冲突。对于一个受 Geertz 影响的人类学家，"共享"（sharedness）更像是指以一种想象的方式不断重新组合的全部观念，这种组合方式具有系统性，人们能够理解，却无法预判。这其中存在的模糊不清十分关键，正是因为存在模糊，才需要重新组合；同时，重新组合过程也具有政治性：概念和符号的意义并非固定不变，而是不断受到质疑。那些引用 Geertz 的组织研究文献通常只给出一个看似正确的、群体共享的情境。这样一来，文化就从比喻组织的一种方式（something an organization is）变为组织拥有的一种属性（something an organization has），从嵌入情境中的过程变为管理控制的客观工具。"文化"概念的使用本身也成为一种意识形态。

本文旨在唤起人类学者意识到，文化已经成为这门学科本身"想当然"的概念或者假设。[1] 为了探寻文化的含义，我们必须理解将文化作为分析性概念的方法论过程。人类学最重要的研究方法就是基于参与观察的田野实践，但这只是方法论的一部分。人类学"找问题"（problematizing）的独特过程，在于不断检验现有的社会观点或理论的解释力，考察它们在多大程度上能够解释田野工作中的细节。文化这种分析性概念就在这样的互动中生成并不断完善。

---

① 文化人类学是美国的人类学学科的一个重要分支。英国则更加注重社会人类学和实际的社会关系，文化一直是指人工制品和戏剧表演。然而，直到 20 世纪 90 年代，英国人类学家在研究非面对面的关系，如意识形态、国家政策和组织，特别是与英国文化研究平行的传统时，都会以文化而非社会作为工作的出发点。

一 人类学对组织的早期研究：霍桑实验

人类学对组织研究的贡献可以分为三个时期：两门学科都处于早期发展阶段的 20 世纪 20 年代、20 世纪 50—60 年代和今天。两门学科在每个时期的互动，都反映出人类学方法论和有关社会组织与文化之观点的发展，并对参与观察、对情境和意义的分析以及分析概念的完善做出了贡献。

组织研究始于"科学管理"，也称泰勒主义。它是以管理者为中心，采用自上而下的方式，关注组织内部生产体系如何才能正确运转。生产过程被划分为不同任务，每个任务之间有严格的区分，并受到严密监督。只要物理条件不发生变化，工人们只需要机械地重复。1927—1932年，研究者们对位于美国芝加哥西部和伊利诺伊州西塞罗市的西方电器霍桑工厂进行研究，旨在检验这些科学管理的原则。然而随着观察进展，在人类学者的帮助下，研究者发现了工厂中社会组织的特征，摒弃了这些原则，并建立了人际关系（Human Relation）学派，在接下来的 25 年间主导着组织研究领域。

该研究起初只是脱离日常工作条件的"实验"。霍桑工厂的管理者想要测试物理条件的改变对产量的影响。他们向哈佛大学寻求帮助，那里的工业心理学会（Committee on Industrial Psychology）正得到了洛克菲勒基金的资助。心理学家 E. Mayo 与哈佛大学和公司的同事一道，对包括物理条件和激励措施在内的 10 项变化对六名女工疲劳程度的影响进行测试。结果就是后来富有争议的"霍桑效应"（Hawthorne Effect）：无论工作条件发生什么变化，即使恢复最初的状态，女工们的产出都提高了。研究者将这个结果归因于实验条件的影响。女工们在一个特定的继电器装配检验室（Relay Assembly Test Room，RATR）工作，这里与她们平常的工作条件不同。女工们在这里形成了紧密的友情团体，不"畏惧权威"[1]，总是更多地与领导主动联系[2]。值得注意的是，研究者在其中扮演督导的角色，特别关注女工们的心声。该实验的结论是：与物理条件相比，心理因素对于产量改变的影响更加重要。

研究的第二阶段采用了另一种方法。为了探寻员工士气与管理之间的联系，并为培训管理者提供素材，研究者开展了大规模的个人访谈。1928—1930 年间，公司新成立了行业研究部，访谈了 21126 名工人[3]，直到经济大萧条引起裁员才终止。在等待经济好转的过程中，行业研究部将这些大规模访谈的结果与个人进行比较，却发现难以分析，因为受访者重复来自一个小团体。这就引出了他们之前忽略的一个发现：车间中的小团体能够强烈控制个人的工作行为。[4]

为了研究工作场所中的社会组织，研究组开始第三阶段的研究，并采用了一种更加深入的方法：人类学的直接观察法。Mayo 是 Malinowski 和 Radcliffe – Brown 的朋友，他介绍 Radcliffe – Brown 的学生 L. Warner 加入研究组。Warner 刚结束在澳大利亚的土著研究，他热衷于用人类学研究"现代"社会，并帮助研究组使用田野调查方法研究工作场所。[5] 研究目标是把工厂视为一个小型社会，生活的方方面面都在社会系统中相互联系。但是，绝大多数工厂都有超过百位工人，"技术问题、行政问题、管理问题和个人问题相互交织成为一个互动的整体"，过于庞杂，

① F. J. Roethlisberger and W. J. Dickson. *Management and the Worker*. Cambridge：Harvard University Press，1939，p. 189.

② E. D. Chapple. Applied anthropology in industry. In *Anthropology Today*，ed. A. L. Kroeber. Chicago：Chicago University Press，1953.

③ F. J. Roethlisberger and W. J. Dickson. *Management and the Worker*. Cambridge：Harvard University Press，1939，p. 204.

④ Ibid.，p. 79.

⑤ Ibid.，p. 379.

难以研究。[①] 因此，实验选出 15 名工人在隔离的观察室中进行电话交换机的接线器装配工作。[②] 他们被分为三个小组，每个小组在一个单独的房间中。每组有三位开关接线工，每个房间配有一位焊接工，此外还有两位督导员。每个接线观察室（Bank Wiring Observation Room）的房间布局、工作条件、督导方式都与车间保持一致。为了检验实验的影响，研究组在项目开始 18 周之前开展了一次关于产量的基准研究（base line study）。

研究从 1931 年 11 月持续到 1932 年 5 月，最后几个月被经济大萧条引发的裁员扰乱。三名研究者负责这个项目，一位研究者和一位访谈者保持局外人的角色，他们认为这能够使员工谈论他们的态度。另外一名研究者在观察室中，保持低调，尽量不引人注意，并仔细观察工作过程中的正式组织和工人们的非正式组织，也就是员工之间的互动、个人参与和团结的表达。研究的目标是将车间当作一个小社会，了解非正式组织的功能及其与工作中正式组织的关系。

研究者用 Radcliffe - Brown 的社会系统观点分析研究结果，也就是说，人们之间的互动形成一个系统的整体。三个小组中形成了两个小团体，每当工作间歇时，小团体内部都会自发组织各种活动，如博彩、游戏和嬉闹等。团体内部和团体之间既有冲突也有合作，但是大家会互相帮助（对抗正式规则），而且并不局限于各自的小团体当中，而是包括所有的人。工人之间产出的差异由个人在非正式组织中的地位决定。[③] 社会组织中的所有元素在这个团结的非正式体系中都有功能。

[①]　F. J. Roethlisberger and W. J. Dickson. *Management and the Worker*. Cambridge：Harvard University Press，1939，p. 385.

[②]　经译者计算，此处可能应该是 14 人。

[③]　F. J. Roethlisberger and W. J. Dickson. *Management and the Worker*. Cambridge：Harvard University Press，1939，p. 520.

这种非正式系统与公司正式的规章制度和激励机制形成鲜明对比。正式制度是为了鼓励员工不断提高产量。而公司记录显示，大多数工人的产量都保持恒定。[1] 更令人惊奇的是，公司对工人产量的记录与研究者记录的实际产量不一致；工人们尽力保持个人汇报的产量相同，但对多汇报或少汇报的部分却记得很清楚。他们对日产量的看法一致，认为保持恒定的日产量和周产量对自己有利。研究者假设是工人和管理者能够达成一致，可是如果双方的看法相反，研究者应该如何应对呢？

第三世界的人类学者关注的是，社会体系如何体现在共享观念之中？即使这些观念同西方中产阶级观念的前提不一致，但它是符合逻辑的。可是，这一理念没有体现在这个研究中。Roethlisberger 和 Dickson 认为，工人们对恒定产量的共享观念巩固了他们的社会组织，他们二人称之为"情感"（sentiment），否认了它的理性和逻辑。他们在报告中说，工人们拒绝对公司的激励机制做出反应，保持恒定产量，以防"会发生什么"。他们认为这"不合逻辑"，"也不符合他们自己的经济利益"[2]。然而，从这份报告中，我们可以分辨出工人的立场是符合逻辑的：他们担心在经济大萧条时期，工作时间缩短或被裁员；害怕如果提高生产率，管理者会制定新的目标，从而降低工资，这样一来他们为挣得同样的工资就不得不更加努力地工作。工人们以这种方式使管理者妥协，通过尽可能抵制公司的激励机制，来"控制"管理者的行为。[3] 然而，Roethlisberger 和 Dickson 却把这种行为称作非理性的"情感"；只

---

[1] 这与霍桑效应正好相反。在继电器装配检验室中，由于研究者的存在，女工的产出提高了。在接线观察室中，尽管有一名充满人文关怀的观察者在场，男工们的产出保持一致并与实验之前持平。Mills 指出其中忽略了性别差异，研究者们没有探寻为什么女工们自我组织起来增加产量，而男工们却组织起来限制产量。A. J. Mills. Organization，Gender and Culture. In *Organization Studies*，Vol. 9，No. 3，1988，p. 353.

[2] F. J. Roethlisberger and W. J. Dickson. *Management and the Worker*. Cambridge：Harvard University Press，1939，pp. 533 – 534.

[3] Ibid. ，p. 534.

有管理者和研究人员的理性才是理性的。这反映出该研究自上而下的取向。

个人主义的心理学对这些结果做出了更加难以理解的解读。Mayo认为，工人对管理者非理性的不合作是因为他们已经疲于合作（a frustrated urge to collaborate）。① 他认为管理者应该创造条件鼓励工人自发合作，这样才能够确保组织实现目标。霍桑电器工厂中的"非导向性咨询"寻求达到这一效果，这种方式试图复制之前大规模访谈的宣泄效应（cathartic effect）②，却阻碍了将工厂作为社会体系进行更深入的研究③。

接线观察室实验结束后的 10 年里，人类学的组织研究一直没有什么进展。直到 10 年之后，人类学才再一次回归，将车间当作社会组织进行分析，并设计出切合实际的解决方案。1943 年，人类学家 L. Warner 和 B. Gardner 在芝加哥大学建立了工业人际关系委员会（Committee on Human Relations in Industry），W. F. Whyte 于 1944 年加入其中，其他院系的同事也陆续加入。④ 委员会获得了来自六家企业的资金支持（每个企业最少资助 3600 美元），后来西尔斯罗巴克公司（Sears, Roebuck and Co.）⑤ 也参与进来⑥。人类学者的网络不断扩展。Warner 和

① H. B. Schwartzman. Ethnography of Organizations. London: Sage, 1993, p. 14.

② 源于古希腊哲学家亚里士多德，他认为观看悲剧能够起到宣泄的作用，也就是说，它疏导了观众的强烈情感。Feshbach 和 Singer 的研究将这个概念引入传媒效果研究。研究发现，观看激进的视频并不会让观众更激进，事实恰恰相反。因为观众在观看过程中获得激进的间接体验，这种体验疏导了观众的激进情绪。——译者注

③ E. D. Chapple. Applied anthropology in industry. In *Anthropology Today*, ed. A. L. Kroeber. Chicago: Chicago University Press, 1953. W. F. Whyte. *Social Theory for Action: How Individuals and Organizations Learn to Change*. London: Sage, 1991, pp. 187 – 188.

④ W. F. Whyte. *Social Theory for Action: How Individuals and Organizations Learn to Change*. London: Sage, 1991, p. 89.

⑤ 西尔斯罗巴克公司是美国也是世界最大的私人零售企业。拥有 30 多万名职工，仅仅印刷在商品目录上的连锁商店就有 1600 多家，另外还有 800 多家供应契约商，其子公司遍布欧美各大城市。——译者注

⑥ W. F. Whyte. *Social Theory for Action: How Individuals and Organizations Learn to Change*. London: Sage, 1991, p. 89.

Gardner 于 1946 年成立了名为社会研究公司（Social Research Incorporated）的咨询公司。[1] Whyte 去了康奈尔大学劳资关系学院。他的两名学生 Arensberg 和 Chapple 在哈佛大学进一步发展了工业研究。1941 年，他们二人成立了应用人类学协会，并接纳有关工业研究的报告。20 世纪 40、50 年代涌现出了一批工业民族志，内容涉及技术变革、激励机制和工厂中的社会组织等。例如，IBM 公司进行技术变革和规模翻番的时候，Richardson 和 Walker 分析了工厂生活的"社会结构"发生的变化及其对产量的影响。[2] Whyte 研究了餐饮业[3]，并帮助 Bundy 管材公司提高产量[4]，同时关注集体谈判和劳资关系，包括一次长期罢工[5]。

人际关系研究最重要的贡献是用人类学的田野调查方法对工厂进行细致的民族志观察。霍桑电器工厂接线观察室使用过的观察法与访谈法已经成为经典。在后来的研究中，人类学者系统地发展出其他方法，记录组织空间布局中的交流和互动。[6] 这些方法有严格的执行标准，今天我们仍然可以从中获益。

人际关系研究的缺陷是自上而下的取向。也就是说，研究主题都源于高级管理者，他们认为工厂中存在"问题"。其结果就是协调双方，并更适用于管理者对工人的管理。但人际关系研究却没有以同样的方式

---

[1]　B. Gardner. The anthropologist in business and industry. In *Anthropological Quarterly*, Vol. 50. 1977, pp. 171 – 173.

[2]　F. L. W. Richardson and C. R. Walker. Human Relations in an Expanding Company：A Study of the Manufacturing Departments in the Endicott Plant of the International Business Machines Corporation. New Haven：Labour Management Centre, Yale University, 1948.

[3]　W. F. Whyte. *Human Relations in the Restaurant Industry*. New York：McGraw Hill, 1948.

[4]　W. F. Whyte. Incentive for productivity：the case of the Bundy Tubing Company. In *Applied Anthropology*, Vol. 7, No. 2, 1948, pp. 1 – 16.

[5]　W. F. Whyte. *Pattern for Industrial Peace*. New York：Harper & Row, 1951.

[6]　E. D. Chapple. Applied anthropology in industry. In *Anthropology Today*, ed. A. L. Kroeber. Chicago：Chicago University Press, 1953.

"挑"管理者的问题，没有从工人的角度分析管理者的非理性，没有得出对工人有利的、能够为工人所用的结果。

还有批评进一步指出，对工厂中社会组织的研究没有将其置于更广泛的社会、政治和经济体系中。Whyte 承认，他们将技术和所有制关系当作常量而非变量。① 在现代化过程中，工厂中的技术变革和管理创新引发了冲突和矛盾，之前流行的组织均衡论对此难以做出解释。人际关系研究也没有与这些更广泛的社会过程进行对话或者加以批评。如何改变这种自上而下的方法，如何在更广泛的体系中开展小规模研究？此后来自英国的另一学派学者以不同的方式做出了回答。

二　发现情境中的问题：曼彻斯特工厂研究

20 世纪50—60 年代，曼彻斯特人类学家开展了一系列工厂研究，并将研究方法发展为整体参与观察。另外，他们不仅把人类学作为一种民族志描述的方法，还把它作为一种研究社会情境细节的分析方法。通过这种方式，人类学者能够从更广泛的角度理解和分析社会组织。这是一种批评和激进的方法，关注冲突和情境分析，这两方面在今天的文化研究中依然重要。曼彻斯特大学的 Gluckman 非常希望能够将自己在非洲田野中形成的社会理论应用于其他不同的情境中，包括英国的工业社会。1953—1954 年，哈佛大学教授 G. Homans 到曼彻斯特大学做访问学者，他提议继续霍桑实验的研究。然而，在这次跨越大西洋的旅程中，Mayo 关于"工人和管理者之间的利益在本质上是和谐的"观点和心理

---

① W. F. Whyte. *Social Theory for Action*：*How Individuals and Organizations Learn to Change.* , London：Sage，1991，p. 90.

学个人主义的思想①，都没有被英国人类学界采纳②。

此时，工业社会学在英国已经开始兴盛。③ 第二次世界大战证明了运筹学（Operational Research）④ 的价值；利物浦大学社会科学系正在默西塞德郡（Merseyside）开展关于厂商和码头研究；英国国家工业心理学研究所也十分活跃；与美国有广泛联系的塔维斯托克研究所（the Tavistock Institute）⑤ 正利用人际关系和"社会技术系统"（socio - technical systems）的方法开展工业研究。为了尽快恢复战后工业发展，马歇尔援助计划通过英国政府的科学和工业研究部资助了很多项目。曼彻斯特大学人类学和社会学系就获得了资助，以五个工厂为对象，研究"产量规范"（output norms）与非正式组织结构之间的关系。

T. Lupton（后来成为曼彻斯特商学院校长）在此时加入了该系并负责这个项目。在第一阶段，他研究了 Wye 工厂和 Jay 工厂。前者是一个生产防水服的现代化工厂，主要雇用女工；后者生产大型电力变压器，主要雇用男工。S. Cunnison 研究了 Dee 工厂和 Kay 工厂。前者是一个生产防水服的小型传统企业，后者是一个缝纫工厂，两个工厂既雇用男工也雇用女工。S. Wilson 研究了 Avalco 工厂，该厂主要雇用女工在阀门生

---

① Douglas 质疑理性个人主义的观点。这种观点认为，只有在无私地放弃个人利益和独立行动的基础上，社会才能进行。

② I. Emmett and D. Morgan. Max Gluckman and the Manchester Shop - floor Ethnographies. In *Custom and Conflict in British Society*, ed. R. Frankenberg. Manchester：Manchester University Press，1982，p. 140.

③ R. G. Stansfield. Operational Research and Sociology：a Case - study of Cross - fertilizations in the Growth of a Useful science. In *Science and Public Policy*，Vol. 8，No. 4，1981，pp. 262 - 280.

④ 运筹学兴起于第二次世界大战期间，是在英、美两国发展起来的，指运用数学方法，就组织系统的人、财、物等各种管理和调度做出统筹规划，以期发挥最大效益。——译者注

⑤ 该研究所总部位于英国伦敦，主要从事心理学研究，源自 1921 年英国塔维斯托克侯爵资助的一个心理学研究项目，内容是评估第一次世界大战幸存英国士兵的心理状况。——译者注

产线工作。20 世纪 60 年代的第二阶段，另外一组人从三个侧面研究了雪铁龙公司：I. Emmett 研究管理者，D. Morgan 研究装配车间，M. Walker 研究机械车间。①

第一阶段的五个研究中，研究者在工厂从事至少 6 个月全职工作。他们称之为开放式参与观察（open participant observation）。"开放"是因为被调查的工人知道他们正在开展研究。在霍桑实验里，研究者的"参与"保持最小的程度，只是充分接近并观察研究对象（倾听他们交谈、观察他们互动）。他们在观察室里保持低调，尽量不打扰研究对象的"正常"行为，观察是主要的研究方法。而在曼彻斯特的工厂研究中，"参与"意味着完全融入，研究者需要了解具体如何工作，学会工人们使用的语言和概念，理解他们的看法。研究者将体验式学习（experimental learning）与观察和倾听相结合，每天晚上记录工人们对各种事件和互动的不同看法，逐渐揭开了工厂中的社会过程，弄清了工人组织内部以及不同群体之间的关系。在这里，"参与"意味着尽可能地成为一个局内人，"观察"则意味着不仅仅要详细地看和记录，更要以局外人的观点，理解社会并提出理论。这与长期以来田野调查突出细节的做法正好相反。② 如此一来，参与者和观察者两种角色之间就形成了张力。

Emmett 和 Morgan 描述了人类学者应该怎样缓解作为参与者的局内人和作为观察者的局外人这两种角色之间的张力。田野工作者通过发现"问题"开始人类学分析。这里没有预设，而是源于人类学者

---

① I. Emmett and D. Morgan. Max Gluckman and the Manchester Shop – floor Ethnographies. In *Custom and Conflict in British Society*, ed. R. Frankenberg. Manchester：Manchester University Press，1982.

② Ibid.，p. 161.

对社会组织更宽泛的理解和在田野中习得的工人视角这两者之间的互动。[①]

第一个曼彻斯特研究中发现的"问题"与霍桑实验的结论相差很远。T. Lupton 从一开就使用"工人们'限制'产量"这样的表述，显示出对管理者的倾向。他可以很轻松地理解 Jay 工厂的男工是如何组织起来控制自己的产量与收入，以及他们试图控制自己工作的理性，却很难解释为什么 Wye 工厂的女工没有形成这种团结，"也不愿意控制"她们的工作生活。Cunnison 发现，在 Dee 工厂，虽然从事完全不同生产工作的工人像团队一样围在一张桌子周围，却没有按照工作流程互相照应，而是各自为战，形成"军事个人主义"；在 Kay 工厂，女工们在个人层面看似默默接受了管理者的产量要求，但最终却突然集体爆发。这五项研究中，工人都形成了非正式组织，并与管理者形成了不同关系类型——从逆来顺受到控制工作节奏。

这就是"问题"，怎样用更宽泛的社会组织理论来解释工人与管理者之间不同的适应方式？曼彻斯特大学对如何将社会情境中的细节与更广泛的其他事物联系起来进行了广泛讨论。Gluckman 在解释南非祖鲁地区（Zululand）的社会情境时建立了一个模型。[②] 他首先描述了祖鲁地区一座大桥的开通仪式，然后设置了社会结构的历史框架。通过对这二者的结合，他将大桥的开通与更广泛的南非黑人—白人关系联系起来。曼彻斯特的研究者们将工厂置于分析中心位置，对英国的社会分析

[①]　I. Emmett and D. Morgan. Max Gluckman and the Manchester Shop – floor Ethnographies. In *Custom and Conflict in British Society*, ed. R. Frankenberg. Manchester：Manchester University Press, 1982, p. 161.

[②]　M. Gluckman. *Analysis of a Social Situation in Zululand. Manchester*：Manchester University Press, 1940.

就是要关注工厂这个小社会。[①] 这样一来，问题就在于应该把什么当作更广泛的情境。

Lupton 一开始把工业中的经济和组织结构当作情境。他指出，大型资本密集型厂商之间在价格方面形成合谋（collusive）关系而非竞争的关系，这类企业中的劳动力成本相对于生产成本的比例较低，而且工会力量强大，工人会集体组织起来控制产量。而在相反类型的企业中，工人通常会默默接受管理层设置的产量要求。[②] 由此推理，基层工厂与宏观工业结构之间就不存在不平等。但这却禁不住人类学的检验：它忽视了理论和田野材料之间的互动，也不适用于其他的情况。

第二种方法是把英国的阶级背景作为情境，在其中分析工人和管理者之间不同的适应模式。为了把田野工作中的细节与社会理论结合起来，研究者们采用了曼彻斯特学派的冲突论，抛弃了人际关系学派的观点。后者认为工人与管理者之间的"天然"关系是"自发的合作"，只有在缺乏沟通时合作才会受阻。但这些研究者没有看到工人与资本家之间的矛盾不可调和。[③] 在这种不平等系统中，研究者关注"相互交织的关联"（cross – cutting ties）、相互间的矛盾和意外的联合（unexpected alliance），它们在 Gluckman 称为"均衡"的接替时刻（successive moments of "equilibrium"）中既维持了整个系统，又保持了固有冲突。Cunnison 抛弃了"均衡"这个词中的功能主义含义，分析了第一阶段五

---

① S. Cunnison. The Manchester Factory Dtudies, the Docial Vontext, Bureaucratic Organization, Sexual Divisions and Their Influence on Patterns of Accommodation Between Workers and Management. In *Custom and Conflict in British Society*, ed. R. Frankenberg. Manchester, Manchester University Press, 1982, p. 135.

② Ibid., p. 100.

③ R. Frankenberg ed. *Custom and Conflict in British Society*. Manchester Manchester University Press, 1982, p. 12.

个研究中不同类型的"适应"方式。① 在马克思主义者批判早期工业社会学时，Emmett 和 Morgan 辩护道，虽然国际资本主义、国家政府、银行以及每个行业的厂商与工会都限制工厂斗争，但这种斗争伴随着"每日产量"不断变化的平衡依然在延续。② 他们指出，这种斗争很少是公开的阶级斗争，而是隐藏于日常生活中多样的、不明显的斗争"行为"之中，隐藏于要求延长休息时间的呼吁声中，或者隐藏于沉默之中。正因为如此，他们不会用"不激进"这个词来形容这些看似沉默的工人。

第三种方式将工厂当作更广泛社会结构的缩影进行阐释。Cunnison 根据不同车间中的社会情境，区分出工厂与管理者之间不同的适应模式。她反对将工厂当作封闭的系统，主张把"外部"因素引入分析当中。工厂中的生产系统只是形塑工人角色的多种结构之一；个人在"更广阔的社会"结构和体系中也有自己的一席之地。这些"更广阔的社会"包括社会阶级、与本地社区是否紧密联系（即工人和管理者是否在工厂之外有社会联系）、家庭中的性别分工、年龄和民族等。个人在所有这些结构中的角色都会影响他们在工厂中的行为。在这种相互重叠的社会结构中，包罗万象的多重角色会比较复杂。

这种社会情境分析的一个重要结果关乎当时所谓的"性别分工"。女工群体受男性经理管理时，可能会把家庭中的"性别角色"引入工作情境的互动之中，这与男工和男性管理者之间的关系不同。Wilson 的"模拟情感"（mock courtship）也许是一个很好的例子。在 Avalco 工厂

---

① S. Cunnison. The Manchester Factory Studies, the Social Context, Bureaucratic Organization, Sexual Divisions and Their Influence on Patterns of Accommodation Between Workers and Management. In *Custom and Conflict in British Society*, ed. R. Frankenberg. Manchester, Manchester University Press, 1982.

② I. Emmett and D. Morgan. Max Gluckman and the Manchester Shop – floor Ethnographies. In *Custom and Conflict in British Society*, ed. R. Frankenberg. Manchester: Manchester University Press, 1982.

中，两位女工一直拒绝接受新的产量标准。直到来了一位新的男性培训经理，两位女工与他产生了所谓的情感关系之后才接受了新要求。很明显，她们是通过对性别角色中的关系而非生产系统中的关系进行转换，才在不平等的权力中接受了来自高层的权威和压力。①

这种情境分析的方式把工厂嵌入更广阔的社会情境之中，并指出：社会结构中不同角色的人们面对面的交流组成了社会这一观点有其局限性。有关性别分工的早期研究虽然仍关注性别角色，但已经开始关注人们的思想观念。上述这五项研究最终削弱了对社会结构的强调。Cunnison 指出，研究者对工厂中的性别、阶级和生产系统之间的相互关系仍然感兴趣，但强调"人们如何表达他们带入工作情境中的意义，这些意义怎样被吸收进工作情境里并整合进生产过程"。② Emmett，Morgan 和 Walker 借用 Goffman 的"半透膜"（semi permeable membrane）概念来进一步优化 Cunnison 和 Wilson 的方法。在任何工厂情境中，无须关注所有人的一切特质及其生活的各个方面。其中一些无关紧要，而另外一些特质即使不考虑它们对于个人和外部群体的重要性，也十分重要。那些被带入工厂情境中的特质也并非"保持原样"（raw），它们在被吸收的过程中已经发生变化。工厂围墙就像是半透膜，这些特质进入工厂的过程中受到选择并发生转型。因此，"女工家庭生活的某些方面被带入了工厂，并在这一过程中受到选择并发生变化，以便适应工厂环境与其中的互动"③。

① S. Cunnison. The Manchester Factory studies, the Social Context, Bureaucratic Organization, Sexual Divisions and Their Influence on Patterns of Accommodation Between Workers and Management. In *Custom and Conflict in British Society*, ed. R. Frankenberg. Manchester, Manchester University Press, 1982, p. 117.

② Ibid. , p. 135.

③ I. Emmett and D. Morgan. Max Gluckman and the Manchester Shop – floor Ethnographies. In *Custom and Conflict in British Society*, ed. R. Frankenberg. Manchester: Manchester University Press, 1982, p. 156.

曼彻斯特工厂研究从哈佛研究者将工厂视为封闭系统的模式中走出，试图在更宽泛的社会结构中对工厂的社会情境进行分析。最终，他们与同时期的人类学相结合，脱离了将工厂和社会视为由结构组成的观点，转向分析人们在特定情境中选择文化要素并制造意义的方式。

三　向上研究

20 世纪 60 年代，随着社会的概念化，人类学研究方法从仅仅局限于观察的参与，转变为"局内人"全面参与和"局外人"观察二者的结合。人类学开始摆脱科学主义的价值中立，逐步抛弃功能主义以及社会由角色构成的结构而组成的观点，并转向象征主义（symbolism）和社会事件中的意义构建［同社会学中的"解释"（interpretative）类似］。组织研究则向相反的方向发展。Waldo 写于 1961 年的文章对两门学科发展做出回顾。[①] Czarniawska – Joerges 对此后人类学和组织研究这两门学科分道扬镳的发展历程进行了梳理。[②] Waldo 曾指出，组织理论未来将采用实证主义范式：将组织视为客观存在，能够通过价值中立的科学方法进行研究，通过分析其组成部分对于整体的功能进行解释。他认为人类学既非科学亦非价值中立，因为为了研究社会，人类学已经成为社会的一部分。[③]

然而，从此以后几乎没有人类学者继续研究西方组织了。在人类学领域，曼彻斯特工厂研究后继无人，他们像英国都市人类学的其他分支

---

① D. Waldo. Organization theory: an Elephantine problem. *Public Administration Review*, Vol. 21, 1961, pp. 210 – 225.

② B. Czarniawska – Joerges. Exploring Complex Organizations: A Cultural Perspective. London: Sage, 1992.

③ Ibid., p. 77.

一样，被组织研究遗忘了。英国人类学者关注的是第三世界，而那些致力于应用研究的学者则对现代化展开批评性分析，他们研究技术转移至企业家精神、二元经济等。只有少部分学者研究国家科层制的形成，这对于现代化进程也很关键。但却没有人类学者研究英国本土的现代化进程，这包括主要工业组织和公共组织的成长，以及社区和都市空间的重构。

20 世纪 60 年代晚期，民族志分析开始被纳入国家体系和世界体系的情境中。这一时期也有人呼吁人类学者要研究制度（institutions），这些制度控制了西方和第三世界的日常生活。[1] 要想把田野工作和分析纳入世界体系中，需要改变研究单位。功能主义范式已经不再适用，这种范式将面对面的社会（无论是部落还是西方的工厂）视为一个有边界的实体，其中的社会、政治和经济组织对于维护整体都有自己的功能。"整体观"意味着我们不再能够将某个社区或者行业孤立于国家和跨国企业或机构进行分析。虽然我们看不见这些企业或者机构，它们却对地方经济和政治产生了实实在在的影响。比如，在第三世界，Wolfe 将刚果采矿业置于世界体系当中分析[2]，Nash 在国家和世界政治经济进程中分析了玻利维亚锡矿业的文化构建和物质条件[3]，Mintz 追溯了糖产业的不同侧面[4]。传统的人类学方法也受到了质疑：这些方法生产出的文本可能会被掌权者利用，却无法为那些被奴役或者受管理的人所用。参与

[1] G. D. Berreman. Is Anthropology alive? Social Responsibility in Social Anthropology. In *Current Anthropology*, Vol. 9, No. 5, 1968, pp. 391–396. K. Gough. New Proposals for Anthropologists. In *Current Anthropology*, Vol. 9, No. 5, 1968, pp. 403–407.

[2] A. W. Wolfe. The Supranational Organization of Production: an Evolutionary Perspective. In *Current Anthropology*, Vol. 18, No. 4, 1977, pp. 615–635.

[3] J. Nash. We Eat the Mines and the Mines Eat Us: *Dependency and Exploitation in Bolivian Tin Mines*. New York: Columbia University Press, 1979.

[4] S. W. Mintz. Sweetness and Power: *The Place of Sugar in Modern History*. Harmondsworth: Penguin, 1985.

的方法继续得到提倡，传统的被研究对象可以借此机会帮助研究者定义研究问题、搜集和分析资料、享用研究成果，这样他们可以使用这些成果与当权者协商。①

Nader 的提议对人类学的方法和概念产生了重要影响。她指出人类学既要向下研究，又要"向上研究"，包括研究权力机构和国家官僚机构，这也是"整体观"的思想。② 她在 1980 年提出"垂直切分"（vertical slice）的概念。通过观察整个美国的儿童，她并没有强调家庭作为儿童成长的场所，而是指出要研究工业组织和政府组织中隐藏的等级制，这些组织影响了他们的食物、健康和住房：

> 企业为我们的孩子提供食物、衣服，决定了他们出生时能够享有什么样的产品与服务。儿童与通用食品公司、戈博刀具公司、比纳婴儿营养食品公司，甚至与美国食品和药物管理局之间都有重要的联系。这些正是隐藏的等级制。③

这个研究公开提出了一项政治议程：在第一世界中，如果人们对于影响自己生活的组织知之甚少，如果他们对这些组织施加的管理和控制无能为力，民主如何才能发展？④ 这类研究很少关注面对面的社区这类社会组织，而是要研究"权力的文化"⑤、等级制的隐匿方式和社会距

---

① G. Huizer. Research – through – action: Some Practical Experiences with Peasant Organization. In The Politics of Anthropology: From Colonialism and Sexism to a View from Below, eds. G. Huizer and B. Mannheim. The Hague: Mouton, 1979.

② L. Nader. Up the Anthropologist – perspectives Gained from Studying up. In *Reinventing Anthropology*, ed. D. Hymes. New York: Random House, 1972.

③ L. Nader. The Vertical Slice: Hierarchies and Children. In *Hierarchy and Society: Anthropological Perspectives on Bureaucracy*, eds. G. M. Britan and R. Cohen. Philadelphia: Institute for the Study of Human Issues, 1980, p. 37.

④ L. Nader. Up the Anthropologist – perspectives Gained from Studying up. In *Reinventing Anthropology*, ed. D. Hymes. New York: Random House, 1972, p. 294.

⑤ Ibid. , p. 289.

离生产机制、组织成员与外界交流时文化限制以及委托人（clients）被掌控的方式。

20 年后，民族志大多还是停留在对单一地点的描述，将民族志置于更广泛情境中进行分析还存在很多问题。Marcus 认为，最成功的策略是"将更广阔的秩序作为背景，同时又聚焦一个作为民族志的对象……完成对更广阔的秩序的再现"①，用民族志来探寻马克思理论的一个关键概念，就像 Willis 研究劳动力生产中的文化含义②。否则，这个更大的体系就仅是只能在外部产生影响的一种前提或者背景，无法和需要突出的重点融为一体。这样的分析框架只能体现更大的系统对日常生活的影响，却无力解释宏观和微观之间的联动关系。

在解释地方情境与更大情境之间的相互影响方面，Pettigrew 做得更加深入。③ 他反对将情境作为"在某种程度上形塑（组织变迁）进程的描述性背景或者事先发生的一系列事件"④。他将组织视为一种政治行动的体系，将组织变迁视为权力斗争的产物。⑤ 这种斗争既包括厂商中的利益群体，也包括他们为达到最终目的在更广泛经济和政治结构中做出不断调整。他的分析重点是在一系列复杂、动态和无序的过程中，考察发生在厂商中和更广泛情境中不同事件之间的互动。他试图在微观情境和宏观情境之间引入一种因果的或者解释性的关联，这种关联不是机械的，而是允许不平等和不均衡的存在。

---

① G. E. Marcus. Contemporary Problems of Ethnography in the Modern World System. In *Writing Culture*, eds. J. Clifford and G. E. Marcus. Berkeley：University of California Press，1986. 本段翻译参考 ［美］ 詹姆斯·克利福德、乔治·E. 马尔库斯编《写文化——民族志的诗学与政治学》，高丙中等译，商务印书馆 2006 年版，第 217 页。

② P. Willis. *Learning to Labour*. New York：Columbia University Press，1981.

③ A. M. Pettigrew. The Awakening Giant：Continuity and Change in Imperial Chemical Industries. Oxford：Basil Blackwell，1985.

④ Ibid.，pp. 36 – 37.

⑤ Ibid.，pp. 24 – 26.

Nader 和 Pettigrew 在组织分析中，以不同的方式将层级和情境联系在一起。在这一过程中，他们都使用了文化的概念。在 Pettigrew 那里，文化是一个参照系。通过这个参照系，个人和组织赋予日常生活以意义，并理解和掌握组织内部和外部的趋势。但他并没有将文化视为由共享观念组成的统一体系，而是更多地将文化视为"一系列概念的源头"。这种文化的概念常常被用于政治过程中，通过符号、语言和神话来创造实际的功用。[1] 二人都超越了"文化"的早期意义。那时的"文化"是对日常生活、物理布局、记录保存方法以及互动的其他物质方面进行描述，以加强社会互动。[2] 在他们看来，"文化"更多的是与语言和权力、观念体系及在互动被掌控的方式联系在一起。

四　组织文化

人类学和组织研究围绕"文化"这一概念才恢复了对话。然而，组织研究文献中的文化含义多种多样，这里将介绍其中一部分。

从霍桑实验"发现"非正式体系开始，大多数组织研究的模型都将组织分为三个部分：正式系统（formal system）、非正式系统（informal system）和环境（environment）。人类学的组织研究也是如此，Britan 和 Cohen 回顾人类学对科层制的研究就是一例。[3] 正式系统就像是组织结构、职位描述、决策等级、目标、规则和制度组成的一张图；非正式系

---

[1] A. M. Pettigrew. The Awakening Giant：Continuity and Change in Imperial Chemical Industries. Oxford：Basil Blackwell, 1985, p. 44.

[2] E. D. Chapple. Applied anthropology in industry. In *Anthropology Today*, ed. A. L. Kroeber. Chicago：Chicago University Press, 1953.

[3] G. M. Britan and R. Cohen. Towards an Anthropology of Formal Organizations. In *Hierarchy and Society. Anthropological Perspectives on Bureaucracy*, eds. G. M. Britan and R. Cohen. Philadelphia：Institute for the Study of Human Issues, 1980.

统是组织中个人和群体相互联结的方式，它会影响正式系统和组织目标的实现。正式系统与韦伯式的理性组织（效率的达成与以下因素相关，包括：明确的等级制、清晰的分工与角色、管理者工作与生活的分离、根据技术资质选拔、依照业绩晋升）紧密联系，但也会受到非正式系统的影响。Cullen 指出，与韦伯式的组织相比，第三世界的科层制受到裙带关系或者部落制的"腐蚀"（corrupted）；而西方科层制中的非正式系统源于正式系统，"初衷"是为了改善组织达成目标的能力。[①] 在以上情况中，非正式系统都与组织成员在组织之外的生活联系在一起，并受到"环境"的影响。因此，文化被认为存在于非正式系统和环境之中，而在所谓中立的正式系统当中并不存在。

Morgan 认为，组织当中的正式系统并非没有文化。他指出，正式系统基于三种组织模式，每种模式都依赖于一种"根隐喻"（root meta-phor）。[②] 这三种模式分别是"作为机器的组织""作为有机体的组织""作为文化的组织"，每一种模式都帮助人们从一个独特却片面的角度理解组织，忽视了其他视角。从学术理论的角度，这些比喻构成了组织研究的演进史；[③] 从管理实践的角度，它们现在依然流行，显示出组织的规则和管理者的实践。"作为机器的组织"是指依照经典或科学管理的模式建立和管理组织。从这个角度看，组织是一个封闭的系统，它的整体目标被一层一层分解为更小的任务，落实到各级部门中。不同部门之间的关系有明确而清晰的规定，每个部门都为这个整体的流畅运转起到自己的作用。管理者作为组织的中心，掌控一切，工人像机器的螺丝

---

① S. Cullen. Culture, Gender and Organizational Change in British Welfare Benefits Services. In *Anthropology of organizations*, ed. S. Wright. London: Routledge, 1994, pp. 138 - 156.

② G. Morgan. *Images of Organization*. London: Sage, 1986.

③ G. Burrell and G. Morgan. *Sociological Paradigms and Organizational Analysis*, London: Heinemann, 1979.

钉一样工作。Morgan 展示了一家快餐店的员工行为指南，其中规定了柜台服务员的动作程序和要求。比如"向顾客致意"这一项包括三个元素：微笑、诚挚的致意和眼神交流。管理者可以通过这个指南评估员工的标准化表现，他们应该像机器那样精确，并不断重复。

"作为有机体的组织"的比喻源于人际关系学派和后来的系统与权变理论。它借用生物学和生态学概念来指代组织的正式系统和管理语言。霍桑实验发现，工人有他们的需求，应该得到满足，以便组织能够有效运行。后来，需求的概念逐渐扩展，将组织视为一个开放体系，要与更广泛的环境建立起满意的关系来生存和发展。作为有机体的组织可以分解为子系统（战略的、技术的、管理的和"人力资源的"），每个子系统与环境的关系都不同，但彼此之间都相互关联。一个成功的组织应该寻求一种"健康的"均衡状态（人类学视角）或者内部平衡（组织研究视角）。达到这一目标的方式不仅需要严格的科层制，还需要一个跨部门的团队，对不同的子系统进行整合——特别是当大环境"不稳定"的时候。

第三种比喻，"作为文化的组织"有多种形式。就像本文开头指出的，一个组织的文化有时被视为一系列特质或者共享价值，将一个人为描绘的群体（a delineated group）黏合成为一个静止的、均匀一致的整体。这种文化概念又衍生出另一种形式，认为某个公司具有一种文化，它的员工有另外一种文化，或者亚文化。[1] Nicholson 反对将文化视为由固定特质组成的单一、有边界的单位。[2] 她考察了西方科层制与巴布亚新几内亚土著组织系统之间的互动，认为它们不是两种"文化"。因为

---

[1]　B. A. Turner. *The Industrial Subculture*, London：Macmillan, 1971.

[2]　T. Nicholson. Institution Building：Examining the Fit Between Bureaucracies andI ndigenous Systems. In *Anthropology of Organizations*, ed. S. Wright. London：Routledge, 1994, pp. 66 –83.

在利用土著观念保护官僚程序和预算（比如一位工作人员因公殉职）以及利用西方科层制价值观反对占有土著组织资源（包括薪水）的时候，做出决策的是同一批官员。这时候，"作为文化的组织"比"一个组织的文化"更有效。

作为文化的组织可以用来检讨科学管理和有机体学派的假设，后二者都认为组织是一个客观的和物质的存在，并且不存在问题。对于这些人来说，作为文化的组织可以质疑这类组织概念：

> 当文化被当作一种根隐喻时，研究者的关注点从组织能够达到什么目标和怎样更有效地达成目标，转移到组织是如何形成的、被组织（be organized）的含义是什么。①

这种方式与之前将组织视为一个与环境相区别、有边界的实体不同，它强调的是不断组织（organizing）的过程②，认为即使是组织最物质的方面，只有赋予其意义才是真实的。制造意义是一个连续不断的过程。持这一观点的学者摒弃了组织是静止和稳定的观点，转而分析人们在日常生活中如何协商意义、如何制造符号来组织行动和构建边界。③ Cullen 的研究向我们展示出，在英国社会的不断重构中，日常生活的各方面、专业精神、性别认同和服饰通过不同的方式进行组合和再组合，在不同的福利机构内部和机构之间制造认同。④ Smircich 认为，文化是

---

① L. Smircich. Concepts of Culture and Organizational Analysis. In *Administrative Science Quarterly*, Vol. 28, No. 3, 1983, p. 353.

② L. R. Pondy and I. I. Mitroff. Beyond Open System Models of Organization. In *Research in Organizational Behaviour*, Vol. 1, 1979, pp. 3 – 39.

③ E. Young. On the Naming of the Rose: Interests and Multiple Meanings as Elements of Organizational Culture. In *Organization Studies*, Vol. 10, No. 2, 1989, pp. 187 – 206.

④ S. Cullen. Culture, Gender and Organizational Change in British Welfare Benefits Services. In *Anthropology of Organizations*, ed. S. Wright. London: Routledge, 1994, pp. 138 – 156.

一个过程，它不是某个描绘出的群体所拥有的一系列特质。① 这种做法
是把文化当作一种物品。Smircich 指出，一旦研究者采纳"作为文化的
组织"这种比喻，"他们就不会认为文化只是组织拥有的一种属性（an
organization has），而是认为文化就是组织（an organization is）"②。

　　但是"作为文化的组织"本身只是一个比喻，就像作为"机器"
和"有机体"的组织一样。这三种比喻都是将组织概念化的方式，因此
其本身也是文化。尽管组织研究和人类学都把组织当作通过符号制造意
义的过程，但不同方法之间也有差别。就像上面提到的，在分析这一沟
通和制造意义的过程中，人类学更加注重权力关系，下文将进一步
探讨。

五　作为过程和意识形态的文化

　　上述三种比喻组织的方式显示了人们将组织、等级类型和管理风格
结构化的方式。在特定的社会、经济和历史背景中，我们如何通过日常
生活的细节分析制造意义、沟通意义和组织意义的文化过程呢？

　　Strauss 等人是较早一批把组织概念化为编织和沟通意义之持续过程
的学者。他们将医院当作一种"协商的秩序"（negotiated order），指出
大家都同意医院的目标是"医治好病人"，但如何达成这一目标每个人
的看法却不同。③ 正规制度起的作用很小，且并不广为人知。每天，不
同的专业人士、行政人员和病人在针对每个护理个案的协商中形成了秩

---

① L. Smircich. Concepts of Culture and Organizational Analysis. In *Administrative Science Quarterly*, Vol. 28, No. 3, 1983, pp. 339 – 358.

② Ibid. , p. 347.

③ A. Strauss, L. Schatzman, D. Ehrlich, R. Bucher and M. Sabshin. The Hospital and Its Negotiated Order. In *The Hospital in Modern Society*, ed. E. Friedson. New York：Macmillan, 1963.

序。对于在医院工作的人来说，无论时间长短，这已经成为模式化的思维方式，但却经常发生变化。协商失败时，便有一个委员会出面制定正式政策来化解危机，该政策随后成为"规则"，但不久后就被人们遗忘。同样，病房中的非正式规则也常被遗忘，"直到下一次危机出现并激发创新来解决问题"①。无论是正式领域还是非正式领域，它们都是日常协商秩序的一部分，"文化"就是不断组织秩序和协商秩序的过程。而这种行动导向的分析或交互式分析就是将文化置于日常活动的表层。

另外有人将规则和决策视为符号，把文化作为"支撑"和"预示"这些表层互动的"深层"意义系统。比如，Morgan 指出标语、口号、符号、故事、神话、典礼、仪式和仪式行为模式只是装点了组织生活的外表，却很少揭示深层次的、无处不在的意义体系。②

"意义体系"和"共享信念"这两个词在组织文献中广泛出现。Weiss 和 Miller 的研究显示，这两个词语同"认知地图"（cognitive maps）、"感知与规范"（perceptions and norms）、"价值"和"意识形态"可以相互替换使用。③ 这些词用于指代那些将人们联结在一起，并维持组织存在的东西。④ 这种用法尽管处于"更深"的层次，但忽视了文化的动态过程和意义的协商，回到了对组织静态、单一、概化那一面的强调。人类学讨论的主题是如何对"位于深处"的比喻或者思想体系进行概念化或分析。Douglas 和 Geertz 两位人类学家的观点迥异，却常常被组织文献引用。然而，组织研究并没有认识到他们研究

---

① A. Strauss, L. Schatzman, D. Ehrlich, R. Bucher and M. Sabshin. The Hospital and Its Negotiated Order. In *The Hospital in Modern Society*, ed. E. Friedson. New York：Macmillan, 1963, p. 306.

② G. Morgan. *Images of Organization*. London：Sage, 1986, p. 133.

③ R. Weiss and L. Miller. The Concept of Ideology in Organizational Analysis：the Sociology of Knowledge or the Social Psychology of Beliefs? In *Academy of Management Review*, 12 (1), 1987, p. 111.

④ Ibid., p. 107.

方法的精髓。

　　Douglas 关心的是"制度思考"的方式。① 在她看来，制度是比组织更宽泛的概念。② 她认为，社会团结伴随着认知过程和"思维世界"而发展，制度正是在后两者的基础上建立起来。③ 换言之，社会群体建立他们自己的世界观，这是一个独特的"思维模式"，维持了他们的互动模式。这种思维模式隐藏于制度之中，重大的决定正是依据这些制度做出。然后，制度为我们划分范畴，控制不确定因素，将记忆和感知按照它们与权威的关系进行梳理，这样就避免出现不同的声音。这样一来，个人的认知过程就受到社会制度的形塑。

　　Asad 批评包括 Douglas 在内的人类学者。④ 后者把社会建构在"真正文化"（authentic culture）之上，这种"真正文化"是最基本的共享意义所组成的基础体系。研究者借助这个体系，把所有的行动和话语联系在一个统一的整体之中，这一整体又通过不断变化的政治和经济状况进行自我生产。然而，Asad 认为这种观点把个人经验、社会互动和集体话语都寄生于一套共享概念之上，一切紧密结合，难以发生转型。对于 Douglas 来说：

　　　　人类的意义系统……具有反映文化经验和政治行为同形之结构的功能……说话和做事的文化与政治前提，以及它们生产出的有意义的陈述与行为，都整齐地融合在一起。如果这种意义不符合某种

---

　　① M. Douglas. *How Institutions Think*. London：Routledge & Kegan Paul，1987.

　　② C. M. Perring. Community Care as De‐institutionalization? Continuity and Change in the Transition from Hospital to Community‐based Care. In *Anthropology of Organizations*, ed. S. Wright. London：Routledge，1994，pp. 164–176.

　　③ 道格拉斯反对理性个体主义（rational individualists）的观点。后者认为，社会不可能建立在无私地放弃个人利益和独立行动基础上。

　　④ T. Asad. Anthropology and the Analysis of Ideology. In *Man*（*New Series*），Vol. 14, No. 4，1979，pp. 607–627.

先验系统，不符合定义人们社会性本质的"真正"文化，人们就无法说话，也无法做事。①

Asad 认为，需要解决的问题不是发明一种基本的、真正的文化，而是这些"基本意义"如何在特定的历史情境中产生权威。下文将对此做进一步讨论。

Douglas 观点中更有意思的一点是，制度是建立在人及其关系的分类系统之基础上。她指出，19 世纪以来大量统计资料的收集和分类，使后人接受了这种范畴和标签，并按对应的方式生活。通过与自然界或超自然界的分类方式进行类比，如头/手或左/右，这些分类体系获得了合法性，并进而成为正式结构的对等物，与等级关系和统治模式相对应，符合广泛的政治秩序。制度的稳定依靠社会分类的自然化，因此制度被视为建立于理性与自然的正当性（rightness）之上。Young 发现，类比和自然化的观念在揭示隐喻、分类和符号系统方面很有效，他称之为警察的"深层结构"，并认为这是英国权力和控制的制度。② Fairclough 将"自然化"作为一个关键概念，但同时拒绝将组织视为基本意义组成的真正文化。③ 他认为在组织中存在相互竞争的"意识形态话语结构"（ideological discursive formation）。当其中一种意识形态，包括与其相关的分类和行为，成为"理所当然"并被视为真实、规范和自然的情况下，它的话语结构就能够起主导作用。新近的或少数的意识形态话语结构要想发起挑战或者做出改变，必须将主导地位的话语结构去自然

①　T. Asad. Anthropology and the Analysis of Ideology. In *Man* （*New Series*）, Vol. 14, No. 4, 1979, p. 618.

②　M. Young. An Inside Job, *Policing and British Culture in Britain*. Oxford: Clarendon Press, 1991.

③　N. Fairclough. "Critical and Descriptive Goals in Discourse Analysis". In *Journal of Pragmatics*, Vol. 9, 1985, pp. 739 – 763.

化（de – naturalization）。然而，Douglas 的方法受到其对稳定和共识的强调所带来的局限，这样一来，人们的抵制或改变制度的相对权力（relative power）之间就没有差异了。

Douglas 只是用一种深层的概念体系解释制度，而 Geertz 则使用多样的方式解释任何组织设置。他认为，研究者的目的在于通过文化范畴解释场域中发生的事情。为了建立他的解释立场，他摒弃了其他方法，反对将文化视为拥有自身力量或者目的的事物，也反对将文化视为一个有条理的、完美的正式系统，它不能被简化为可识别的某个社区模式。同样也不能把文化当作符号系统，不能：

> 把其中的元素分离出来，明确说明这些因素之间的内部关系，然后根据把它组织起来的核心符号、它作为其外部表达的基础结构或者它建立其上的意识形态原则，以某种普通的方式描述整个系统的特点。①

对于 Geertz 来说，需要关注的是行为流（flow of behavior）和社会行动。通过"实际生活中的非正式逻辑"，我们想象人们如何建构他们的生活。② 只有对这种构建的方式做出解释，才能描述和追寻上述的行为流和社会行动。他描述了一起发生在摩洛哥的盗羊案，显示出犹太人、柏柏尔人和法国殖民者对一系列事件做出的不同构建。读者可以分辨这些互动中的不同概念结构和他们的曲解。他的分析过程是在细致的田野调查中，利用小事件，对诸如合法性、现代化、殖民主义和冲突这些宏大概念进行创新思考，旨在于区分出意义的结构、社会基础及其重要

---

① C. Geertz., *The Interpretation of Cultures.* New York：Basic Books，1973，p. 5. 本段翻译参考 ［美］克利福德·格尔兹《文化的解释》，纳日碧力戈等译，上海人民出版社 1999年版，第 19 页。

② 同上书，第 17 页。

性。换言之，一旦人们的行为被视为符号行动，那么重要的问题就在于相关的不同人说了什么，为什么这么说？这是他文中经常被引用的一段话：

> 我所采纳的文化概念本质上属于符号学的文化概念……我与马克斯·韦伯一样，认为人是悬挂在由他们自己编织的意义之网上的动物，我把文化看作这些网，因而认为文化的分析不是一种探索规律的实验科学，而是一种探索意义的阐释性科学。我追求的是阐释，阐释表面上神秘莫测的社会表达方式。①

这段话对于人类学和组织研究的意义不同。Geertz 并不是指所有人都以同样的方式悬挂于同一张意义之网。无论是从表层还是深层的角度，他都没有通过盗羊案来生产出所谓的"摩洛哥文化"，而是描述了三类人对一系列行为的不同理解。我们可以超越 Geertz 来理解这一事件：这三类人具有不同的结构力量和个人能力，把他们的意义加于这一事件之上，这样一来可以明确他们的解释并不断积累获得重要结果。这是一种政治过程，是一种坚持自己的解释以获得重要结果的竞争。这才是人类学理解文化、理解组织研究的关键。

组织研究采纳了 Geertz 的文化观，并赋予其不同的重要性。在发现"企业文化"（corporate culture）② 和卓越绩效源自"强文化"③ 这两个观点之后，上述 Geertz 对文化的解释在组织研究文献中引用率越来越高。"意义之网"被等同于"使命宣言"（vision statement），被组织高

---

① C. Geertz. , *The Interpretation of Cultures.* New York：Basic Books，1973，p. 5. 本段翻译参考［美］克利福德·格尔兹《文化的解释》，纳日碧力戈等译，上海人民出版社 1999 年版，第 5 页。

② T. Deal and A. Kennedy. Corporate Cultures：The Rites and Rituals of Corporate Life. Harmondsworth：Penguin，1982.

③ T. J. Peters and R. H. Waterman，In *Search of Excellence：Lessons from America's Best - Run Companies*，New York：Harper & Row，1986.

层采纳并注入不同部门和层级的非正式结构中。后来，还发展出不同的技术，对这些非正式文化进行自我识别并与企业文化进行比较，目的在于统一思想。"实力"（strength）变成"一致"（coherence）的同义词，成为表达共识的新方式。

Curtis 不同意这种将"实力"等同于"一致"的做法。[①] 他用 Peters 和 Waterman 书中章节的标题描述了尼泊尔一个主要灌溉系统的组织。该组织处于一个等级分明的社会中，却实行平等主义原则，显得十分"不匹配"（incoherence）。尽管如此，它拥有成功的所有特质。解释人类学者认为，想要在组织内部达成"一致"是不可能的。如果摩洛哥犹太人、柏柏尔人和法国殖民者是在同一组织当中，他们会通过自己在一系列事件中的行动，迅速展示各自的企业文化意义。这一过程非常具有政治特色，在一系列事件中处于不同地位的人们都试图用自己的定义来解读行为，慢慢积累达到想要的结果。

在组织研究中，Linstead 和 Grafton – Small 则从另外一个略微不同的角度，将组织文化视为政治过程。他们将企业文化与组织文化（organization culture）区分开。前者源于管理层，他们设计出企业文化并通过典礼、仪式和价值观将其注入组织之中；后者则是与工人联系在一起，并不幸地被称为是一个"组成部分"。[②] 他们的目的在于指出工人并非企业文化的被动接受者，而是通过工作中平凡的细节，参与了文化生产的创造性过程，并对主导文化做出无数细微的改变，使其适合自己的利益。他们以这种观点向曼彻斯特学派的工人和管理者"每日产出"研

---

① D. Curtis. "'Owning' Without Owners, Managing With few Managers: Lessons from Third World irrigators". In *Anthropology of Organizations*, ed. S. Wright. London: Routledge, 1994, pp. 54 – 65.

② S. Linstead and R. Grafton – Small. On Reading Organizational Culture. In *Organization Studies*, Vol. 13, No. 3, 1992, p. 332.

究致敬。这种方法假设已经存在一种主导文化，而且有一部分管理者充当主导群体，而这种假设正是人类学的文化概念所要质疑的。换言之，人类学的文化概念就是要审视处于不同地位的人，在什么样的情况下，以何种方式来"固化"他们自己的定义，并强调他们的主导。

Linstead 和 Grafton – Small 认识到了这一点。他们认为：

> 研究者对权力关系特点的认识不够恰当。符号决定论是在特定的历史时刻伴随权力关系出现，权力关系能够形塑符号编码的方式。这种方式会选择特定的意义，并不加限制。[①]

Asad 在分析这一竞争和转型的过程时，重新开启了被"真正文化"和决定论抛弃的分析维度。上文提到，前者寻求统一的"基础"共享价值体系，所有的行动和话语都在一个能够自我再生产的整体当中与这些共享价值联系在一起。决定论者认为，意识形态是阶级体系的元素为了维持自身利益而直接生产出来的。对于 Asad 来说，这是同义反复；[②] 而 Weiss 和 Miller 的组织研究则强调了这一点，他们认为意识形态是"社会结构预示的一系列观念，能够强化其推动者的利益"[③]。Asad 寻求分析历史上特定的竞争、转型和统治过程，其他这些方法都没有能够做出这样的分析。但他没有走向后现代主义者的另一个极端：人们为断裂的现实做出多样、开放和充满无限想象的解读，而这些后现代主义者对这一现象做出的解释为这些被剥夺的声音提供的却是一种虚假的平

---

① S. Linstead and R. Grafton – Small. On Reading Organizational Culture. In *Organization Studies*, Vol. 13, No. 3, 1992, pp. 331 – 355.

② T. Asad. Anthropology and the Analysis of Ideology. In *Man* (*New Series*), Vol. 14, No. 4, 1979, pp. 607 – 627.

③ R. Weiss and L. Miller. The Concept of Ideology in Organizational Analysis: the Sociology of Knowledge or the Social Psychology of Beliefs? In *Academy of Management Review*, Vol. 12, No. 1, 1987, pp. 104 – 116.

等（*a spurious equality*）。① Asad 寻求的是，某些形式的话语如何在特定的社会和经济情境下成为"权威"。②

如果说，对话语实践的控制是阶级和性别不平等关系再生产的一部分，那么话语则是建立在物质基础上，而不是由物质所决定。话语需要不断努力来强调自己的"真实"、客观、中立或规范，同时取代其他的新兴的话语，将它们定为畸形、混乱或具有政治目的。Asad 说，权威话语"不断挤压反对言论的空间，阻止它们发出声音"。③

然而，他还补充道：

> 即使某些行为获得认可，那也是它们的话语建立起了权威。这种行为是被人为解读为获得认可，但是解读和行为本身并不统一。这就是为什么会出现不同的解读方式。④

这是一种分析意识形态的方式。意识形态把分解"现实"总体观（totalizing view）的思想，与重要的条件和结果结合起来，就像 Cockburn 从性别角度对"权力"的批评⑤。这种方法对于 Collins 的离婚法庭诉讼研究也很重要。⑥ 对假发和座次安排这些"表层"符号做边边角角的修补，根本无法提升委托人相对于法律专业人士的权力，法律权力也不仅仅来自话语。他们的法律知识、流程控制和话语实践三个方面结合，才赋予他们对委托人处境的定义以权威。

---

① J. Marcus ed. . Writing Australian Culture: Text, Society, and National Identity. *Social Analysis Special Issues Series 27. Dept. of Anthropology*, University of Adelaide, 1990.

② T. Asad. Anthropology and the Analysis of Ideology. In *Man*（*New Series*）, Vol. 14, No. 4, 1979, p. 619.

③ Ibid. , p. 621.

④ Ibid. , pp. 607 – 627.

⑤ C. Cockburn. Play of Power: Women, Men and Equality Initiatives in a Trade Union. In *The Anthropology of Organizations*, ed. S. Wright. London: Routledge, 1994, pp. 92 – 112.

⑥ J. Collins. Disempowerment and Marginalization of Clients in Divorce Court Cases. In *The Anthropology of Organizations*, ed. S. Wright. London: Routledge, 1994, pp. 177 – 191.

意识形态可以被定义为，建立于物质基础上并由与之相关的话语所组成的系统知识。这些话语自称是真实的、不言而喻的或"自然的"，这就排除了其他的可能性。但这些话语也是根植于历史情境之中，会受到挑战。Pringle 区分了有关秘书的三种话语，每一种都根植于一个特定的历史情境。人们用性和欲望来描述领导和秘书的关系，用霸权（hegemonic）来描述他们之间的支配关系。他们对此已经习以为常。这些关系并非是强迫的，而是大家都认可并认为是有趣的。[1]

Reinhold 在政策分析中揭示了"新右派"意识形态在英国的建立过程，展示了五种相互关联的话语如何转换。[2] 她指出，话语要想被权威认可，需要在国家的制度环境中被言说。在对两个迥异的英国组织——一个是精神病医院以往病人组成的社区家庭，一个是保险公司——重组的研究中，McCourt Perring[3]，Kerfoot 与 Knights[4] 都提出，关于"家庭"的话语对于树立新的企业形象十分重要。家庭这个概念具有多重和相互矛盾的意义，比如关怀与控制、平等分享与性别/年龄等级。这两组中的后者在企业话语中得到强调，同时也加强了"家庭主导群体"的话语。把"家庭"中这些意义定义为权威，对于保险公司女工的薪水和职业生涯，以及社区家庭中的以往病人和护工，都非常重要。然而，模糊、矛盾和其他意义依然在挑战这些权威话语。Edward 的组织分析显示，组织认同建立在它对国家权威话语的抵制之上。她指出，住房援助

① R. Pringle. Office Affairs. In *The Anthropology of Organizations*, ed. S. Wright. London: Routledge, 1994, pp. 113 – 121.

② S. Reinhold. Local Conflict and Ideological Struggle: "Positive Images" and Section 28'. University of Sussex, 1994.

③ C. M. Perring. Community Care as De – institutionalization? Continuity and Change in the Transition from Hospital to Community – based Care. In *The Anthropology of Organizations*, ed. S. Wright. London: Routledge, 1994, pp. 164 – 176.

④ D. Kerfoot and D. Knights. The Gendered Terrains of Paternalism. In *The Anthropology of Organizations*, ed. S. Wright. London: Routledge, 1994, pp. 122 – 137.

组织抵制"官僚机构"，为"普通群众"争取意义，这不仅仅是他们个案工作中理想实践的话语，也是将其工作在整个英国阶级不平等和社会转型话语中进行定位的一种方式。①

作为过程的文化强调语言和权力，展示话语如何被建构和受到挑战，并分析为什么会出现这些结果。在一个组织内部，话语很少能够成为权威，但在不同的情境中，它会同时被言说和挑战。将文化视为政治过程提供了一种理论方法：一是避免将组织概念化为有边界的单位，二是通过将组织置于国家和国际的关系体系中对情境中的问题展开讨论，这种关系体系既是意识形态的，也是物质的。

六　结论

人类学对本学科以往的文化概念持批评态度。以往的文化要么是某个有边界群体表层特质的清单，要么是共享真实意义的"深层"体系。二者的基础都是"共享意义"，却对这些意义"实际上是否共享？共享到什么程度？哪些人共享？如何共享？"这类问题不加询问。② 简单说大家已达成共识无法解答这个问题。个人主义的回答或不考虑情境就表达多种声音的回答，都忽略了社会关系。要想解释处于不同地位的人如何挑战所处情境的意义，如何利用特定历史条件下的经济和制度资源来"固化"他们对情境的定义，以及如何不断积累并获得重要成果，支配的关系和过程十分重要。我们必须解释，对文字、思想、事物或者群体做出定义的话语如何成为权威。这就是作为过程的文化。就像 Street 所

---

① J. Edward. Idioms of Bureaucracy and Informality in a Local Housing Aid Office. In *The Anthropology of Organizations*, ed. S. Wright. London：Routledge, 1994, pp. 192–205.

② J. Cowan. *Dance and the Body Politic in Greece. Princeton*, Princeton University Press, 1990, p. 11.

说：“文化是制造意义和挑战定义包括自己的一个积极过程。”①

在资本和制度重组时期，在组织中强调“文化”本身就是一种意识形态。文化的意义值得讨论：组织文化是公司一系列固定的属性，还是挑战支配关系和过程的一种政治过程？Alvesson 指出，组织研究中，有的人采用的是管理学的、自上而下的路径和议程，与霍桑实验类似。② 另外一些人，如 Cockburn，试图发展出权力的概念，协助妇女更好地理解组织如何再生产不平等，并帮助她们与之斗争。③ 本文认为，企业对文化的定义还没有形成中立的或者理所当然的权威。挑战和质疑有关“家庭”“权力”中的性别观念和“地方性知识”的话语，以及“客户”“顾客”“公民”“消费者”的意义，能够获得重要成果。文化是双面的，它是质疑组织场域的分析工具；对组织研究来说，文化是一个意识形态，它根植于历史当中，并将不断接受挑战。

---

① B. Street. Culture is a Verb: Anthropological Aspects of Language and Cultural process. In *Language and Culture*, eds. D. Graddol, L. Thompson and M. Byram. Clevedon, Avon: British Association for Applied Linguistics in Association with Multilingual Matters, 1993, pp. 23 – 43.

② M. Alvesson. Organizational Symbolism and Ideology. In *Journal of Management Studies*, Vol. 38, No. 3, 1991, pp. 207 – 225.

③ C. Cockburn. Play of Power: Women, Men and Equality Initiatives in a Trade Union. In *The Anthropology of Organizations*, ed. S. Wright. London: Routledge, 1994, pp. 92 – 112.

从香港小姐到中大博导

——粗读《黄淑娉评传》

胡鸿保

在民族出版社推出的丛书"人类学家评传·本土篇"里，黄淑娉（1930—　　）作为传主是资历最浅的一位。[1] 但她是新中国成长起来的第一代民族学家。在中国民族学几经波折和磨难的非常发展进程中，黄淑娉的个人史告诉了我们许多精彩故事，这既是一个时代大众共同命运的缩影，也反映出一位别具个性的知识分子富有传奇色彩的职业生涯。

黄淑娉祖籍广东台山，1930 年出生在香港一个商人家庭，因为战乱的缘故，这位富家小姐才在青少年时代就领略了家国之忧。1947 年她北上求学进入燕京大学，从此开始与民族学结下了不解之缘。1953 年，她被分配到刚组建的中央民族学院研究部，在潘光旦、林耀华先生等的指导下从事教学和研究工作；1956 年年底与林先生一起加入中国共产党。1987 年年底，她离开北京，调到广州的中山大学人类学系任

---

[1]　参见孙庆忠《黄淑娉评传》"附录一，黄淑娉先生大事年表"，民族出版社 2010 年版。该套评传的其他几位传主是林耀华、费孝通、马学良、陈永龄和宋蜀华。

教。这样两大阶段的学术特征和演进过程被她在晚年自己总结为"从异文化到本文化"①。2011 年 7 月，81 岁高龄的黄淑娉教授因其在民族学人类学方面做出的贡献而被评为"广东省首届优秀社会科学家"（共有 16 人），可谓实至名归。

评传由导言、11 章正文及 3 个附录组成，全书共约 18 万字，并配有几十幅照片。评传让不少认识黄老师的人感觉新鲜的一大亮点就是她在进入中央民族学院前的早年生活写真。该书的第一章"中西合璧向学路"和第二章"岭南才女在燕京"披露了一些极具人情味的细节，不失为一种必要的铺垫，让读者能够在掩卷时候慢慢回味"民族学家是怎样炼成的"。2003 年在香港的一个名为"回忆田野工作"的讲演中，黄老师说了一段深情的话，被传记作者孙庆忠博士大段引用②：

> 我一个人离开香港到内地，这几十年，香港的家人都不在左右。20 世纪 80 年代末迁回广州，很高兴终于能够靠近香港一点，但家人却已经先后移民海外了。改革开放后，我回香港探亲，但父母却已经去世，我感到很悲痛。我是台山人，但是台山也没有亲人。香港是我的故乡，发愁时会想到香港的家人，梦境里出现的，就是小时候在香港居住的地方。

这番话恐怕也只有在"此情此景"中才会道出。被传记作者置于一本 200 多页书的第 23 页，从写作手法上看只是"倒叙"而已，不过真像是一段谶言或禅偈：20 世纪后半叶的中国与世界的风云际会在这样一个个人及其家庭的恸动人生中得以徐徐展开。

---

① 黄淑娉：《从异文化到本文化——我的人类学田野调查回忆》，周大鸣、何国强主编《文化人类学理论新视野》，（香港）国际炎黄文化出版社 2004 年版。
② 黄淑娉：《回忆田野工作》，《华南研究资料中心通讯》（第 33 期），转引自孙庆忠《黄淑娉评传》，民族出版社 2010 年版，第 23 页。

我把这段话读了好几遍，搜索记忆里与黄老师相处的日子她可能会发愁的场合，揣度她那时会不会做梦梦见小时候居住过的地方。我是1982 年从云南考上中央民族学院跟黄老师读研究生的①，后来在广州中山大学攻读博士期间（1986—1989），黄老师又接替先师梁钊韬具体负责我的毕业论文指导工作②。黄老师言谈与为学一样严谨，争强好胜的性格特点贯穿了她的一生。而 20 世纪 80 年代初期的北京（中央民族学院）、后期的广州（中山大学）以及 21 世纪初的香港（香港科技大学），学术氛围和生活气息大不一样。我读了这部传记，对老师的经历和作为有了更深一层的理解，实在是开卷有益。读后总觉得应该记下点滴随感以示纪念，却久久不能成文；尽管不"成文"，可题目倒是寻得了：从香港小姐到中大博导。也就是说，这可以看作一部成长故事，中心思想是"历尽八十一难，终成正果"。

王铭铭在其近作《人生史与人类学》中推崇"人生史"这个概念。在书的开头他提出"人生史"研究有一个明了的前提，即被选择的个别人物的整体一生。他以为，要做好人生史的研究，最好是选择一位重要却并非是路人皆知的"非常人"为对象，围绕这个人物，穷尽相关文献，进行相关口述史或口承传统研究，将零碎的信息当作"补丁"，恢复该人物一生经历的所有事，一生所想象的物，制作某一"history of a life"。现下，人类学民族学的学科史研究中已不乏对于人物的关注，而

---

① 2002 年，为庆贺黄淑娉教授从教 50 周年，中山大学人类学系等单位在广东省中山市举办了隆重的学术研讨会。当时我曾为此会提交一文，讲述了对老师的一些印象，此文的大部分内容也被评传作者加以引用。参阅胡鸿保《学步忆实》，周大鸣、何国强主编《文化人类学理论新视野》，（香港）国际炎黄文化出版社 2004 年版。

② 当时黄老师尚未取得博导资格，由中山大学聘任林耀华先生为兼职教授、人类学博士生指导教师，负责指导我。同时被聘来指导梁先生门下没有毕业的另两名博士生的还有中科院古脊椎动物与古人类研究所的周明镇先生和中央民族学院的陈永龄先生。

且在方法上也是文献和口述并重①。譬如，美国人类学家顾定国（G. E. Guldin）撰写的中国人类学史（*The Saga of Anthropology in China*）就是以梁钊韬先生为"穿线人物"展开叙事。

不过，写好学术评传性的著作并不容易，传主多半都是大师，能够熟悉传主日常生活的人未必能够通读其作品、认识其学术思想；但依照中国传统伦理，门人弟子往往又有"为尊者讳"的樊篱，难以做到超然。就民族出版社目前推出的这套"品读人类学家丛书"而言，基本能够顾及"可读性"，但在学术性方面，包括必要的批评性，似还有待强化。孙庆忠作为黄老师晚年的弟子，在撰写评传过程中下了一番功夫，除了仔细阅读老师的作品外还对老师做了较长时间的访谈②，收集了有关的照片，并且采访了黄老师以前的同事和学生；在章节安排上，他既顾及时间顺序，又考虑到划分不同的主题。所有这些，都使这本评传显得生动有趣，全方位真实地反映了黄老师的多彩人生。

虽说瑕不掩瑜，但要从"借传修史"的角度来看，眼下这部评传又存在一些不足。

（1）少了些横向比较的描写。黄老师不止一次谈到自己的"侥幸"或者"有幸"，反正是偶然性吧。但传记作者应该设法补充相应的背景铺垫，使读者了解到大历史之下的小历史。我们知道中华人民共和国成立、反右派运动、"文化大革命"、改革开放等大事是普遍经历的，但具体到各地各单位、个人的头上，又会各有不同面相。黄淑娉在"反右"刚开始即染上肺结核，离京到广州休养直至 1959 年 9 月才恢复工作。我读后的第一反应是"病得及时，逃过一劫"。然而，空白也有它需待

---

① 参见张丽梅、胡鸿保《中国民族学学科史研究概述》，《北方民族大学学报》2011年第 4 期。
② 参见黄淑娉、孙庆忠《人类学汉人社会研究：学术传统与研究进路——黄淑娉教授访谈录》，《中国农业大学学报》2009 年第 1 期。

诠释的意义。从新中国民族学发展史看，评传若（至少）与她同年龄段的民族学从业者的成长相比，也许是能够揭示出某些个人治学特点来的。比如她就没有像某些民族学家那样有一个长达数年的田野点（或对某一个少数民族的多点的长期实地经验）。

（2）存在留白缺笔。我与作者私人交流后，感到他对某些情节并非无知，而是知难而退宁可缺笔，而不愿费心寻找一种合适的表达。比如，第七章"发展中山大学人类学的构想"就有这样的不足。此章较多援引了作者采访传主的谈话。书中称"黄先生 1987 年调入中山大学，是继梁先生之后肩负起发展人类学这一使命的重要人物"（第 105 页），此话固然不错①。可是联系到该章后文黄老师谈话里提及的 1998 年年末学校新领导对人类学系提出"三挽救"政策，人类学系得到新生……2000 年 3 月学校任命周大鸣为系主任……中大人类学系稳定下来了，进入了历史上的最好时期……（第 116—118 页）读者看了会觉得迷茫。黄淑娉 1990—1995 年任人类学系主任，怎么 1998 年这系就要被实施挽救政策呢？作者显然是因为要回避矛盾而对此历史过程缺乏必要的交代。实际上，中大的人类学博士点由于梁先生的去世而没有了博士生导师，自我1986 年入学之后就一直没有招生。这样的局面一直持续了八九年。②

这里自有错综复杂的纠葛，但作者闪烁其词，写得不免晦涩。在第十章里，我们可以寻觅到一些相关的话语，被作为"旗手"的黄老师话中有话地自我表达不堪重负的心态道：

在当时的情况下，虽然这个旗子我举不起来，但也要举，看到

---

① 我注意到黄老师在接受访谈时明确地纠正了孙庆忠的提法，说是自己要求调回广州的，而非承担某种使命前往中大人类学系。参见黄淑娉、孙庆忠《人类学汉人社会研究：学术传统与研究进路——黄淑娉教授访谈录》，《中国农业大学学报》2009 年第 1 期。

② 我是最后一个进入梁先生门下的博士生，之后从中大获得人类学博士学位的就是黄老师指导的第一名博士周大鸣。

人类学系今天的变化，过去所有的艰辛和委屈都算不了什么！（第193 页）

我在这本传记里读到更多的是一个前辈民族学家特殊的成长过程。[①] 至于评传对传主学术成就的总结，似乎早在之前已经基本知晓了。作为学者的"人生史"，不仅要展示传主的愿景和努力，更应揭示其做大博弈的小场景。这种缺陷在写民国传主的作品中少见，但在写当代传主的作品里却比比皆是。这是现代传主的处境更为不堪，还是我们对传主不够远离呢？[②]

[①]　借用黄老师在对自己与前后辈学者进行比较时说的话，就是："我们这一辈人的研究是在特定时局中拱出来的。"（第197 页）。

[②]　本文写作得到张海洋博士的帮助，特此致谢！